U0171202

国家自然科学基金青年科学基金项目(51708426)资助
武汉大学自主科研项目(2042018kf0250)资助

思维导图法辅助景观研究

Using Mind Mapping Method to Assist Landscape Research

周燕　等著

东南大学出版社
SOUTHEAST UNIVERSITY PRESS

南京・2021

内容提要

该书以本团队近几年进行的科学研究与实践项目为基础内容，通过展示并分析每个流程中的思维导图，全面真实地呈现了本团队的工作和思考过程，展现了探索学科基础知识及其规律，并运用到实践反复调试反馈的过程。全书从系统的视角阐述科学研究和实践项目如何较好地开展与实施的思考逻辑与工作流程，不仅可以帮助研究人员梳理内容，而且可以帮助研究人员锻炼逻辑思维能力。

本书可供从事风景园林、城乡规划专业领域科研与实践的专业人员与学校师生参考使用。

图书在版编目（CIP）数据

思维导图法辅助景观研究 / 周燕等著 .— 南京：东南大学出版社，2021.3

ISBN 978-7-5641-9369-0

Ⅰ.①思… Ⅱ.①周… Ⅲ.① 景观设计－研究 Ⅳ.① TU983

中国版本图书馆 CIP 数据核字（2020）第 264035 号

Siwei Daotu Fa Fuzhu Jingguan Yanjiu

书　　名：思维导图法辅助景观研究

著　　者：周　燕　等

责任编辑：李　倩　杨　光　　邮箱：441339710@qq.com

出版发行：东南大学出版社

社　　址：南京市四牌楼 2 号（210096）

网　　址：http：//www.seupress.com

出 版 人：江建中

印　　刷：南京凯德印刷有限公司　　排版：南京凯建文化发展有限公司

开　　本：787 mm×1092 mm　1/16　　印张：14.5　　字数：300 千

版 印 次：2021 年 3 月第 1 版　2021 年 3 月第 1 次印刷

书　　号：ISBN 978-7-5641-9369-0　　定价：69.00 元

经　　销：全国各地新华书店　　发行热线：025-83790519　83791830

前言

2016年秋，笔者有幸参加了由武汉大学城市设计学院邀请东南大学出版社徐步政编辑一行举行的座谈会。会上大家就城乡规划的当前问题以及未来发展畅所欲言，笔者至今仍对各位与会者所迸发出的思维火花记忆犹新。会后，笔者又意外接到了徐编辑打来的邀约电话并在会下进行了一次更为深入的谈话，谈话中笔者坦诚了想将近年利用思维导图辅助科研工作的一系列心得与成果通过一本科普类图书的方式进行总结和介绍，以求能对内温故知新、对外抛砖引玉。徐编辑对此表示了极大的兴趣，同时也给予了笔者极大的肯定与鼓励。转眼这本凝结着团队各位老师和同学汗水与智慧的记录性质的书籍终于初具雏形，团队的科研工作也渐渐步入正轨。

一方面，本书主要面向的是初级科研工作者（包括研究生在内），对于这部分人来说，由于刚刚步入研究的大门，他们存在很多关于如何做研究的困惑，并且长期以来，国内各大高校也少有开设研究方法、研究素养等课程，相当一部分初级科研工作者是缺乏科研思维训练的。另一方面，由于城乡规划学、风景园林学和建筑学这三门息息相关的学科都属于应用型学科，这也导致大量行业人员缺乏科学逻辑思维训练，而逻辑思维的训练不仅需要老师的引导，而且需要借助一些科研辅助工具来实现和深化，但目前能有效训练科学逻辑思维的工具却是缺失的。

我们团队经过多年来的探索和实验，发现思维导图其实正是一个可以辅助科研并帮助科研工作者形成科研逻辑思维的有效工具。

因此，本书推荐利用思维导图这个科研辅助工具来实现对于科研课题的申报，对于设计实践项目的推进、组织和管理，对于文献阅读与论文写作的指导，以及对于学术会议、沙龙讨论和课堂笔记的整理与分享。当然，所有这些内容都将围绕着我们的“水域生态景观”的话题展开，这也是本团队目前的主导研究方向。然而这样的分类还远远不能涵盖整个学科研究的工作范畴，所以我们仅希望能借此达到一点管中窥豹的效果，以供同行参考。

那么，运用思维导图辅助科研有什么好处呢？这还得从两个方面来讲：对于外界而言，希望借助团队近年来在科研工作中所涉及的方方面面与思维导图的结合来展示一种逻辑思维的训练方法，帮助读者提高科研工作效率；对于内部而言，为了帮助团队梳理与总结这些年的科研工作，以期成为团队终身受益的“科研宝典”。

目录

1 基础学习

研究小技巧：

1.1　科学研究简析

1.1.1　什么是科学研究？

“科学研究”的基础是“科学”，而“科学”其实是发现真理和创建知识的一整套程序、方法和手段。不同于古典求知方式（思辨法、传统法和权威法等），“科学”是建立在逻辑推论和经验观察相结合基础上的一种求知方式。而“科学研究”，顾名思义，就是对科学的研究，具体是指运用严密的科学方法，从事有目的、有计划、有系统地认识客观世界，探索客观真理的活动[1]。“科学研究”具有两个显著特征，即继承性和创新性[2]。并且，任何科学研究都必须经过一个规范的过程，诸如发现问题、梳理问题、确定问题、定义概念、确定变量、构建理论、测量指标、收集数据、分析讨论、获得结论等都需要一定过程，其中各个相互联系的研究环节和阶段都充分体现了科学研究的逻辑过程，同时，任何研究结果都被包含在科研①过程之中[2]。简而言之，这就是一个不断提出问题和解决问题的过程。

1.1.2　怎么做科学研究？

科学研究本身是有很多方法可以辅助的，这些方法既是从事科学研究所遵循的科学、有效的研究方式、规则及程序，也是广大科研工作者及科学理论工作者长期积累的智慧结晶，是从事科学研究的有效工具②。可以说，科学研究的方法就是认识科学的一个“软件”。其中，经验方法、数理方法和逻辑方法是科学研究最为经典的三种研究方法。

经验方法是收集第一手材料、获取科研事实的基本方法，亦是形成、发展、检验科学理论和技术创新的实践基础，是科研中一类重要的研究方法。科研中典型的经验方法有观察法、实验法、类比法、测量法以及统计法。

从字面上来看，数理方法包括了“数学”和“物理”，其中“数学”是研究自然科学最有力的工具，“物理”则是自然科学中研究物质内在规律的科学，但是数理方法不仅仅指数学和物理的科研方法，还包括了与物理学密切相关的工学中的科研方法。科研中的数理方法是模型建构、机理分析、结构设计、系统模拟等工作中不可或缺的手段，是科研中一类基础性的重要研究方法。典型的数理方法有数学方法、模拟方法、理想化方法以及科学假说方法。

逻辑方法在科研过程中发挥着巨大的作用，因为在科学体系之中，在同一学科的内部，一般都具有严密的逻辑关系；不同的学科之间，也可以通过逻辑关系而紧密地联系在一起。逻辑方法包括了归纳与演绎、分析与综合、抽象与具体等方法。科研中对科研对象的认识过程，是一个不断从认识个别上升到认识一般，再由认识一般进入认识个别的循环往复、不断前进的过程。归纳与演绎就是这一科研认识过程中两种相反的逻辑方法，二者对立统一、互为基础，也可以相互转化。归纳是指通过一些个别的经验事实和感性材料进行概括和总结，从中抽象出一般的公式、原理和结论的一种科研方法，即从个别到一般的逻辑推理方法。

科学归纳法是指根据对某一类事物中部分对象与某种属性之间的本质属性和因果关系的研究，推论出该类事物中所有的对象均具有这种属性的一般性结论的逻辑推理方法。演绎法与归纳法相反，它是指从已知的某些一般公理、原理、定理、法则等出发，从而推论出新结论的一种科研方法，即从一般到个别的逻辑推理方法。另外，科研活动中的思维形式有真判断和假判断之分，而在明确概念、做出判断、进行推理的逻辑思维过程中，需要运用分析与综合相结合的逻辑方法。分析是指研究者在思维活动中把研究对象的整体分解为各个组成部分，将一个复杂的事物分解为简单的部分单元、环节、要素并分别加以研究，从而揭示它们的属性和本质的科研方法。综合是指在分析的基础上，对已有的关于研究对象的各个组成部分或各种要素的认识进行概括或总结，从整体上揭示与把握事物的性质和本质规律的科研方法，即从已知到未知、从局部到全局的逻辑方法。最后，人们的认识是从感性具体出发，经过科学抽象达到思维中的具体，从而获得对事物完整、本质的认识。而抽象与具体就是这一科研认识过程中的重要

研究小技巧：

研究小技巧：

逻辑方法。抽象是指研究者在思维过程中将那些对研究对象影响不大的非本质因素剔除，抽取其固有的本质特征，以达到对研究对象的规律性认识的科研方法，即对事物本质和规律进行概括或抽取的逻辑方法。具体是指研究者在思维过程中将诸多的特征因素或规定进行综合，使之达到多样性统一的一种研究方法，即将高度抽象的规定“物化”为思维中具有某种特性的对象的逻辑方法。

那么，既然逻辑方法如此重要，对于初入门的广大科研工作者们来说应该如何掌握呢？我们团队认为逻辑方法的前提应该是逻辑思维的养成。逻辑思维其实是三大典型科研思维的一种。三大典型科研思维包括：其一是判断思维，它是认识活动的成果，是科研工作的工具，是对研究对象有所断定的一种思维方式，然而此种思维方式易受科研工作者个人认识局限性的影响；其二是推理思维，这是一个由一个或几个已知的判断前提推导出一个未知的结论的思维过程，推理主要有演绎推理和归纳推理；其三便是逻辑思维，它是以抽象的概念、判断和推理作为思维的基本形式，以分析、综合、比较、抽象、概括和具体化作为思维的基本过程，从而揭露事物的本质特征和规律性联系。逻辑思维存在于一系列的思维活动中，而且几乎出现在了科研活动的各个方面，所以，若能拥有较强的逻辑思维能力无疑会使科研工作事半功倍。那逻辑思维可以训练吗？有工具可以辅助吗？本书对此的答案是非常肯定的！没错，逻辑思维是可以经过后天的训练而逐步养成的，它也是可以借助工具训练的，这个工具正是本书将要重点推荐和阐述的“思维导图”。“思维导图”是什么？它为何就能辅助科研工作中的逻辑思维的养成呢？请读者朋友们翻阅后续内容来解惑。

注释

① 本书常将科学研究简称为“科研”。

参考文献

[1] 张勘，沈福来.科学研究的逻辑：思考、判断胜于一切[M].北京：科学出版社，2015.

[2] 张伟刚.科研方法导论[M].2版.北京：科学出版社，2015.

1.2 认识思维导图

研究小技巧：

1.2.1 什么是思维导图？

思维导图又称心智图，是由英国学者东尼·博赞（Tony Buzan）提出的。它能将抽象的思维过程可视化，让使用者在第一时间理清各个关键概念之间的逻辑性，是表达发散性思维的有效工具。其结构包括了平衡图、组织结构图、树状图、逻辑图、水平（垂直）时间轴图、鱼骨图以及矩阵图等多种形式，如图 1–1 所示。通过多种视觉化的思维呈现方式帮助使用者进行深度的对比分析，让他们更直观地进行记录与事项的安排。思维导图其实就是在管理我们的大脑，引导我们的思考方式。

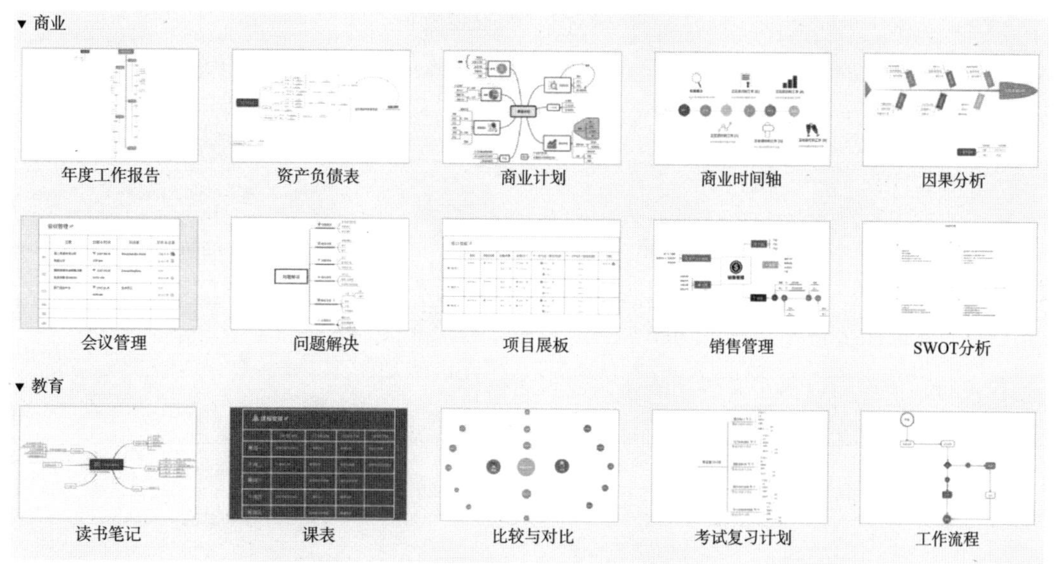
▼ 商业
年度工作报告
资产负债表
商业计划
商业时间轴
因果分析
会议管理
问题解决
项目展板
销售管理
SWOT分析
▼ 教育
读书笔记
课表
比较与对比
考试复习计划
工作流程

图 1–1　思维导图的各种结构形式（XMind 软件截图）

注：SWOT 分析即基于内外部竞争环境和竞争条件下的态势分析；XMind 软件是一个全功能的思维导图和头脑风暴软件。

研究小技巧：

思维导图简单、易用，能极大地提高思维逻辑性与关联性。它将思维过程可视化，使得概念以及推理过程变得相对容易记忆。鉴于其线状辐射的特点，思维导图允许从各个角度、各个层面展开工作，同时又能提纲挈领地帮助我们立足全局来把握问题之间的联系。然而，思维导图也容易使人们忽视系统的复杂性，低估系统思维的艰巨程度，从而逐渐形成一种浅尝辄止的思维习惯。所以，应该把思维导图作为思维工具之一，而不是全部。

1.2.2　思维导图的形式是什么样的？

（1）结构：标准的思维导图主要由主题、关键词以及它们之间的逻辑关系组成。

（2）内容：主要由文字和图片组成，通过各种方式表达逻辑。

（3）操作：电子版的思维导图有多项拓展功能，但最基本的功能就是输入和拖拽。

1.2.3　思维导图包括哪些软件？

当前市面上的思维导图软件有很多，本团队主要使用的是由深圳爱思软件技术有限公司开发的 XMind 软件，后面将对该软件的基本操作进行简要介绍，更多高级功能还请读者亲自体验。图 1–2 列举了包括 XMind 软件在内的多款思维导图软件的名称及官网下载地址，以供读者取用。

■ XMind：xmind.net

■ MindManager：mindmanager.cn

■ ithoughts：toketaware.com

■ Mindnode：mindnode.com

sketch
board.io

■ SketchBoard：sketchboard.me

■ 百度脑图：naotu.baidu.com

Shapefly

■ Shapefly：d.shapefly.com

■ 幕布：mubu.io

■ draw.io：draw.io

图 1–2　部分思维导图软件名称及官网下载地址

1.2.4　XMind 软件基础操作介绍

研究小技巧：

1）基本界面

XMind 软件基本界面由标题栏、菜单栏、工具栏、控制面板、画布和状态栏组成（图 1–3）。

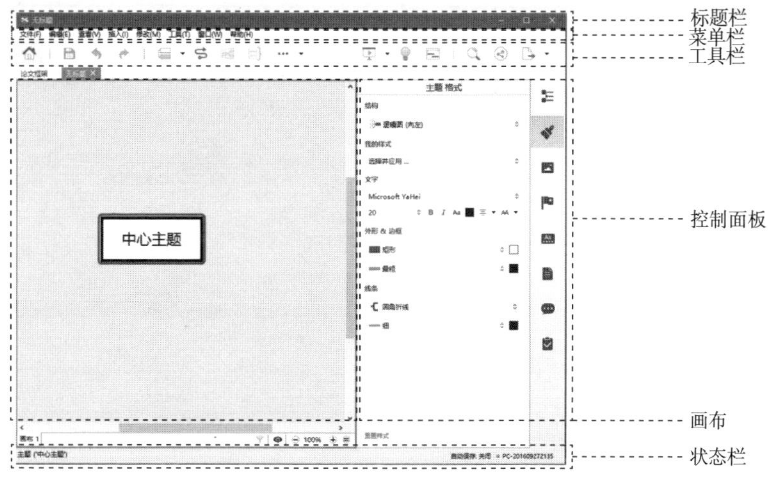

标题栏
菜单栏
工具栏
中心主题
控制面板
画布
状态栏

图 1–3　XMind 软件基本界面（XMind 软件截图）

2）基础设置

（1）基本快捷键设置：Tab 为新建子主题；Enter 为新建分支主题；F3 为创建标签；F4 为创建备注；Alt+Ctrl 为复制子主题；Alt+Enter 为标注；l+Ctrl 为创建联系；Shift+Ctrl 为复制新主题。

（2）与其他软件协作：XMind 软件支持导出 Office、pdf、Evernote[①]等格式，满足各种场合的需求。

（3）在各设备间无缝衔接：XMind 软件现已推出桌面端、iOS 端[②]和安卓端，各个客户端可以随时随地同步数据。

（4）允许混用多种思维结构：XMind 软件制作的每张导图都可结合多种不同的结构形式，每一个分支都可以是一个不同结构，可以结合各种横纵向的方式表达使用者大脑中的复杂想法。

解释说明

XMind 软件还有高级功能，比如可以直接切换成 PPT 的放映模式，也可以直接加入超链接，还有各种强大的导出导入功能。读者可以在使用的过程中充分发掘其各种用途。

研究小技巧：

注释

① Office 指办公软件，包括 Word（文字处理软件）、Excel（电子表格软件）、PPT（幻灯片演示文稿软件）；pdf 指便携式文档格式；Evernote 指印象笔记。

② iOS 端指苹果客户端。

1.3 思维导图辅助科研的潜力

研究小技巧：

思维导图在帮助科研工作者正确认知概念、准确判断正误以及合理化推理等方面都具有十分重要的辅助作用，我们可以依靠思维导图获得对研究对象本质、全体和内部联系的认识。思维导图可以帮助科研工作者训练逻辑思维能力，让他们逐步形成系统性、条理性的思考方式。在此，我们将思维导图的辅助作用分为辅助思考（图 1–4）和辅助整理信息（图 1–5）两种类型。

1.3.1 思维导图辅助思考

（1）归纳与演绎：归纳与演绎是科研过程中重要的思维过程，例如将个别现象归纳为一般现象，即将“个”变成“类”；又例如将一般现象演绎为个别现象，即将“泛”变成“精”。前者属于思维的展开，后者属于思维的收敛。思维导图工具在使用过程中提供了下级分支与并列分支两种形式，故而能够随时进行思维的展开与收束。

（2）发散与总结（分析与综合）：发散（分析）与总结（综合）也是科研中常用的思维方式。发散即展开联想，梳理与其相似或相关的现象。发散与归纳有所不同，其更多的是“类”与“类”之间的跳跃式联想。而总结则表示的是一种思维的整合再处理。总结与演绎

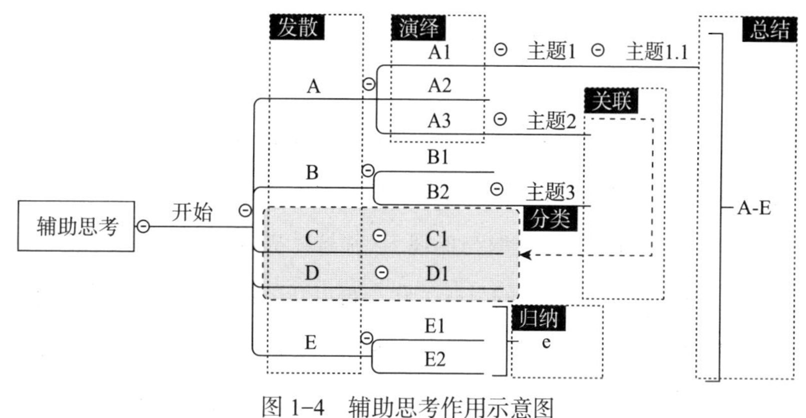

发散
演绎
总结
A1
主题1
主题1.1
A
A2
关联
A3
主题2
B1
B
B2
主题3
辅助思考
开始
分类
A-E
C
C1
D
D1
归纳
E1
E
e
E2

图 1–4 辅助思考作用示意图

研究小技巧：

不同的是以整体观的视角进行信息的综合处理，而非演绎为“单个”信息。

（3）分类与关联：分类与关联是一种简单的思维过程。分类即将碎片式的信息按照另一标准进行区分，或者是对不属于同一类的许多信息重新归类；关联则是将碎片式的信息按照某一新的目标思路进行新的联系，所以关联通常是拓展思维的重要方式之一。

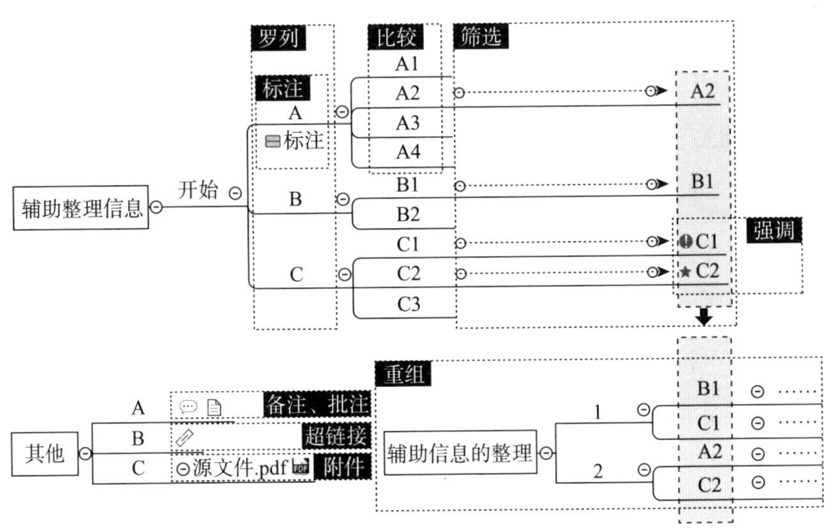

罗列
比较
筛选
标注
A
标注
A1
A2
A3
A4
A2
辅助整理信息
开始
B
B1
B2
B1
强调
C
C1
C2
C3
C1
C2
重组
B1
A
备注、批注
C1
其他
B
超链接
1
辅助信息的整理
A2
C
源文件.pdf
附件
2
C2

图 1-5　辅助整理信息作用示意图

1.3.2　思维导图辅助整理信息

（1）罗列与比较：罗列与比较是最简单的信息处理方式。罗列是将任意来源的任意形式的信息并列式地罗列即可，而比较则是进行关联性信息的罗列，它们均属于并列式信息整理。

（2）筛选与重组（提取与梳理）：筛选（提取）与重组（梳理）主要是指对信息的再处理，即将已具备关系链的信息进行新的目标关联，再以新的逻辑关系进行重新组合与梳理，形成新的信息关系链。

（3）标注与强调：标注与强调主要用于信息的关键性、重要性标示，从而对信息增加附带元素，例如标注信息的来源与特征等。强调即对众多同属性、同级别或者同样式中的信息进行个别信息的样式区别，以期信息受到重点关注。

（4）其他：① 备注、批注，即进行长文字的解释说明，图中不显示文字内容，只显示图标，表达方式有备注或批注。② 超链接，即进行网站的关联，可随时打开相关网站。③ 附件，即进行文档的关联，可随时打开电脑中的文档，快速查找文件位置和内容。

1.3.3　一般科研工具与思维导图的对比

经由长时间运用思维导图辅助科研工作，科研工作者的思维方式将会发生潜移默化的改变，逻辑思维将被逐步强化，所以，思维导图不仅是辅助科研工作的工具，而且是锻炼科研逻辑思维的利器。那么思维导图与其他工具有什么区别呢？在此我们将一般科研工具与思维导图进行全方位对比，以供读者更深入地了解思维导图的优缺点与应用情境（表 1–1）。

表 1–1　一般科研工具与思维导图对比

项目＼工具		手写笔记	Word	Excel	PPT	视频	思维导图
优点		关键词句与图示	递进式表达	对比式分析	递进式推进展示	动态、直观	并列兼递进式，较强的逻辑性
缺点		缺乏严格统一的格式与规则，缺乏正式感	信息平铺直叙，层次性和逻辑性较弱	并列式罗列，无法体现递进式的过程	大部分只用于成果展示，不可用于过程推进	只用于成果的动态展示	输出性与展示性较弱
适用途径	一般途径	快速记录关键信息	正式文本书写	并列对比分析（数据、特点、属性等）	汇报展示	场景动态展示	思考与整理信息
	辅助科研	学术会议或沙龙讨论记录	项目申报书、项目结题书、设计文本等的撰写	信息罗列与对比	汇报交流以及逻辑框图、流程图的绘制	设计图、场景展示	思路推进、框架梳理、总结归纳、信息罗列、分类、比较、关联等
操作难度		★☆☆☆☆	★★☆☆☆	★★★☆☆	★★★☆☆	★★★★☆	★★☆☆☆

研究小技巧：

1.3.4 团队近四年科研工作推进路径

通过前述介绍，读者应该对科学研究、思维导图和思维导图辅助科研工作的潜力有了初步了解，后面的章节将会基于前面的简介向读者们具体展示团队近年来在纵向课题、横向项目、文献阅读、论文写作、会议分享、沙龙纪要和课堂笔记记录等方面都是如何运用思维导图来辅助诸如此类的科研工作的开展、组织和管理的。

在此，首先展示团队于 2015—2018 年的部分纵向与横向项目推进思路，以方便读者对本书精华部分的快速了解，以作为提纲挈领之用。图 1-6 中的深灰色代表的是纵向课题，浅灰色代表的是横向项目，这些节点均是围绕“水域生态景观”的话题展开的。总体而言，它们是一脉相承、层层推进的。

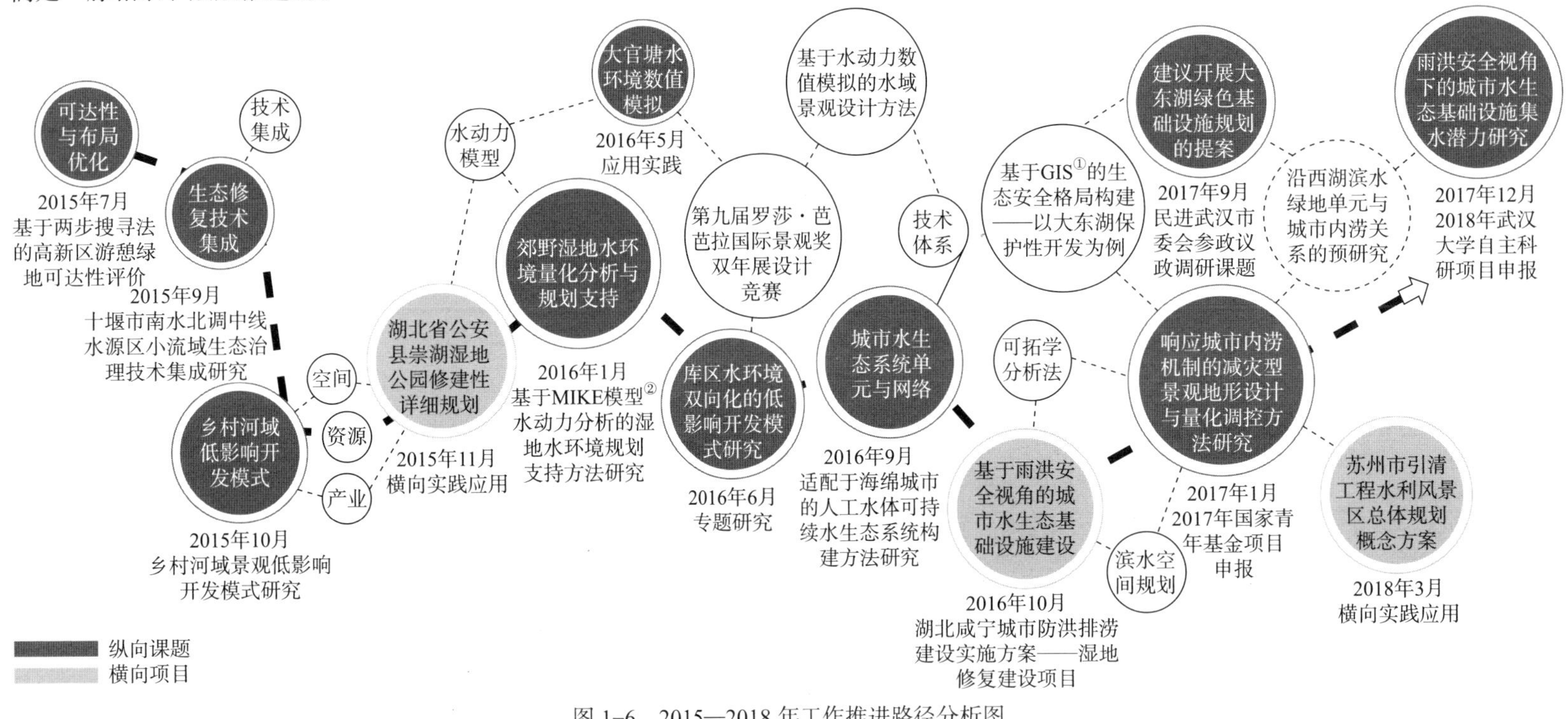

可达性与布局优化
2015年7月
基于两步搜寻法的高新区游憩绿地可达性评价
技术集成
生态修复技术集成
2015年9月
十堰市南水北调中线水源区小流域生态治理技术集成研究
空间
资源
产业
乡村河域低影响开发模式
2015年10月
乡村河域景观低影响开发模式研究
湖北省公安县崇湖湿地公园修建性详细规划
2015年11月
横向实践应用
水动力模型
大官塘水环境数值模拟
2016年5月
应用实践
郊野湿地水环境量化分析与规划支持
2016年1月
基于MIKE模型②水动力分析的湿地水环境规划支持方法研究
基于水动力数值模拟的水域景观设计方法
第九届罗莎·芭芭拉国际景观奖双年展设计竞赛
库区水环境双向化的低影响开发模式研究
2016年6月
专题研究
技术体系
城市水生态系统单元与网络
2016年9月
适配于海绵城市的人工水体可持续水生态系统构建方法研究
基于GIS①的生态安全格局构建——以大东湖保护性开发为例
可拓学分析法
基于雨洪安全视角的城市水生态基础设施建设
2016年10月
湖北咸宁城市防洪排涝建设实施方案——湿地修复建设项目
滨水空间规划
建议开展大东湖绿色基础设施规划的提案
2017年9月
民进武汉市委会参政议政调研课题
沿西湖滨水绿地单元与城市内涝关系的预研究
响应城市内涝机制的减灾型景观地形设计与量化调控方法研究
2017年1月
2017年国家青年基金项目申报
雨洪安全视角下的城市水生态基础设施集水潜力研究
2017年12月
2018年武汉大学自主科研项目申报
苏州市引清工程水利风景区总体规划概念方案
2018年3月
横向实践应用
纵向课题
横向项目

图 1-6 2015—2018 年工作推进路径分析图

注释

① GIS 即地理信息系统。

② MIKE 模型即 MIKE 21 水文分析模型。它是由丹麦水力研究所研究开发的，集降雨径流、地下水、河道乃至海洋，水体污染物物理、化学及生物模拟功能为一体的数学模拟模型。

2　科研课题申报

研究小技巧：

2.1 国家自然科学基金类

2.1.1 课题 1　2016 年国家自然科学基金申请：基于 MIKE 模型水动力分析的湿地水环境规划支持方法研究

1）课题缘起

（1）直接原因：2016 年国家自然科学基金申报通知下达。

（2）间接原因：① 弥补前期研究缺陷。由于之前刚做了一个横向项目“湖北省公安县崇湖湿地公园修建性详细规划”，在这个项目中团队始终认为只运用了定性的分析方法，缺乏量化的分析研究，而定量分析可以检验与拓展研究结论，是非常必要的研究手段。② 研究方法的拓展。这是对定量分析研究的补充。

2）课题思路推进

本课题在准备阶段只能简单确定研究方向，通过对已有研究和相关信息的不断梳理才慢慢形成清晰的研究思路，整理出完整的研究框架，确定出将要使用的技术模型，并最终明确研究的目标与价值。本课题主要以集中式工作坊的形式开展，在短时间内，积极高效地进行项目推进，并以思维导图为主要工具。本课题按照时间顺序主要分为三大阶段，如图 2-1 所示。

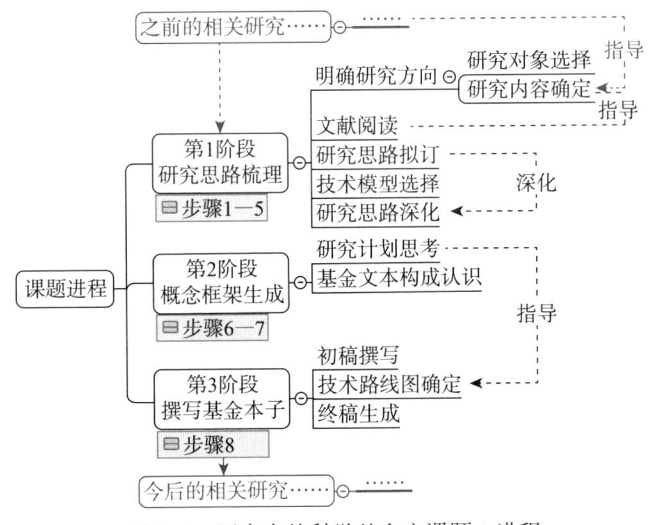

之前的相关研究……
……
指导
明确研究方向
研究对象选择
研究内容确定
指导
文献阅读
第1阶段
研究思路梳理
研究思路拟订
技术模型选择
深化
研究思路深化
步骤1—5
研究计划思考
课题进程
第2阶段
概念框架生成
基金文本构成认识
指导
步骤6—7
初稿撰写
第3阶段
撰写基金本子
技术路线图确定
终稿生成
步骤8
今后的相关研究……
……

图 2-1　国家自然科学基金之课题 1 进程

经验分享

前期以工作坊形式集中讨论，大家进行头脑风暴，不断地思考与讨论，这样可以很快梳理出一个较完善的逻辑框架。

后期撰写文本主要为各自负责自己的部分，并且不定时讨论交流，必要时互相交换成果，统一思路。

讨论的意义在于“说服”与“接受”，每个人都会不断地涌现新的想法，尝试去说服别人接受自己的观点，也要认真倾听别人的意见，进行自我反思。

（1）第 1 阶段：研究思路梳理

① 步骤 1：明确研究方向

首先通过会议讨论初步确定研究对象和研究内容。由于团队长期致力于水域生态景观的研究，以及当时业内对湿地环境的关注，故以“湿地水环境”为研究对象，并且团队近期刚好完成了一个横向项目“湖北省公安县崇湖湿地公园修建性详细规划”，它顺其自然地成为本课题的实验对象。研究内容基于横向项目的深入思考从而拟订将为湿地水环境的设计提供定量依据，并对其具体内容做了简要构思，借此确定了文献查阅的方向。利用思维导图记录会议内容，以指导下一步的文献查阅工作（图 2-2）。

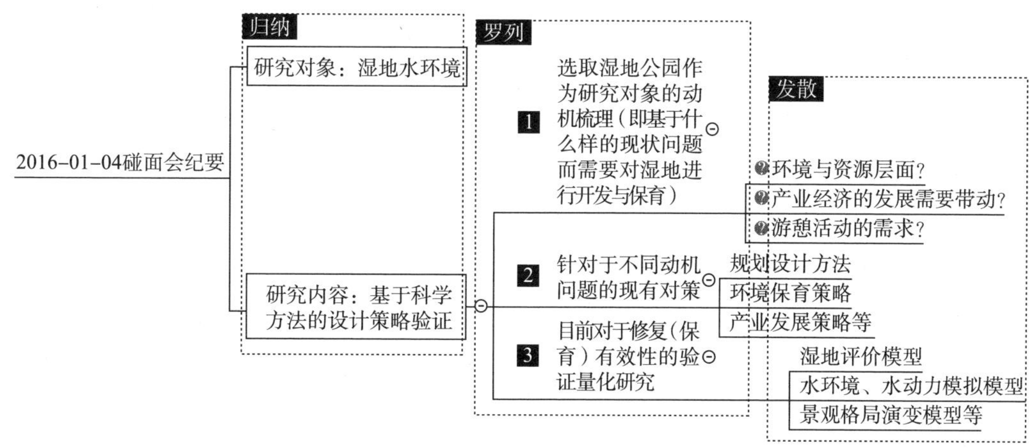
归纳
研究对象：湿地水环境
研究内容：基于科学方法的设计策略验证
2016-01-04碰面会纪要
罗列
1 选取湿地公园作为研究对象的动机梳理（即基于什么样的现状问题而需要对湿地进行开发与保育）
2 针对于不同动机问题的现有对策
3 目前对于修复（保育）有效性的验证量化研究
发散
环境与资源层面？
产业经济的发展需要带动？
游憩活动的需求？
规划设计方法
环境保育策略
产业发展策略等
湿地评价模型
水环境、水动力模拟模型
景观格局演变模型等

图 2-2　碰面会纪要的信息归纳与演绎

② 步骤 2：文献阅读

在上一步的基础上，为了更加深入地了解关于“湿地水环境”的相关研究进展，团队成员以“湿地公园”和“水环境设计”等关键词进行了检索，收集并阅读了相关文献资料，利用思维导图归纳总结了相关内容的研究进展。由于文献较多，图 2-3 只选择部分内容进行展示。

研究小技巧：

解释说明

研究对象适当贴合热门问题或者热门话题，既有利于研究发挥更大的价值，也有利于更多的人检索和参考。

研究小技巧：

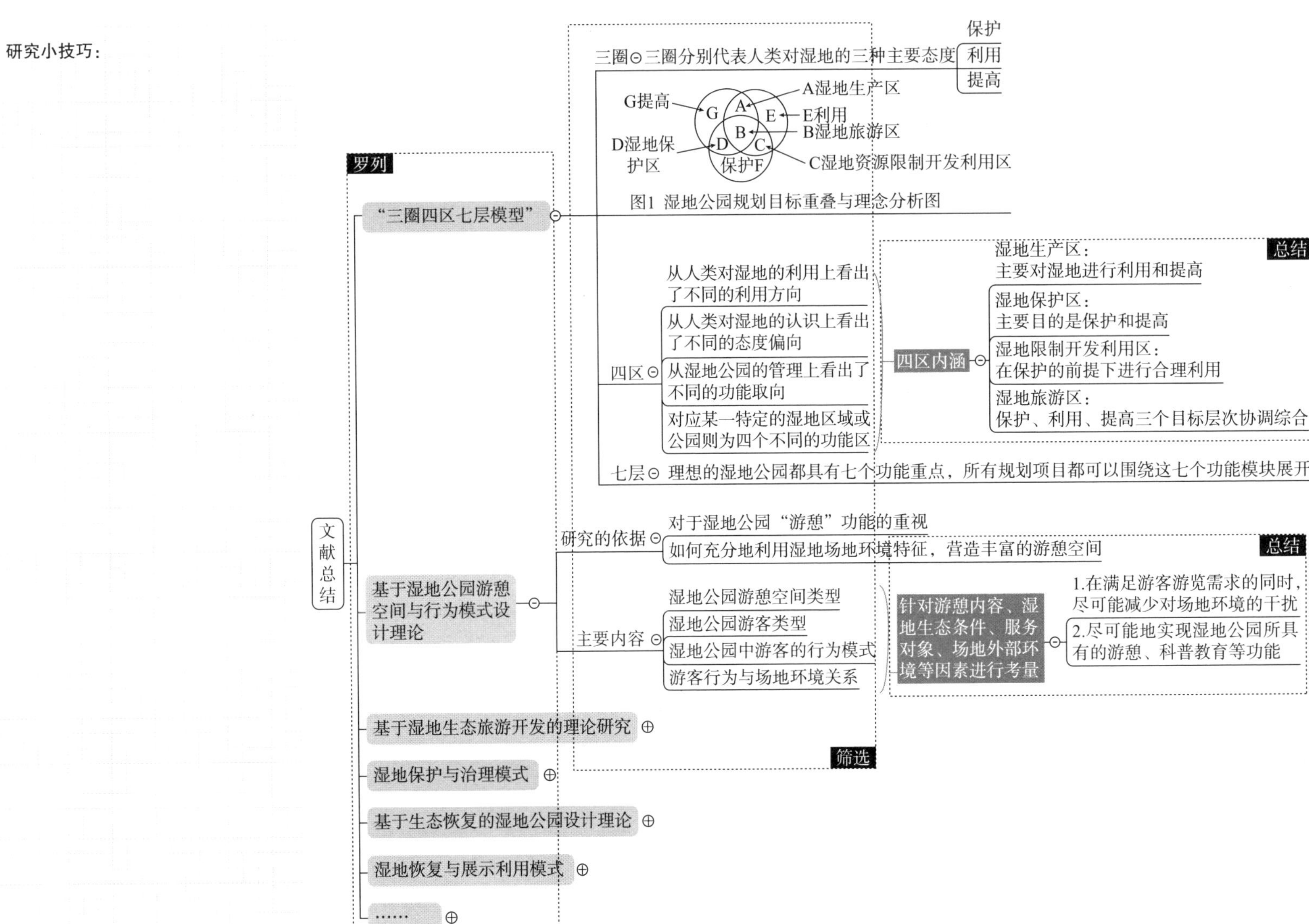

罗列
文献总结
"三圈四区七层模型"
三圈
三圈分别代表人类对湿地的三种主要态度
保护
利用
提高
G提高
A湿地生产区
E利用
B湿地旅游区
D湿地保护区
C湿地资源限制开发利用区
保护F
图1 湿地公园规划目标重叠与理念分析图
四区
从人类对湿地的利用上看出了不同的利用方向
从人类对湿地的认识上看出了不同的态度偏向
从湿地公园的管理上看出了不同的功能取向
对应某一特定的湿地区域或公园则为四个不同的功能区
四区内涵
总结
湿地生产区：主要对湿地进行利用和提高
湿地保护区：主要目的是保护和提高
湿地限制开发利用区：在保护的前提下进行合理利用
湿地旅游区：保护、利用、提高三个目标层次协调综合
七层
理想的湿地公园都具有七个功能重点，所有规划项目都可以围绕这七个功能模块展开
基于湿地公园游憩空间与行为模式设计理论
研究的依据
对于湿地公园"游憩"功能的重视
如何充分地利用湿地场地环境特征，营造丰富的游憩空间
主要内容
湿地公园游憩空间类型
湿地公园游客类型
湿地公园中游客的行为模式
游客行为与场地环境关系
针对游憩内容、湿地生态条件、服务对象、场地外部环境等因素进行考量
总结
1.在满足游客游览需求的同时，尽可能减少对场地环境的干扰
2.尽可能地实现湿地公园所具有的游憩、科普教育等功能
基于湿地生态旅游开发的理论研究
湿地保护与治理模式
基于生态恢复的湿地公园设计理论
湿地恢复与展示利用模式
……
筛选

图 2-3　文献核心信息筛选与罗列

③ 步骤 3：研究思路拟订

经过前期文献资料的研究，把握了相关研究进展，通过讨论形成了初步的研究思路与想法，并利用思维导图将会议内容予以记录和整理，至此确定项目将寻找能够定量研究湿地水量、水形态的相关软件或技术，故下一阶段团队开始收集和整理相关模型信息（图 2–4）。

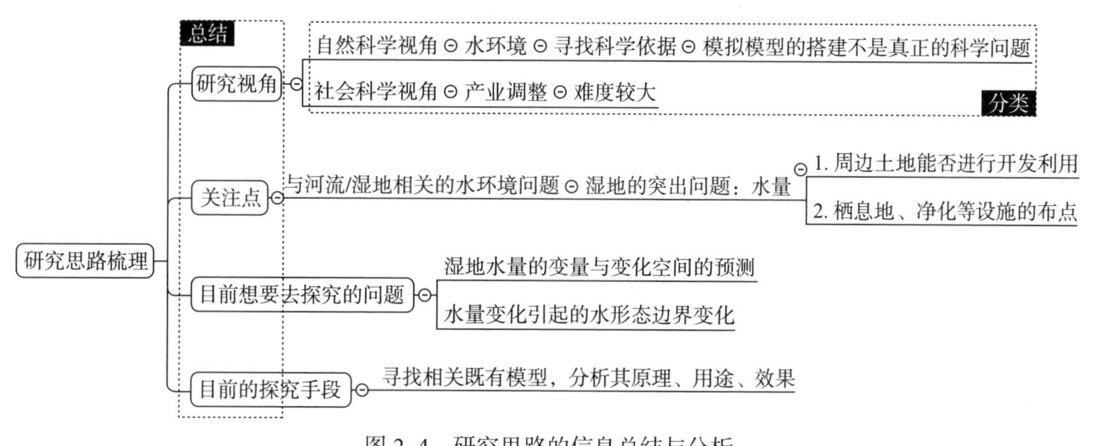

总结
研究视角
自然科学视角 水环境 寻找科学依据 模拟模型的搭建不是真正的科学问题
社会科学视角 产业调整 难度较大
分类
关注点
与河流/湿地相关的水环境问题 湿地的突出问题：水量
1. 周边土地能否进行开发利用
2. 栖息地、净化等设施的布点
研究思路梳理
目前想要去探究的问题
湿地水量的变量与变化空间的预测
水量变化引起的水形态边界变化
目前的探究手段
寻找相关既有模型，分析其原理、用途、效果

图 2–4　研究思路的信息总结与分析

④ 步骤 4：技术模型选择

通过查阅大量文献、书籍、课程等资料，团队利用思维导图对 GIS（地理信息系统）、SWMM（雨洪管理模型）软件进行了解读与总结，通过分享与讨论，团队将视角定位于 SWMM，拟对其进行更深入的研究。图 2–5 展示了讨论后对这三个模型特征的总结。

通过查阅更多关于 SWMM 的资料，利用思维导图对其概述、应用范围、效果等方面分别进行深入解读，发现其特点为可在小尺度范围内追踪与模拟不同时间步长任意时刻动态径流的水质、水量等要素，但是难点在于该模型分析过程需要大量的数据支撑，要针对性地制订技术路线，才能分析出城市雨洪状态下的水文过程、水量与水质情况，以及进行洪水演进三维模拟仿真系统的可视化研究（图 2–6）。

研究小技巧：

经验分享

XMind 软件版本的思维导图形式多样，既可根据不同主题选取软件自带的模板，也可依据自身喜好以及任务形式自设版式。

研究小技巧：

综上分析，SWMM 并不适合本课题，将其排除。于是，团队继续寻找其他适合本课题的模型。

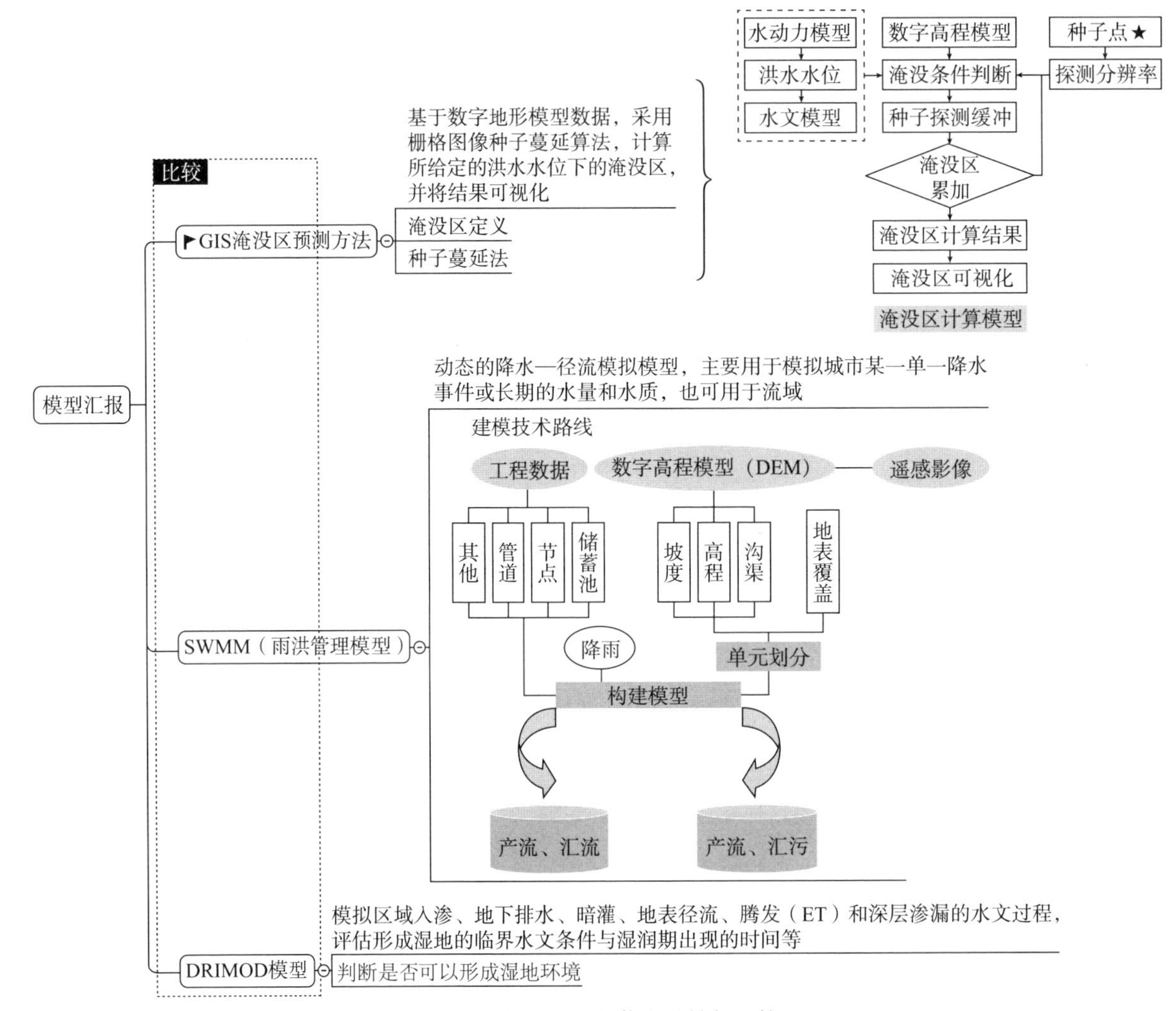

比较
模型汇报
GIS淹没区预测方法
基于数字地形模型数据，采用栅格图像种子蔓延算法，计算所给定的洪水水位下的淹没区，并将结果可视化
淹没区定义
种子蔓延法
水动力模型
洪水水位
水文模型
数字高程模型
淹没条件判断
种子探测缓冲
淹没区累加
淹没区计算结果
淹没区可视化
种子点★
探测分辨率
淹没区计算模型
SWMM（雨洪管理模型）
动态的降水—径流模拟模型，主要用于模拟城市某一单一降水事件或长期的水量和水质，也可用于流域
建模技术路线
工程数据
数字高程模型（DEM）
遥感影像
其他
管道
节点
储蓄池
坡度
高程
沟渠
地表覆盖
降雨
单元划分
构建模型
产流、汇流
产流、汇污
DRIMOD模型
模拟区域入渗、地下排水、暗灌、地表径流、腾发（ET）和深层渗漏的水文过程，评估形成湿地的临界水文条件与湿润期出现的时间等
判断是否可以形成湿地环境

图 2–5　模型特征的信息总结与比较

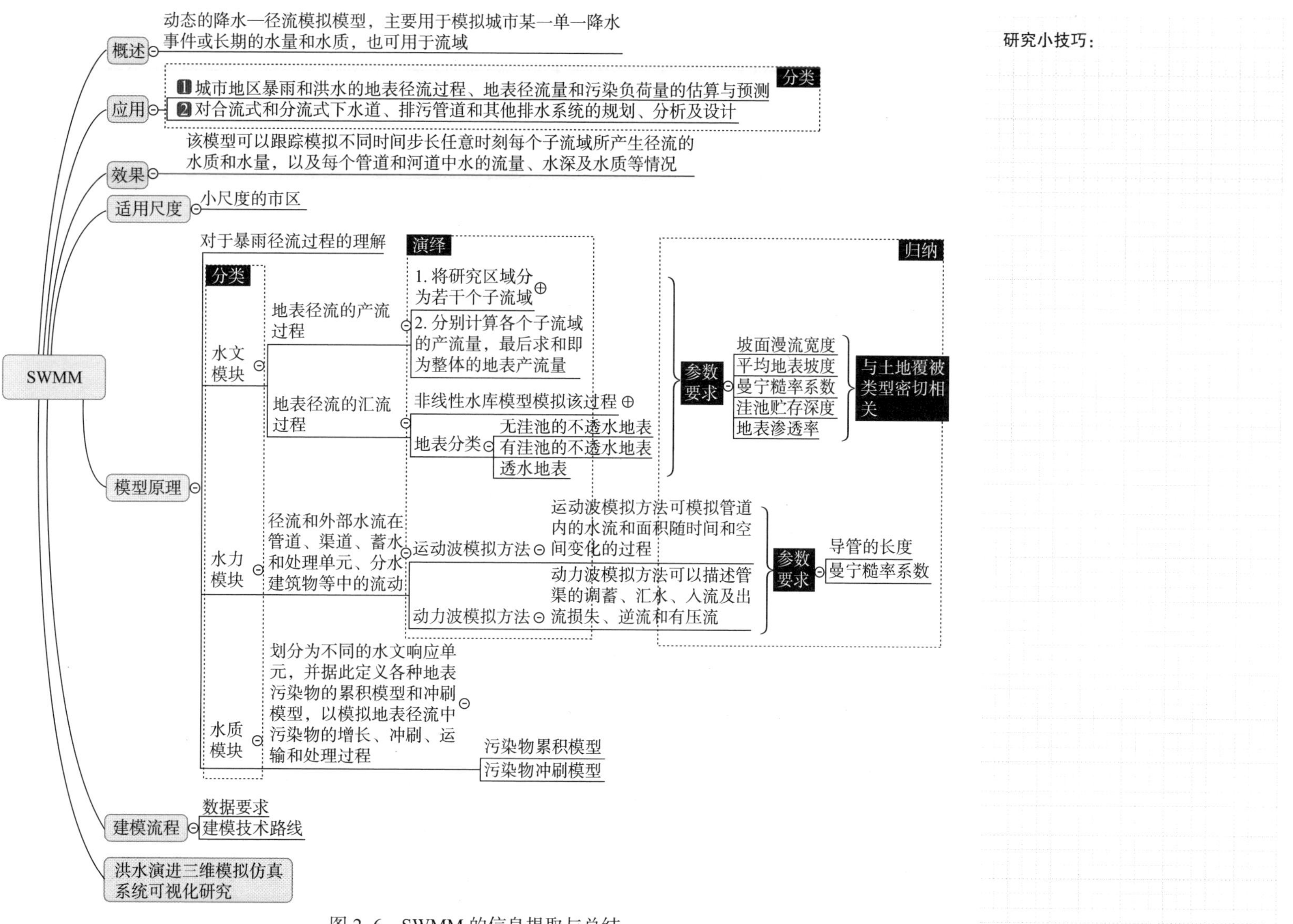
SWMM
概述
动态的降水—径流模拟模型，主要用于模拟城市某一单一降水事件或长期的水量和水质，也可用于流域
应用
分类
❶城市地区暴雨和洪水的地表径流过程、地表径流量和污染负荷量的估算与预测
❷对合流式和分流式下水道、排污管道和其他排水系统的规划、分析及设计
效果
该模型可以跟踪模拟不同时间步长任意时刻每个子流域所产生径流的水质和水量，以及每个管道和河道中水的流量、水深及水质等情况
适用尺度
小尺度的市区
模型原理
对于暴雨径流过程的理解
分类
演绎
归纳
水文模块
地表径流的产流过程
1. 将研究区域分为若干个子流域
2. 分别计算各个子流域的产流量，最后求和即为整体的地表产流量
地表径流的汇流过程
非线性水库模型模拟该过程
地表分类
无洼池的不透水地表
有洼池的不透水地表
透水地表
参数要求
坡面漫流宽度
平均地表坡度
曼宁糙率系数
洼池贮存深度
地表渗透率
与土地覆被类型密切相关
水力模块
径流和外部水流在管道、渠道、蓄水和处理单元、分水建筑物等中的流动
运动波模拟方法
运动波模拟方法可模拟管道内的水流和面积随时间和空间变化的过程
动力波模拟方法
动力波模拟方法可以描述管渠的调蓄、汇水、入流及出流损失、逆流和有压流
参数要求
导管的长度
曼宁糙率系数
水质模块
划分为不同的水文响应单元，并据此定义各种地表污染物的累积模型和冲刷模型，以模拟地表径流中污染物的增长、冲刷、运输和处理过程
污染物累积模型
污染物冲刷模型
建模流程
数据要求
建模技术路线
洪水演进三维模拟仿真系统可视化研究

图 2-6　SWMM 的信息提取与总结

研究小技巧：

研究小技巧：

接下来，团队重新挑选了两种模型——Fluent 模型与 MIKE 21 模型，并利用思维导图分析其特点。图 2-7 展示了对 Fluent 模型与 MIKE 21 模型的总结与对比。

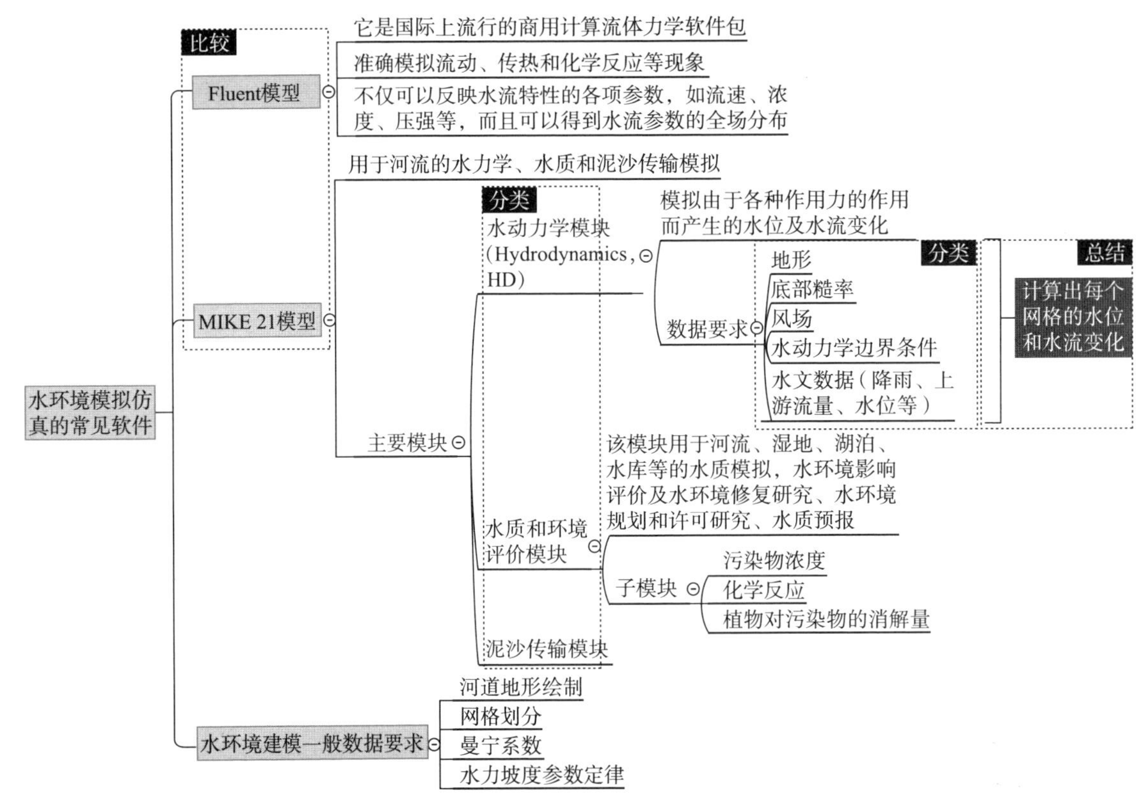

比较
Fluent模型
它是国际上流行的商用计算流体力学软件包
准确模拟流动、传热和化学反应等现象
不仅可以反映水流特性的各项参数，如流速、浓度、压强等，而且可以得到水流参数的全场分布
MIKE 21模型
用于河流的水力学、水质和泥沙传输模拟
主要模块
分类
水动力学模块（Hydrodynamics，HD）
模拟由于各种作用力的作用而产生的水位及水流变化
数据要求
分类
地形
底部糙率
风场
水动力学边界条件
水文数据（降雨、上游流量、水位等）
总结
计算出每个网格的水位和水流变化
水质和环境评价模块
该模块用于河流、湿地、湖泊、水库等的水质模拟，水环境影响评价及水环境修复研究、水环境规划和许可研究、水质预报
子模块
污染物浓度
化学反应
植物对污染物的消解量
泥沙传输模块
水环境模拟仿真的常见软件
水环境建模一般数据要求
河道地形绘制
网格划分
曼宁系数
水力坡度参数定律

图 2-7　水环境模拟仿真常见软件的信息筛选与比较

经验分享

为了将庞杂的内容简单化，用思维导图的方式来代替文字表述，这样更简洁、更容易使人理解。思维导图不仅是过程工具，而且可以作为一种表达方式。

团队就 Fluent 模型与 MIKE 21 模型展开讨论，重新梳理了研究思路，反思了两种研究视角与两种研究模型，并重点以自然科学视角结合 MIKE 21 模型进行分析。发现 MIKE 21 模型主要用于河流的水力学、水质和环境评价与泥沙传输的模拟，较为符合本课题研究，故最终选择 MIKE 21 模型，拟对其进行更深入的剖析。利用思维导图将会议汇报与讨论内容进行总结、延伸与拓展，以验证思路的合理性（图 2–8）。

研究小技巧：

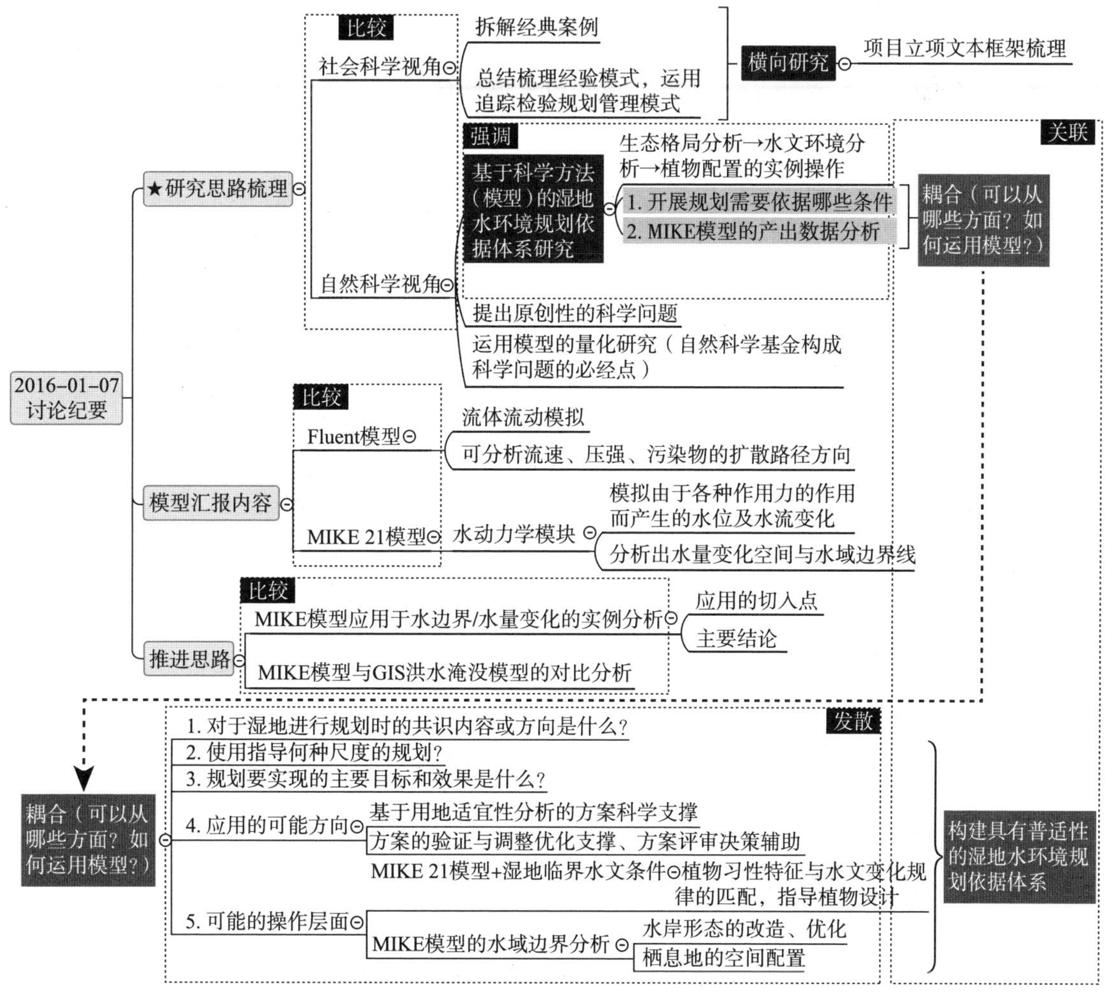

2016–01–07 讨论纪要
★研究思路梳理
比较
社会科学视角
拆解经典案例
总结梳理经验模式，运用追踪检验规划管理模式
横向研究
项目立项文本框架梳理
强调
自然科学视角
基于科学方法（模型）的湿地水环境规划依据体系研究
生态格局分析→水文环境分析→植物配置的实例操作
1. 开展规划需要依据哪些条件
2. MIKE模型的产出数据分析
关联
耦合（可以从哪些方面？如何运用模型？）
提出原创性的科学问题
运用模型的量化研究（自然科学基金构成科学问题的必经点）
模型汇报内容
比较
Fluent模型
流体流动模拟
可分析流速、压强、污染物的扩散路径方向
MIKE 21模型
水动力学模块
模拟由于各种作用力的作用而产生的水位及水流变化
分析出水量变化空间与水域边界线
推进思路
比较
MIKE模型应用于水边界/水量变化的实例分析
应用的切入点
主要结论
MIKE模型与GIS洪水淹没模型的对比分析
耦合（可以从哪些方面？如何运用模型？）
发散
1. 对于湿地进行规划时的共识内容或方向是什么？
2. 使用指导何种尺度的规划？
3. 规划要实现的主要目标和效果是什么？
4. 应用的可能方向
基于用地适宜性分析的方案科学支撑
方案的验证与调整优化支撑、方案评审决策辅助
5. 可能的操作层面
MIKE 21模型+湿地临界水文条件
植物习性特征与水文变化规律的匹配，指导植物设计
MIKE模型的水域边界分析
水岸形态的改造、优化
栖息地的空间配置
构建具有普适性的湿地水环境规划依据体系

图 2–8　讨论纪要的信息归纳与发散

研究小技巧：

在确定以 MIKE 21 模型为研究模型后，重新检索与阅读相关文献，了解 MIKE 21 模型的方法机制与应用途径，明确研究过程与研究目的，并确定使用过程中需要用到的数据，利用思维导图对信息进行整合，方便提前准备。限于篇幅，在此只展示部分文献的归纳总结（图 2-9）。

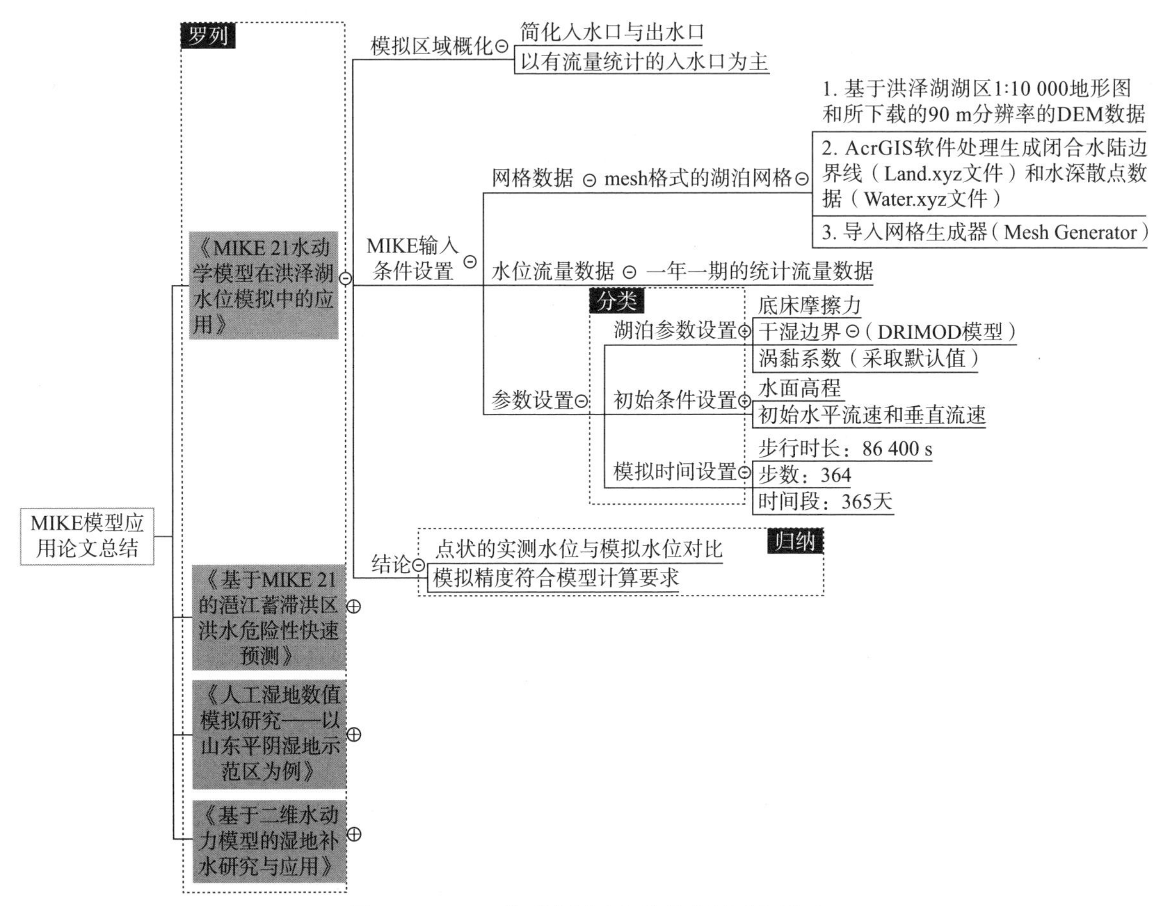

罗列
MIKE模型应用论文总结
《MIKE 21水动学模型在洪泽湖水位模拟中的应用》
模拟区域概化
简化入水口与出水口
以有流量统计的入水口为主
MIKE输入条件设置
网格数据
mesh格式的湖泊网格
1. 基于洪泽湖湖区1:10 000地形图和所下载的90 m分辨率的DEM数据
2. AcrGIS软件处理生成闭合水陆边界线（Land.xyz文件）和水深散点数据（Water.xyz文件）
3. 导入网格生成器（Mesh Generator）
水位流量数据
一年一期的统计流量数据
分类
参数设置
湖泊参数设置
底床摩擦力
干湿边界
（DRIMOD模型）
涡黏系数（采取默认值）
初始条件设置
水面高程
初始水平流速和垂直流速
模拟时间设置
步行时长：86 400 s
步数：364
时间段：365天
结论
点状的实测水位与模拟水位对比
模拟精度符合模型计算要求
归纳
《基于MIKE 21的湛江蓄滞洪区洪水危险性快速预测》
《人工湿地数值模拟研究——以山东平阴湿地示范区为例》
《基于二维水动力模型的湿地补水研究与应用》

图 2-9　MIKE 模型应用论文的信息罗列与筛选

至此，完成模型的选择与分析，下一步则是在此基础上进一步推衍和明确研究思路与想法。

⑤ 步骤 5：研究思路深化

在前面研究的基础上，深化初期拟订的研究思路，明确研究方向为“基于 MIKE 模型的湿地水系环境营造决策支持”，并尝试搭建可行性研究报告框架，同时继续思考如何运用 MIKE 模型完成研究（图 2-10）。

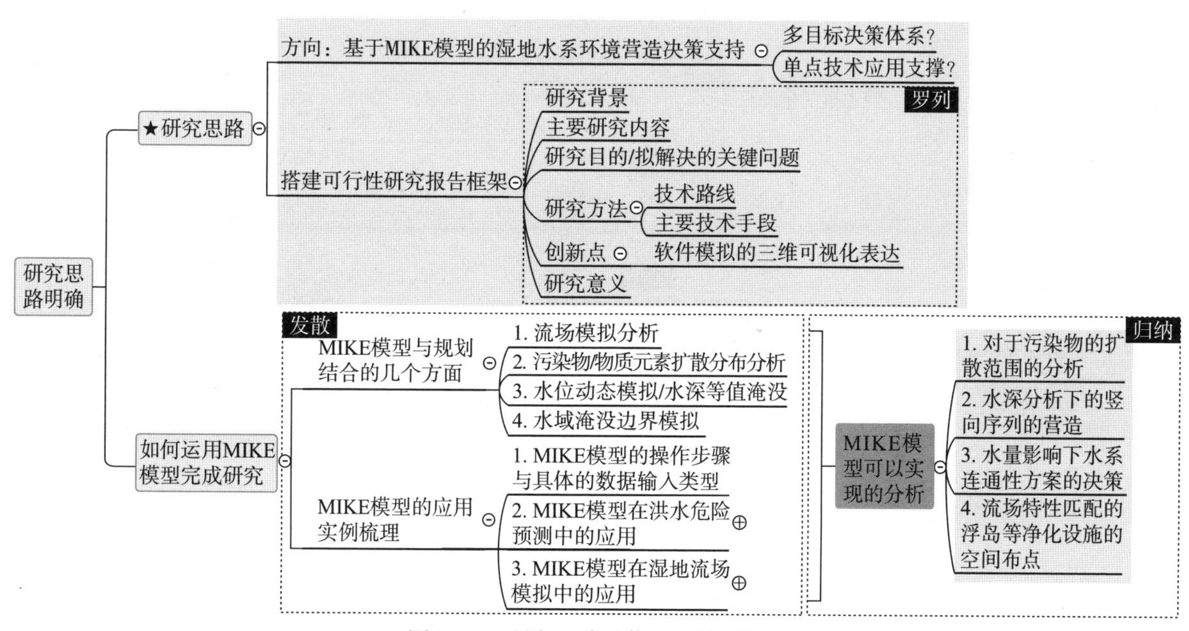
研究思路明确
★研究思路
方向：基于MIKE模型的湿地水系环境营造决策支持
多目标决策体系?
单点技术应用支撑?
罗列
搭建可行性研究报告框架
研究背景
主要研究内容
研究目的/拟解决的关键问题
研究方法
技术路线
主要技术手段
创新点
软件模拟的三维可视化表达
研究意义
发散
如何运用MIKE模型完成研究
MIKE模型与规划结合的几个方面
1. 流场模拟分析
2. 污染物/物质元素扩散分布分析
3. 水位动态模拟/水深等值淹没
4. 水域淹没边界模拟
MIKE模型的应用实例梳理
1. MIKE模型的操作步骤与具体的数据输入类型
2. MIKE模型在洪水危险预测中的应用
3. MIKE模型在湿地流场模拟中的应用
归纳
MIKE模型可以实现的分析
1. 对于污染物的扩散范围的分析
2. 水深分析下的竖向序列的营造
3. 水量影响下水系连通性方案的决策
4. 流场特性匹配的浮岛等净化设施的空间布点
图 2-10　研究思路的信息归纳与发散

（2）第 2 阶段：概念框架生成

① 步骤 6：研究计划思考

初步拟订题目，并明确以典型案例的应用为文本框架，主要用于指导实践操作。这个时候重点探究

研究小技巧：

研究小技巧：

了研究背景的写法，利用思维导图梳理这些信息（图 2-11）。

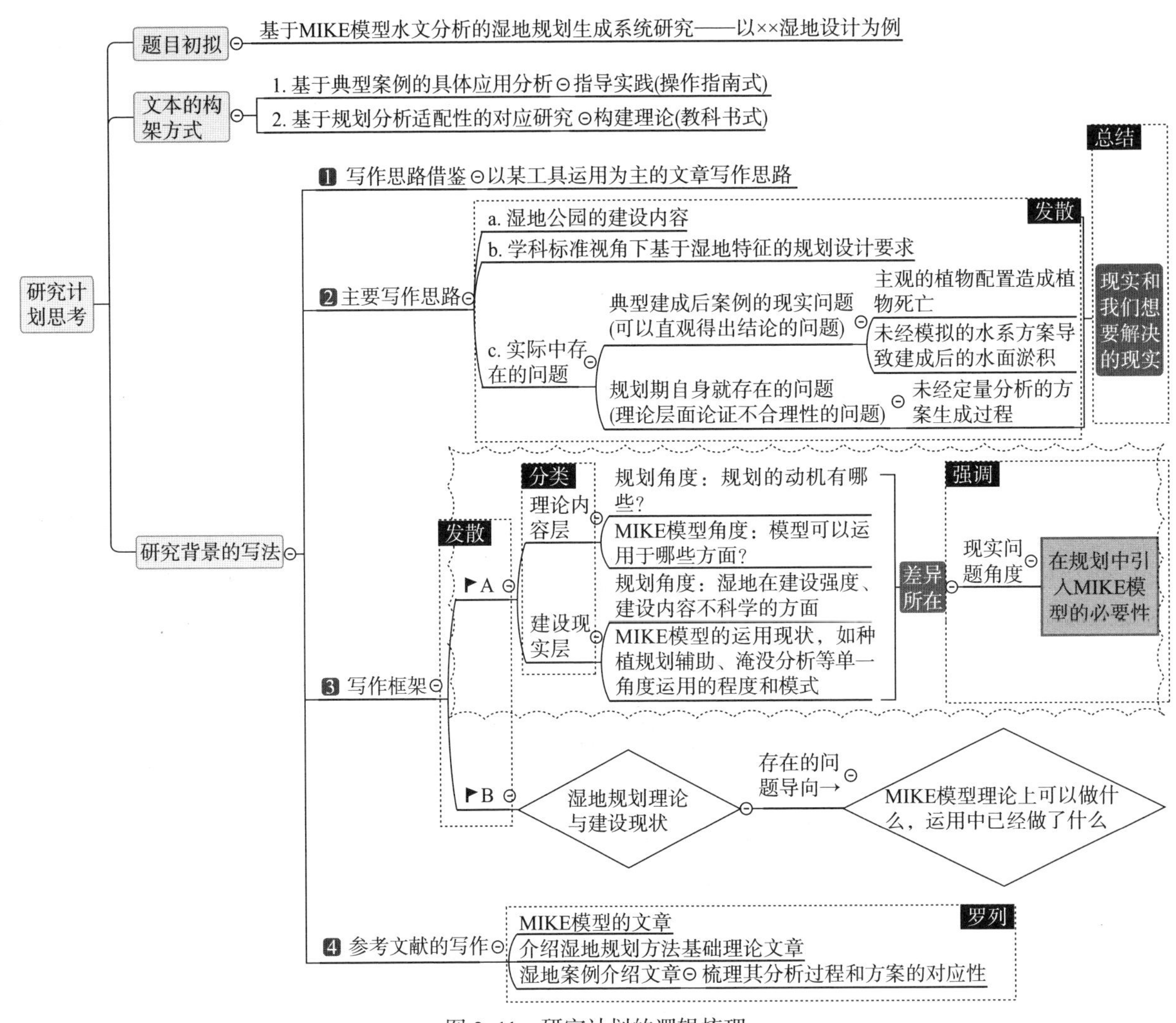

研究计划思考
题目初拟
基于MIKE模型水文分析的湿地规划生成系统研究——以××湿地设计为例
文本的构架方式
1. 基于典型案例的具体应用分析
指导实践(操作指南式)
2. 基于规划分析适配性的对应研究
构建理论(教科书式)
1 写作思路借鉴
以某工具运用为主的文章写作思路
2 主要写作思路
发散
a. 湿地公园的建设内容
b. 学科标准视角下基于湿地特征的规划设计要求
c. 实际中存在的问题
典型建成后案例的现实问题(可以直观得出结论的问题)
主观的植物配置造成植物死亡
未经模拟的水系方案导致建成后的水面淤积
规划期自身就存在的问题(理论层面论证不合理性的问题)
未经定量分析的方案生成过程
总结
现实和我们想要解决的现实
研究背景的写法
3 写作框架
发散
A
分类
理论内容层
规划角度：规划的动机有哪些?
MIKE模型角度：模型可以运用于哪些方面?
建设现实层
规划角度：湿地在建设强度、建设内容不科学的方面
MIKE模型的运用现状，如种植规划辅助、淹没分析等单一角度运用的程度和模式
差异所在
强调
现实问题角度
在规划中引入MIKE模型的必要性
B
湿地规划理论与建设现状
存在的问题导向→
MIKE模型理论上可以做什么，运用中已经做了什么
4 参考文献的写作
罗列
MIKE模型的文章
介绍湿地规划方法基础理论文章
湿地案例介绍文章
梳理其分析过程和方案的对应性

图 2-11 研究计划的逻辑梳理

经验分享

明确的研究背景决定了研究的合理性与有效性，它也是引导研究展开的引子。

基于研究计划的思考展开讨论，详细分析研究的背景、模型的优劣势和研究的结论等，利用思维导图予以记录和总结（图 2–12）。此时，已基本完成研究计划的要点梳理，接下来将转至对基金文本的初步了解与分析。

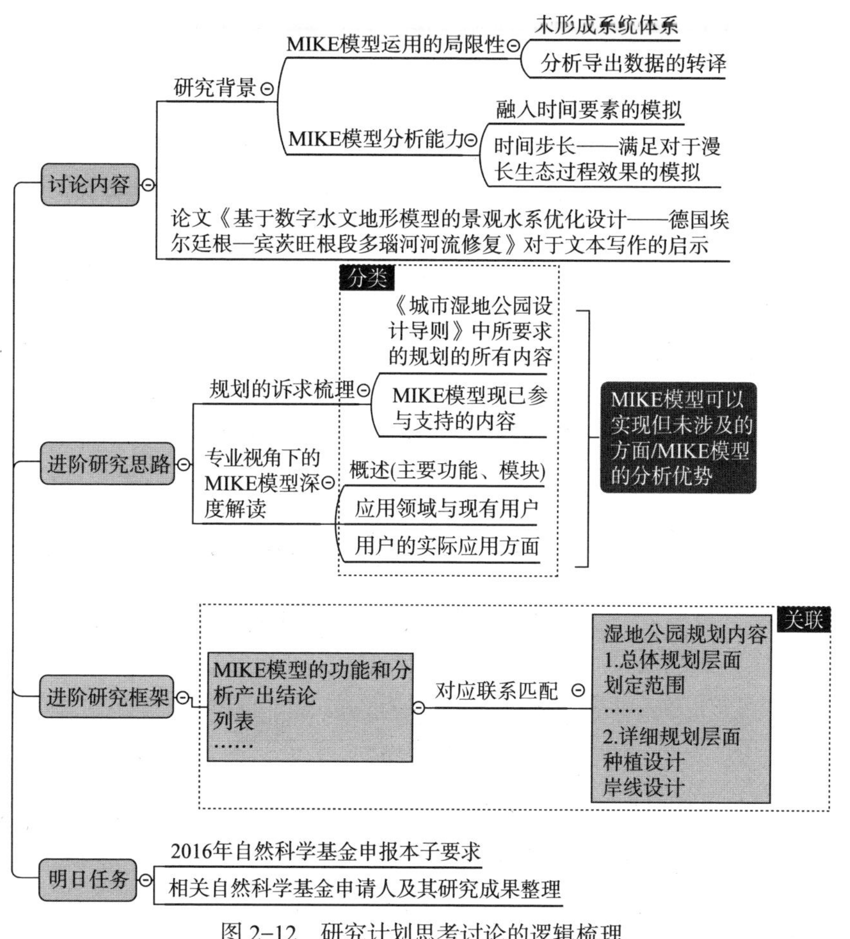

讨论内容
研究背景
MIKE模型运用的局限性
未形成系统体系
分析导出数据的转译
MIKE模型分析能力
融入时间要素的模拟
时间步长——满足对于漫长生态过程效果的模拟
论文《基于数字水文地形模型的景观水系优化设计——德国埃尔廷根—宾茨旺根段多瑙河河流修复》对于文本写作的启示
分类
进阶研究思路
规划的诉求梳理
《城市湿地公园设计导则》中所要求的规划的所有内容
MIKE模型现已参与支持的内容
专业视角下的MIKE模型深度解读
概述(主要功能、模块)
应用领域与现有用户
用户的实际应用方面
MIKE模型可以实现但未涉及的方面/MIKE模型的分析优势
进阶研究框架
MIKE模型的功能和分析产出结论
列表
……
对应联系匹配
关联
湿地公园规划内容
1.总体规划层面
划定范围
……
2.详细规划层面
种植设计
岸线设计
明日任务
2016年自然科学基金申报本子要求
相关自然科学基金申请人及其研究成果整理

图 2–12　研究计划思考讨论的逻辑梳理

研究小技巧：

研究小技巧：

② 步骤 7：基金文本构成认识

通过阅读基金申报书要求并对往年基金申报情况进行大致了解，利用思维导图罗列和强调文本的书写要求、书写内容以及还需完善的内容，查漏补缺（图 2-13）。

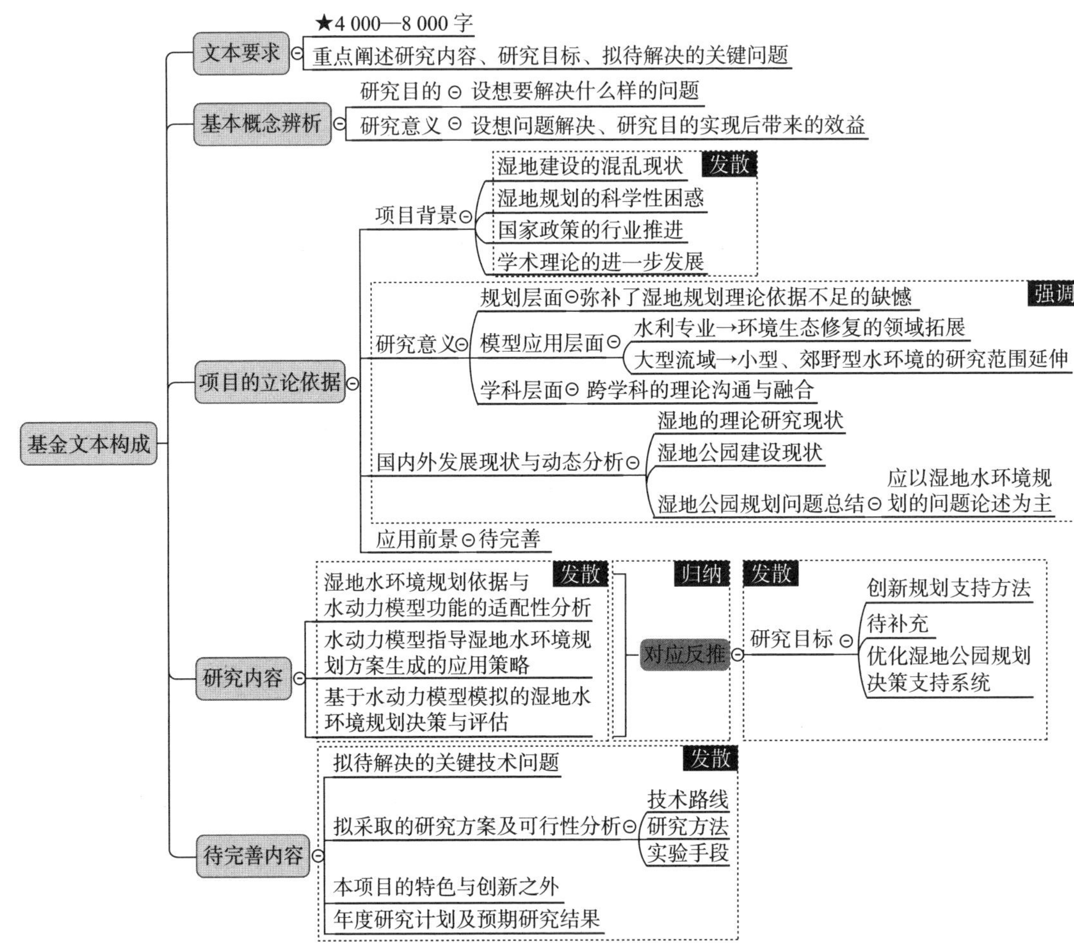

基金文本构成
文本要求
★4 000—8 000 字
重点阐述研究内容、研究目标、拟待解决的关键问题
基本概念辨析
研究目的 设想要解决什么样的问题
研究意义 设想问题解决、研究目的实现后带来的效益
项目的立论依据
项目背景
湿地建设的混乱现状
湿地规划的科学性困惑
国家政策的行业推进
学术理论的进一步发展
发散
研究意义
规划层面 弥补了湿地规划理论依据不足的缺憾
模型应用层面
水利专业→环境生态修复的领域拓展
大型流域→小型、郊野型水环境的研究范围延伸
学科层面 跨学科的理论沟通与融合
强调
国内外发展现状与动态分析
湿地的理论研究现状
湿地公园建设现状
湿地公园规划问题总结
应以湿地水环境规划的问题论述为主
应用前景 待完善
研究内容
湿地水环境规划依据与水动力模型功能的适配性分析
水动力模型指导湿地水环境规划方案生成的应用策略
基于水动力模型模拟的湿地水环境规划决策与评估
发散
归纳
对应反推
发散
研究目标
创新规划支持方法
待补充
优化湿地公园规划决策支持系统
待完善内容
拟待解决的关键技术问题
拟采取的研究方案及可行性分析
技术路线
研究方法
实验手段
本项目的特色与创新之外
年度研究计划及预期研究结果
发散

图 2-13　基金文本构成的信息罗列与强调

（3）第 3 阶段：撰写基金本子

步骤 8：初稿撰写、技术路线图确定、终稿生成。

通过对国家基金申报书内容构成的梳理以及对研究计划的整合思考，开始撰写文本，同步可生成技术路线，如图 2-14、图 2-15 所示。

（一）立项依据与研究内容（4000—8000 字）：

1. 项目的立论依据（研究意义、国内外研究现状及发展动态分析，需结合科学研究发展趋势来论述科学意义；或结合国民经济和社会发展中迫切需要解决的关键科技问题来论述其应用前景。附主要参考文献目录）

课题针对我国湿地规划建设尤其是水环境规划不够科学合理而提出，将水利水文数据分析软件 MIKE 21 模型作为湿地水环境现状评价的量化工具，构建详细的水环境评价微观因素，如水流速、流场、水量变化等，探索适合各类型湿地规划的支撑体系。最后为湿地规划方案设计和优化提供科学依据，有效指导湿地水环境规划建设活动。

1.1 项目背景

1.1.1 湿地建设的混乱现状

至 2014 年，我国湿地数量达 5 360 万处，湿地自身的生态经济价值促使当地政府积极建设湿地公园，但建设质量参差不齐。湿地资源的核心是水资源，而数据显示国内海河、黄河、辽河流域等湿地水资源开发利用率远超国际公认警戒线，水荒、水污染、水生态恶化等问题频繁发生。如何科学高效利用湿地资源，构建可持续水环境系统成……

图 2-14　部分文本

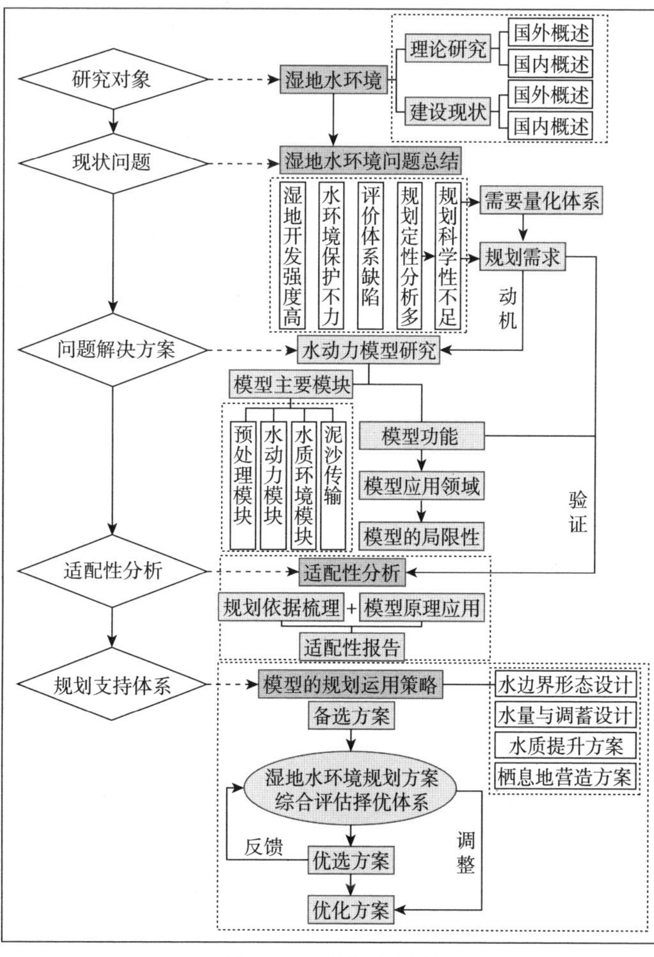

研究对象
湿地水环境
理论研究
建设现状
国外概述
国内概述
国外概述
国内概述
现状问题
湿地水环境问题总结
湿地开发强度高
水环境保护不力
评价体系缺陷
规划定性分析多
规划科学性不足
需要量化体系
规划需求
动机
问题解决方案
水动力模型研究
模型主要模块
预处理模块
水动力模块
水质环境模块
泥沙传输
模型功能
模型应用领域
模型的局限性
验证
适配性分析
适配性分析
规划依据梳理
模型原理应用
适配性报告
规划支持体系
模型的规划运用策略
备选方案
水边界形态设计
水量与调蓄设计
水质提升方案
栖息地营造方案
湿地水环境规划方案
综合评估择优体系
反馈
调整
优选方案
优化方案

图 2-15　研究技术路线

研究小技巧：

经验分享

· 有了前期的讨论并以思维导图的方式记录，后期撰写本子的过程可以随时查阅，并且分支状图形让内容一目了然，可以说思维导图的形式使得后期整理总结工作变得事半功倍。

· 要注意思维导图的内容相对比较简洁和口语化，只能为后期的文本撰写提供框架与逻辑，一般不可直接作为文本内容使用。

研究小技巧：

至此基金申报告一段落，下一阶段则是在现有研究框架下开展相应的研究了。

3）科研成果

（1）发表学术论文

① 田亮，周燕 . 规划视角下的郊野型湖泊湿地水环境特征研究［J］. 园林，2019（4）：22–27。

② 周燕，冉玲于，苟翡翠，等 . 基于数值模拟的湖库型景观水体生态设计方法研究：以 MIKE 21 模型在大官塘水库规划方案中的应用为例［J］. 中国园林，2018，34（3）：123–128。

（2）参加国际竞赛

在完成基金申报后，第九届罗莎·芭芭拉国际景观奖（Rosa Barba International Landscape Prize）的竞赛通知下达，于是团队准备借此机会推进该项目研究的开展。同时，团队接到了南京市高淳区桠溪国际慢城大官塘水库景观设计的横向项目，于是团队开始运用水动力模型在大官塘水库中进行实验，最终形成了竞赛图纸。

该项目作为开展研究的引子，其实也应算作是 2016 年自然科学基金申报的衍生课题，即依靠自然科学基金申报过程中形成的技术路线开展研究，并将研究成果转译为竞赛图纸。

由于基金申报讨论均为思维导图，此次主要是对思维导图的信息筛选。相较文本来讲，思维导图的信息呈现与筛选都具有很大优势，一般只需挑选需要的某些分支，并可将原有思维导图进行重组，形成新的思路框架即可。

但由于在本次竞赛中团队选择了具体设计场地进行了技术实践，因此在竞赛进程中我们又开展了很多新内容的学习与讨论，并绘制了新的思维导图，前期内容被适当地穿插其中。故在此团队将其单独作为一个衍生项目进行展示。

经验分享

思维导图是一个拥有多种可能性的思维工具，在项目推进周期较短时可以帮助我们迅速聚焦，斫去旁枝；而在项目推进周期较长的情况下，我们也可以通过它来充分发散，找出无限可能性，并从中寻觅到感兴趣的研究方向。

图 2–16 展示了竞赛进程三大阶段的内容。

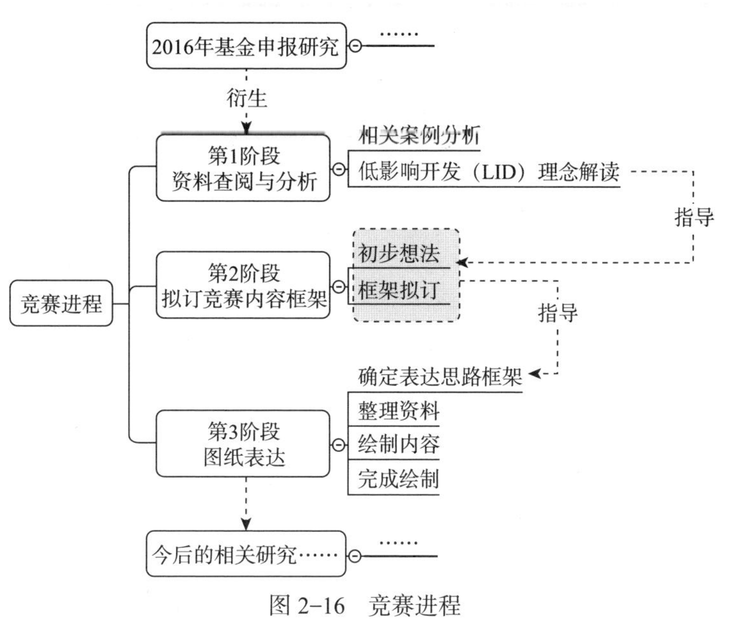

2016年基金申报研究
……
衍生
竞赛进程
第1阶段
资料查阅与分析
相关案例分析
低影响开发（LID）理念解读
指导
第2阶段
拟订竞赛内容框架
初步想法
框架拟订
指导
确定表达思路框架
第3阶段
图纸表达
整理资料
绘制内容
完成绘制
今后的相关研究……
……

图 2–16　竞赛进程

a. 第 1 阶段：资料查阅与分析

——相关案例分析：查找关于透水铺装、低影响开发和海绵城市的案例（由于案例均为网络图片，不在此展示）。

——LID 理念解读：利用思维导图对时下热点话题“低影响开发”进行解读，重点了解其发展过程、概念核心、开发策略等问题，为竞赛研究过程提供相对热门的主题与策略（图 2–17、图 2–18）。

研究小技巧：

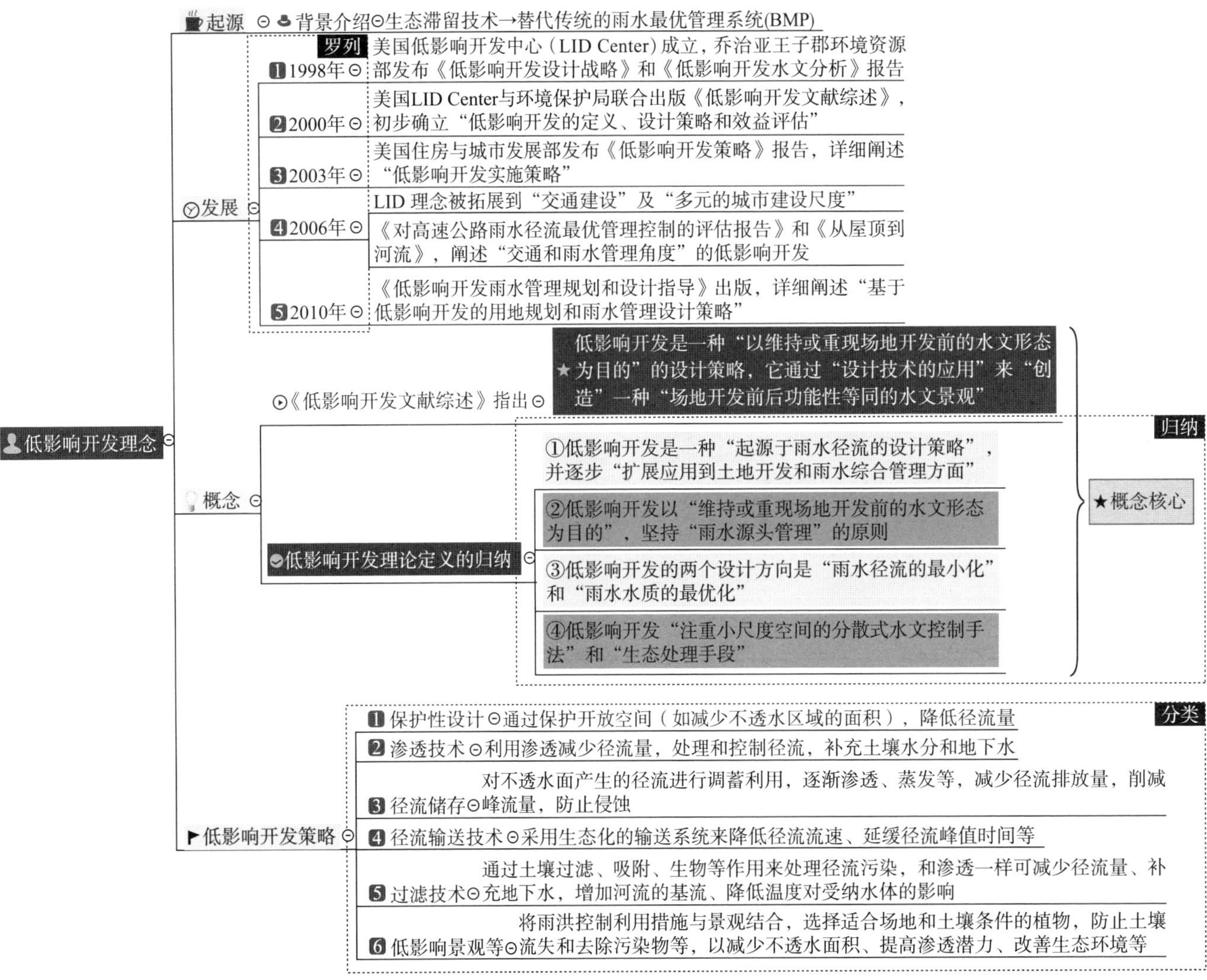

低影响开发理念
起源
背景介绍
生态滞留技术→替代传统的雨水最优管理系统(BMP)
发展
罗列
1 1998年
美国低影响开发中心（LID Center）成立，乔治亚王子郡环境资源部发布《低影响开发设计战略》和《低影响开发水文分析》报告
2 2000年
美国LID Center与环境保护局联合出版《低影响开发文献综述》，初步确立“低影响开发的定义、设计策略和效益评估”
3 2003年
美国住房与城市发展部发布《低影响开发策略》报告，详细阐述“低影响开发实施策略”
4 2006年
LID 理念被拓展到“交通建设”及“多元的城市建设尺度”
《对高速公路雨水径流最优管理控制的评估报告》和《从屋顶到河流》，阐述“交通和雨水管理角度”的低影响开发
5 2010年
《低影响开发雨水管理规划和设计指导》出版，详细阐述“基于低影响开发的用地规划和雨水管理设计策略”
概念
《低影响开发文献综述》指出
低影响开发是一种“以维持或重现场地开发前的水文形态为目的”的设计策略，它通过“设计技术的应用”来“创造”一种“场地开发前后功能性等同的水文景观”
低影响开发理论定义的归纳
归纳
①低影响开发是一种“起源于雨水径流的设计策略”，并逐步“扩展应用到土地开发和雨水综合管理方面”
②低影响开发以“维持或重现场地开发前的水文形态为目的”，坚持“雨水源头管理”的原则
③低影响开发的两个设计方向是“雨水径流的最小化”和“雨水水质的最优化”
④低影响开发“注重小尺度空间的分散式水文控制手法”和“生态处理手段”
★概念核心
低影响开发策略
分类
1 保护性设计
通过保护开放空间（如减少不透水区域的面积），降低径流量
2 渗透技术
利用渗透减少径流量，处理和控制径流，补充土壤水分和地下水
3 径流储存
对不透水面产生的径流进行调蓄利用，逐渐渗透、蒸发等，减少径流排放量，削减峰流量，防止侵蚀
4 径流输送技术
采用生态化的输送系统来降低径流流速、延缓径流峰值时间等
5 过滤技术
通过土壤过滤、吸附、生物等作用来处理径流污染，和渗透一样可减少径流量、补充地下水，增加河流的基流、降低温度对受纳水体的影响
6 低影响景观等
将雨洪控制利用措施与景观结合，选择适合场地和土壤条件的植物，防止土壤流失和去除污染物等，以减少不透水面积、提高渗透潜力、改善生态环境等

图 2-17　低影响开发理念的概念罗列与整理

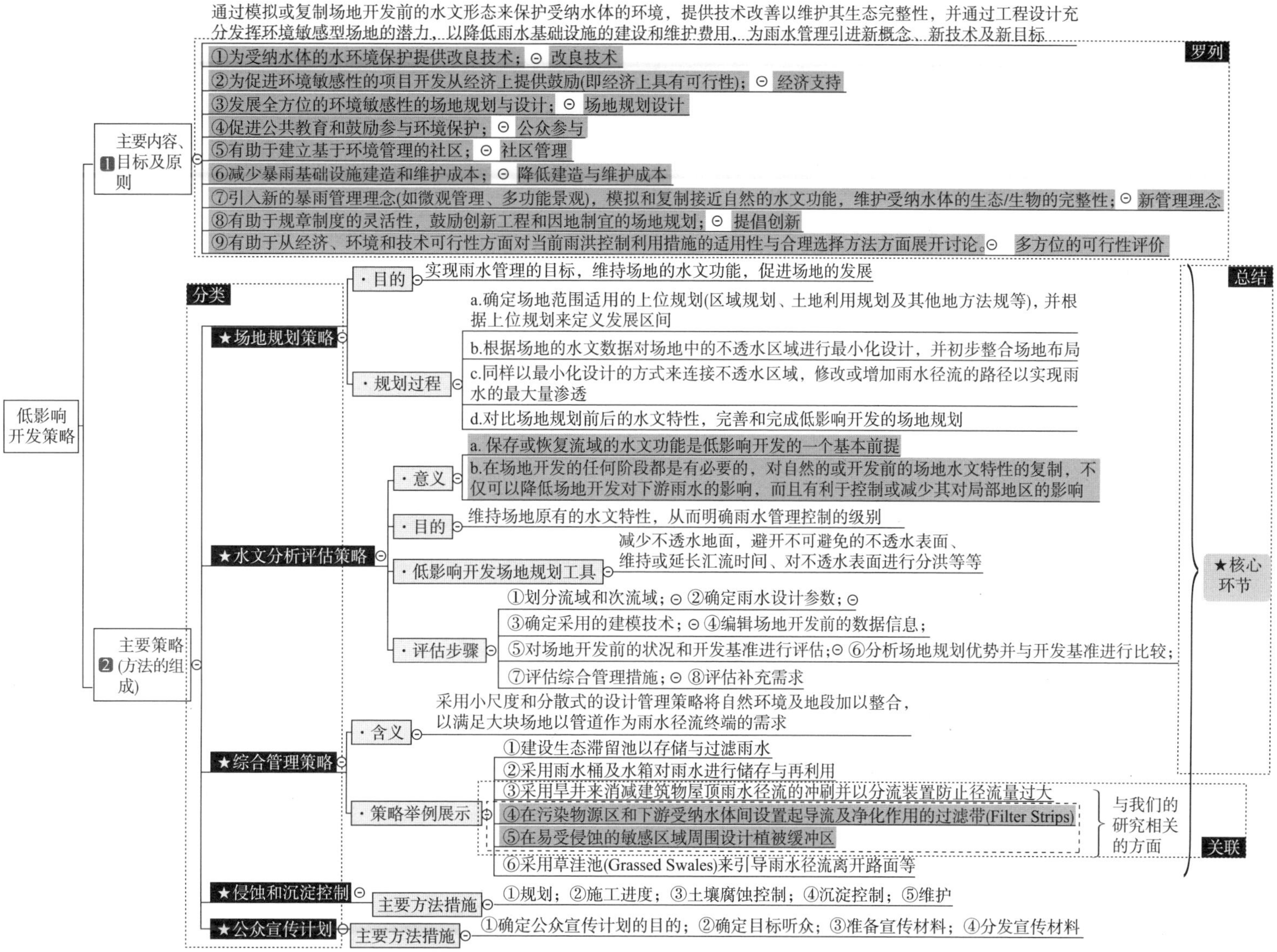

低影响开发策略
1 主要内容、目标及原则
通过模拟或复制场地开发前的水文形态来保护受纳水体的环境，提供技术改善以维护其生态完整性，并通过工程设计充分发挥环境敏感型场地的潜力，以降低雨水基础设施的建设和维护费用，为雨水管理引进新概念、新技术及新目标
罗列
①为受纳水体的水环境保护提供改良技术；改良技术
②为促进环境敏感性的项目开发从经济上提供鼓励(即经济上具有可行性)；经济支持
③发展全方位的环境敏感性的场地规划与设计；场地规划设计
④促进公共教育和鼓励参与环境保护；公众参与
⑤有助于建立基于环境管理的社区；社区管理
⑥减少暴雨基础设施建造和维护成本；降低建造与维护成本
⑦引入新的暴雨管理理念(如微观管理、多功能景观)，模拟和复制接近自然的水文功能，维护受纳水体的生态/生物的完整性；新管理理念
⑧有助于规章制度的灵活性，鼓励创新工程和因地制宜的场地规划；提倡创新
⑨有助于从经济、环境和技术可行性方面对当前雨洪控制利用措施的适用性与合理选择方法方面展开讨论。多方位的可行性评价
2 主要策略(方法的组成)
分类
★场地规划策略
· 目的
实现雨水管理的目标，维持场地的水文功能，促进场地的发展
· 规划过程
a.确定场地范围适用的上位规划(区域规划、土地利用规划及其他地方法规等)，并根据上位规划来定义发展区间
b.根据场地的水文数据对场地中的不透水区域进行最小化设计，并初步整合场地布局
c.同样以最小化设计的方式来连接不透水区域，修改或增加雨水径流的路径以实现雨水的最大量渗透
d.对比场地规划前后的水文特性，完善和完成低影响开发的场地规划
★水文分析评估策略
· 意义
a. 保存或恢复流域的水文功能是低影响开发的一个基本前提
b.在场地开发的任何阶段都是有必要的，对自然的或开发前的场地水文特性的复制，不仅可以降低场地开发对下游雨水的影响，而且有利于控制或减少其对局部地区的影响
· 目的
维持场地原有的水文特性，从而明确雨水管理控制的级别
· 低影响开发场地规划工具
减少不透水地面，避开不可避免的不透水表面、维持或延长汇流时间、对不透水表面进行分洪等等
· 评估步骤
①划分流域和次流域；②确定雨水设计参数；
③确定采用的建模技术；④编辑场地开发前的数据信息；
⑤对场地开发前的状况和开发基准进行评估；⑥分析场地规划优势并与开发基准进行比较；
⑦评估综合管理措施；⑧评估补充需求
★综合管理策略
· 含义
采用小尺度和分散式的设计管理策略将自然环境及地段加以整合，以满足大块场地以管道作为雨水径流终端的需求
· 策略举例展示
①建设生态滞留池以存储与过滤雨水
②采用雨水桶及水箱对雨水进行储存与再利用
③采用旱井来消减建筑物屋顶雨水径流的冲刷并以分流装置防止径流量过大
④在污染物源区和下游受纳水体间设置起导流及净化作用的过滤带(Filter Strips)
⑤在易受侵蚀的敏感区域周围设计植被缓冲区
⑥采用草洼池(Grassed Swales)来引导雨水径流离开路面等
与我们的研究相关的方面
关联
★侵蚀和沉淀控制
主要方法措施
①规划；②施工进度；③土壤腐蚀控制；④沉淀控制；⑤维护
★公众宣传计划
主要方法措施
①确定公众宣传计划的目的；②确定目标听众；③准备宣传材料；④分发宣传材料
★核心环节
总结

图 2-18　低影响开发策略的概念罗列与整理

b. 第 2 阶段：拟订竞赛内容框架

——初步想法：通过对热点概念即“低影响开发”的理解与把握后，团队成员开始结合竞赛要求与内容，交流各自对于主题的理解和对于如何开展竞赛的一些初步想法。图 2-19 利用思维导图记录了当时的讨论内容。思维导图将团队不同成员碎片式的意见关联并重组为更加综合全面的框架，推进竞赛下一阶段的任务。

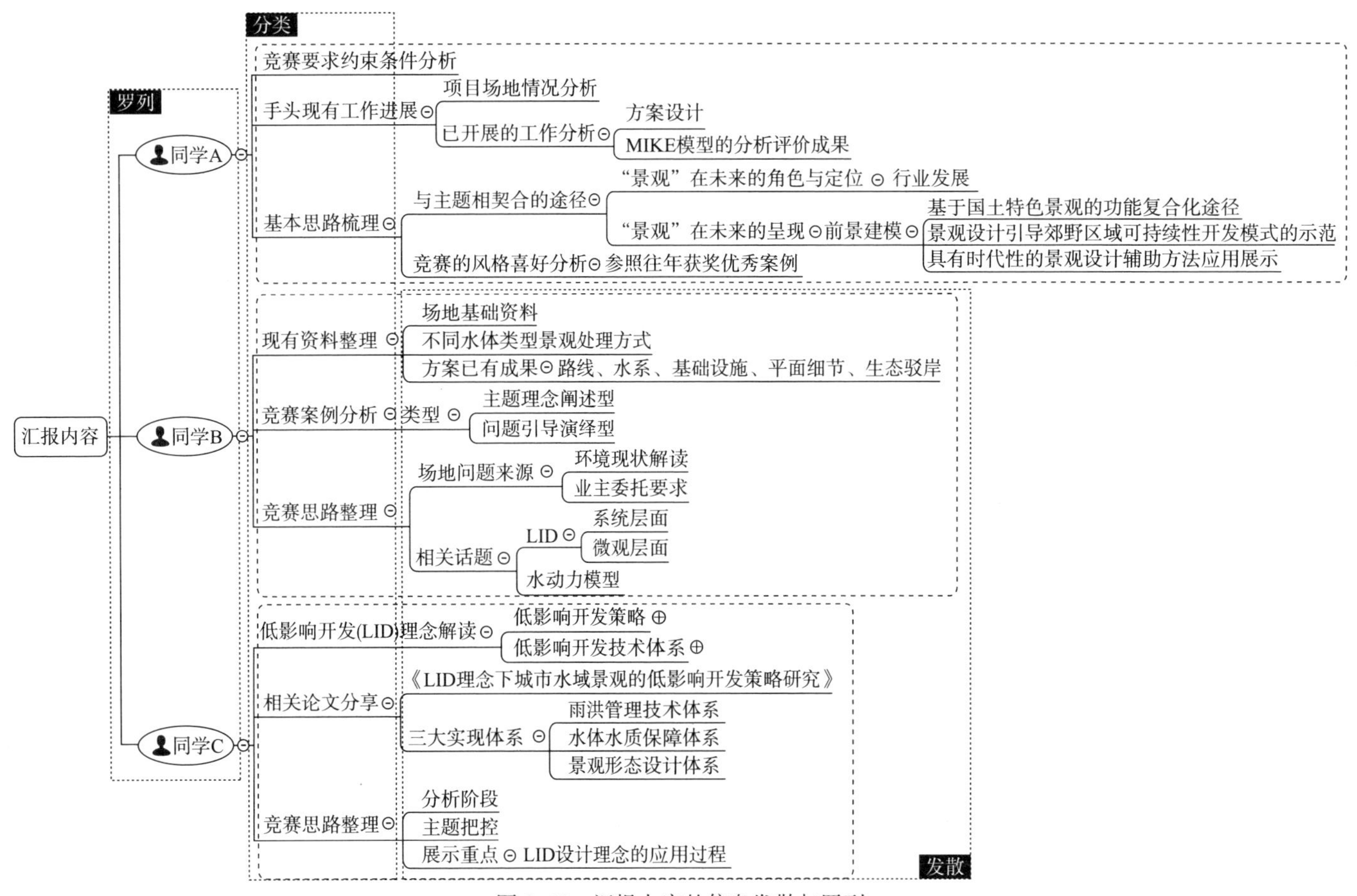

分类
罗列
发散
汇报内容
同学A
竞赛要求约束条件分析
手头现有工作进展
项目场地情况分析
已开展的工作分析
方案设计
MIKE模型的分析评价成果
基本思路梳理
与主题相契合的途径
“景观”在未来的角色与定位
行业发展
“景观”在未来的呈现
前景建模
基于国土特色景观的功能复合化途径
景观设计引导郊野区域可持续性开发模式的示范
具有时代性的景观设计辅助方法应用展示
竞赛的风格喜好分析
参照往年获奖优秀案例
同学B
现有资料整理
场地基础资料
不同水体类型景观处理方式
方案已有成果
路线、水系、基础设施、平面细节、生态驳岸
竞赛案例分析
类型
主题理念阐述型
问题引导演绎型
竞赛思路整理
场地问题来源
环境现状解读
业主委托要求
相关话题
LID
系统层面
微观层面
水动力模型
同学C
低影响开发(LID)理念解读
低影响开发策略
低影响开发技术体系
相关论文分享
《LID理念下城市水域景观的低影响开发策略研究》
三大实现体系
雨洪管理技术体系
水体水质保障体系
景观形态设计体系
竞赛思路整理
分析阶段
主题把控
展示重点
LID设计理念的应用过程

图 2-19　汇报内容的信息发散与罗列

针对讨论内容，利用思维导图梳理形成竞赛内容框架的初步想法（图 2-20）。

研究小技巧：

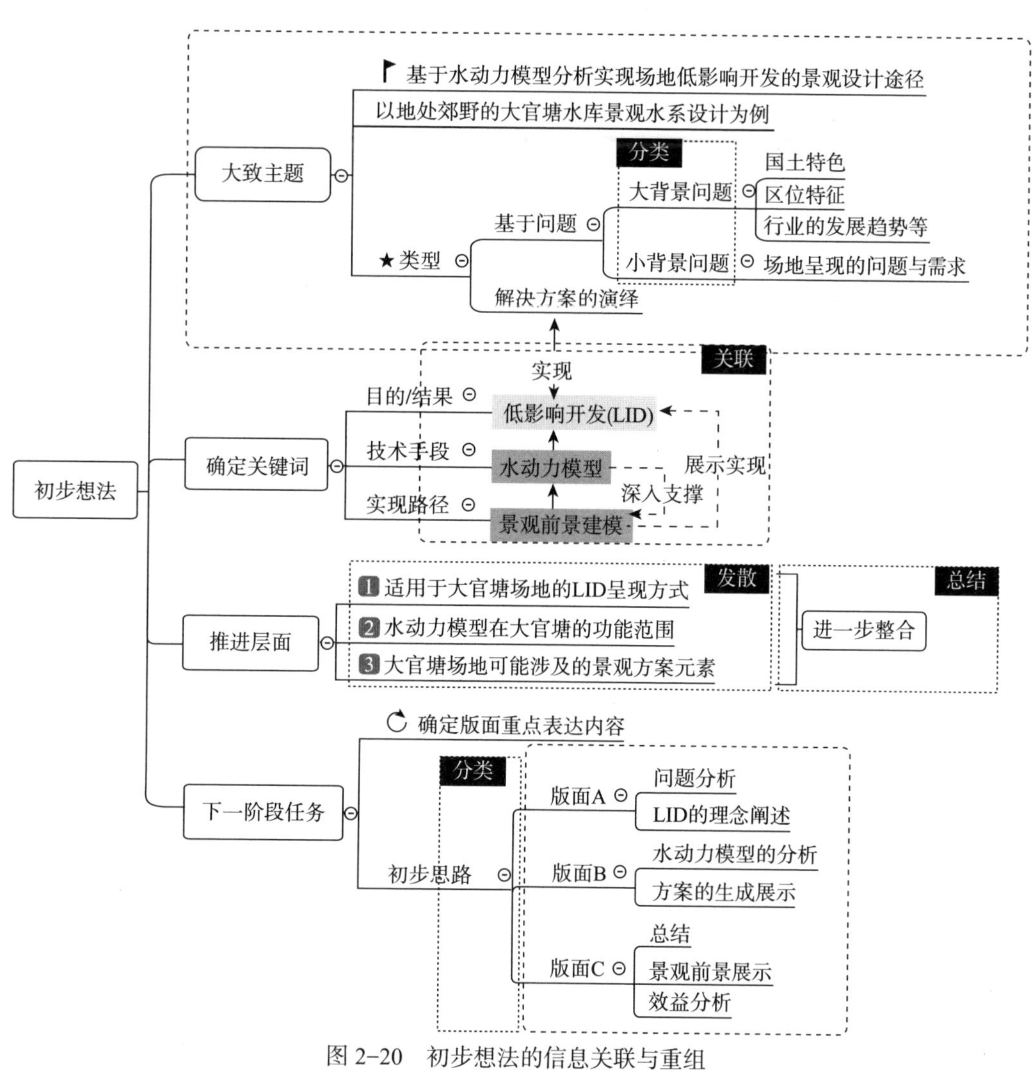

初步想法
大致主题
基于水动力模型分析实现场地低影响开发的景观设计途径
以地处郊野的大官塘水库景观水系设计为例
★类型
基于问题
分类
大背景问题
国土特色
区位特征
行业的发展趋势等
小背景问题
场地呈现的问题与需求
解决方案的演绎
确定关键词
关联
实现
目的/结果
低影响开发(LID)
技术手段
水动力模型
实现路径
景观前景建模
展示实现
深入支撑
推进层面
发散
1 适用于大官塘场地的LID呈现方式
2 水动力模型在大官塘的功能范围
3 大官塘场地可能涉及的景观方案元素
总结
进一步整合
下一阶段任务
确定版面重点表达内容
初步思路
分类
版面A
问题分析
LID的理念阐述
版面B
水动力模型的分析
方案的生成展示
版面C
总结
景观前景展示
效益分析

图 2-20　初步想法的信息关联与重组

——框架拟订：在初步想法的分享与讨论的基础上，逐步形成了针对竞赛图纸表达内容的总体框架，利用思维导图进行了想法的罗列、整理与输出（图 2-21）。

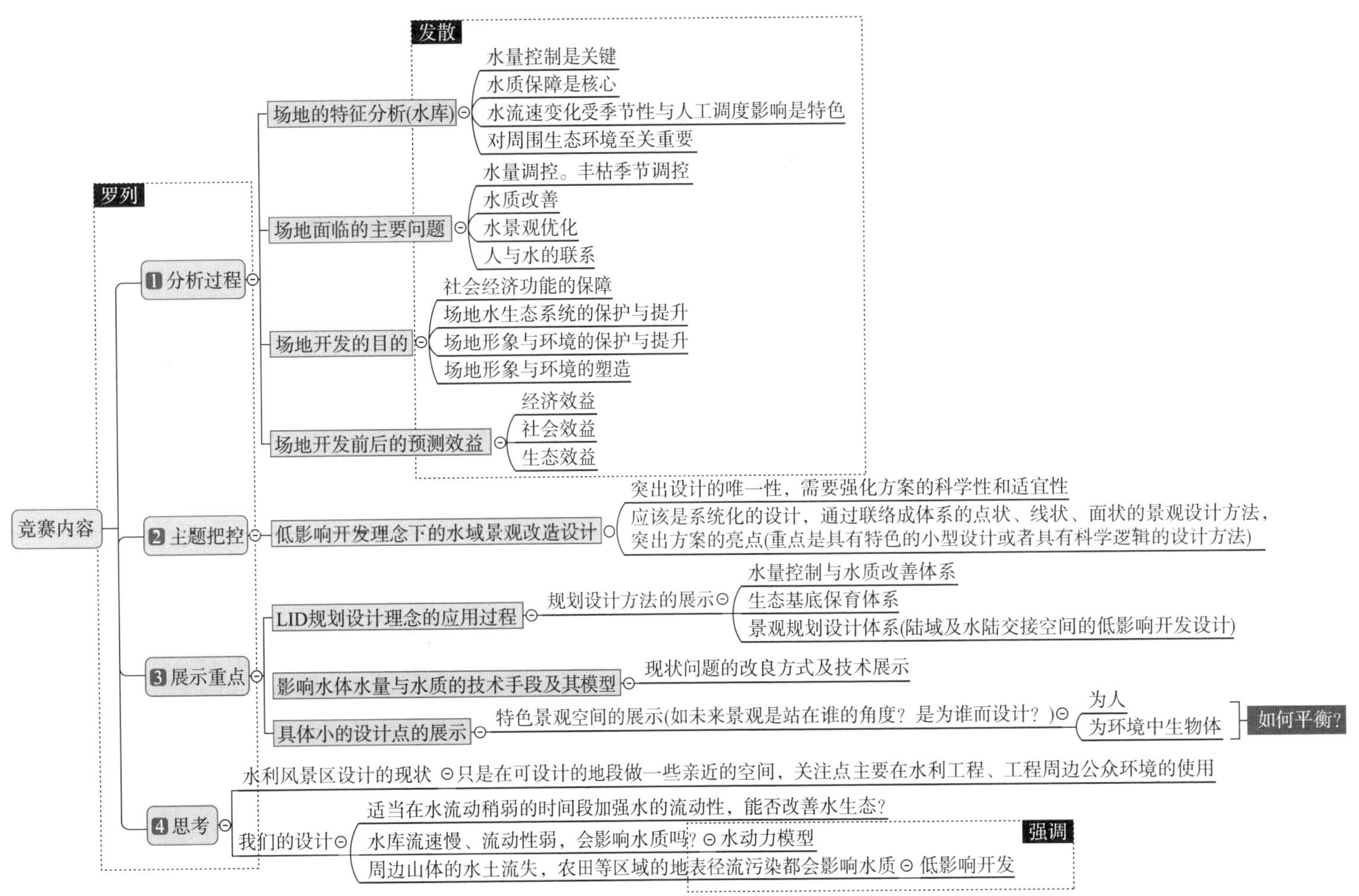

发散
罗列
竞赛内容
1 分析过程
场地的特征分析(水库)
水量控制是关键
水质保障是核心
水流速变化受季节性与人工调度影响是特色
对周围生态环境至关重要
场地面临的主要问题
水量调控。丰枯季节调控
水质改善
水景观优化
人与水的联系
场地开发的目的
社会经济功能的保障
场地水生态系统的保护与提升
场地形象与环境的保护与提升
场地形象与环境的塑造
场地开发前后的预测效益
经济效益
社会效益
生态效益
2 主题把控
低影响开发理念下的水域景观改造设计
突出设计的唯一性，需要强化方案的科学性和适宜性
应该是系统化的设计，通过联络成体系的点状、线状、面状的景观设计方法，
突出方案的亮点(重点是具有特色的小型设计或者具有科学逻辑的设计方法)
3 展示重点
LID规划设计理念的应用过程
规划设计方法的展示
水量控制与水质改善体系
生态基底保育体系
景观规划设计体系(陆域及水陆交接空间的低影响开发设计)
影响水体水量与水质的技术手段及其模型
现状问题的改良方式及技术展示
具体小的设计点的展示
特色景观空间的展示(如未来景观是站在谁的角度？是为谁而设计？)
为人
为环境中生物体
如何平衡?
4 思考
水利风景区设计的现状
只是在可设计的地段做一些亲近的空间，关注点主要在水利工程、工程周边公众环境的使用
我们的设计
适当在水流动稍弱的时间段加强水的流动性，能否改善水生态?
水库流速慢、流动性弱，会影响水质吗?
水动力模型
周边山体的水土流失，农田等区域的地表径流污染都会影响水质
低影响开发
强调

图 2-21　竞赛内容的信息梳理与拓展

c. 第 3 阶段：图纸表达

通过分析讨论，已经确定了竞赛的主题、内容、重点以及技术方法等，并确定了展示思路框架，最后以图片为主、以文字为辅的形式充实各部分内容，排版形成最终所要提交的图纸（图 2-22）。

研究小技巧：

FLUENCY LANDSCAPE
Revitalizing a Reservoir
Background
Key problem
Introduction
What can we do
How to do
Design vision
Current situation analysis
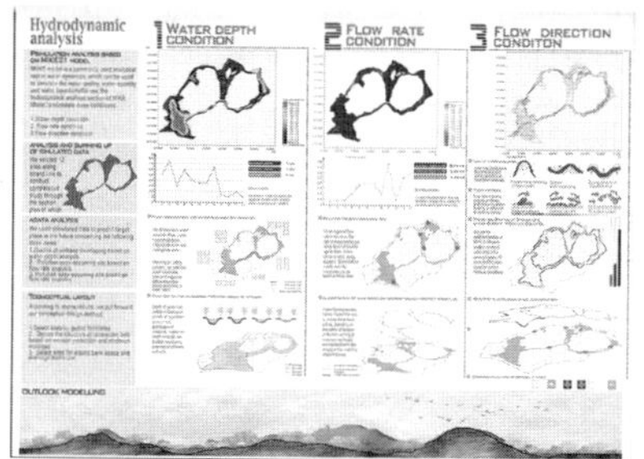
Hydrodynamic analysis
1 WATER DEPTH CONDITION
2 FLOW RATE CONDITION
3 FLOW DIRECTION CONDITON
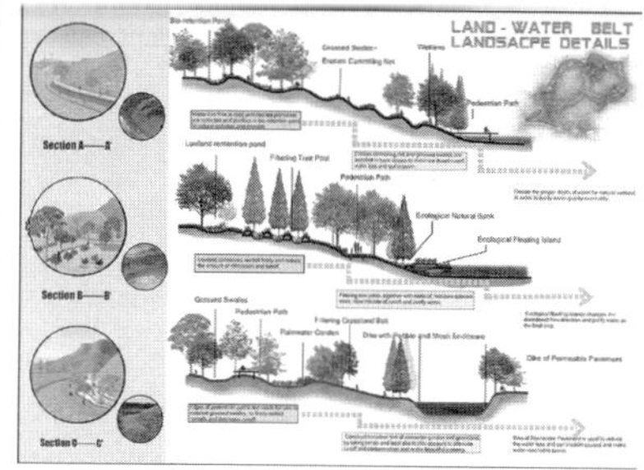
LAND - WATER BELT LANDSACPE DETAILS

图 2-22　图纸展示

竞赛总结：在已有研究计划作为支撑的情况下，要依据竞赛要求，重新整理信息并梳理思路。竞赛相较科学研究具备更强的概念性与实践应用性，所以整个过程都更加重视技术模型的操作与运用，而且团队认为研究要适用于实际水体，因此更加重视研究对象的选择与设计后的效益改善。在这个过程中，思维导图发挥了其提取信息的巨大优势，直接提取并重组信息形成了新的思路框架，还在不同内容之间进行了补充、关联，相较文本而言，其对于信息再处理的方式不仅便捷，而且清晰明了。

（3）参加 2016 年国际城市低影响开发学术大会并作学术报告

在完成竞赛图纸后，恰好收到 2016 年国际城市低影响开发学术大会的与会邀请，大会主题与团队本次的竞赛主题极其相似，因此我们决定在本次大会上将团队的学术成果进行对外分享，并与国内外专家学者进行交流讨论。

① 汇报内容概述

研究证实 MIKE 水动力模型能为湿地水环境规划提供量化依据。前期研究发现水环境对湿地生态系

研究小技巧：

统演化和功能发挥至关重要。然而目前湿地水环境规划仍依赖于经验判断，缺乏量化依据，难以保障规划的科学性。MIIKE 模型在水动力学分析中可实现对水质、水量、水边界形态等水文数据较为精确的模拟。据此，我们提出基于 MIKE 水文分析模型的湿地水环境规划设计与评价决策体系：首先采用类型学方法对 MIKE 模型的主要功能与湿地水环境规划依据进行适配性分析，据此归纳 MIKE 模型在湿地水环境规划中的具体应用策略；然后构建基于水文因子的湿地水环境评价体系（单因子评价方案优化方法和权重法评价方案择优方法）；最后选取实地案例进行数据模拟、跟踪监测，完成对支撑体系的验证反馈。

② 幻灯片展示

幻灯片内容如图 2-23 所示。

库区水环境双向化的低影响开发模式研究
——以大官塘水库双向化低影响开发概念方案为例
武汉大学 生态景观研究中心
2016-06-27

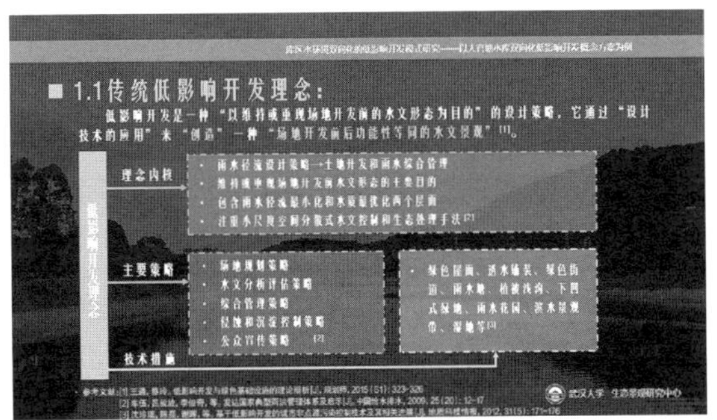
1.1传统低影响开发理念：
低影响开发是一种"以维持或重现场地开发前的水文形态为目的"的设计策略，它通过"设计技术的应用"来"创造"一种"场地开发前后功能性等同的水文景观"[1]。
理念内核
雨水径流设计策略→土地开发和雨水综合管理
维持或重现场地开发前水文形态的主要目的
包含雨水径流最小化和水质最优化两个层面
注重小尺度空间分散式水文控制和生态处理手法[2]
主要策略
场地规划策略
水文分析评估策略
综合管理策略
侵蚀和沉淀控制策略
公众宣传策略[2]
绿色屋面、透水铺装、绿色街道、雨水墩、植被浅沟、下凹式绿地、雨水花园、滨水缓冲带、湿地等[3]
技术措施
武汉大学 生态景观研究中心

1.1传统低影响开发理念：
技术体系
源头控制
过程削减
末端治理
陆域环境
水域环境
周边建设区
路桥建设
缓冲带
水陆交接带
水域
技术手段：

图 2-23 幻灯片展示

4）课题总结

本次基金在申报初期并没有明确的研究思路，因此我们探索式地做了大量已知信息的罗列与相关概念的收集，后期通过信息与信息之间的联系与耦合，逐渐形成了清晰的思路与明确的目标，并以此梳理研究框架，最终撰写基金本子。在思路梳理过程中，以不同的视角进行研究会有不同的研究成果，所以如何选择最合适的视角成为讨论的重点。整个过程借助思维导图，不仅可以在前期发挥对大量信息的整理功能，一目了然地搜索和筛选关键信息，而且思维导图分支式图案允许使用者随时将某些分支产生关联、重组和发散，更好地总结与归纳，这将极大地方便繁杂信息的融入与整合。另外在后期整理文本的过程中，思维导图可以清晰地展现研究的逻辑关系，省去了二次梳理逻辑的麻烦。但是由于思维导图的文字语言相对简练，不能直接拿来代替文本文字，而需要依据简练的语句再次展开思维，加长语句，普适性地表达，让文本更加全面和饱满。

另外，本次基金申报虽然最终未能得到批复，但是团队并未在意结果，依旧保持对研究计划的推进，比如此次将课题以学术论文、竞赛和会议汇报的形式得以延续，并且此次申报的经验积累与教训极大地推动了2017年国家自然科学基金的申报。

2.1.2 课题2 2017年国家自然科学基金申报：响应城市内涝机制的减灾型景观地形设计与量化调控方法研究

1）课题缘起

（1）直接原因：2017年国家自然科学基金申报通知下达。

（2）间接原因：① 前期科研积累。a. 在最近的横向项目中，团队的主要关注对象为“河岸景观”，核心议题为“防洪排涝”，在该横向项目中试图运用景观设计的方法来减轻城市内涝，团队希望能就这个研究方向做更深入的探讨；b. 近年来团队的研究主要围绕着“水域生态景观”的主题展开，并长期坚持通过研

研究小技巧：

经验分享

也许一开始使用思维导图的时候我们并不知道最终会得到什么结果，但通过这样结构式思考方式的引导，最终都会慢慢养成一种逻辑思维，从而总结出很多可资借鉴的想法。相信随着越来越深入的阅读，读者朋友们会愈发明白团队推荐思维导图作为研究工作辅助工具的良苦用心。

经验分享

· 关于行动：

切忌在课题申报过程中出现拖延症，需要保证每个人的高效率与行动力；学会团队协作，相信1+1>2。

· 关于心态：

“佛系”科研——结果不重要，过程积累为重心，不可急于求成，只有学会踏踏实实做事，才能厚积薄发；功不唐捐，玉汝于成。

研究小技巧：

经验分享

对于国家基金的查阅一般应定位于近三年，因为基金的结题期限为三年，所以三年内的基金会有刚刚结题和正在研究的，这说明此类基金关注的是具有前沿性和创新性的话题。

究来辅助景观实践，为规划设计提供科学依据。② 近年国内与水相关的专业研究热点。a. 海绵城市的理论发展与实践建设；b. 城市内涝的防治措施；c. 城市生态水环境的修复。

2）课题思路推进

本次课题以沙龙讨论为核心，以思维导图为主要工具，开设基金申报工作坊。课题申报主要经历了14 天的高强度工作坊。在这次工作坊中，主要由三大脑力爆发阶段构成，如图 2–24 所示。

（1）第 1 阶段：概念框架生成

① 第 1 天：查阅并分析近几年立项的自然科学基金（城乡规划学、风景园林学与建筑学门类）

在已有一定初步想法的基础上，为确保研究方向具备创新性，查阅近年立项的基金项目，借以快速确定团队的研究内容在基金申报中是否属于研究空白（Research Gap），又可从入选的基金中快速定位当前的研究趋势与热点话题，并且可以发现一些与团队研究方向相关的学者与专家，这对后续的文献查阅有很大的指导作用。

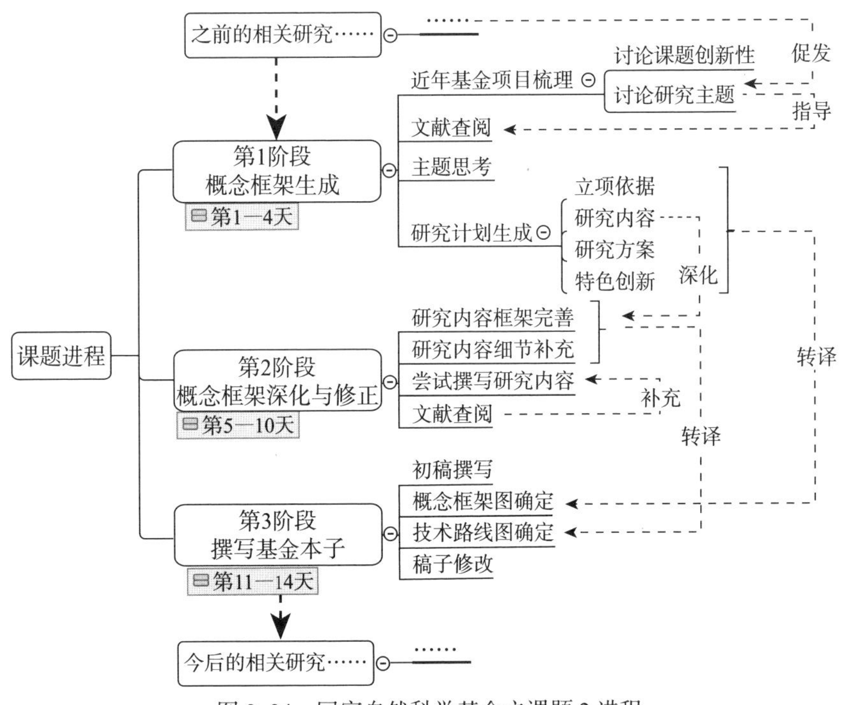
之前的相关研究……
……
课题进程
第1阶段
概念框架生成
第1—4天
近年基金项目梳理
讨论课题创新性
讨论研究主题
促发
指导
文献查阅
主题思考
研究计划生成
立项依据
研究内容
研究方案
特色创新
深化
第2阶段
概念框架深化与修正
第5—10天
研究内容框架完善
研究内容细节补充
尝试撰写研究内容
文献查阅
补充
转译
转译
第3阶段
撰写基金本子
第11—14天
初稿撰写
概念框架图确定
技术路线图确定
稿子修改
今后的相关研究……
……
图 2–24　国家自然科学基金之课题 2 进程

a. 总结三个学科 2014—2015 年的基金项目。初期，先依照“问题导向型”和“目标导向型”快速罗列基金信息，罗列过程中发现“目标导向型”下的课题可以再进行二次分类，于是进一步将“目标导向型”调整划分为技术型（借助工具、手段等）、理论方法型（基于已有理论）、理论构建型（生成新理论）、关联性研究和历史研究五类（图 2–25）。这是一个判断、分析和归类的过程。由于展开的内容过于庞大，此处就仅以“问题导向型”为例，不再对“目标导向型”的课题做具体展示（图 2–26）。

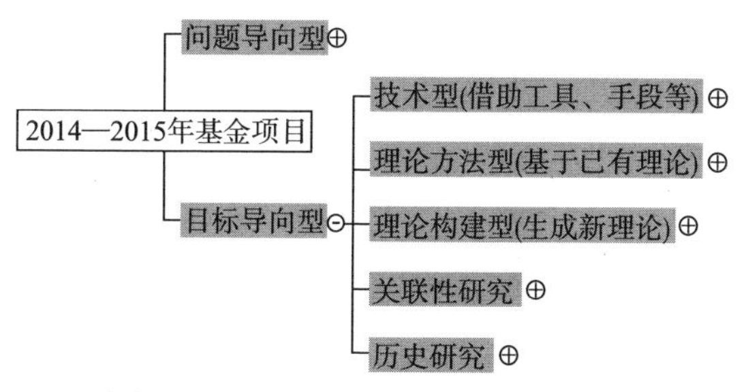
2014—2015年基金项目
问题导向型
目标导向型
技术型(借助工具、手段等)
理论方法型(基于已有理论)
理论构建型(生成新理论)
关联性研究
历史研究

图 2–25　2014—2015 年基金课题归类

研究小技巧：

研究小技巧：

解释说明

可以看到右侧思维导图中所列举的标题中间有空格，这其实是在对每个项目的研究对象、研究问题和应用领域做出甄别。

“关中平原小城镇内涝自平衡模式与空间匹配方法研究”是与我们的研究方向或话题相关性很高的项目。

“基于适应性和热环境改善的湖南地区住宅屋顶绿化设计策略研究”“江南乡村水网空间形态优化与生态服务评价模型”是与我们的研究方向或话题相关性中等的项目。

剩余为其他项目。

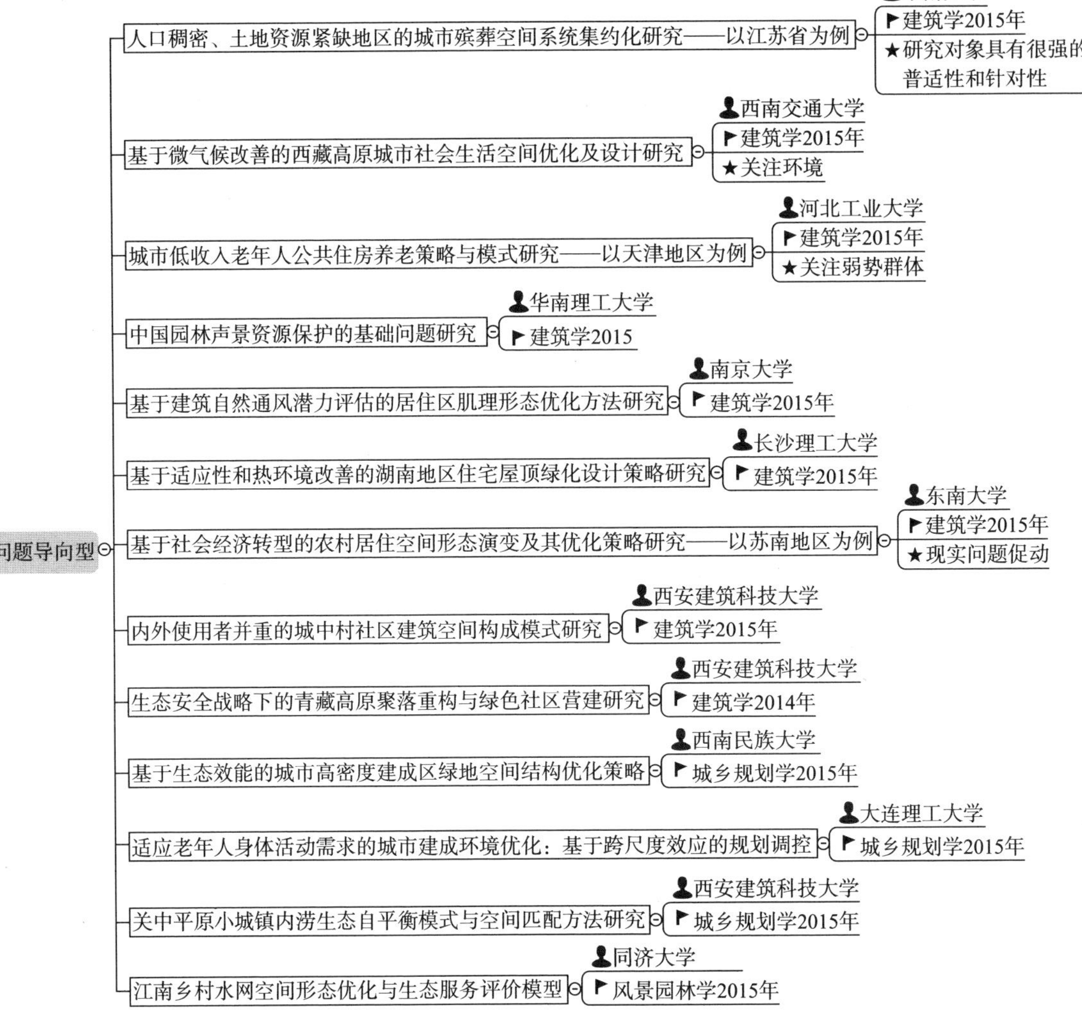

问题导向型
人口稠密、土地资源紧缺地区的城市殡葬空间系统集约化研究——以江苏省为例
东南大学
建筑学2015年
★研究对象具有很强的普适性和针对性
基于微气候改善的西藏高原城市社会生活空间优化及设计研究
西南交通大学
建筑学2015年
★关注环境
城市低收入老年人公共住房养老策略与模式研究——以天津地区为例
河北工业大学
建筑学2015年
★关注弱势群体
中国园林声景资源保护的基础问题研究
华南理工大学
建筑学2015
基于建筑自然通风潜力评估的居住区肌理形态优化方法研究
南京大学
建筑学2015年
基于适应性和热环境改善的湖南地区住宅屋顶绿化设计策略研究
长沙理工大学
建筑学2015年
基于社会经济转型的农村居住空间形态演变及其优化策略研究——以苏南地区为例
东南大学
建筑学2015年
★现实问题促动
内外使用者并重的城中村社区建筑空间构成模式研究
西安建筑科技大学
建筑学2015年
生态安全战略下的青藏高原聚落重构与绿色社区营建研究
西安建筑科技大学
建筑学2014年
基于生态效能的城市高密度建成区绿地空间结构优化策略
西南民族大学
城乡规划学2015年
适应老年人身体活动需求的城市建成环境优化：基于跨尺度效应的规划调控
大连理工大学
城乡规划学2015年
关中平原小城镇内涝生态自平衡模式与空间匹配方法研究
西安建筑科技大学
城乡规划学2015年
江南乡村水网空间形态优化与生态服务评价模型
同济大学
风景园林学2015年

图 2–26　问题导向型的课题罗列与分类

b. 总结 2016 年与水生态话题相关度高的立项基金（图 2-27）。

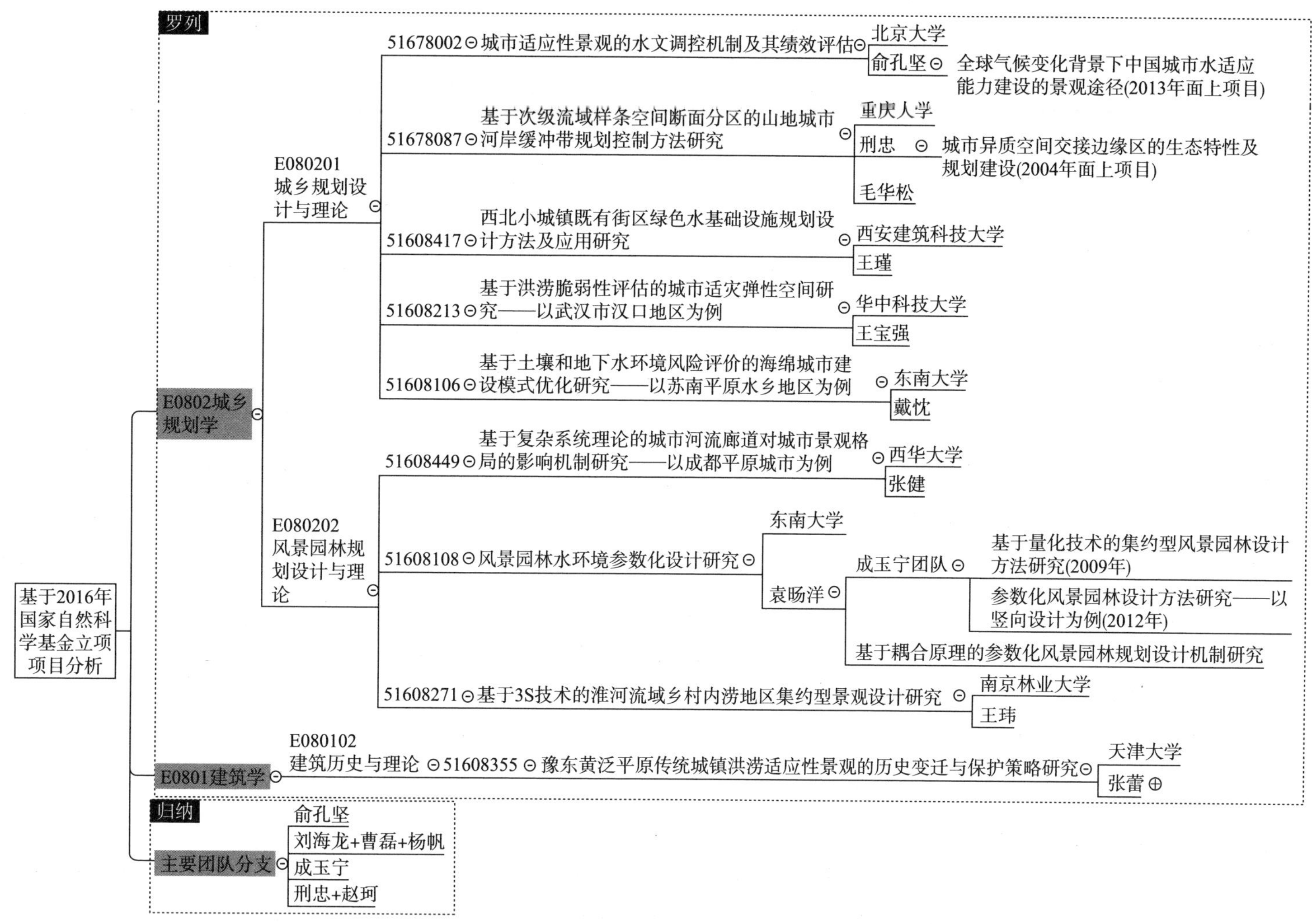
罗列
基于2016年国家自然科学基金立项项目分析
E0802城乡规划学
E080201 城乡规划设计与理论
51678002 城市适应性景观的水文调控机制及其绩效评估
北京大学
俞孔坚
全球气候变化背景下中国城市水适应能力建设的景观途径(2013年面上项目)
51678087 基于次级流域样条空间断面分区的山地城市河岸缓冲带规划控制方法研究
重庆大学
刑忠
城市异质空间交接边缘区的生态特性及规划建设(2004年面上项目)
毛华松
51608417 西北小城镇既有街区绿色水基础设施规划设计方法及应用研究
西安建筑科技大学
王瑾
51608213 基于洪涝脆弱性评估的城市适灾弹性空间研究——以武汉市汉口地区为例
华中科技大学
王宝强
51608106 基于土壤和地下水环境风险评价的海绵城市建设模式优化研究——以苏南平原水乡地区为例
东南大学
戴忱
E080202 风景园林规划设计与理论
51608449 基于复杂系统理论的城市河流廊道对城市景观格局的影响机制研究——以成都平原城市为例
西华大学
张健
51608108 风景园林水环境参数化设计研究
东南大学
袁旸洋
成玉宁团队
基于量化技术的集约型风景园林设计方法研究(2009年)
参数化风景园林设计方法研究——以竖向设计为例(2012年)
基于耦合原理的参数化风景园林规划设计机制研究
51608271 基于3S技术的淮河流域乡村内涝地区集约型景观设计研究
南京林业大学
王玮
E0801建筑学
E080102 建筑历史与理论
51608355 豫东黄泛平原传统城镇洪涝适应性景观的历史变迁与保护策略研究
天津大学
张蕾
归纳
主要团队分支
俞孔坚
刘海龙+曹磊+杨帆
成玉宁
刑忠+赵珂
图 2-27　与水生态话题相关度高的立项基金的罗列与归纳

研究小技巧：

解释说明

这里的“团队”仅表达研究方向有交叉重叠的研究人员，并非现实中的研究团队。且现阶段的分类仅做参考，并不全面贴切，后期会做调整。

经验分享

对于研究问题的确定，不能偏离本学科的研究与能力范畴，为何这样说？随着时代发展，我们行业开始试图运用跨学科的科学方法来辅助进行规划设计，然而在此过程中，难免会出现走偏的现象，甚至出现唯技术论的一些论断。然而，无论是风景园林、城乡规划学，还是建筑学，其实都属于综合性学科，它们是科学与艺术的结合体，最终无论是研究还是设计都应落实到空间上去，不可失了本真。

针对 2014—2016 年的基金分类与总结展开讨论，得出以下结论：

第一，立项数量比较：技术型 > 理论方法型 > 问题导向型 > 关联性研究 > 理论构建型 > 历史研究。分析为何出现这样的排序？前两类常常需要结合交叉学科知识，容易创新，且多属于对已有研究的推进，较易着手；问题导向型的前提是最好聚焦社会热点问题或重大问题；理论构建型需要往前看，全新理论需要基于扎实的研究基础，而历史研究需要往后看，需要深入挖掘历史渊源，这两类都不容易入手。

第二，与团队课题相关的立项有 11 个（包括相关度很高和中等的项目），可通过课题负责人信息，查阅结题报告及其团队发表的与该课题相关的论文。

第三，通过思维导图罗列国内研究水生态话题的学者，并在此基础上归纳研究内容具有交叉的研究“团队”，进而得以聚焦应该重点关注的国内学者，以此确定文献阅读的方向。

第四，讨论得出由于受近期横向项目（咸宁防洪排涝项目）的启示，团队想要尝试从本学科的视角出发，研究作为场地骨架的景观地形是否可对河岸的防洪排涝工程做出贡献，当然，这应该是基于对已立项基金研究主要内容的预判基础上的。该讨论结果通过思维导图的方式进行归纳与输出，如图 2-28 所示。

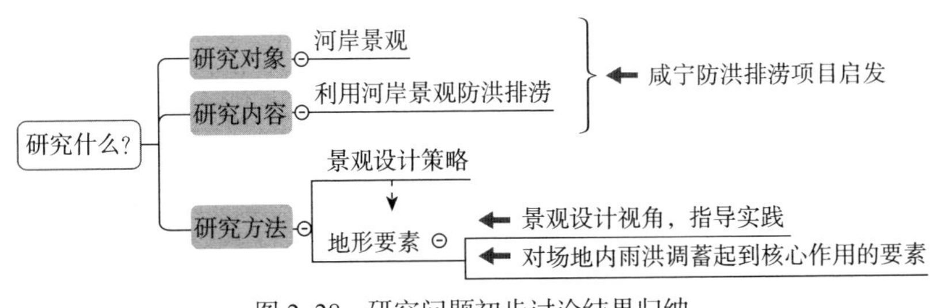
研究什么？
研究对象
河岸景观
研究内容
利用河岸景观防洪排涝
咸宁防洪排涝项目启发
研究方法
景观设计策略
地形要素
景观设计视角，指导实践
对场地内雨洪调蓄起到核心作用的要素

图 2-28　研究问题初步讨论结果归纳

第五，在初步确定拟申报课题的方向与关键词后，下一步工作将按照不同水生态研究团队查阅相关文献，并用思维导图予以记录和分析，然后再进入下一轮讨论。

② 第 2 天：水生态方向的团队所做的研究

对于水生态方向的“团队”，按照其所关注的核心话题的区别分为景观水文方向、反规划方向和参数化方向，对于各个方向代表学者相关论文的解读如下文所述：

a. 景观水文团队的研究

景观水文团队包括了清华大学的刘海龙、天津大学的曹磊、重庆大学的刑忠与赵珂等（图 2–29）。

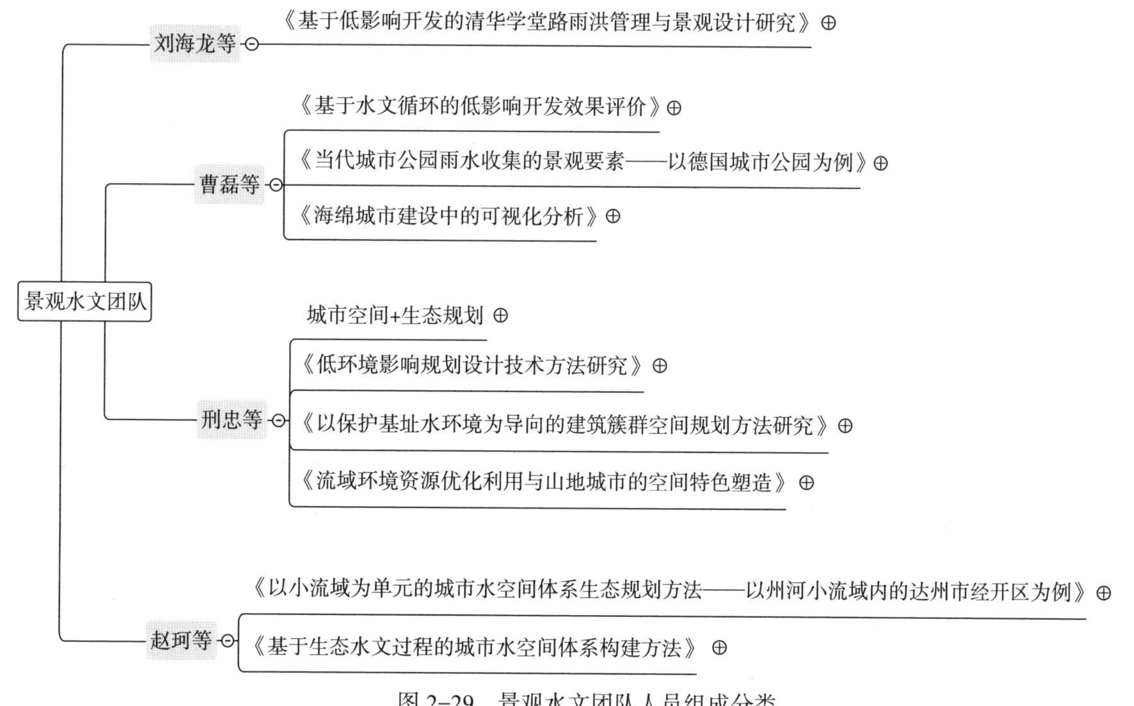

景观水文团队
刘海龙等
《基于低影响开发的清华学堂路雨洪管理与景观设计研究》
曹磊等
《基于水文循环的低影响开发效果评价》
《当代城市公园雨水收集的景观要素——以德国城市公园为例》
《海绵城市建设中的可视化分析》
刑忠等
城市空间+生态规划
《低环境影响规划设计技术方法研究》
《以保护基址水环境为导向的建筑簇群空间规划方法研究》
《流域环境资源优化利用与山地城市的空间特色塑造》
赵珂等
《以小流域为单元的城市水空间体系生态规划方法——以州河小流域内的达州市经开区为例》
《基于生态水文过程的城市水空间体系构建方法》

图 2–29　景观水文团队人员组成分类

由于学者过多，在此就仅以赵珂、夏清清的《以小流域为单元的城市水空间体系生态规划方法——以州河小流域内的达州市经开区为例》这篇文献为例进行展示（图 2–30）。

研究小技巧：

解释说明

通过对相同主题不同方向的研究团队研究内容的总结与分享可以推进研究思路的生成，为第 11 天撰写立项依据提供文献查阅参考方向。

经验分享

· 如何阅读文献？

首先，查阅相关性较大的不同研究人员的文献。若文献较少，可一一罗列；若文献较多，可再次对文献内容进行归类。

其次，按照“题目—摘要—关键词—结论—正文（研究方法、研究过程）”的顺序阅读文献，边读边在文中标注重点与相关点，并记录于思维导图中。

最后，对思维导图进行结构梳理，重点标注，发掘不同知识点之间的关联性。

【想要了解更为详细的文献阅读方法吗？请查阅本书第 4.1 节的内容】

研究小技巧：

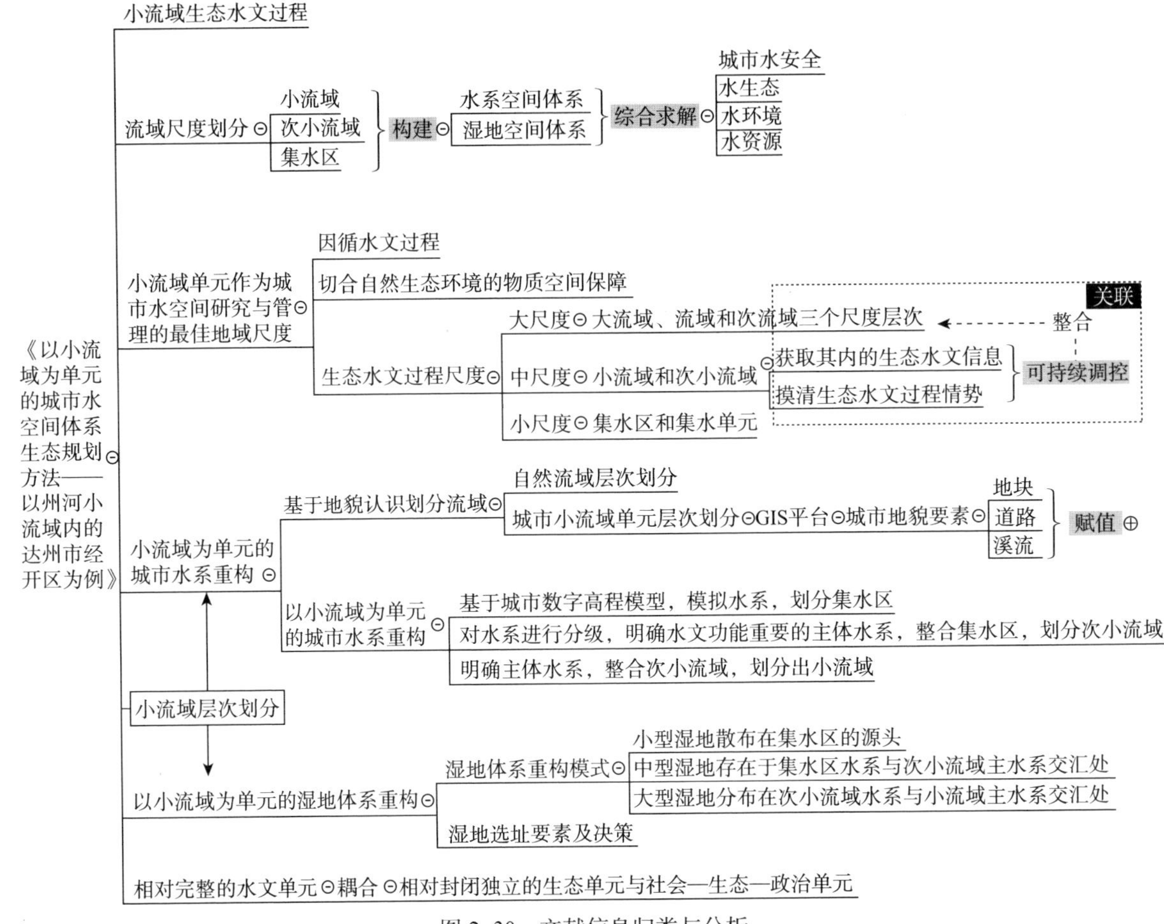

《以小流域为单元的城市水空间体系生态规划方法——以州河小流域内的达州市经开区为例》
小流域生态水文过程
流域尺度划分
小流域
次小流域
集水区
构建
水系空间体系
湿地空间体系
综合求解
城市水安全
水生态
水环境
水资源
小流域单元作为城市水空间研究与管理的最佳地域尺度
因循水文过程
切合自然生态环境的物质空间保障
生态水文过程尺度
大尺度
大流域、流域和次流域三个尺度层次
中尺度
小流域和次小流域
小尺度
集水区和集水单元
获取其内的生态水文信息
摸清生态水文过程情势
可持续调控
整合
关联
小流域为单元的城市水系重构
基于地貌认识划分流域
自然流域层次划分
城市小流域单元层次划分
GIS平台
城市地貌要素
地块
道路
溪流
赋值
以小流域为单元的城市水系重构
基于城市数字高程模型，模拟水系，划分集水区
对水系进行分级，明确水文功能重要的主体水系，整合集水区，划分次小流域
明确主体水系，整合次小流域，划分出小流域
小流域层次划分
以小流域为单元的湿地体系重构
湿地体系重构模式
小型湿地散布在集水区的源头
中型湿地存在于集水区水系与次小流域主水系交汇处
大型湿地分布在次小流域水系与小流域主水系交汇处
湿地选址要素及决策
相对完整的水文单元
耦合
相对封闭独立的生态单元与社会—生态—政治单元

图 2-30 文献信息归类与分析

解释说明

国家基金结题报告可在“国家自然科学基金委员会”的官网上进行搜索。其阅读方法等同于文献阅读，但关注点一般可集中于题目、定位、问题聚焦、理论基础、实现途径、流程、研究结果分析等。

当然，结题报告不同于申报书，结题报告主要体现了基金的成果与效益，因此应着重去分析其成果对社会或国家的意义有多大，是如何体现的，由此也可以启发申报书研究计划中重点内容的制订。

b. 反规划团队的研究

反规划团队以北京大学俞孔坚为代表，通过分析其2013年结题的国家基金，寻找与团队研究相关的信息，并做出重点标注（图 2-31）。

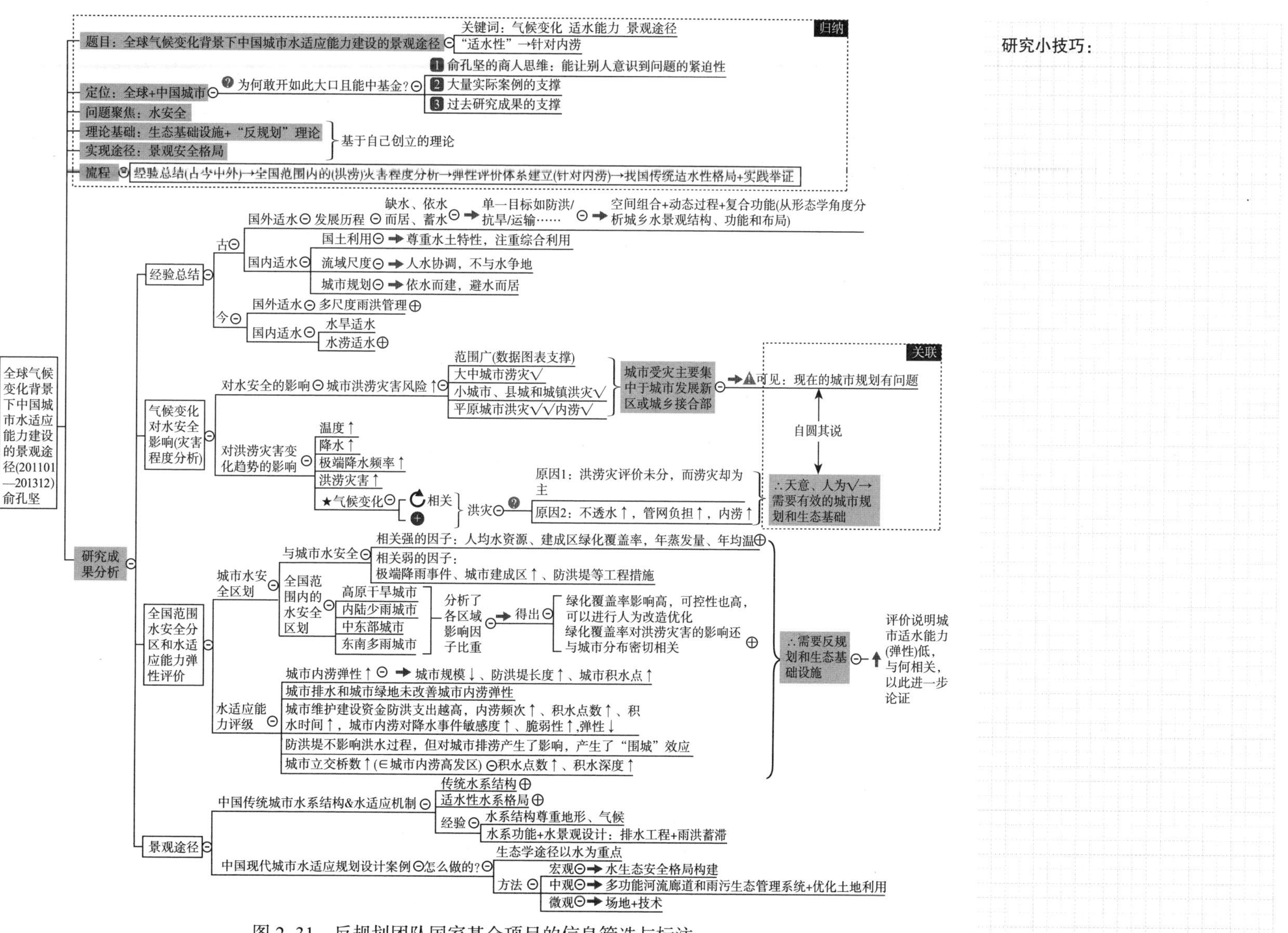

归纳
题目：全球气候变化背景下中国城市水适应能力建设的景观途径
关键词：气候变化 适水能力 景观途径
"适水性"→针对内涝
定位：全球+中国城市
为何敢开如此大口且能中基金？
1 俞孔坚的商人思维：能让别人意识到问题的紧迫性
2 大量实际案例的支撑
3 过去研究成果的支撑
问题聚焦：水安全
理论基础：生态基础设施+"反规划"理论
实现途径：景观安全格局
基于自己创立的理论
流程
经验总结(古今中外)→全国范围内的(洪涝)灾害程度分析→弹性评价体系建立(针对内涝)→找国传统适水性格局+实践举证
全球气候变化背景下中国城市水适应能力建设的景观途径(201101—201312)俞孔坚
经验总结
古
国外适水 发展历程
缺水、依水而居、蓄水
单一目标如防洪/抗旱/运输……
空间组合+动态过程+复合功能(从形态学角度分析城乡水景观结构、功能和布局)
国内适水
国土利用 尊重水土特性，注重综合利用
流域尺度 人水协调，不与水争地
城市规划 依水而建，避水而居
今
国外适水 多尺度雨洪管理
国内适水
水旱适水
水涝适水
气候变化对水安全影响(灾害程度分析)
对水安全的影响 城市洪涝灾害风险↑
范围广(数据图表支撑)
大中城市涝灾√
小城市、县城和城镇洪灾√
平原城市洪灾√√内涝√
城市受灾主要集中于城市发展新区或城乡接合部
关联
可见：现在的城市规划有问题
自圆其说
对洪涝灾害变化趋势的影响
温度↑
降水↑
极端降水频率↑
洪涝灾害↑
★气候变化
相关
洪灾
原因1：洪涝灾评价未分，而涝灾却为主
原因2：不透水↑，管网负担↑，内涝↑
∴天意、人为√→需要有效的城市规划和生态基础
研究成果分析
全国范围水安全分区和水适应能力弹性评价
城市水安全区划
与城市水安全
相关强的因子：人均水资源、建成区绿化覆盖率、年蒸发量、年均温
相关弱的因子：极端降雨事件、城市建成区↑、防洪堤等工程措施
全国范围内的水安全区划
高原干旱城市
内陆少雨城市
中东部城市
东南多雨城市
分析了各区域影响因子比重
得出
绿化覆盖率影响高，可控性也高，可以进行人为改造优化
绿化覆盖率对洪涝灾害的影响还与城市分布密切相关
∴需要反规划和生态基础设施
评价说明城市适水能力(弹性)低，与何相关，以此进一步论证
水适应能力评级
城市内涝弹性↑ 城市规模↓、防洪堤长度↑、城市积水点↑
城市排水和城市绿地未改善城市内涝弹性
城市维护建设资金防洪支出越高，内涝频次↑、积水点数↑、积水时间↑，城市内涝对降水事件敏感度↑、脆弱性↑,弹性↓
防洪堤不影响洪水过程，但对城市排涝产生了影响，产生了"围城"效应
城市立交桥数↑(∈城市内涝高发区)积水点数↑、积水深度↑
景观途径
中国传统城市水系结构&水适应机制
传统水系结构
适水性水系格局
经验
水系结构尊重地形、气候
水系功能+水景观设计：排水工程+雨洪蓄滞
中国现代城市水适应规划设计案例 怎么做的？
生态学途径以水为重点
方法
宏观 水生态安全格局构建
中观 多功能河流廊道和雨污生态管理系统+优化土地利用
微观 场地+技术

图 2-31　反规划团队国家基金项目的信息筛选与标注

研究小技巧：

研究小技巧：

经验分享

· 如何阅读文献?

在文献的选择过程中，一般应以最近发表的文献为主，依次向之前的年份推进，以此保证对于相关研究最新动态的把握，且在文献整理时，最好先标示出发表时间，以做参考。

· 阅读文献的时候还可在思维导图中插入附件，在未来有需求时即可通过点击附件直接打开。

c. 参数化团队的研究

参数化团队主要以东南大学的成玉宁为代表，首先根据其论文和立项基金的标题初步判断其关注领域，并依据相关关键词列举出具体研究课题，接着在此基础上挑选出与水相关的代表性文章，并对这些文章进行进一步解析，由于篇幅所限，在此我们就仅选取其中几篇文章的剖析过程进行展示（图 2–32 至图 2–34）。

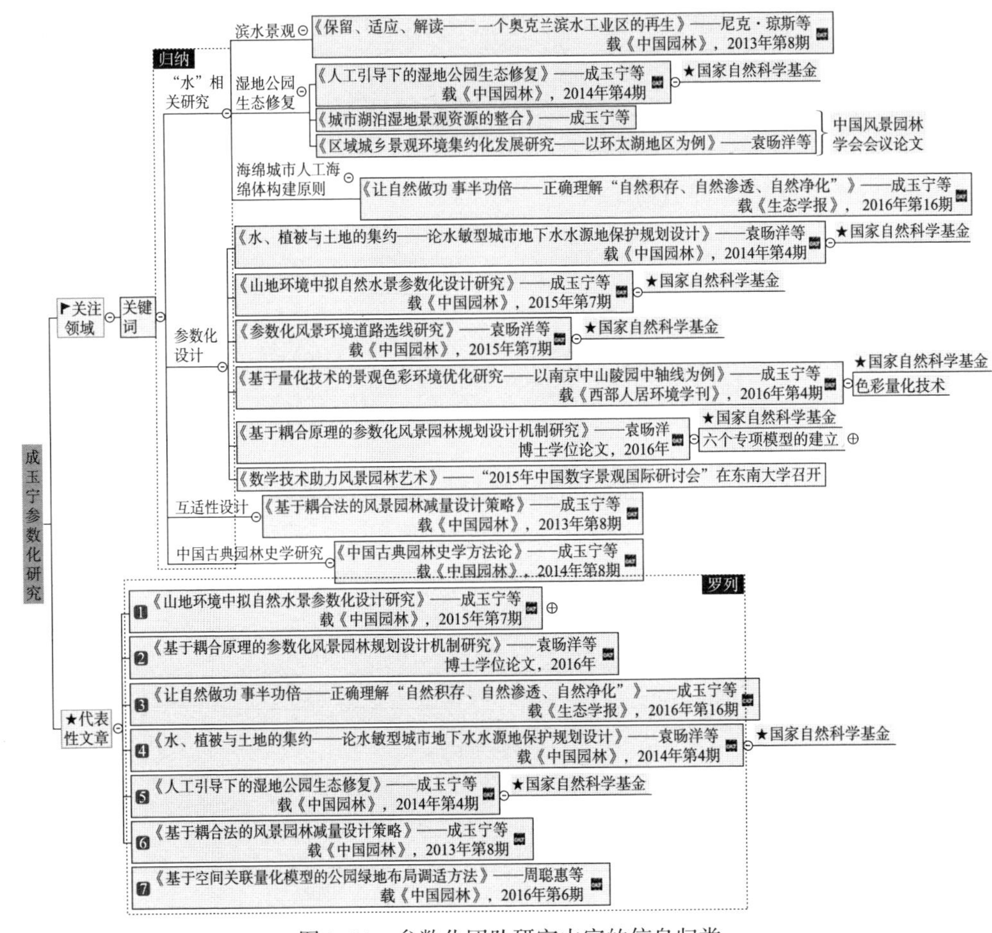

成玉宁参数化研究
关注领域
关键词
归纳
"水"相关研究
滨水景观
《保留、适应、解读——一个奥克兰滨水工业区的再生》——尼克·琼斯等 载《中国园林》，2013年第8期
湿地公园生态修复
《人工引导下的湿地公园生态修复》——成玉宁等 载《中国园林》，2014年第4期
★国家自然科学基金
《城市湖泊湿地景观资源的整合》——成玉宁等
《区域城乡景观环境集约化发展研究——以环太湖地区为例》——袁旸洋等
中国风景园林学会会议论文
海绵城市人工海绵体构建原则
《让自然做功 事半功倍——正确理解"自然积存、自然渗透、自然净化"》——成玉宁等 载《生态学报》，2016年第16期
参数化设计
《水、植被与土地的集约——论水敏型城市地下水水源地保护规划设计》——袁旸洋等 载《中国园林》，2014年第4期
★国家自然科学基金
《山地环境中拟自然水景参数化设计研究》——成玉宁等 载《中国园林》，2015年第7期
★国家自然科学基金
《参数化风景环境道路选线研究》——袁旸洋等 载《中国园林》，2015年第7期
★国家自然科学基金
《基于量化技术的景观色彩环境优化研究——以南京中山陵园中轴线为例》——成玉宁等 载《西部人居环境学刊》，2016年第4期
★国家自然科学基金
色彩量化技术
《基于耦合原理的参数化风景园林规划设计机制研究》——袁旸洋 博士学位论文，2016年
★国家自然科学基金
六个专项模型的建立
《数学技术助力风景园林艺术》——"2015年中国数字景观国际研讨会"在东南大学召开
互适性设计
《基于耦合法的风景园林减量设计策略》——成玉宁等 载《中国园林》，2013年第8期
中国古典园林史学研究
《中国古典园林史学方法论》——成玉宁等 载《中国园林》，2014年第8期
★代表性文章
罗列
1《山地环境中拟自然水景参数化设计研究》——成玉宁等 载《中国园林》，2015年第7期
2《基于耦合原理的参数化风景园林规划设计机制研究》——袁旸洋等 博士学位论文，2016年
3《让自然做功 事半功倍——正确理解"自然积存、自然渗透、自然净化"》——成玉宁等 载《生态学报》，2016年第16期
4《水、植被与土地的集约——论水敏型城市地下水源地保护规划设计》——袁旸洋等 载《中国园林》，2014年第4期
★国家自然科学基金
5《人工引导下的湿地公园生态修复》——成玉宁等 载《中国园林》，2014年第4期
★国家自然科学基金
6《基于耦合法的风景园林减量设计策略》——成玉宁等 载《中国园林》，2013年第8期
7《基于空间关联量化模型的公园绿地布局调适方法》——周聪惠等 载《中国园林》，2016年第6期

图 2–32　参数化团队研究内容的信息归类

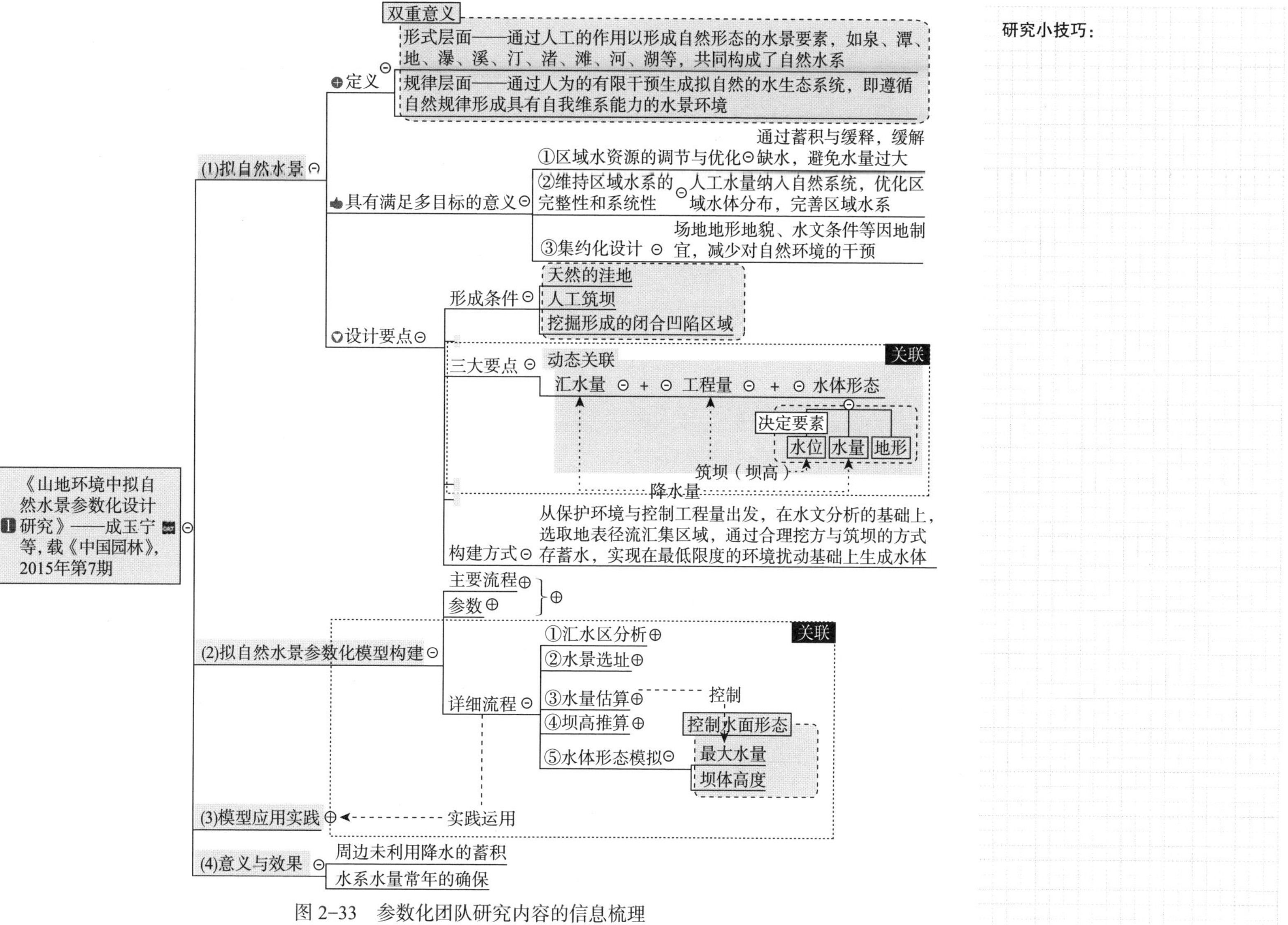

《山地环境中拟自然水景参数化设计研究》——成玉宁等，载《中国园林》，2015年第7期
(1)拟自然水景
定义
双重意义
形式层面——通过人工的作用以形成自然形态的水景要素，如泉、潭、地、瀑、溪、汀、渚、滩、河、湖等，共同构成了自然水系
规律层面——通过人为的有限干预生成拟自然的水生态系统，即遵循自然规律形成具有自我维系能力的水景环境
具有满足多目标的意义
①区域水资源的调节与优化
通过蓄积与缓释，缓解缺水，避免水量过大
②维持区域水系的完整性和系统性
人工水量纳入自然系统，优化区域水体分布，完善区域水系
③集约化设计
场地地形地貌、水文条件等因地制宜，减少对自然环境的干预
设计要点
形成条件
天然的洼地
人工筑坝
挖掘形成的闭合凹陷区域
三大要点
关联
动态关联
汇水量 + 工程量 + 水体形态
决定要素
水位
水量
地形
筑坝（坝高）
降水量
构建方式
从保护环境与控制工程量出发，在水文分析的基础上，选取地表径流汇集区域，通过合理挖方与筑坝的方式存蓄水，实现在最低限度的环境扰动基础上生成水体
(2)拟自然水景参数化模型构建
主要流程
参数
详细流程
关联
①汇水区分析
②水景选址
③水量估算
④坝高推算
⑤水体形态模拟
控制
控制水面形态
最大水量
坝体高度
实践运用
(3)模型应用实践
(4)意义与效果
周边未利用降水的蓄积
水系水量常年的确保

图 2-33　参数化团队研究内容的信息梳理

研究小技巧：

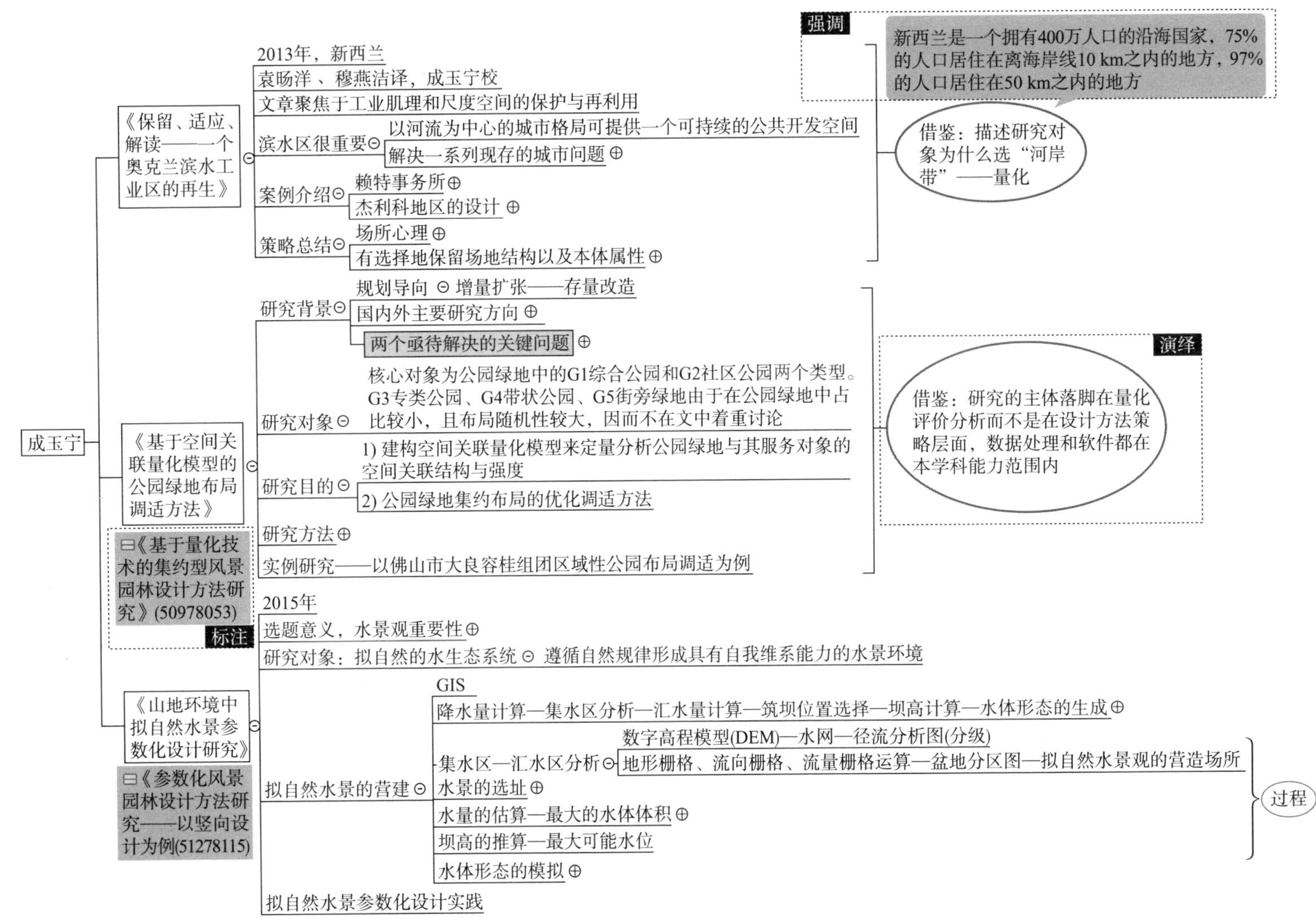

强调
新西兰是一个拥有400万人口的沿海国家，75%的人口居住在离海岸线10 km之内的地方，97%的人口居住在50 km之内的地方
2013年，新西兰
袁旸洋、穆燕洁译，成玉宁校
文章聚焦于工业肌理和尺度空间的保护与再利用
以河流为中心的城市格局可提供一个可持续的公共开发空间
滨水区很重要
解决一系列现存的城市问题
借鉴：描述研究对象为什么选“河岸带”——量化
《保留、适应、解读——一个奥克兰滨水工业区的再生》
赖特事务所
案例介绍
杰利科地区的设计
场所心理
策略总结
有选择地保留场地结构以及本体属性
规划导向
增量扩张——存量改造
研究背景
国内外主要研究方向
两个亟待解决的关键问题
演绎
核心对象为公园绿地中的G1综合公园和G2社区公园两个类型。G3专类公园、G4带状公园、G5街旁绿地由于在公园绿地中占比较小，且布局随机性较大，因而不在文中着重讨论
研究对象
借鉴：研究的主体落脚在量化评价分析而不是在设计方法策略层面，数据处理和软件都在本学科能力范围内
成玉宁
《基于空间关联量化模型的公园绿地布局调适方法》
1) 建构空间关联量化模型来定量分析公园绿地与其服务对象的空间关联结构与强度
研究目的
2) 公园绿地集约布局的优化调适方法
研究方法
《基于量化技术的集约型风景园林设计方法研究》(50978053)
实例研究——以佛山市大良容桂组团区域性公园布局调适为例
标注
2015年
选题意义，水景观重要性
研究对象：拟自然的水生态系统
遵循自然规律形成具有自我维系能力的水景环境
GIS
《山地环境中拟自然水景参数化设计研究》
降水量计算—集水区分析—汇水量计算—筑坝位置选择—坝高计算—水体形态的生成
数字高程模型(DEM)—水网—径流分析图(分级)
集水区—汇水区分析
地形栅格、流向栅格、流量栅格运算—盆地分区图—拟自然水景观的营造场所
《参数化风景园林设计方法研究——以竖向设计为例(51278115)
拟自然水景的营建
水景的选址
过程
水量的估算—最大的水体体积
坝高的推算—最大可能水位
水体形态的模拟
拟自然水景参数化设计实践

图 2-34　成玉宁研究内容的信息梳理与总结

通过利用思维导图对这几个研究团队在水生态方向的研究进行要点总结后可以逐步理清现有研究的趋势与不足，也可提取有效信息作为课题的支撑论据，借此推进课题主题的确定，初步判断研究方向的有用性和创新性。至此，确定下一阶段的任务为基于现有文献梳理来思考本次基金申报的主题。

③ 第 3 天：主题思考

a. 模式 1（图 2–35）。

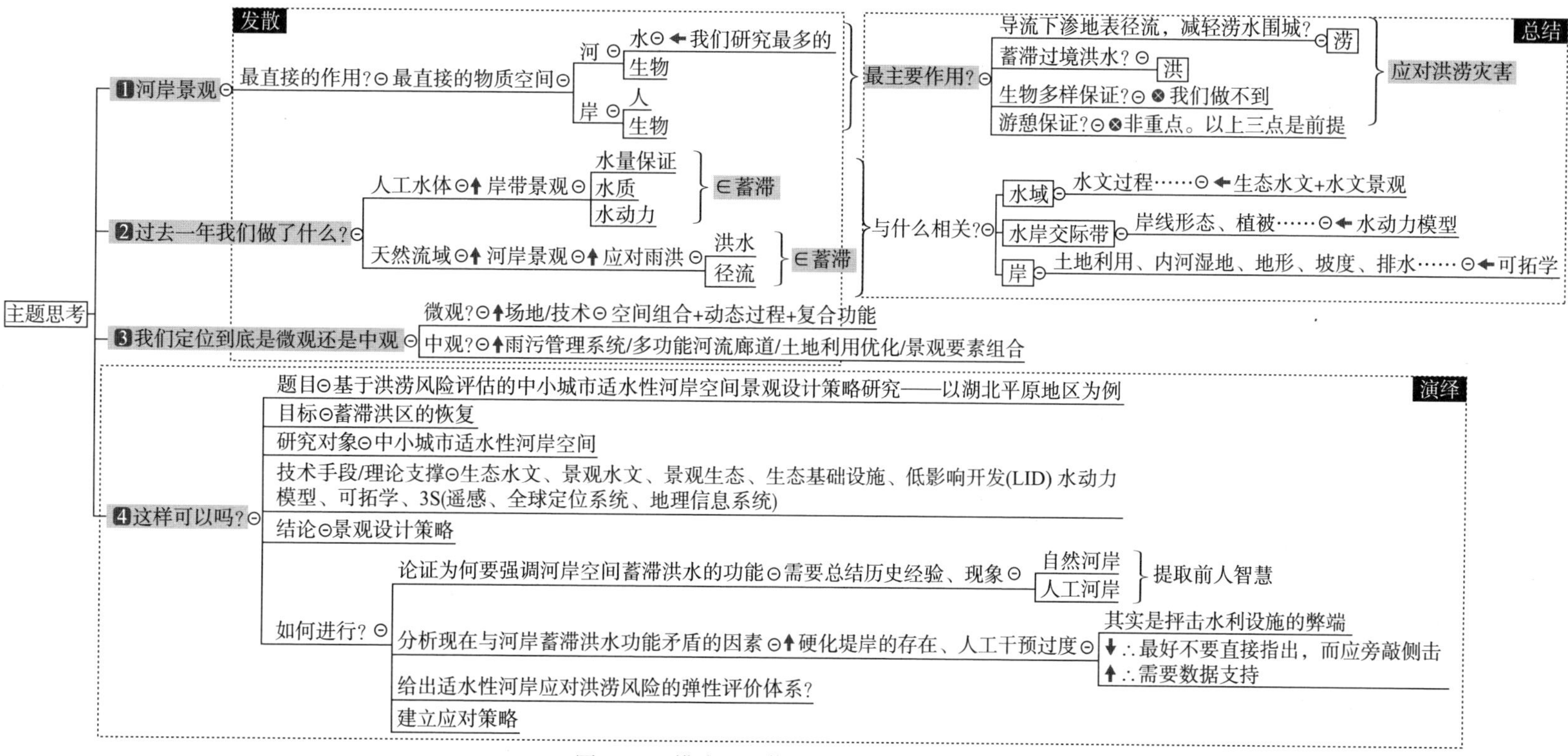

发散
总结
演绎
主题思考
❶河岸景观
最直接的作用？⊝最直接的物质空间⊝
河⊝
水⊝←我们研究最多的
生物
岸⊝
人
生物
最主要作用？⊝
导流下渗地表径流，减轻涝水围城？⊝涝
蓄滞过境洪水？⊝洪
生物多样保证？⊝⊗我们做不到
游憩保证？⊝⊗非重点。以上三点是前提
应对洪涝灾害
❷过去一年我们做了什么？⊝
人工水体⊝↑岸带景观⊝
水量保证
水质
水动力
∈蓄滞
天然流域⊝↑河岸景观⊝↑应对雨洪⊝
洪水
径流
∈蓄滞
与什么相关？⊝
水域⊝水文过程……⊝←生态水文+水文景观
水岸交际带⊝岸线形态、植被……⊝←水动力模型
岸⊝土地利用、内河湿地、地形、坡度、排水……⊝←可拓学
❸我们定位到底是微观还是中观⊝
微观？⊝↑场地/技术⊝空间组合+动态过程+复合功能
中观？⊝↑雨污管理系统/多功能河流廊道/土地利用优化/景观要素组合
❹这样可以吗？⊝
题目⊝基于洪涝风险评估的中小城市适水性河岸空间景观设计策略研究——以湖北平原地区为例
目标⊝蓄滞洪区的恢复
研究对象⊝中小城市适水性河岸空间
技术手段/理论支撑⊝生态水文、景观水文、景观生态、生态基础设施、低影响开发(LID) 水动力模型、可拓学、3S(遥感、全球定位系统、地理信息系统)
结论⊝景观设计策略
如何进行？⊝
论证为何要强调河岸空间蓄滞洪水的功能⊝需要总结历史经验、现象⊝
自然河岸
人工河岸
提取前人智慧
分析现在与河岸蓄滞洪水功能矛盾的因素⊝↑硬化堤岸的存在、人工干预过度⊝
其实是抨击水利设施的弊端
↓∴最好不要直接指出，而应旁敲侧击
↑∴需要数据支持
给出适水性河岸应对洪涝风险的弹性评价体系？
建立应对策略

图 2–35　模式 1 的信息发散、总结与演绎

研究小技巧：

b. 模式 2（图 2-36）。

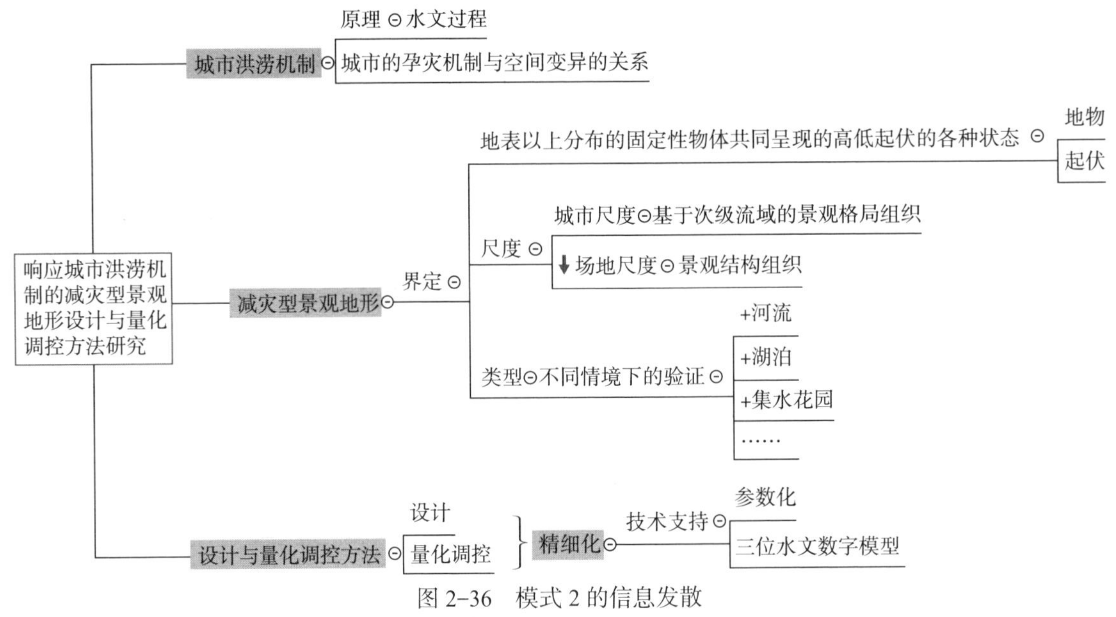
响应城市洪涝机制的减灾型景观地形设计与量化调控方法研究
城市洪涝机制
原理
水文过程
城市的孕灾机制与空间变异的关系
减灾型景观地形
界定
地表以上分布的固定性物体共同呈现的高低起伏的各种状态
地物
起伏
尺度
城市尺度
基于次级流域的景观格局组织
场地尺度
景观结构组织
类型
不同情境下的验证
+河流
+湖泊
+集水花园
……
设计与量化调控方法
设计
量化调控
精细化
技术支持
参数化
三位水文数字模型
图 2-36　模式 2 的信息发散

基于前几日的研究，通过信息的发散与总结，团队成员共同讨论并最终确定以“响应城市洪涝机制的减灾型景观地形设计与量化调控方法研究”为主体思路。下一阶段，则是在这个基础上思考研究计划。

④ 第 4 天：研究计划

运用思维导图，按照申报书的内容结构，即立项依据、研究内容、研究目标、拟解决的关键科学问题、研究方案、特色与创新这几个要点拟订研究计划。思维导图特别适宜辅助制订需要结构化思维的“研究计划”，在基本的格式框架下填充具体研究细节，在制订过程中允许反复斟酌、随时修改。

解释说明

在研究计划中，立项依据是基础，需要体现逻辑性，并通过推衍凸显相应课题研究的价值与创新性，要有理有据。

研究内容则是整个申报书中的重点，它应当预先呈现整个研究的过程与可行性，这是一个科学研究过程，起到指导后续研究的纲领作用。所以，研究内容不需要也无法展示具体的研究成果或实验结果，这些内容应该是在结题报告中出现，切勿混淆。

a. 计划 1（图 2-37）。

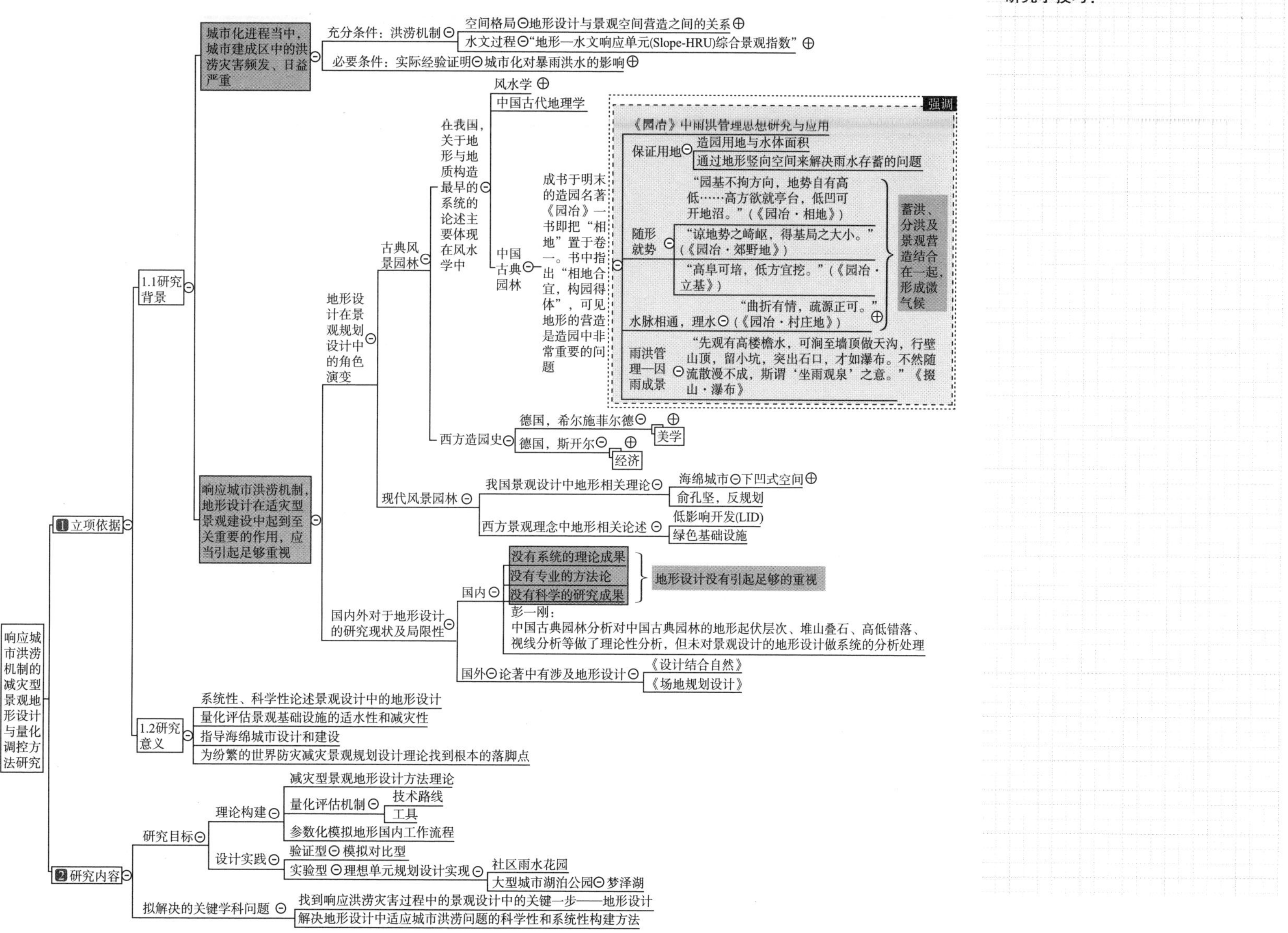

响应城市洪涝机制的减灾型景观地形设计与量化调控方法研究
1 立项依据
1.1研究背景
城市化进程当中，城市建成区中的洪涝灾害频发、日益严重
充分条件：洪涝机制
空间格局 地形设计与景观空间营造之间的关系
水文过程“地形—水文响应单元(Slope-HRU)综合景观指数”
必要条件：实际经验证明 城市化对暴雨洪水的影响
响应城市洪涝机制，地形设计在适灾型景观建设中起到至关重要的作用，应当引起足够重视
地形设计在景观规划设计中的角色演变
古典风景园林
在我国，关于地形与地质构造最早的系统的论述主要体现在风水学中
风水学
中国古代地理学
中国古典园林
成书于明末的造园名著《园冶》一书即把“相地”置于卷一。书中指出“相地合宜，构园得体”，可见地形的营造是造园中非常重要的问题
强调
《园冶》中雨洪管理思想研究与应用
保证用地
造园用地与水体面积
通过地形竖向空间来解决雨水存蓄的问题
随形就势
“园基不拘方向，地势自有高低……高方欲就亭台，低凹可开地沼。”（《园冶·相地》）
“谅地势之崎岖，得基局之大小。”（《园冶·郊野地》）
“高阜可培，低方宜挖。”（《园冶·立基》）
水脉相通，理水
“曲折有情，疏源正可。”（《园冶·村庄地》）
蓄洪、分洪及景观营造结合在一起，形成微气候
雨洪管理—因雨成景
“先观有高楼檐水，可涧至墙顶做天沟，行壁山顶，留小坑，突出石口，才如瀑布。不然随流散漫不成，斯谓‘坐雨观泉’之意。”《掇山·瀑布》
西方造园史
德国，希尔施菲尔德
美学
德国，斯开尔
经济
现代风景园林
我国景观设计中地形相关理论
海绵城市 下凹式空间
俞孔坚，反规划
西方景观理念中地形相关论述
低影响开发(LID)
绿色基础设施
国内外对于地形设计的研究现状及局限性
国内
没有系统的理论成果
没有专业的方法论
没有科学的研究成果
地形设计没有引起足够的重视
彭一刚：
中国古典园林分析对中国古典园林的地形起伏层次、堆山叠石、高低错落、视线分析等做了理论性分析，但未对景观设计的地形设计做系统的分析处理
国外 论著中有涉及地形设计
《设计结合自然》
《场地规划设计》
1.2研究意义
系统性、科学性论述景观设计中的地形设计
量化评估景观基础设施的适水性和减灾性
指导海绵城市设计和建设
为纷繁的世界防灾减灾景观规划设计理论找到根本的落脚点
2 研究内容
研究目标
理论构建
减灾型景观地形设计方法理论
量化评估机制
技术路线
工具
参数化模拟地形国内工作流程
设计实践
验证型 模拟对比型
实验型 理想单元规划设计实现
社区雨水花园
大型城市湖泊公园 梦泽湖
拟解决的关键学科问题
找到响应洪涝灾害过程中的景观设计中的关键一步——地形设计
解决地形设计中适应城市洪涝问题的科学性和系统性构建方法

图 2-37　计划 1 的逻辑思路梳理

研究小技巧：

b. 计划 2（图 2-38）。

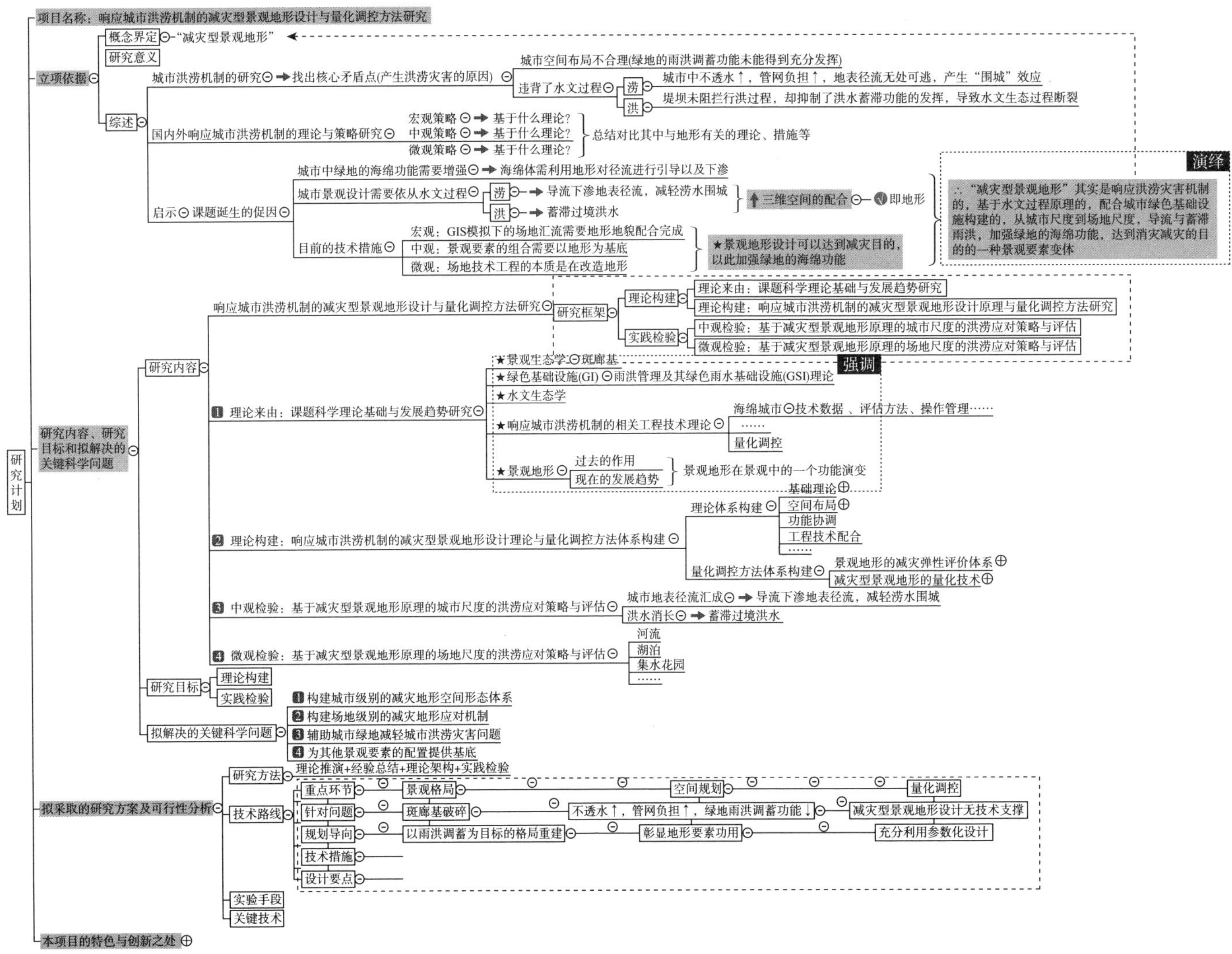

研究计划
项目名称：响应城市洪涝机制的减灾型景观地形设计与量化调控方法研究
立项依据
概念界定
“减灾型景观地形”
研究意义
综述
城市洪涝机制的研究
找出核心矛盾点(产生洪涝灾害的原因)
城市空间布局不合理(绿地的雨洪调蓄功能未能得到充分发挥)
违背了水文过程
涝
城市中不透水↑，管网负担↑，地表径流无处可逃，产生“围城”效应
洪
堤坝未阻拦行洪过程，却抑制了洪水蓄滞功能的发挥，导致水文生态过程断裂
国内外响应城市洪涝机制的理论与策略研究
宏观策略
中观策略
微观策略
基于什么理论？
基于什么理论？
基于什么理论？
总结对比其中与地形有关的理论、措施等
启示
课题诞生的促因
城市中绿地的海绵功能需要增强
海绵体需利用地形对径流进行引导以及下渗
城市景观设计需要依从水文过程
涝
导流下渗地表径流，减轻涝水围城
洪
蓄滞过境洪水
三维空间的配合
即地形
目前的技术措施
宏观：GIS模拟下的场地汇流需要地形地貌配合完成
中观：景观要素的组合需要以地形为基底
微观：场地技术工程的本质是在改造地形
★景观地形设计可以达到减灾目的，以此加强绿地的海绵功能
演绎
∴“减灾型景观地形”其实是响应洪涝灾害机制的，基于水文过程原理的，配合城市绿色基础设施构建的，从城市尺度到场地尺度，导流与蓄滞雨洪，加强绿地的海绵功能，达到消灾减灾的目的的一种景观要素变体
研究内容、研究目标和拟解决的关键科学问题
研究内容
响应城市洪涝机制的减灾型景观地形设计与量化调控方法研究
研究框架
理论构建
理论来由：课题科学理论基础与发展趋势研究
理论构建：响应城市洪涝机制的减灾型景观地形设计原理与量化调控方法研究
实践检验
中观检验：基于减灾型景观地形原理的城市尺度的洪涝应对策略与评估
微观检验：基于减灾型景观地形原理的场地尺度的洪涝应对策略与评估
强调
1 理论来由：课题科学理论基础与发展趋势研究
★景观生态学
斑廊基
★绿色基础设施(GI)
雨洪管理及其绿色雨水基础设施(GSI)理论
★水文生态学
★响应城市洪涝机制的相关工程技术理论
海绵城市
技术数据、评估方法、操作管理……
……
量化调控
★景观地形
过去的作用
现在的发展趋势
景观地形在景观中的一个功能演变
2 理论构建：响应城市洪涝机制的减灾型景观地形设计理论与量化调控方法体系构建
理论体系构建
基础理论
空间布局
功能协调
工程技术配合
……
量化调控方法体系构建
景观地形的减灾弹性评价体系
减灾型景观地形的量化技术
3 中观检验：基于减灾型景观地形原理的城市尺度的洪涝应对策略与评估
城市地表径流汇成
导流下渗地表径流，减轻涝水围城
洪水消长
蓄滞过境洪水
4 微观检验：基于减灾型景观地形原理的场地尺度的洪涝应对策略与评估
河流
湖泊
集水花园
……
研究目标
理论构建
实践检验
拟解决的关键科学问题
1 构建城市级别的减灾地形空间形态体系
2 构建场地级别的减灾地形应对机制
3 辅助城市绿地减轻城市洪涝灾害问题
4 为其他景观要素的配置提供基底
拟采取的研究方案及可行性分析
研究方法
理论推演+经验总结+理论架构+实践检验
技术路线
重点环节
景观格局
空间规划
量化调控
针对问题
斑廊基破碎
不透水↑，管网负担↑，绿地雨洪调蓄功能↓
减灾型景观地形设计无技术支撑
规划导向
以雨洪调蓄为目标的格局重建
彰显地形要素功用
充分利用参数化设计
技术措施
设计要点
实验手段
关键技术
本项目的特色与创新之处

图 2-38　计划 2 的逻辑思路梳理

c. 计划 3（图 2–39）。

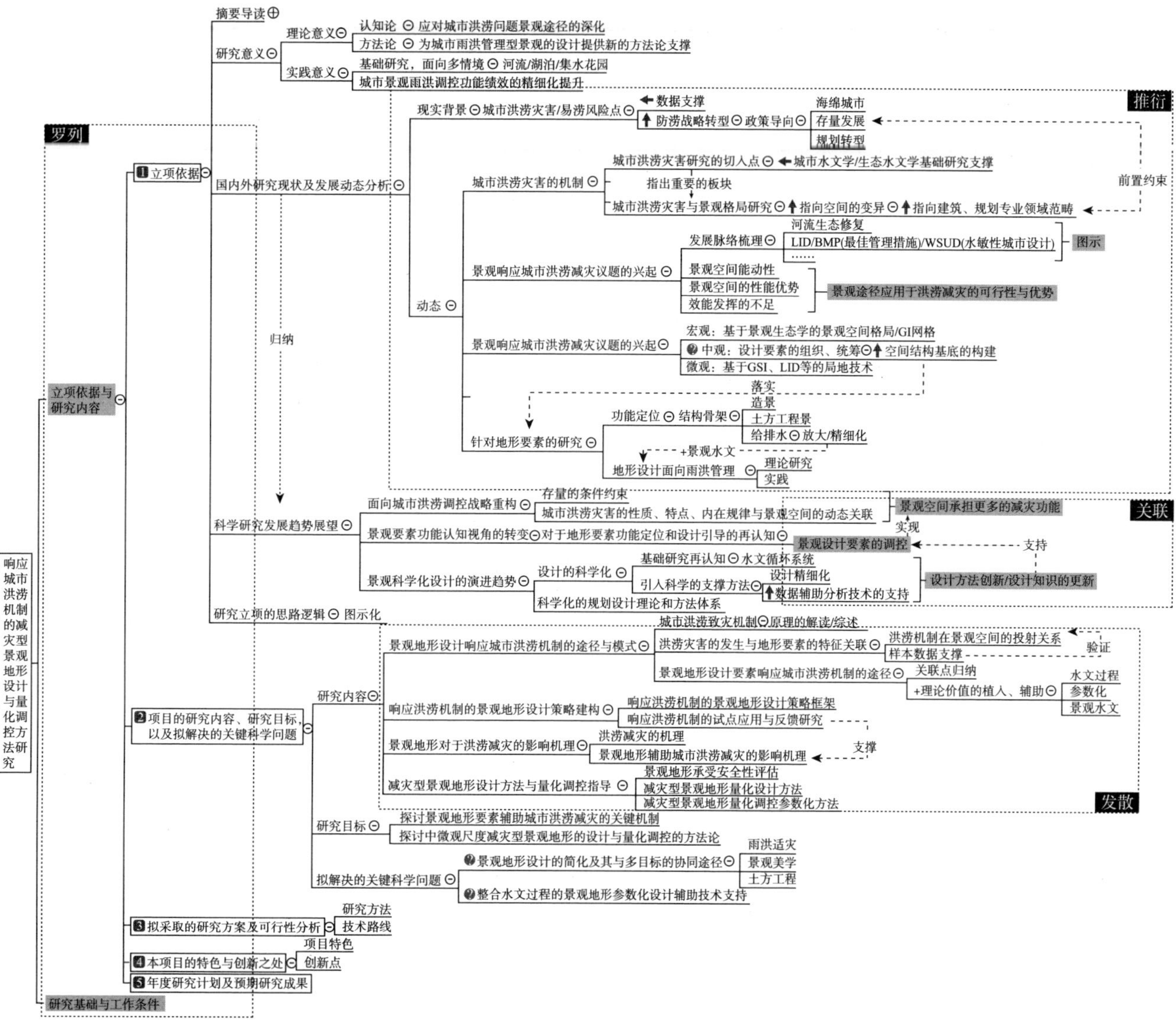

响应城市洪涝机制的减灾型景观地形设计与量化调控方法研究
罗列
立项依据与研究内容
❶立项依据
摘要导读
研究意义
理论意义
认知论 应对城市洪涝问题景观途径的深化
方法论 为城市雨洪管理型景观的设计提供新的方法论支撑
实践意义
基础研究，面向多情境 河流/湖泊/集水花园
城市景观雨洪调控功能绩效的精细化提升
推衍
国内外研究现状及发展动态分析
现实背景 城市洪涝灾害/易涝风险点
数据支撑
防涝战略转型 政策导向
海绵城市
存量发展
规划转型
前置约束
城市洪涝灾害的机制
城市洪涝灾害研究的切入点
城市水文学/生态水文学基础研究支撑
指出重要的板块
城市洪涝灾害与景观格局研究
指向空间的变异
指向建筑、规划专业领域范畴
动态
景观响应城市洪涝减灾议题的兴起
发展脉络梳理
河流生态修复
LID/BMP(最佳管理措施)/WSUD(水敏性城市设计)
……
图示
景观空间能动性
景观空间的性能优势
效能发挥的不足
景观途径应用于洪涝减灾的可行性与优势
景观响应城市洪涝减灾议题的兴起
宏观：基于景观生态学的景观空间格局/GI网格
中观：设计要素的组织、统筹
空间结构基底的构建
微观：基于GSI、LID等的局地技术
落实
针对地形要素的研究
功能定位 结构骨架
造景
土方工程景
给排水 放大/精细化
+景观水文
地形设计面向雨洪管理
理论研究
实践
归纳
关联
科学研究发展趋势展望
面向城市洪涝调控战略重构
存量的条件约束
城市洪涝灾害的性质、特点、内在规律与景观空间的动态关联
景观空间承担更多的减灾功能
实现
景观要素功能认知视角的转变
对于地形要素功能定位和设计引导的再认知
景观设计要素的调控
支持
景观科学化设计的演进趋势
设计的科学化
基础研究再认知 水文循环系统
设计精细化
引入科学的支撑方法
数据辅助分析技术的支持
科学化的规划设计理论和方法体系
设计方法创新/设计知识的更新
研究立项的思路逻辑 图示化
❷项目的研究内容、研究目标，以及拟解决的关键科学问题
研究内容
景观地形设计响应城市洪涝机制的途径与模式
城市洪涝致灾机制 原理的解读/综述
洪涝灾害的发生与地形要素的特征关联
洪涝机制在景观空间的投射关系
样本数据支撑
验证
景观地形设计要素响应城市洪涝机制的途径
关联点归纳
+理论价值的植入、辅助
水文过程
参数化
景观水文
响应洪涝机制的景观地形设计策略建构
响应洪涝机制的景观地形设计策略框架
响应洪涝机制的试点应用与反馈研究
支撑
景观地形对于洪涝减灾的影响机理
洪涝减灾的机理
景观地形辅助城市洪涝减灾的影响机理
减灾型景观地形设计方法与量化调控指导
景观地形承受安全性评估
减灾型景观地形量化设计方法
减灾型景观地形量化调控参数化方法
发散
研究目标
探讨景观地形要素辅助城市洪涝减灾的关键机制
探讨中微观尺度减灾型景观地形的设计与量化调控的方法论
拟解决的关键科学问题
❶景观地形设计的简化及其与多目标的协同途径
雨洪适灾
景观美学
土方工程
❷整合水文过程的景观地形参数化设计辅助技术支持
❸拟采取的研究方案及可行性分析
研究方法
技术路线
❹本项目的特色与创新之处
项目特色
创新点
❺年度研究计划及预期研究成果
研究基础与工作条件

图 2–39　计划 3 的逻辑思路梳理

d. 计划 4（图 2-40）。

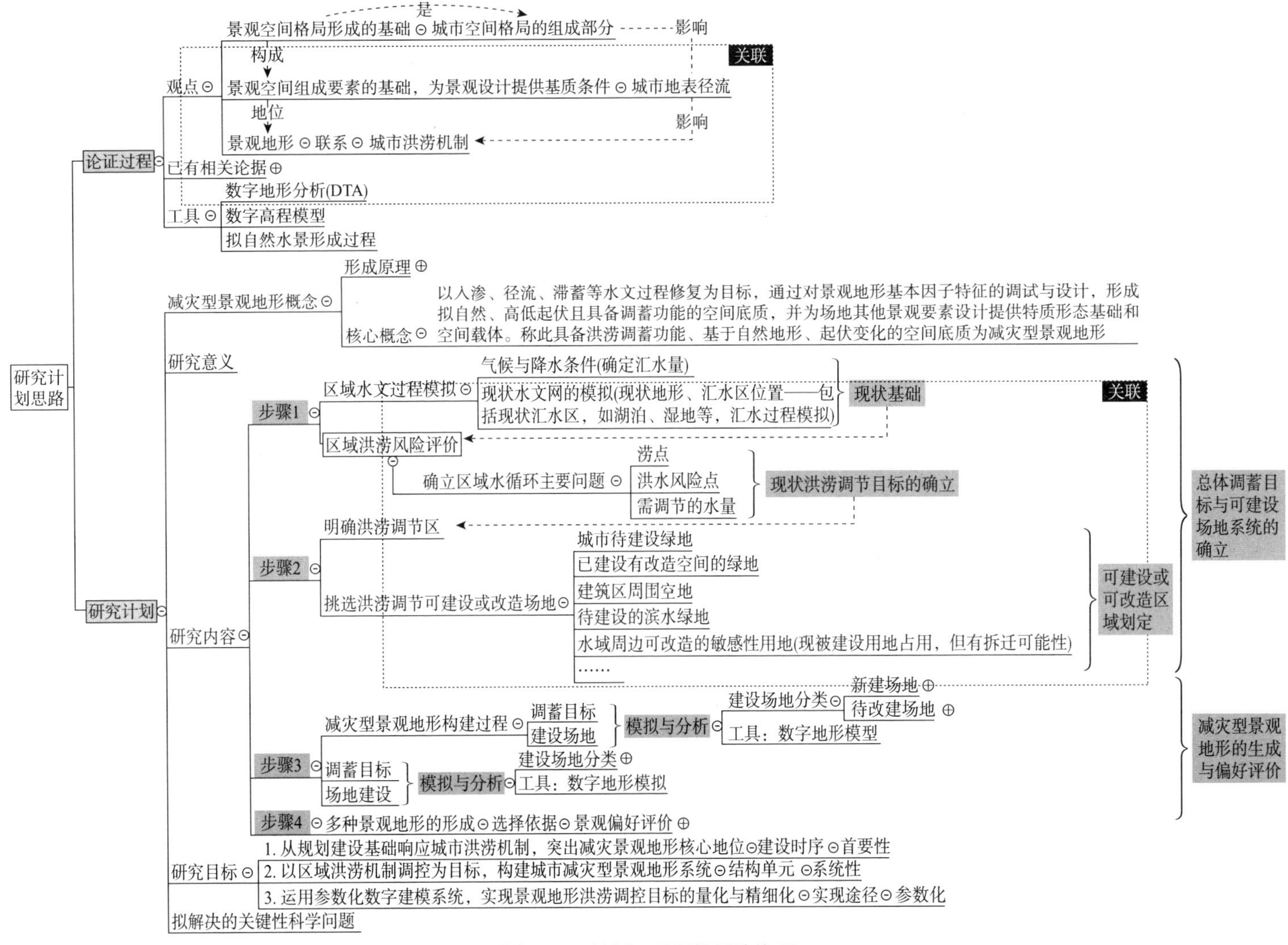

研究计划思路
论证过程
观点
景观空间格局形成的基础
城市空间格局的组成部分
是
影响
关联
构成
景观空间组成要素的基础，为景观设计提供基质条件
城市地表径流
地位
影响
景观地形
联系
城市洪涝机制
已有相关论据
工具
数字地形分析(DTA)
数字高程模型
拟自然水景形成过程
研究计划
减灾型景观地形概念
形成原理
核心概念
以入渗、径流、滞蓄等水文过程修复为目标，通过对景观地形基本因子特征的调试与设计，形成拟自然、高低起伏且具备调蓄功能的空间底质，并为场地其他景观要素设计提供特质形态基础和空间载体。称此具备洪涝调蓄功能、基于自然地形、起伏变化的空间底质为减灾型景观地形
研究意义
研究内容
步骤1
区域水文过程模拟
气候与降水条件(确定汇水量)
现状水文网的模拟(现状地形、汇水区位置——包括现状汇水区，如湖泊、湿地等，汇水过程模拟)
现状基础
关联
区域洪涝风险评价
确立区域水循环主要问题
涝点
洪水风险点
需调节的水量
现状洪涝调节目标的确立
步骤2
明确洪涝调节区
挑选洪涝调节可建设或改造场地
城市待建设绿地
已建设有改造空间的绿地
建筑区周围空地
待建设的滨水绿地
水域周边可改造的敏感性用地(现被建设用地占用，但有拆迁可能性)
……
可建设或可改造区域划定
总体调蓄目标与可建设场地系统的确立
步骤3
减灾型景观地形构建过程
调蓄目标
建设场地
模拟与分析
建设场地分类
新建场地
待改建场地
工具：数字地形模型
调蓄目标
场地建设
模拟与分析
建设场地分类
工具：数字地形模拟
减灾型景观地形的生成与偏好评价
步骤4
多种景观地形的形成
选择依据
景观偏好评价
研究目标
1. 从规划建设基础响应城市洪涝机制，突出减灾景观地形核心地位
建设时序
首要性
2. 以区域洪涝机制调控为目标，构建城市减灾型景观地形系统
结构单元
系统性
3. 运用参数化数字建模系统，实现景观地形洪涝调控目标的量化与精细化
实现途径
参数化
拟解决的关键性科学问题

图 2-40　计划 4 的逻辑思路梳理

利用思维导图辅助梳理研究计划的逻辑，并引导口头表达的逻辑思路，可以延展出不同的计划，团队集思广益，共同探讨，互相修正，借助思维导图进行一场有准备的头脑风暴式讨论，可以高效地推进课题的进行。至此，团队确定以计划 3 为主要的研究计划思路，其余作为补充。这次讨论使得“立项依据”部分变得更为清晰，接下来的时间则是在这个框架基础上结合前面的文献研究对“研究内容”做出补充。

（2）第 2 阶段：概念框架深化与修正

① 第 5—6 天：深化框架，确定研究核心结构

深化研究内容总体框架：

依据第 4 天确定的研究框架，已梳理清楚“立项依据”，基本确定该研究的价值与意义，以及如何去说明该研究具有迫切性的逻辑思路，但是，作为课题申报书中最重要也是最难写的一部分——“研究内容”的思考和梳理还不够深入，因此基于前几天的文献整理，逐步在第 4 天确定的研究框架的“研究内容”中进行补充和修正，总结提炼核心的研究内容，再一次梳理研究内容内部的逻辑关系，以便为最终下笔写本子打下逻辑基础（图 2–41）。

② 第 7 天：针对四项研究内容，分别进一步梳理其研究内容构成与逻辑

针对研究内容的四大部分进行发散分析，补充具体的研究路径，梳理路径之间的关联性，构建合理有据的研究思路。

研究内容 1：景观地形设计响应城市内涝机制的途径与模式（图 2–42、图 2–43）。

研究内容 2：响应洪涝机制的景观地形设计策略建构（图 2–44）。

研究内容 3：景观地形对于洪涝减灾的影响机理（图 2–45）。

研究内容 4：减灾型景观地形设计方法论与量化调控指导（图 2–46）。

研究小技巧：

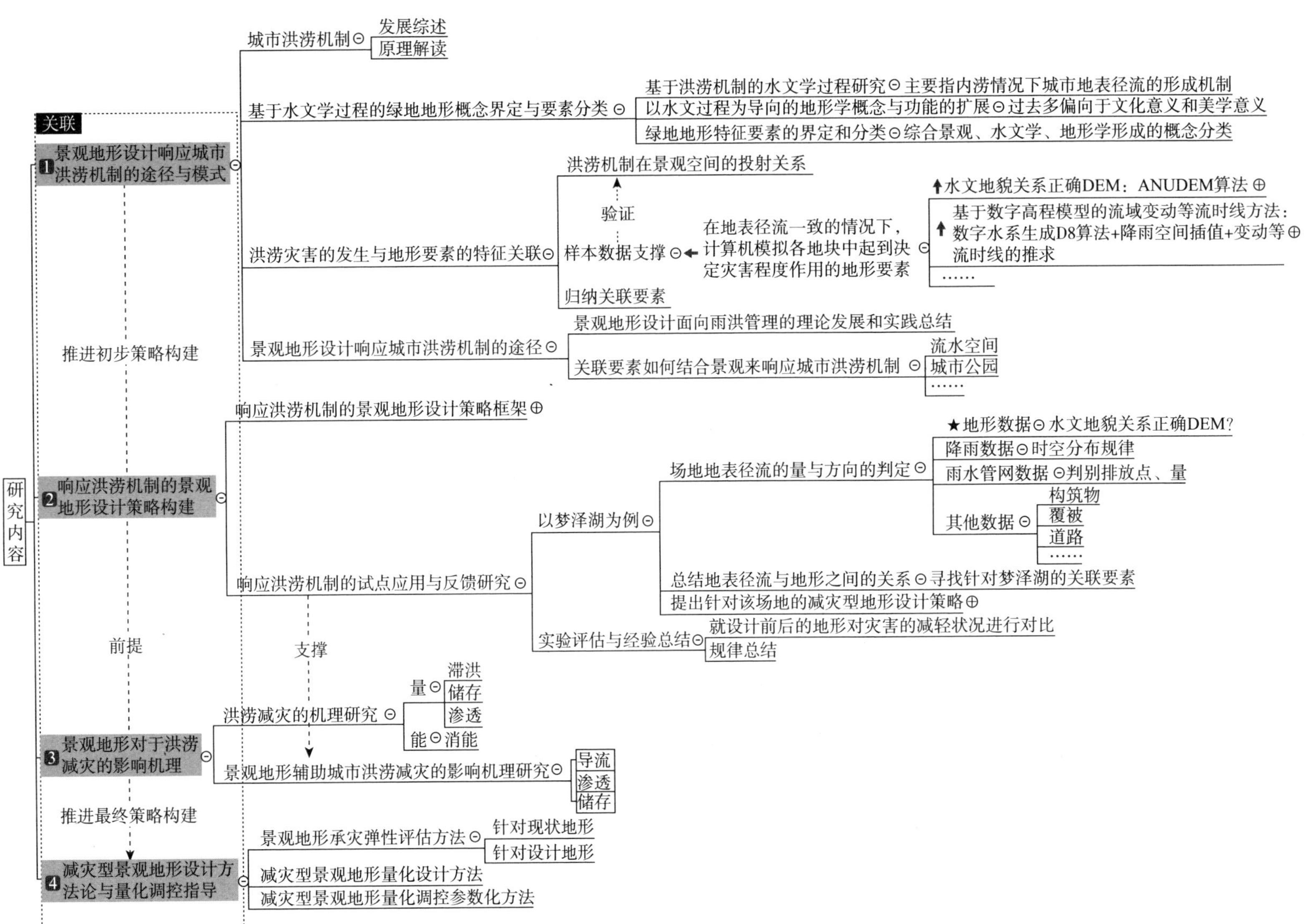

研究内容
关联
1 景观地形设计响应城市洪涝机制的途径与模式
城市洪涝机制
发展综述
原理解读
基于水文学过程的绿地地形概念界定与要素分类
基于洪涝机制的水文学过程研究
主要指内涝情况下城市地表径流的形成机制
以水文过程为导向的地形学概念与功能的扩展
过去多偏向于文化意义和美学意义
绿地地形特征要素的界定和分类
综合景观、水文学、地形学形成的概念分类
洪涝灾害的发生与地形要素的特征关联
洪涝机制在景观空间的投射关系
验证
样本数据支撑
在地表径流一致的情况下，计算机模拟各地块中起到决定灾害程度作用的地形要素
水文地貌关系正确DEM：ANUDEM算法
基于数字高程模型的流域变动等流时线方法：数字水系生成D8算法+降雨空间插值+变动等流时线的推求
……
归纳关联要素
景观地形设计响应城市洪涝机制的途径
景观地形设计面向雨洪管理的理论发展和实践总结
关联要素如何结合景观来响应城市洪涝机制
流水空间
城市公园
……
推进初步策略构建
2 响应洪涝机制的景观地形设计策略构建
响应洪涝机制的景观地形设计策略框架
响应洪涝机制的试点应用与反馈研究
以梦泽湖为例
场地地表径流的量与方向的判定
★地形数据
水文地貌关系正确DEM?
降雨数据
时空分布规律
雨水管网数据
判别排放点、量
其他数据
构筑物
覆被
道路
……
总结地表径流与地形之间的关系
寻找针对梦泽湖的关联要素
提出针对该场地的减灾型地形设计策略
实验评估与经验总结
就设计前后的地形对灾害的减轻状况进行对比
规律总结
前提
支撑
3 景观地形对于洪涝减灾的影响机理
洪涝减灾的机理研究
量
滞洪
储存
渗透
能
消能
景观地形辅助城市洪涝减灾的影响机理研究
导流
渗透
储存
推进最终策略构建
4 减灾型景观地形设计方法论与量化调控指导
景观地形承灾弹性评估方法
针对现状地形
针对设计地形
减灾型景观地形量化设计方法
减灾型景观地形量化调控参数化方法

图 2–41　研究内容的信息重组与内容补充

注：ANUDEM 为专业化数学高程模型插值软件；D8 算法即最大距离权落差（最大坡降法）。

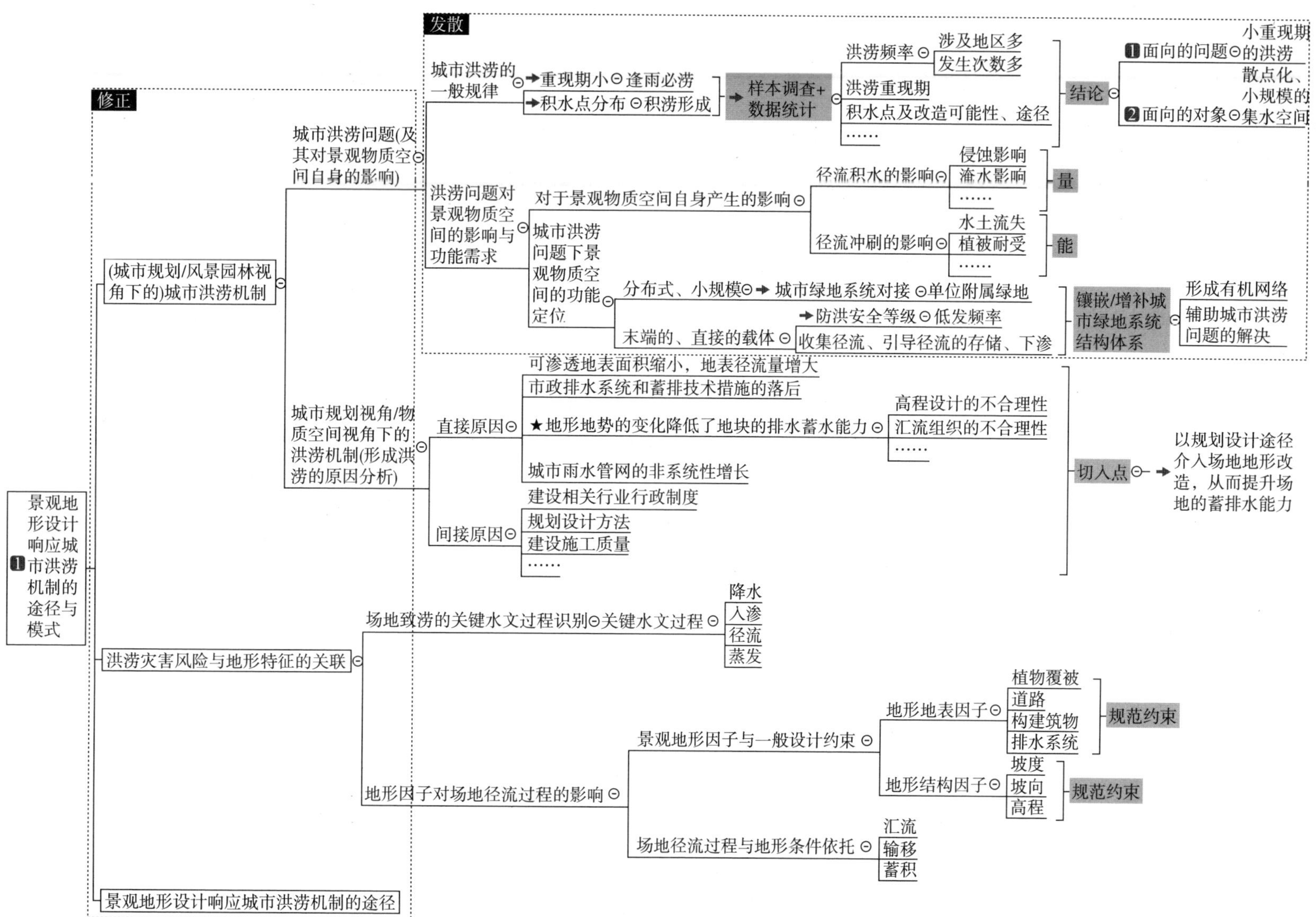

发散
修正
景观地形设计响应城市洪涝机制的途径与模式
(城市规划/风景园林视角下的)城市洪涝机制
城市洪涝问题(及其对景观物质空间自身的影响)
城市洪涝的一般规律
重现期小 逢雨必涝
积水点分布 积涝形成
样本调查+数据统计
洪涝频率
涉及地区多
发生次数多
洪涝重现期
积水点及改造可能性、途径
……
结论
面向的问题 小重现期的洪涝
面向的对象 散点化、小规模的集水空间
洪涝问题对景观物质空间的影响与功能需求
对于景观物质空间自身产生的影响
径流积水的影响
侵蚀影响
淹水影响
……
量
径流冲刷的影响
水土流失
植被耐受
……
能
城市洪涝问题下景观物质空间的功能定位
分布式、小规模
城市绿地系统对接
单位附属绿地
末端的、直接的载体
防洪安全等级 低发频率
收集径流、引导径流的存储、下渗
镶嵌/增补城市绿地系统结构体系
形成有机网络
辅助城市洪涝问题的解决
城市规划视角/物质空间视角下的洪涝机制(形成洪涝的原因分析)
直接原因
可渗透地表面积缩小，地表径流量增大
市政排水系统和蓄排技术措施的落后
★地形地势的变化降低了地块的排水蓄水能力
高程设计的不合理性
汇流组织的不合理性
……
城市雨水管网的非系统性增长
间接原因
建设相关行业行政制度
规划设计方法
建设施工质量
……
切入点
以规划设计途径介入场地地形改造，从而提升场地的蓄排水能力
洪涝灾害风险与地形特征的关联
场地致涝的关键水文过程识别
关键水文过程
降水
入渗
径流
蒸发
地形因子对场地径流过程的影响
景观地形因子与一般设计约束
地形地表因子
植物覆被
道路
构建筑物
排水系统
规范约束
地形结构因子
坡度
坡向
高程
规范约束
场地径流过程与地形条件依托
汇流
输移
蓄积
景观地形设计响应城市洪涝机制的途径

图 2-42 研究内容 1 的内容发散与逻辑梳理 1

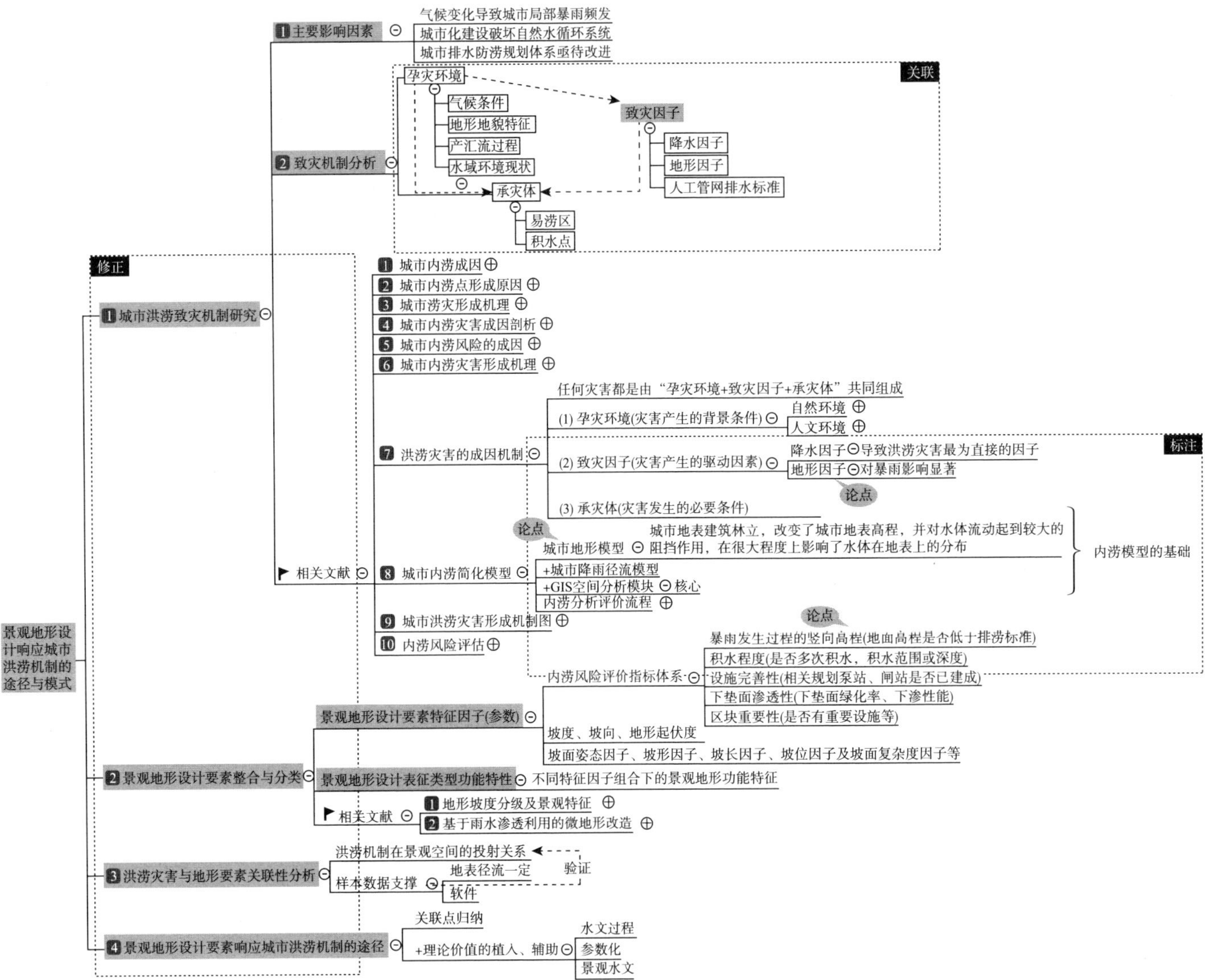
景观地形设计响应城市洪涝机制的途径与模式
修正
1 城市洪涝致灾机制研究
1 主要影响因素
气候变化导致城市局部暴雨频发
城市化建设破坏自然水循环系统
城市排水防涝规划体系亟待改进
2 致灾机制分析
关联
孕灾环境
气候条件
地形地貌特征
产汇流过程
水域环境现状
致灾因子
降水因子
地形因子
人工管网排水标准
承灾体
易涝区
积水点
相关文献
1 城市内涝成因
2 城市内涝点形成原因
3 城市涝灾形成机理
4 城市内涝灾害成因剖析
5 城市内涝风险的成因
6 城市内涝灾害形成机理
7 洪涝灾害的成因机制
任何灾害都是由“孕灾环境+致灾因子+承灾体”共同组成
(1) 孕灾环境(灾害产生的背景条件)
自然环境
人文环境
(2) 致灾因子(灾害产生的驱动因素)
降水因子 导致洪涝灾害最为直接的因子
地形因子 对暴雨影响显著
论点
(3) 承灾体(灾害发生的必要条件)
标注
8 城市内涝简化模型
论点
城市地形模型
城市地表建筑林立，改变了城市地表高程，并对水体流动起到较大的阻挡作用，在很大程度上影响了水体在地表上的分布
+城市降雨径流模型
+GIS空间分析模块 核心
内涝分析评价流程
内涝模型的基础
9 城市洪涝灾害形成机制图
10 内涝风险评估
论点
内涝风险评价指标体系
暴雨发生过程的竖向高程(地面高程是否低于排涝标准)
积水程度(是否多次积水，积水范围或深度)
设施完善性(相关规划泵站、闸站是否已建成)
下垫面渗透性(下垫面绿化率、下渗性能)
区块重要性(是否有重要设施等)
2 景观地形设计要素整合与分类
景观地形设计要素特征因子(参数)
坡度、坡向、地形起伏度
坡面姿态因子、坡形因子、坡长因子、坡位因子及坡面复杂度因子等
景观地形设计表征类型功能特性
不同特征因子组合下的景观地形功能特征
相关文献
1 地形坡度分级及景观特征
2 基于雨水渗透利用的微地形改造
3 洪涝灾害与地形要素关联性分析
洪涝机制在景观空间的投射关系
样本数据支撑
地表径流一定
软件
验证
4 景观地形设计要素响应城市洪涝机制的途径
关联点归纳
+理论价值的植入、辅助
水文过程
参数化
景观水文

图 2-43　研究内容 1 的内容发散与逻辑梳理 2

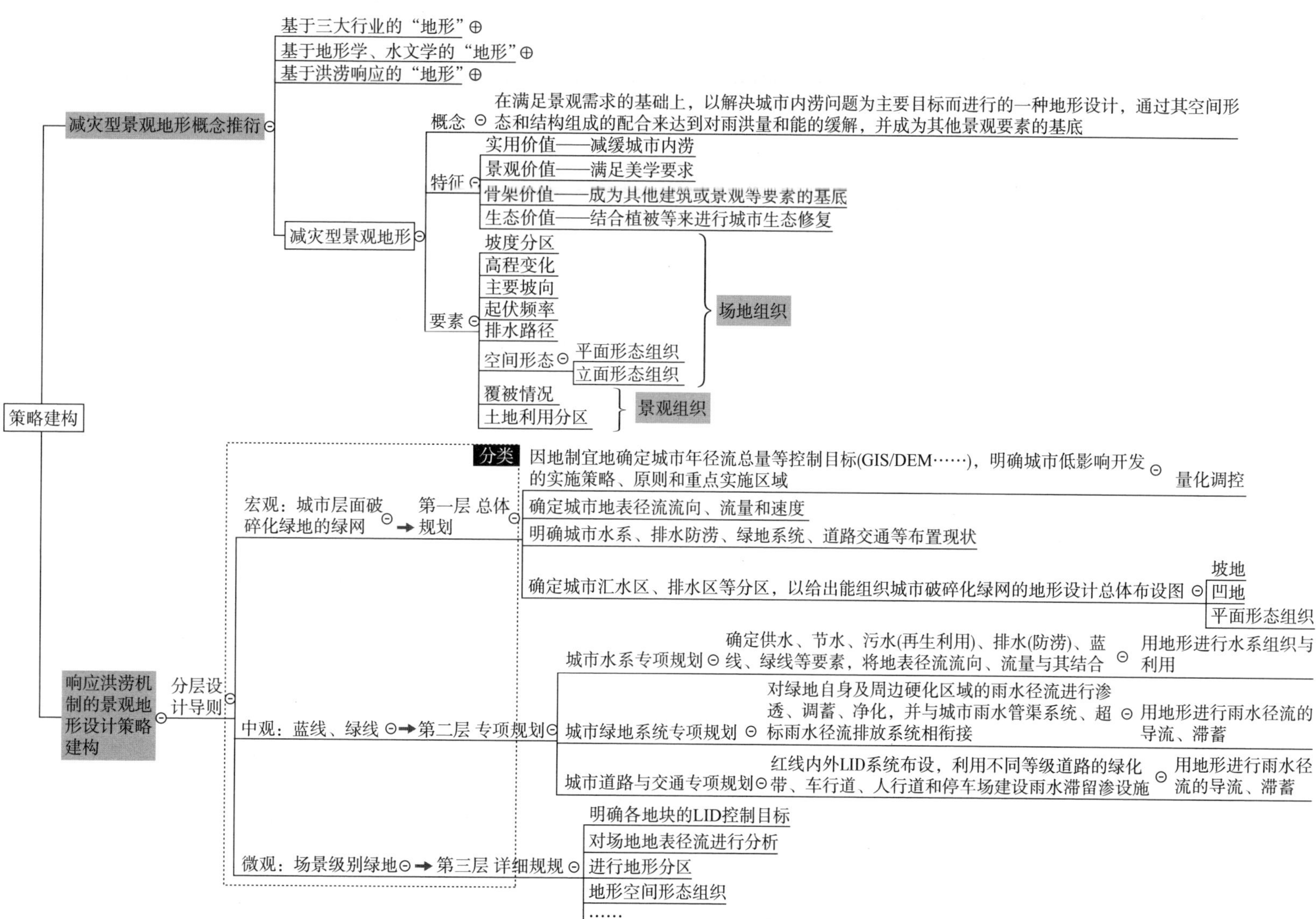
策略建构
减灾型景观地形概念推衍
基于三大行业的“地形”
基于地形学、水文学的“地形”
基于洪涝响应的“地形”
减灾型景观地形
概念
在满足景观需求的基础上，以解决城市内涝问题为主要目标而进行的一种地形设计，通过其空间形态和结构组成的配合来达到对雨洪量和能的缓解，并成为其他景观要素的基底
特征
实用价值——减缓城市内涝
景观价值——满足美学要求
骨架价值——成为其他建筑或景观等要素的基底
生态价值——结合植被等来进行城市生态修复
要素
坡度分区
高程变化
主要坡向
起伏频率
排水路径
空间形态
平面形态组织
立面形态组织
场地组织
覆被情况
土地利用分区
景观组织
响应洪涝机制的景观地形设计策略建构
分层设计导则
分类
宏观：城市层面破碎化绿地的绿网
第一层 总体规划
因地制宜地确定城市年径流总量等控制目标(GIS/DEM……)，明确城市低影响开发的实施策略、原则和重点实施区域
量化调控
确定城市地表径流流向、流量和速度
明确城市水系、排水防涝、绿地系统、道路交通等布置现状
确定城市汇水区、排水区等分区，以给出能组织城市破碎化绿网的地形设计总体布设图
坡地
凹地
平面形态组织
中观：蓝线、绿线
第二层 专项规划
城市水系专项规划
确定供水、节水、污水(再生利用)、排水(防涝)、蓝线、绿线等要素，将地表径流流向、流量与其结合
用地形进行水系组织与利用
城市绿地系统专项规划
对绿地自身及周边硬化区域的雨水径流进行渗透、调蓄、净化，并与城市雨水管渠系统、超标雨水径流排放系统相衔接
用地形进行雨水径流的导流、滞蓄
城市道路与交通专项规划
红线内外LID系统布设，利用不同等级道路的绿化带、车行道、人行道和停车场建设雨水滞留渗设施
用地形进行雨水径流的导流、滞蓄
微观：场景级别绿地
第三层 详细规划
明确各地块的LID控制目标
对场地地表径流进行分析
进行地形分区
地形空间形态组织
……

图 2-44　研究内容 2 的内容发散与逻辑梳理

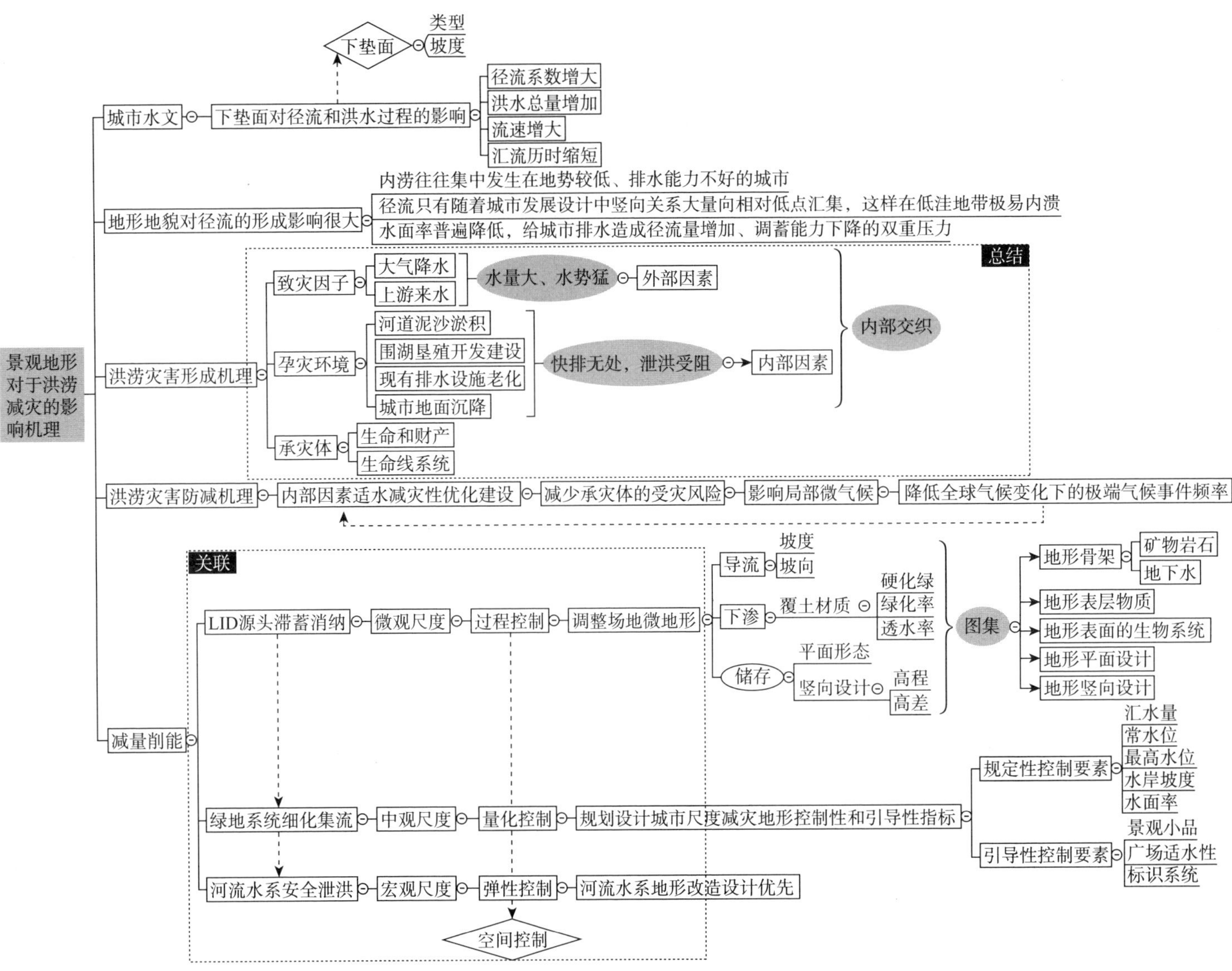
景观地形对于洪涝减灾的影响机理
城市水文
下垫面对径流和洪水过程的影响
下垫面
类型
坡度
径流系数增大
洪水总量增加
流速增大
汇流历时缩短
地形地貌对径流的形成影响很大
内涝往往集中发生在地势较低、排水能力不好的城市
径流只有随着城市发展设计中竖向关系大量向相对低点汇集，这样在低洼地带极易内溃
水面率普遍降低，给城市排水造成径流量增加、调蓄能力下降的双重压力
总结
洪涝灾害形成机理
致灾因子
大气降水
上游来水
水量大、水势猛
外部因素
孕灾环境
河道泥沙淤积
围湖垦殖开发建设
现有排水设施老化
城市地面沉降
快排无处，泄洪受阻
内部因素
内部交织
承灾体
生命和财产
生命线系统
洪涝灾害防减机理
内部因素适水减灾性优化建设
减少承灾体的受灾风险
影响局部微气候
降低全球气候变化下的极端气候事件频率
关联
减量削能
LID源头滞蓄消纳
微观尺度
过程控制
调整场地微地形
导流
坡度
坡向
下渗
覆土材质
硬化绿
绿化率
透水率
储存
平面形态
竖向设计
高程
高差
图集
地形骨架
矿物岩石
地下水
地形表层物质
地形表面的生物系统
地形平面设计
地形竖向设计
绿地系统细化集流
中观尺度
量化控制
规划设计城市尺度减灾地形控制性和引导性指标
规定性控制要素
汇水量
常水位
最高水位
水岸坡度
水面率
引导性控制要素
景观小品
广场适水性
标识系统
河流水系安全泄洪
宏观尺度
弹性控制
河流水系地形改造设计优先
空间控制

图 2-45　研究内容 3 的内容发散与逻辑梳理

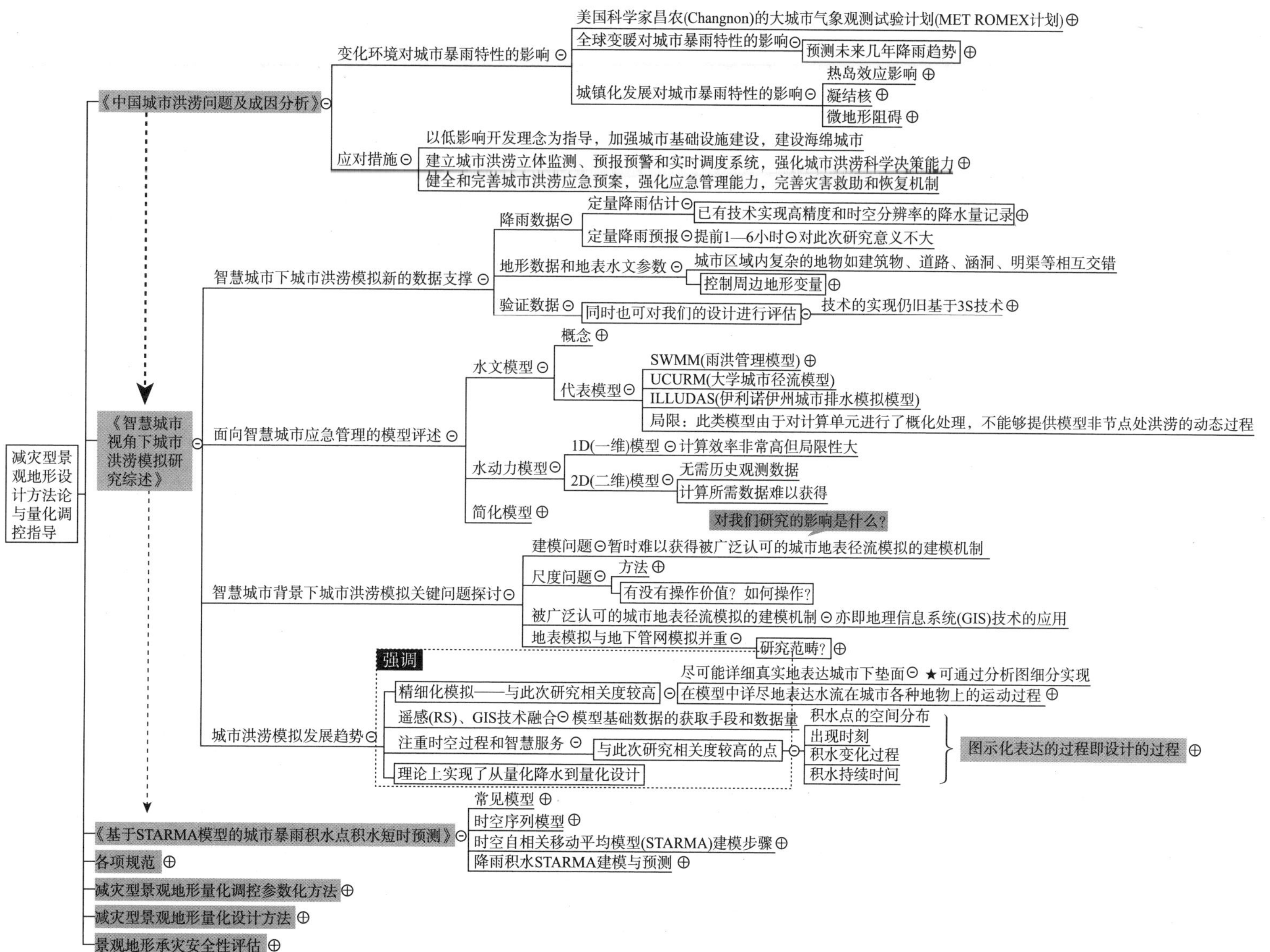

减灾型景观地形设计方法论与量化调控指导
《中国城市洪涝问题及成因分析》
变化环境对城市暴雨特性的影响
美国科学家昌农(Changnon)的大城市气象观测试验计划(MET ROMEX计划)
全球变暖对城市暴雨特性的影响
预测未来几年降雨趋势
城镇化发展对城市暴雨特性的影响
热岛效应影响
凝结核
微地形阻碍
应对措施
以低影响开发理念为指导，加强城市基础设施建设，建设海绵城市
建立城市洪涝立体监测、预报预警和实时调度系统，强化城市洪涝科学决策能力
健全和完善城市洪涝应急预案，强化应急管理能力，完善灾害救助和恢复机制
《智慧城市视角下城市洪涝模拟研究综述》
智慧城市下城市洪涝模拟新的数据支撑
降雨数据
定量降雨估计
已有技术实现高精度和时空分辨率的降水量记录
定量降雨预报
提前1—6小时
对此次研究意义不大
地形数据和地表水文参数
城市区域内复杂的地物如建筑物、道路、涵洞、明渠等相互交错
控制周边地形变量
验证数据
同时也可对我们的设计进行评估
技术的实现仍旧基于3S技术
面向智慧城市应急管理的模型评述
水文模型
概念
代表模型
SWMM(雨洪管理模型)
UCURM(大学城市径流模型)
ILLUDAS(伊利诺伊州城市排水模拟模型)
局限：此类模型由于对计算单元进行了概化处理，不能够提供模型非节点处洪涝的动态过程
水动力模型
1D(一维)模型
计算效率非常高但局限性大
2D(二维)模型
无需历史观测数据
计算所需数据难以获得
简化模型
对我们研究的影响是什么？
智慧城市背景下城市洪涝模拟关键问题探讨
建模问题
暂时难以获得被广泛认可的城市地表径流模拟的建模机制
尺度问题
方法
有没有操作价值？如何操作？
被广泛认可的城市地表径流模拟的建模机制
亦即地理信息系统(GIS)技术的应用
地表模拟与地下管网模拟并重
研究范畴？
强调
城市洪涝模拟发展趋势
精细化模拟——与此次研究相关度较高
尽可能详细真实地表达城市下垫面
★可通过分析图细分实现
在模型中详尽地表达水流在城市各种地物上的运动过程
遥感(RS)、GIS技术融合
模型基础数据的获取手段和数据量
注重时空过程和智慧服务
与此次研究相关度较高的点
积水点的空间分布
出现时刻
积水变化过程
积水持续时间
图示化表达的过程即设计的过程
理论上实现了从量化降水到量化设计
《基于STARMA模型的城市暴雨积水点积水短时预测》
常见模型
时空序列模型
时空自相关移动平均模型(STARMA)建模步骤
降雨积水STARMA建模与预测
各项规范
减灾型景观地形量化调控参数化方法
减灾型景观地形量化设计方法
景观地形承灾安全性评估

图 2-46　研究内容 4 的内容发散与逻辑梳理

在利用思维导图分析和分享“研究内容”各部分内容的基础上，通过团队讨论，可进一步修正思维导图。至此，也就初步确定了“研究内容”部分的框架与详细内容的构成，下一阶段可以开始尝试专门针对“研究内容”部分撰写申报书，在真正写作过程中发现问题。

③ 第 8 天：针对研究内容着手写本子

所撰写的“研究内容”初稿部分的截图如图 2-47 所示。在撰写过程中再一次发现现有框架的不足之处——还需就“地形要素对地表径流影响”的相关文献进行查阅，以推论地形影响地表径流的过程，所以在接下来的任务中，开始集中精力查阅文献。可见，有关“研究内容”的撰写过程是一个需要反复斟酌、力求全面的过程。

（二）研究内容：面向城市内涝问题的减灾型景观地形优化设计与量化评价方法研究

1. 机制原理分析——城市内涝机制与景观地形特征变化关联性研究

1.1 城市内涝成因分析与总结（场地及汇水区层面的内涝）

1.2 景观地形特征分类与整合（将景观地形的类型细化分类，形成具有典型特征的关键性地形特征类型）拓扑分析法——分类

1.3 景观地形特征要素与城市内涝机制相关性研究（地形特征要素与内涝消减机理相关性研究）

接下来优化

2. 目标体系构建——景观地形减灾能力优化目标与主要内容构建（增加立论——系统架构+达成目标）

2.1 响应内涝机制的景观地形优化目标分析

2.2 减灾型景观地形设计理论与主要内容研究

主要内容——高程设计+覆被设计（时间上、空间上、工程技术上）——与致灾原因关联，由致灾原因分析得出：

主要目的——是否能达到蓄水+软化场地的目标

参数化来源——怎么率定

3. 优化设计方法——减灾型景观地形优化设计方法研究与分类集成

3.1 景观地形减灾能力的参数化评估方法研究

3.2 减灾型景观地形优化设计方法路径生成（包含减灾型景观地形理论的构建）

主要的方法如何得出——拓扑分析？

3.3 减灾型景观地形设计表达与分类集成

4. 系统应用评价——减灾型景观地形优化设计方法应用实践与有效性评价

1．景观地形与城市内涝机制的相关性

1.1 城市内涝机制

当今中国的城市内涝灾害多呈现出重现期小、积水点分散且规模偏小的特点，造成了内涝发生频率大、影响范围广，严重影响了人们的日常生活，问题严峻性凸显。内涝的成因主要有直接原因和间接原因两个部分。直接原因中不可控的一点是气候变化所导致的城市极端暴雨事件的增加，可控的原因主要有三点，即可渗透地表面积缩小导致地表径流量增大、市政排水系统技术措施的落后和城市雨水管网的非系统性增长、地形地势的变化降低了地块的排水蓄水能力。间接原因主要涉及行政制度、规划设计方法、建设施工质量等。内涝问题也对景观物质空间产生了很大影响，首先是径流量所造成的积水问题给景观物质空间带去了侵蚀、淹没等影响，其次是径流所造成的冲刷问题给景观物质空间带去了水土流失、植被受损等影响。

1.2 内涝灾害风险与地形特征的关联

通过对内涝机制的分析，可见，应对内涝除了政策制定、技术提升外，景观行业能做的就只有两点，即改变地形地势的变化以及增加可渗透地表面积，而可渗透地表面积其实是可结合景观地形来完成的，也就是说以规划设计途径介入场地地形可以有效提升场地的蓄排水能力。由于内涝积水点和易涝区多存在于那些散点化、小规模的集水空间，这也正是属于景观途径可以解决的用地范畴。

地形作为其他所有景观要素的一个基底，起着统领景观设计的骨架作用。从美学层面来看，它发挥了造景、背景、组织交通和定位空间等作用；从实用价值层面来看，借助地形可以组织场地排水，对地表径流的流速、流量和方向进行引导和制约，具体来说，主要可通过高程设计来使绿地高程低于场地硬质铺装的高程，以使径流流向绿地，发挥绿地本身所具有的下渗与蓄滞水流的作用，也可通过地形起伏变化来组织汇流路线，达到对于地表径流的消量与消能。可以说，在满足景观需求的基础上，通过景观地形的空间形态和结构组成的配合，可以达到对雨洪量和能的消解，并将这些散点场地与城市绿地系统对接，以形成有机网络，辅助城市内涝问题的缓解。

场地致涝所涉及的关键水文过程主要有四个：降水、入渗、径流和蒸发，景观地形所能介入的过程即入渗和径流，入渗过程可以借助透水面的增加、植被的配置来达到，而这些都是依托地形来实现的，场地径流过程中的汇流、输移和蓄积可以依托于地形条件。地形要素中的坡度分区、高程变化、主要坡向、起伏频率、排水路径、空间形态（平面形态组织和立面形态组织）、结构组成、覆被情况和土地利用分区等可以起到对径流的组织和对景观的组织，这些要素对减轻内涝发挥着不同程度的作用，并因场地现状条件和雨洪控制目标而不同，且不同的要素组织方式也会产生不同的减灾效果。

2．应对不同的内涝控制目标的减灾型景观地形的优化设计方法

2.1 内涝控制目标的确定方法（工具?引用公式？……）

2.2 减灾型景观地形的理论（定义、表征方式、与现有景观要素之间的关系与如何对接）

所谓的“减灾型景观地形”指的是在满足景观需求的基础上，以解决城市内涝问题为主要目标而进行的一种地形设计，通过其空间形态和结构组成的配合来达到对雨洪量和能的缓解，并成为其他景观要素的基底的一种景观地形。

其表征方式分为三类：凹地形、凸地形和平坦地形（i=0%–10%）。当前此三类地形分别与景观物质空间的要素对应关系：凹地形——湖体、河流、堤岸空间、水塘、水池、

图 2-47 研究内容初稿撰写

研究小技巧：

解释说明

· 在整体思路还未全部完善阶段开始撰写本子的好处在于可在写作过程中发现现有框架的不足，但是此时撰写的内容仅针对申报书的核心部分——“研究内容”。

· 由多人共同撰写相同的内容，就可通过比较发现各自对于现有框架的理解偏差，进而促发新一轮的讨论。

· 为第 11 天“研究内容”的撰写提供前期思路参考依据。

④ 第 9—10 天：围绕关键词的文献阅读，寻找研究内容的支撑依据

在研究内容框架确定的基础上，针对“地形要素对地表径流影响”的相关关键词进行文献检索，这些文献既包括完全依据关键词进行检索的，也包括团队既往的积累，正所谓厚积薄发，这也是一个团队或者说一个学者保持相对稳定的研究方向的优势所在。文献查阅的过程是对研究价值和研究内容的一个探索过程。

在这种有目的的文献阅读过程中，不需要对文章的整体内容进行分析，只需寻找与课题相关的内容进行分解。利用思维导图罗列出经过筛选的信息，通过重点标注，再层层筛选，直至总结出有效信息。

a. 地表微地形和地表糙度对地表水文特征的影响（图 2–48）。

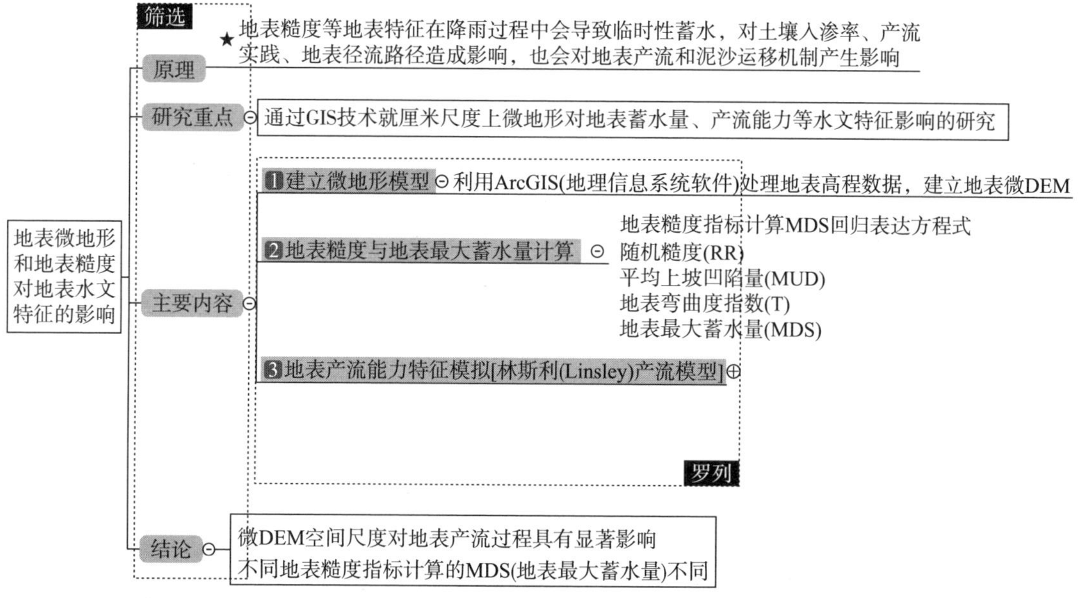
筛选
地表糙度等地表特征在降雨过程中会导致临时性蓄水，对土壤入渗率、产流实践、地表径流路径造成影响，也会对地表产流和泥沙运移机制产生影响
原理
研究重点
通过GIS技术就厘米尺度上微地形对地表蓄水量、产流能力等水文特征影响的研究
1 建立微地形模型
利用ArcGIS(地理信息系统软件)处理地表高程数据，建立地表微DEM
地表微地形和地表糙度对地表水文特征的影响
2 地表糙度与地表最大蓄水量计算
地表糙度指标计算MDS回归表达方程式
随机糙度(RR)
平均上坡凹陷量(MUD)
地表弯曲度指数(T)
地表最大蓄水量(MDS)
主要内容
3 地表产流能力特征模拟[林斯利(Linsley)产流模型]
罗列
结论
微DEM空间尺度对地表产流过程具有显著影响
不同地表糙度指标计算的MDS(地表最大蓄水量)不同

图 2–48 “地表微地形和地表糙度对地表水文特征的影响”的核心信息筛选与罗列

研究小技巧：

解释说明

补充研究内容的框架细节，为第 11 天“研究内容”的撰写提供前期思路参考依据。

研究小技巧：

b. 依据《景观设计师手册》总结景观地形与雨水关系（图 2-49）。

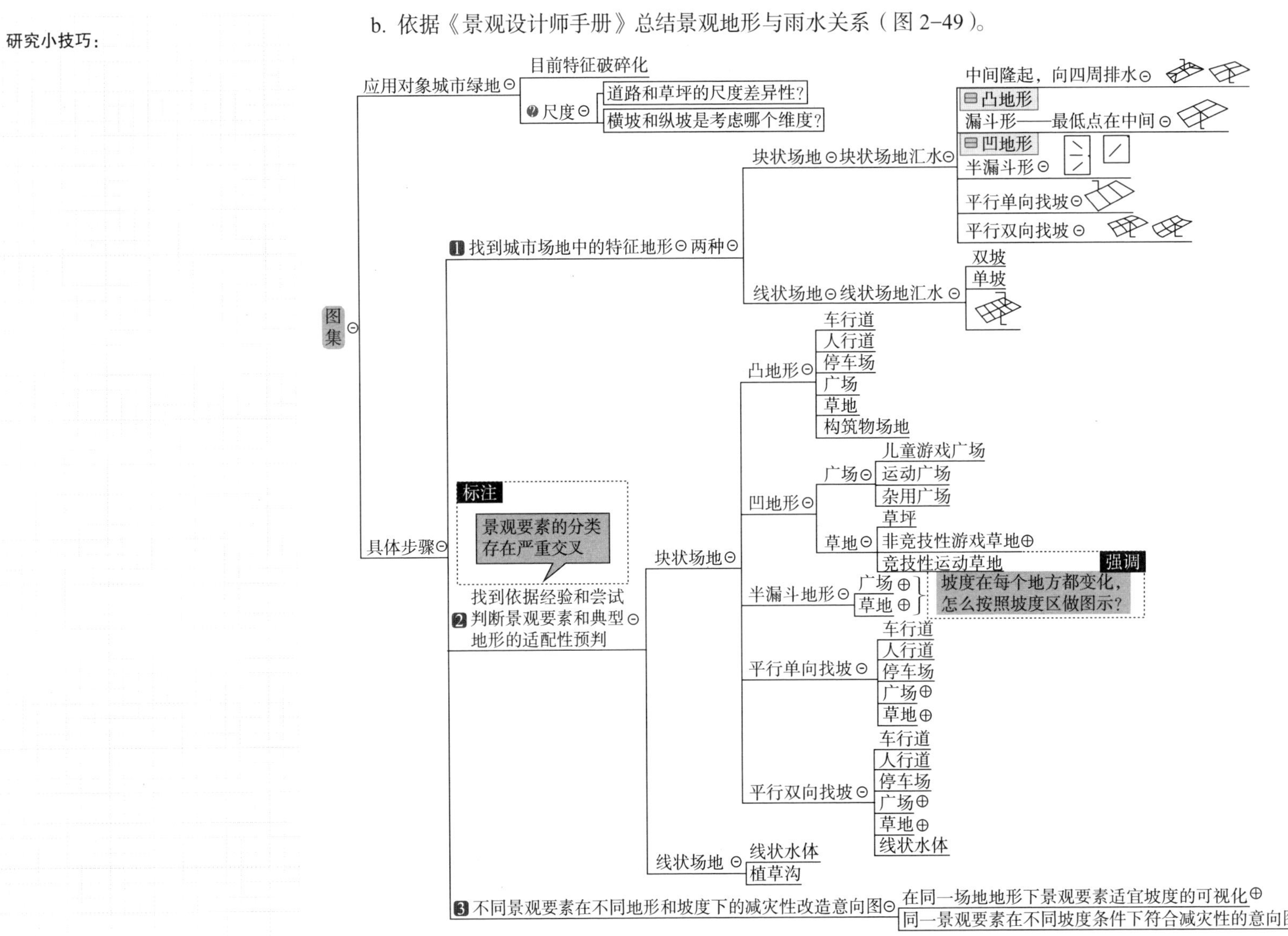

图集
应用对象城市绿地
目前特征破碎化
尺度
道路和草坪的尺度差异性?
横坡和纵坡是考虑哪个维度?
具体步骤
1 找到城市场地中的特征地形 两种
块状场地 块状场地汇水
中间隆起，向四周排水
凸地形
漏斗形——最低点在中间
凹地形
半漏斗形
平行单向找坡
平行双向找坡
线状场地 线状场地汇水
双坡
单坡
标注
景观要素的分类存在严重交叉
2 找到依据经验和尝试判断景观要素和典型地形的适配性预判
块状场地
凸地形
车行道
人行道
停车场
广场
草地
构筑物场地
凹地形
广场
儿童游戏广场
运动广场
杂用广场
草地
草坪
非竞技性游戏草地
竞技性运动草地
半漏斗地形
广场
草地
强调
坡度在每个地方都变化，怎么按照坡度区做图示?
平行单向找坡
车行道
人行道
停车场
广场
草地
平行双向找坡
车行道
人行道
停车场
广场
草地
线状水体
线状场地
线状水体
植草沟
3 不同景观要素在不同地形和坡度下的减灾性改造意向图
在同一场地地形下景观要素适宜坡度的可视化
同一景观要素在不同坡度条件下符合减灾性的意向图

图 2-49　图集核心信息筛选与罗列

c. 地表径流汇水概述（图 2-50）。

研究小技巧：

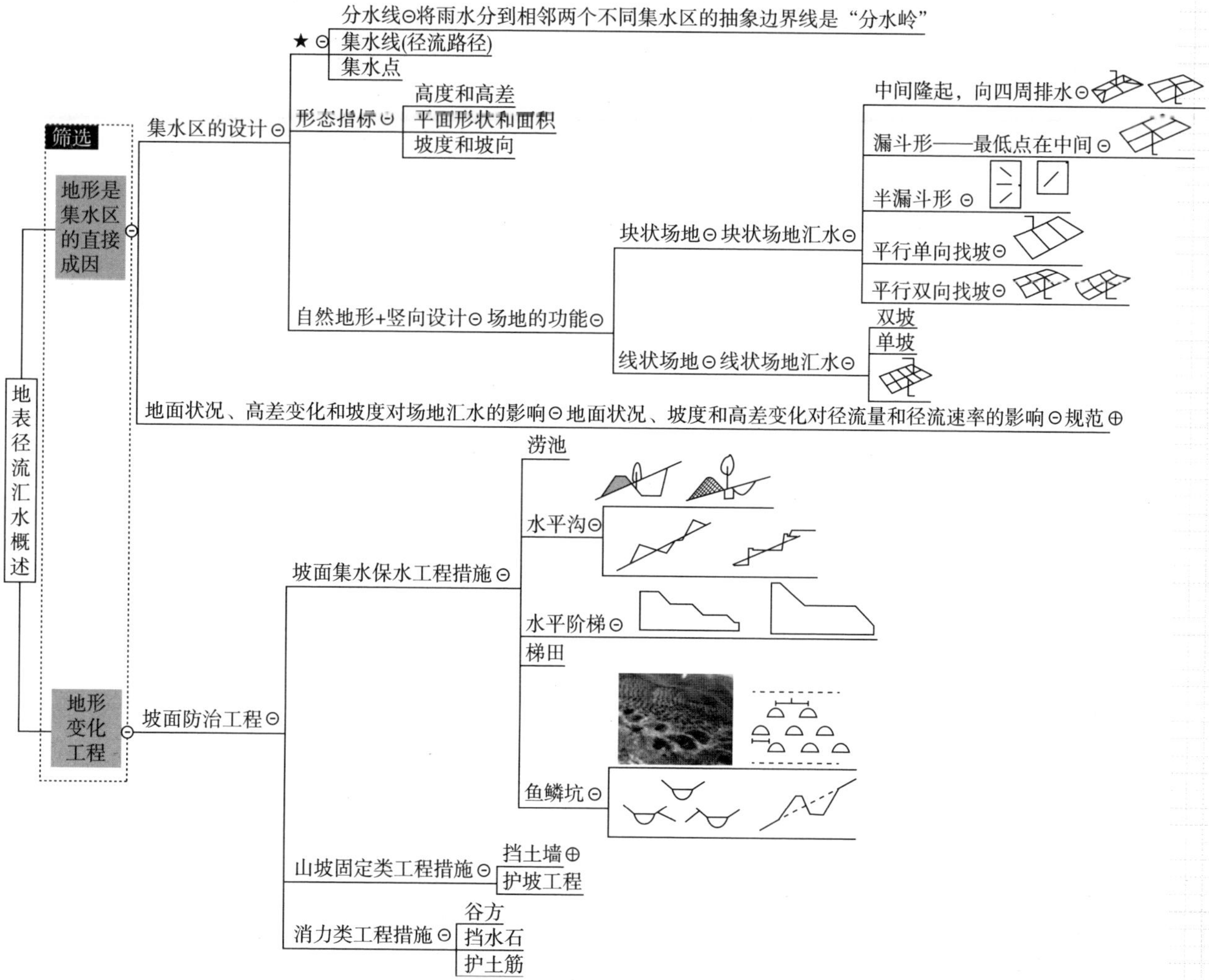

- 地表径流汇水概述
  - 筛选
  - 地形是集水区的直接成因 ⊝
    - 集水区的设计 ⊝
      - ★ ⊝
        - 分水线⊝将雨水分到相邻两个不同集水区的抽象边界线是“分水岭”
        - 集水线(径流路径)
        - 集水点
      - 形态指标 ⊝
        - 高度和高差
        - 平面形状和面积
        - 坡度和坡向
      - 自然地形+竖向设计 ⊝ 场地的功能 ⊝
        - 块状场地 ⊝ 块状场地汇水 ⊝
          - 中间隆起，向四周排水 ⊝
          - 漏斗形——最低点在中间 ⊝
          - 半漏斗形 ⊝
          - 平行单向找坡 ⊝
          - 平行双向找坡 ⊝
        - 线状场地 ⊝ 线状场地汇水 ⊝
          - 双坡
          - 单坡
    - 地面状况、高差变化和坡度对场地汇水的影响 ⊝ 地面状况、坡度和高差变化对径流量和径流速率的影响 ⊝ 规范 ⊕
  - 地形变化工程 ⊝
    - 坡面防治工程 ⊝
      - 坡面集水保水工程措施 ⊝
        - 涝池
        - 水平沟 ⊝
        - 水平阶梯 ⊝
        - 梯田
        - 鱼鳞坑 ⊝
      - 山坡固定类工程措施 ⊝
        - 挡土墙 ⊕
        - 护坡工程
      - 消力类工程措施 ⊝
        - 谷方
        - 挡水石
        - 护土筋

图 2-50 “地表径流汇水概述”核心信息筛选与罗列

d. 河岸景观、地形要素、雨洪调蓄、水文过程（图 2-51）。

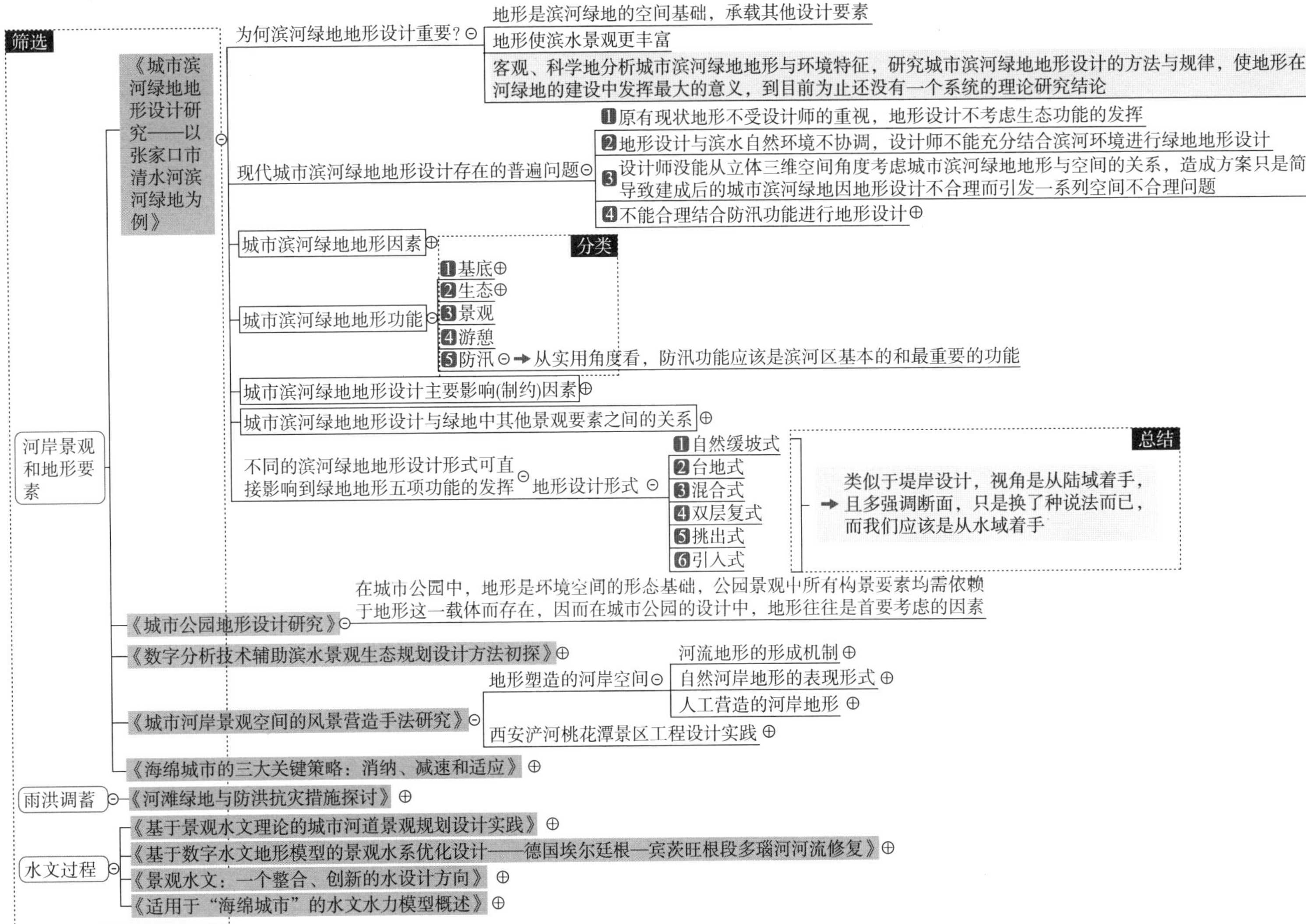
筛选
河岸景观和地形要素
《城市滨河绿地地形设计研究——以张家口市清水河滨河绿地为例》
为何滨河绿地地形设计重要？
地形是滨河绿地的空间基础，承载其他设计要素
地形使滨水景观更丰富
客观、科学地分析城市滨河绿地地形与环境特征，研究城市滨河绿地地形设计的方法与规律，使地形在城市滨河绿地的建设中发挥最大的意义，到目前为止还没有一个系统的理论研究结论
现代城市滨河绿地地形设计存在的普遍问题
1 原有现状地形不受设计师的重视，地形设计不考虑生态功能的发挥
2 地形设计与滨水自然环境不协调，设计师不能充分结合滨河环境进行绿地地形设计
3 设计师没能从立体三维空间角度考虑城市滨河绿地地形与空间的关系，造成方案只是简单构图，导致建成后的城市滨河绿地因地形设计不合理而引发一系列空间不合理问题
4 不能合理结合防汛功能进行地形设计
城市滨河绿地地形因素
分类
城市滨河绿地地形功能
1 基底
2 生态
3 景观
4 游憩
5 防汛
从实用角度看，防汛功能应该是滨河区基本的和最重要的功能
城市滨河绿地地形设计主要影响(制约)因素
城市滨河绿地地形设计与绿地中其他景观要素之间的关系
不同的滨河绿地地形设计形式可直接影响到绿地地形五项功能的发挥
地形设计形式
1 自然缓坡式
2 台地式
3 混合式
4 双层复式
5 挑出式
6 引入式
总结
类似于堤岸设计，视角是从陆域着手，且多强调断面，只是换了种说法而已，而我们应该是从水域着手
《城市公园地形设计研究》
在城市公园中，地形是环境空间的形态基础，公园景观中所有构景要素均需依赖于地形这一载体而存在，因而在城市公园的设计中，地形往往是首要考虑的因素
《数字分析技术辅助滨水景观生态规划设计方法初探》
《城市河岸景观空间的风景营造手法研究》
地形塑造的河岸空间
河流地形的形成机制
自然河岸地形的表现形式
人工营造的河岸地形
西安浐河桃花潭景区工程设计实践
《海绵城市的三大关键策略：消纳、减速和适应》
雨洪调蓄
《河滩绿地与防洪抗灾措施探讨》
水文过程
《基于景观水文理论的城市河道景观规划设计实践》
《基于数字水文地形模型的景观水系优化设计——德国埃尔廷根—宾茨旺根段多瑙河河流修复》
《景观水文：一个整合、创新的水设计方向》
《适用于“海绵城市”的水文水力模型概述》

图 2-51　河岸景观、地形要素、雨洪调蓄、水文过程核心信息筛选与罗列

e. 关键字：地形要素、数字地形、水文过程、水文尺度（图 2-52）。

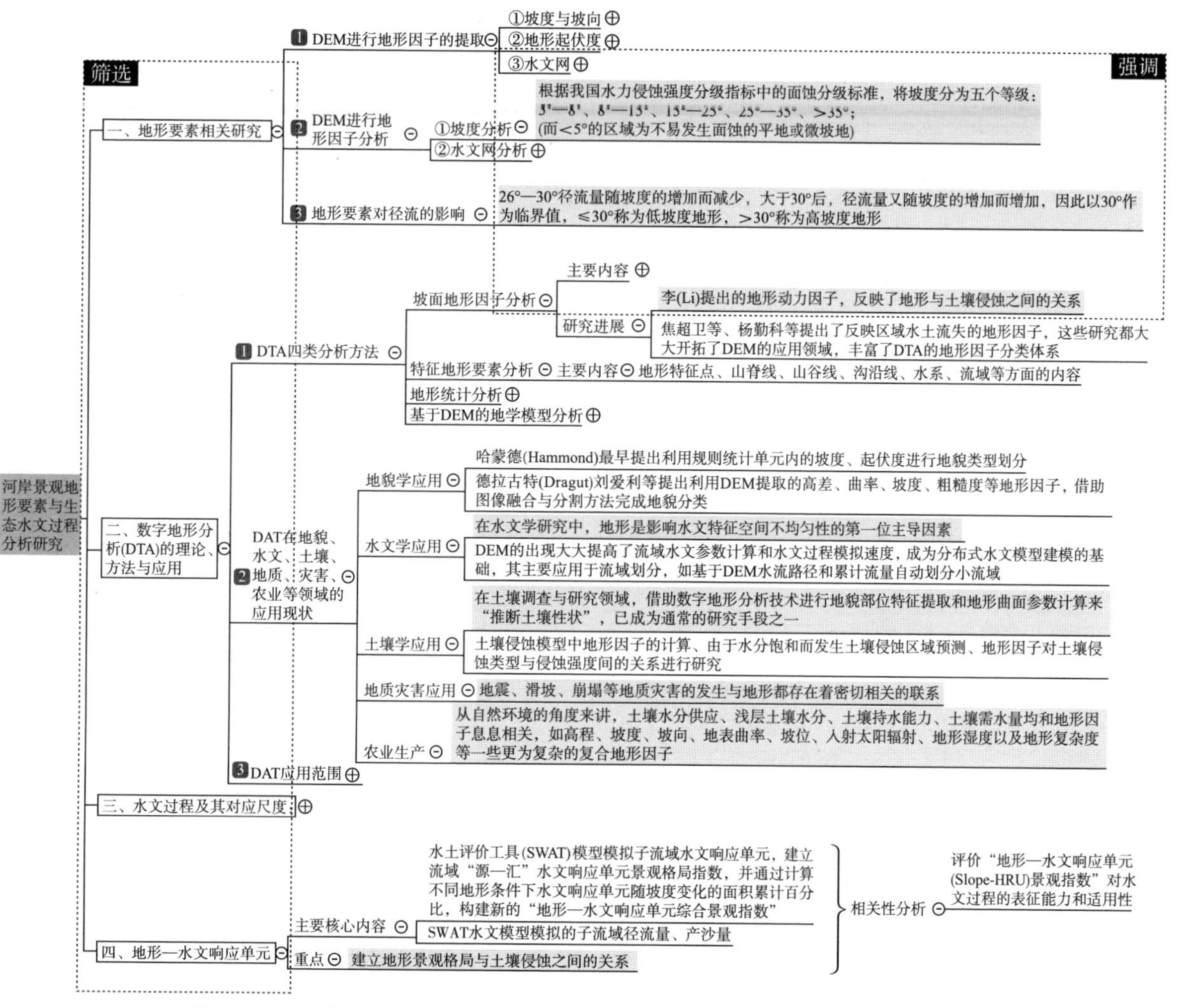

筛选
强调
河岸景观地形要素与生态水文过程分析研究
一、地形要素相关研究
1 DEM进行地形因子的提取
①坡度与坡向
②地形起伏度
③水文网
2 DEM进行地形因子分析
①坡度分析
根据我国水力侵蚀强度分级指标中的面蚀分级标准，将坡度分为五个等级：5°—8°、8°—15°、15°—25°、25°—35°、>35°；(而<5°的区域为不易发生面蚀的平地或微坡地)
②水文网分析
3 地形要素对径流的影响
26°—30°径流量随坡度的增加而减少，大于30°后，径流量又随坡度的增加而增加，因此以30°作为临界值，≤30°称为低坡度地形，>30°称为高坡度地形
二、数字地形分析(DTA)的理论、方法与应用
1 DTA四类分析方法
坡面地形因子分析
主要内容
研究进展
李(Li)提出的地形动力因子，反映了地形与土壤侵蚀之间的关系
焦超卫等、杨勤科等提出了反映区域水土流失的地形因子，这些研究都大大开拓了DEM的应用领域，丰富了DTA的地形因子分类体系
特征地形要素分析
主要内容
地形特征点、山脊线、山谷线、沟沿线、水系、流域等方面的内容
地形统计分析
基于DEM的地学模型分析
2 DAT在地貌、水文、土壤、地质、灾害、农业等领域的应用现状
地貌学应用
哈蒙德(Hammond)最早提出利用规则统计单元内的坡度、起伏度进行地貌类型划分
德拉古特(Dragut)刘爱利等提出利用DEM提取的高差、曲率、坡度、粗糙度等地形因子，借助图像融合与分割方法完成地貌分类
水文学应用
在水文学研究中，地形是影响水文特征空间不均匀性的第一位主导因素
DEM的出现大大提高了流域水文参数计算和水文过程模拟速度，成为分布式水文模型建模的基础，其主要应用于流域划分，如基于DEM水流路径和累计流量自动划分小流域
土壤学应用
在土壤调查与研究领域，借助数字地形分析技术进行地貌部位特征提取和地形曲面参数计算来“推断土壤性状”，已成为通常的研究手段之一
土壤侵蚀模型中地形因子的计算、由于水分饱和而发生土壤侵蚀区域预测、地形因子对土壤侵蚀类型与侵蚀强度间的关系进行研究
地质灾害应用
地震、滑坡、崩塌等地质灾害的发生与地形都存在着密切相关的联系
农业生产
从自然环境的角度来讲，土壤水分供应、浅层土壤水分、土壤持水能力、土壤需水量均和地形因子息息相关，如高程、坡度、坡向、地表曲率、坡位、入射太阳辐射、地形湿度以及地形复杂度等一些更为复杂的复合地形因子
3 DAT应用范围
三、水文过程及其对应尺度
四、地形—水文响应单元
主要核心内容
水土评价工具(SWAT)模型模拟子流域水文响应单元，建立流域“源—汇”水文响应单元景观格局指数，并通过计算不同地形条件下水文响应单元随坡度变化的面积累计百分比，构建新的“地形—水文响应单元综合景观指数”
SWAT水文模型模拟的子流域径流量、产沙量
重点
建立地形景观格局与土壤侵蚀之间的关系
相关性分析
评价“地形—水文响应单元(Slope-HRU)景观指数”对水文过程的表征能力和适用性

图 2-52 “河岸景观地形要素与生态水文过程分析研究”核心信息筛选与罗列

研究小技巧：

解释说明

现展示的思维导图为缩略版，实际内容较多。

经验分享

在文献阅读过程中，边读边在思维导图中进行要点提炼，同时将要进行的研究带入思考，寻找依据与灵感。

研究小技巧：

思维导图可以帮助我们整理即时的信息，防止遗漏，借助这个工具得以重新归纳已有信息，并且可以对其重点和相关内容进行整理与记录，可以帮助我们培养一种关联性、结构性的思考方式。

通过对“地形要素对地表径流影响”相关文献的查阅、总结与分享，“研究内容”已足够充实。至此，概念框架深化基本完成。下一阶段将正式开始撰写申报书。

（3）第 3 阶段：撰写基金本子

① 第 11—14 天：写本子

a. 立项依据与研究内容：

——项目的立项依据（图 2-53）；

——项目的研究内容、研究目标和拟解决的关键科学问题（图 2-54）；

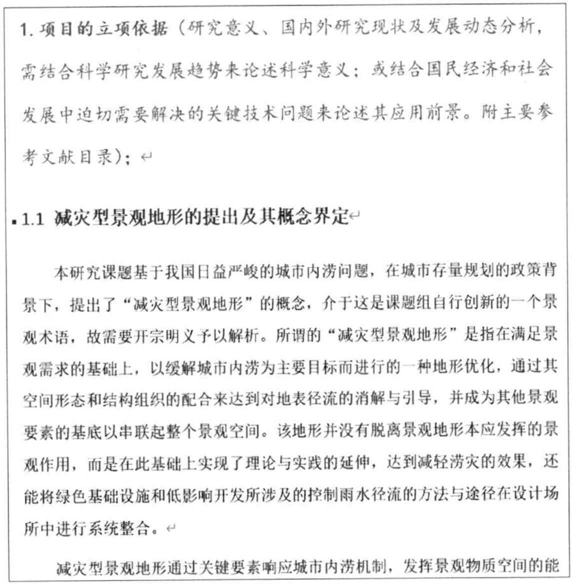

1. 项目的立项依据（研究意义、国内外研究现状及发展动态分析，需结合科学研究发展趋势来论述科学意义；或结合国民经济和社会发展中迫切需要解决的关键技术问题来论述其应用前景。附主要参考文献目录）；

1.1 减灾型景观地形的提出及其概念界定

本研究课题基于我国日益严峻的城市内涝问题，在城市存量规划的政策背景下，提出了“减灾型景观地形”的概念，介于这是课题组自行创新的一个景观术语，故需要开宗明义予以解析。所谓的“减灾型景观地形”是指在满足景观需求的基础上，以缓解城市内涝为主要目标而进行的一种地形优化，通过其空间形态和结构组织的配合来达到对地表径流的消解与引导，并成为其他景观要素的基底以串联起整个景观空间。该地形并没有脱离景观地形本应发挥的景观作用，而是在此基础上实现了理论与实践的延伸，达到减轻涝灾的效果，还能将绿色基础设施和低影响开发所涉及的控制雨水径流的方法与途径在设计场所中进行系统整合。

减灾型景观地形通过关键要素响应城市内涝机制，发挥景观物质空间的能

图 2-53　立项依据

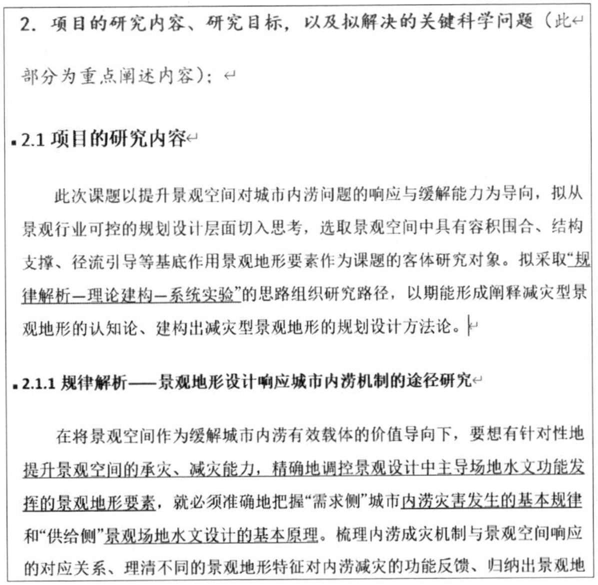

2. 项目的研究内容、研究目标，以及拟解决的关键科学问题（此部分为重点阐述内容）：

2.1 项目的研究内容

此次课题以提升景观空间对城市内涝问题的响应与缓解能力为导向，拟从景观行业可控的规划设计层面切入思考，选取景观空间中具有容积围合、结构支撑、径流引导等基底作用景观地形要素作为课题的客体研究对象。拟采取“规律解析—理论建构—系统实验”的思路组织研究路径，以期能形成阐释减灾型景观地形的认知论、建构出减灾型景观地形的规划设计方法论。

2.1.1 规律解析——景观地形设计响应城市内涝机制的途径研究

在将景观空间作为缓解城市内涝有效载体的价值导向下，要想有针对性地提升景观空间的承灾、减灾能力，精确地调控景观设计中主导场地水文功能发挥的景观地形要素，就必须准确地把握“需求侧”城市内涝灾害发生的基本规律和“供给侧”景观场地水文设计的基本原理。梳理内涝成灾机制与景观空间响应的对应关系、理清不同的景观地形特征对内涝减灾的功能反馈、归纳出景观地

图 2-54　研究内容、研究目标和拟解决的关键科学问题

——拟采取的研究方案及可行性分析（图 2-55）；

——本项目的特色与创新之处（图 2-55）；

——年度研究计划及预期研究成果（图 2-56）。

研究小技巧：

3. 拟采取的研究方案及可行性分析（包括研究方法、技术路线、实验手段、关键技术等说明）；

3.1 研究方法

3.1.1 文献综述研究法

采用文献综述研究法，以风景园林规划视角分析城市内涝致灾机制，建立内涝机制与多样化地形特征间的耦合关系；梳理国内外面对城市洪涝问题的景观调控途径的相关理论与技术体系，分析存在的不足与困惑；并针对景观地形要素进行深入研究，挖掘其在雨洪控制利用方面的重要性；推动规划研究人员建立景观地形要素与城市内涝问题间的缓解机制，明确本课题的科学研究与实践应用价值。

3.1.2 学科交叉研究法

围绕城市内涝致灾机制、地形要素功能特征与景观地形设计方法三个主题，展开水文学、地形学、风景园林规划学间的跨学科交叉研究。运用水文学原理分析水文径流过程，建立地形要素特征变化与径流系数间的相关关系；以增强场地增量（增加滞洪量）、消能（降低径流速度）的内涝减灾功能为目的，兼顾风景园林规划中不同功能场地对地形特征的阈值范围要求，探索减灾型景观地形的优化设计方法。

3.1.3 图示分类描述法

运用图示化方法，将不同特征的地形要素进行分类，形成典型的基本特征地形类型，并评估其增量消能的减灾能力；以地形基本型为基础，在不同的景

图 2-55　研究方案的可行性分析、特色与创新

1. 研究基础（与本项目相关的研究工作积累和已取得的研究工作成绩）；

1.1 研究工作积累

本研究课题，是申请人周燕及其研究团队近期研究课题的延伸。此次项目跨学科地集合了风景园林学、城乡规划学、生态学、测绘遥感信息学、水文水利学的专业人员，参与者具备扎实的学科理论基础和丰富的项目实践经验。

申请人周燕及其团队立足于规划设计专业领域，长期关注城市雨洪管理、河流生态修复、湿地生态规划、河岸带景观规划设计等与水环境密切相关的课题。一方面积极地从理论层面，探索景观水文、水环境生态规划、水文规划设计的基本方法论，主持和参与“大型城市建设中海绵城市生态水环境构建方法研究——以梦泽湖水生态系统的构建为例”“基于 MIKE 模型水动力分析的湿地水环境规划支持方法研究”“十堰市南水北调中线水源区小流域生态治理技术集成研究”“乡村河域景观低影响开发模式研究”等多项研究课题，持续推进生态景观、水文景观方向的研究；另一方面也积极地在实践项目中运用方法论，在实践项目中探索对于理论可行性的验证与反馈调试，完成了湖北省崇湖湿地公园详细规划设计、湖北省咸宁市防洪排涝建设规划、大官塘水环境规划设计等多项规划设计项目。

2016 年 10 月，申请人团队参与了《咸宁市城市防洪排涝工作实施方案》的编制工作，负责咸宁市防洪排涝主要建设任务中的推进城市湿地修复建设版块的内容。在这一实践项目中，团队从提取城市雨洪风险空间区位的定点

图 2-56　年度研究计划与预期研究效果、研究基础与工作条件

研究小技巧：

b. 研究基础与工作条件：

——研究基础；

——工作条件。

按照申报书的框架内容构成，依照前几日确定的一系列思维导图开始撰写本子。因为有了思维导图的辅助，团队得以一直保持着较为清晰的思路，所有人对于整个课题的框架也就能做到心中有数，以此保证了撰写基金申报书的高效率。当然，这样的工作流程仅是万千工作模式中的一种，仅供读者参考。

在申报书的撰写过程中，需要以前期确定的研究计划框架为写作逻辑，并查阅相关文献等作为论据支撑，特别是"立项依据"部分的内容其实就是文献综述的内容，故而需要有大量文献的支撑，而这些文献的来源与方向其实已经在1—5天的工作中得出。

至于"概念框架图"其实在研究计划内容得到丰富后就可画出，所以一般将其置于"研究内容"的起始部分，以清晰明了的图示化表达总领研究内容，而"技术路线图"则可在写作前画出草图，在写作过程中逐步丰富其具体内容，最终将其置于"研究方案"部分。

② 概念框架图确定

"概念框架图"即为整个研究的思路。它是通过前期十几天的立项思考逐步推衍生成的，与第4天思维导图版本的研究计划结构其实是比较一致的，不过是将思维导图的表达方式换成这种常见的"流程图"的表达方式，所以它其实完全可以依据最终版的最能体现总体思路的思维导图进行转译。本次基金的概念框架如图2-57所示。

"概念框架图"展示的是结果，前期12天的思路推进展示的是过程。一果一因，前后串联。

无论是思维导图，还是"概念框架图"，都体现了一种逻辑思维模式，一旦借助思维导图来辅助整个研究思路的生成，到了后期真正绘制"概念框架图"的时候也就会变得轻而易举了。

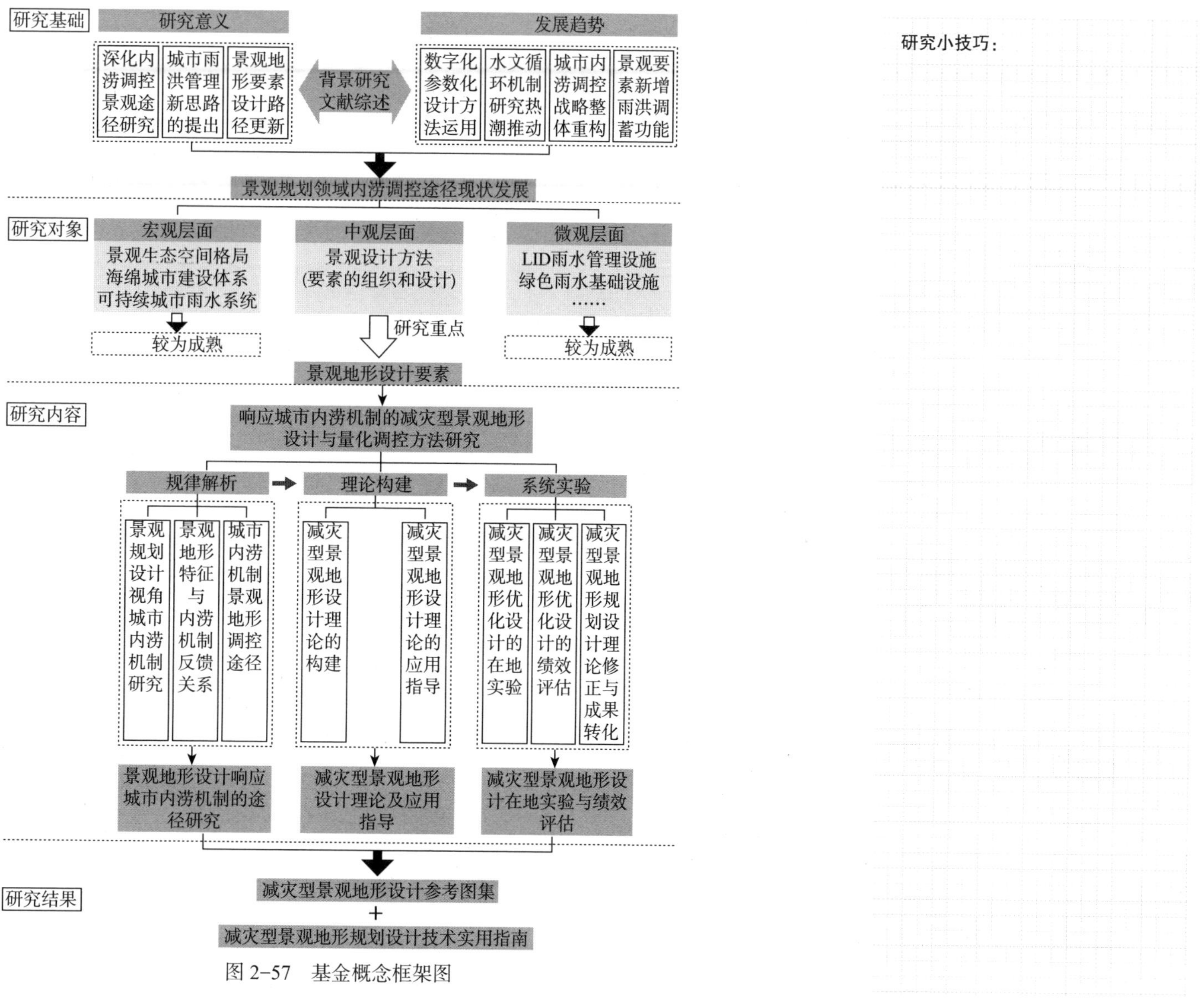

研究基础
研究意义
深化内涝调控景观途径研究
城市雨洪管理新思路的提出
景观地形要素设计路径更新
背景研究文献综述
发展趋势
数字化参数化设计方法运用
水文循环机制研究热潮推动
城市内涝调控战略整体重构
景观要素新增雨洪调蓄功能
景观规划领域内涝调控途径现状发展
研究对象
宏观层面
景观生态空间格局
海绵城市建设体系
可持续城市雨水系统
较为成熟
中观层面
景观设计方法
(要素的组织和设计)
研究重点
微观层面
LID雨水管理设施
绿色雨水基础设施
……
较为成熟
景观地形设计要素
研究内容
响应城市内涝机制的减灾型景观地形
设计与量化调控方法研究
规律解析
理论构建
系统实验
景观规划设计视角城市内涝机制研究
景观地形特征与内涝机制反馈关系
城市内涝机制景观地形调控途径
减灾型景观地形设计理论的构建
减灾型景观地形设计理论的应用指导
减灾型景观地形优化设计的在地实验
减灾型景观地形优化设计的绩效评估
减灾型景观地形规划设计理论修正与成果转化
景观地形设计响应城市内涝机制的途径研究
减灾型景观地形设计理论及应用指导
减灾型景观地形设计在地实验与绩效评估
研究结果
减灾型景观地形设计参考图集
+
减灾型景观地形规划设计技术实用指南

图 2-57 基金概念框架图

研究小技巧：

研究小技巧：

解释说明

· 所谓“技术路线”即对达到研究目标所采取的技术手段、具体步骤及解决关键性问题的方法等研究途径进行流程图的表达。该图也可依据最终版的最能体现研究内容总体思路的思维导图进行转译。同时也可以看到在“技术路线图”中的框线、箭头、组合等，其实与思维导图一样都在表达同一层意思。

· 技术路线需以研究问题为主线，尽可能详尽地表述研究内容的流程、顺序和内容之间的内在联系和步骤。

· “技术路线图”展示的是结果，是比“概念框架图”更为聚焦、更为细致的一种科研图示。前期 12 天的思路推进展示的是过程。一果一因，前后串联。

③ 技术路线图确定（图 2-58）

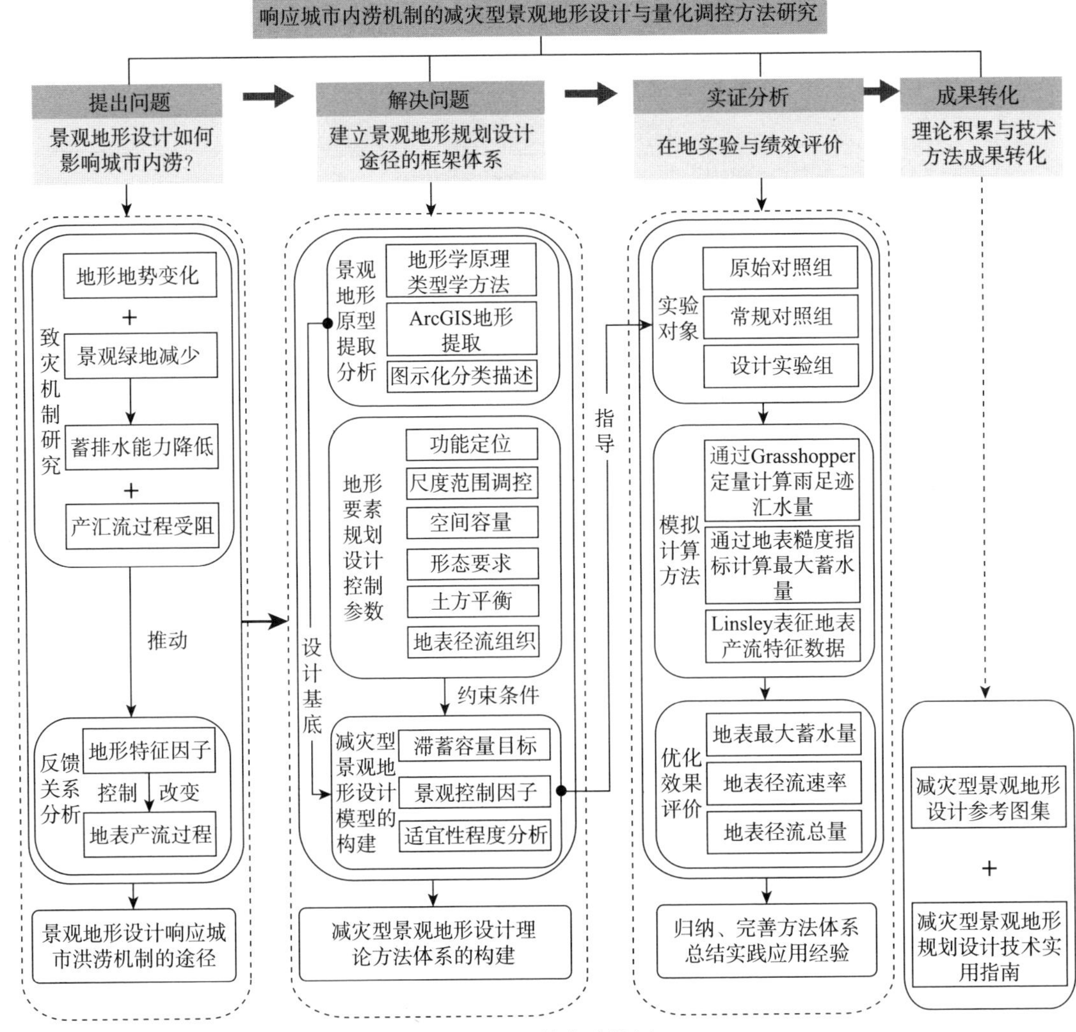

响应城市内涝机制的减灾型景观地形设计与量化调控方法研究
提出问题
景观地形设计如何影响城市内涝?
解决问题
建立景观地形规划设计途径的框架体系
实证分析
在地实验与绩效评价
成果转化
理论积累与技术方法成果转化
致灾机制研究
地形地势变化
+
景观绿地减少
蓄排水能力降低
+
产汇流过程受阻
推动
反馈关系分析
地形特征因子
控制
改变
地表产流过程
景观地形设计响应城市洪涝机制的途径
景观地形原型提取分析
地形学原理类型学方法
ArcGIS地形提取
图示化分类描述
地形要素规划设计控制参数
功能定位
尺度范围调控
空间容量
形态要求
土方平衡
地表径流组织
设计基底
约束条件
减灾型景观地形设计模型的构建
滞蓄容量目标
景观控制因子
适宜性程度分析
减灾型景观地形设计理论方法体系的构建
指导
实验对象
原始对照组
常规对照组
设计实验组
模拟计算方法
通过Grasshopper定量计算雨足迹汇水量
通过地表糙度指标计算最大蓄水量
Linsley表征地表产流特征数据
优化效果评价
地表最大蓄水量
地表径流速率
地表径流总量
归纳、完善方法体系总结实践应用经验
减灾型景观地形设计参考图集
+
减灾型景观地形规划设计技术实用指南

图 2-58 技术路线图

注：Grasshopper 是一款可视化编程语言。

3）科研成果

（1）发表学术论文 / 所作报告

① 王雪原，周燕，禹佳宁，等．基于水文过程的城市湖泊雨水利用系统的构建方法研究：以武汉梦泽湖为例［J］. 风景园林，2020（1）：70–76。

② 冉玲于，苟翡翠，王雪原，等．雨洪调蓄视角下的城市人工湖水量平衡景观设计方法研究［J］. 风景园林，2019，26（3）：75–80。

③ 苟翡翠，王雪原，田亮，等．郊野湖泊型湿地水环境修复与保育策略研究：以荆州崇湖湿地公园规划为例［J］. 中国园林，2019，35（4）：107–111。

④ 王雪原，周燕．响应城市内涝的规划理论与实践经验的综述与评述［C］// 中国城市科学研究会．城市科学评论：2019 城市发展与规划文集．北京：中国城市出版社，2019。

⑤ 陈佳欣，冉玲于，周燕．雨水调蓄区的识别及其在城市规划中的应用：以武汉市大东湖片区为例［C］// 中国城市科学研究会．城市科学评论：2019 城市发展与规划文集．北京：中国城市出版社，2019。

⑥ 苟翡翠，周燕．近郊型河流景观的生态修复：以德国德莱萨姆河为例［J］. 中国园林，2018，34（8）：33–38。

⑦ 冉玲于，周燕．可拓学辅助景观分析与方案生成的应用方法研究：以咸宁市淦河滨河空间景观优化策略生成过程为例［C］// 中国城市规划学会．共享与品质：2018 中国城市规划年会论文集．北京：中国建筑工业出版社，2018。

⑧ 周燕，冉玲于，苟翡翠，等．基于数值模拟的湖库型景观水体生态设计方法研究：以 MIKE 21 模型在大官塘水库规划方案中的应用研究［J］. 中国园林，2018，34（3）：123–128。

⑨ 冉玲于，田亮，周燕．基于绿色基础设施规划的生态开发初探：以武汉市大东湖为例［R］. 武汉：湖北省风景园林学会，2017。

⑩ 田亮，冉玲于，周燕．严西湖会不会成为下一个南湖［R］. 武汉：湖北省风景园林学会，2017。

研究小技巧：

研究小技巧：

（2）申报并通过科研新课题（属于此次研究的子研究课题）

2018 年武汉大学自主科研课题申报：雨洪安全视角下的城市水生态基础设施集水潜力研究——以武汉市大东湖片区为例。

4）课题总结

在类似于国家自然科学基金这样的课题申报过程中，思维导图的作用得到了极大的发挥。

初期，在研究方向还不是特别明晰的情况下，借助思维导图梳理大量文献，可以使研究人员在茫茫资料中保持相对清晰的头脑，并学会从中抽丝剥茧，从而推进定位具体的研究问题、研究对象和研究方法等。

中期，在研究计划的制订中，思维导图结构化的模式能够帮助研究人员构建一套逻辑严密的思路与流程，并能辅助寻找各个内容之间的关联性，通过发散的方式又能够逐步丰富整个框架的内容，这直接指导了一个研究的“概念框架图”和“技术路线图”的产生，既保证了逻辑的严整性，又保证了工作的高效性。

后期，在准备撰写基金申报书前，有任何新的想法或者需要调整的内容都很容易在现有思维导图中予以实现，这是一种可以实现随调随改的科研辅助工具。而在撰写基金申报书的过程中，它作为整个研究思路的“见证者”，确保基金撰写的主题方向的稳定性，随时纠正一些导致研究思路混乱的杂念，保证研究总是朝着一个主线目标的方向前进。

另外，在总结 2016 年国家基金申报失败的经验与教训后，本次国家自然科学基金得到了该基金委员会的正式批复，鼓励和指引了团队后续对于 2018 年武汉大学自主科研课题的申报。

2.2 一般课题类

研究小技巧：

2.2.1 课题 1 2015 年湖北省社会科学基金项目申报：乡村河域景观低影响开发模式研究

1）课题缘起

（1）直接原因：2015 年湖北省社会科学基金项目申报。

（2）间接原因：① 前期科研促发。团队前期刚完成了“十堰市南水北调中线水源区小流域生态治理技术集成研究”，在该研究中提出了适配的流域生态修复技术方案，编制了《小流域生态修复集成技术应用指南》，实现了典型小流域的生态修复和功能强化，这促使团队当时的研究方向转向了小流域尺度的生态修复。② 理论发展。低影响开发理论的发展。

2）课题思路推进

该课题从一开始就有较为明确的研究对象，即“乡村河域景观”，以及较为明确的研究方向，即“低影响开发”，故而是基于相关关键词的大量文献搜索来逐步梳理课题思路的，是一个从模糊到精确的定位过程。思维导图很擅长对于大量信息的归纳与总结，并且能够帮助研究者寻找各个信息点之间的关联性，还可以基于一些信息进行发散思考，因此非常适合辅助和推进该课题的进展。本课题被分为四大阶段，具体如图 2-59 所示。

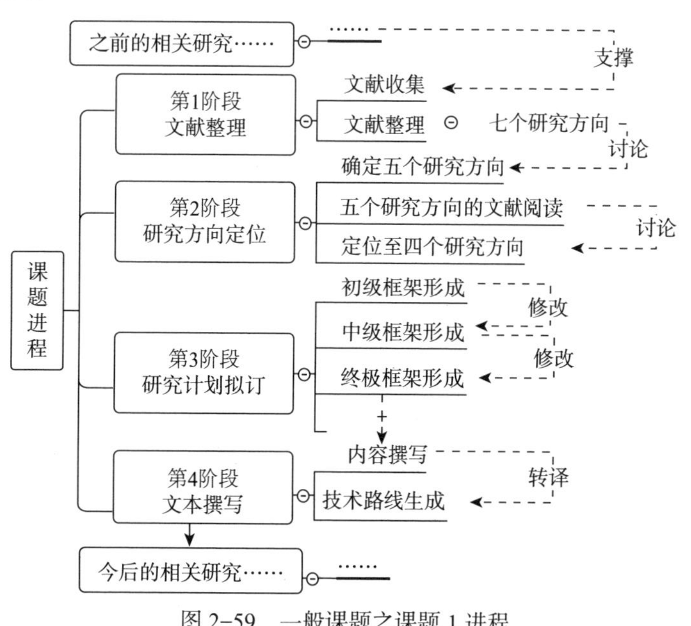

之前的相关研究……
……
支撑
课题进程
第1阶段
文献整理
文献收集
文献整理
七个研究方向
讨论
确定五个研究方向
第2阶段
研究方向定位
五个研究方向的文献阅读
讨论
定位至四个研究方向
第3阶段
研究计划拟订
初级框架形成
修改
中级框架形成
修改
终极框架形成
+
第4阶段
文本撰写
内容撰写
转译
技术路线生成
今后的相关研究……
……

图 2-59 一般课题之课题 1 进程

研究小技巧：

解释说明

前 5—10 年的论文，是直接按被引用次数和点击率从高到低排序来收集的，近 5 年的文章由于发表时间较短，所以引用次数可能不多，需按年份分开检索当年引用次数和点击率较高的文章。另外还要特别关注相关领域的学术大家发表的文章。

（1）第 1 阶段：文献整理

① 文献收集

首先，本课题明确了主要研究对象为乡村河域景观，研究的目的是探索其低影响开发的模式。因此，团队基于“乡村河域”“河流景观”“低影响开发”“开发模式”等相关关键词展开了大量的文献搜索工作，按被引用次数和点击率从高到低排序搜索了近 15 年内的相关论文，文献目录截图如图 2-60 所示。

21世纪泰晤士河流域水资源规划和可持续开发战略简介_一_侯起秀
城市河流水利风景资源开发研究_张西林
城镇雨水收集利用储存池优化规模的探讨
传统村落水系保护初探_郑鑫
传统水系生态智慧及其对海绵村镇开发建设的借鉴意义
村镇水系整治经验探讨_李志成
古村落之山洪水的利用对当代城市排_省略_鲸南白鹭古村排水系统的调查与研究_刘玮
国外河流景观生态修复理念与案例对比研究
海绵城市_LID_的内涵_途径与展望_仇保兴
汉江流域水资源可持续利用的对策研究_赵丽娟
河流景观资源的利用探讨_李苗
河流泥沙的资源化与开发利用_李义天
湖北省梁子湖资源可持续利用探讨_金莲
徽州城市村镇水系营建与管理研究
徽州古村落水系与现代住区水环境中水的生态应用_陈雄
基于防洪视角的传统聚落水系空间结构探析_以北方四省泉水聚落为例_赵斌
基于观光休闲需求的乡村小河流景观_省略_造设计_以四季田园生态农业园为例_齐玉婷
基于河流健康的渭河流域水资源合理配置研究_杨立彬.caj
基于耦合理念的河流乡村段景观整治研究_以捞刀河长沙县段为例_李奕成.caj
基于生态旅游的乡村水系景观规划设计_以石塘竹海为例_叶洁楠
基于生态水利工程学的乡村河流景观整治研究_李奕成.caj
江河流域开发模式与澜沧江可持续发展研究_黄勇
借河流治理助推美丽乡村建设_唐锋.caj
快速城市化地区_绿色海绵_雨洪调_省略_究以辽宁康平卧龙湖生态保护区为例_王云才
丽江古城适应水文环境的生态智慧研究
临沂市城市河流资源存在的问题及对策分析_赵延德
流域水生态系统健康与生态文明建设_孟伟
流域治理修复型水生态补偿分析_涂维
流域资源经济评价与可持续开发模式研究_以湖南澧水流域为例_齐恒
滦河流域水资源开发利用现状分析与对策_朱晓春
浅谈中国南方古村落的水圳_吴丽媛
浅议中小河流治理与生态护坡设计_周慧锋
山区开发与流域治理可持续发展对策_董晓莉
生态边缘效应视角下富春江沿岸乡村土地利用优化研究_俞炜.caj
生态水利理念在中小河流治理工程中的应用_赵文龙
四川荥经县农村山区河流水质状况与污染来源分析_王妮
乡村旅游背景下的传统村镇滨水景观设计研究_苟倩.caj
乡村中不同形式与功能各异的河流水岸营造方法_何秋萍
湘中丘陵地区乡村水系保护利用研究_汪靖之.caj
潇河流域水资源可持续利用对策研究_孟玮.caj
新汴河流域水资源现状与可持续开发利用对策_丁启
新农村雨洪管理及利用适用技术体系
雨水资源的收集利用_S_艾哈迈德
肇庆广府古村落水系景观保护性设计_以鼎湖区蕉园村为例_钟国庆
中国传统生态智慧及其现实意义_以丽江古城水系为例_刘国栋_田昆_袁兴中_孙晋芳
中国古代雨水管理实践的现代启示_车伍
中国古代雨水管理智慧对构建海绵城市的启示_以宏村为例_李贞子
中小河流淤泥的资源化利用_李长阔
中小流域水资源可持续开发利用规划_省略_流域水资源可持续开发利用规划实例_王增发.caj

图 2-60　文献目录截图

② 文献整理

在文献收集的基础上，利用思维导图对文献进行话题总结与归纳，筛选出目前的七大研究热点，包括“a. 基于生态保护的乡村流域资源保育导向开发思考”“b. 基于生态环境保护与修复的乡村流域资源开发探讨”“c. 基于乡村流域生态保护的‘海绵聚落’的开发模式”“d. 水环境保护规划设计方法资料收集”“e. 乡村开发模式现状”“f. 雨水地表径流过程”和“g. 乡村产业开发模式现状”(图 2-61)。其中，“a、e、f、g”利用思维导图进行了具体内容的梳理，“b、d”利用 Word 进行信息整理，“c”利用 PPT 进行整理。

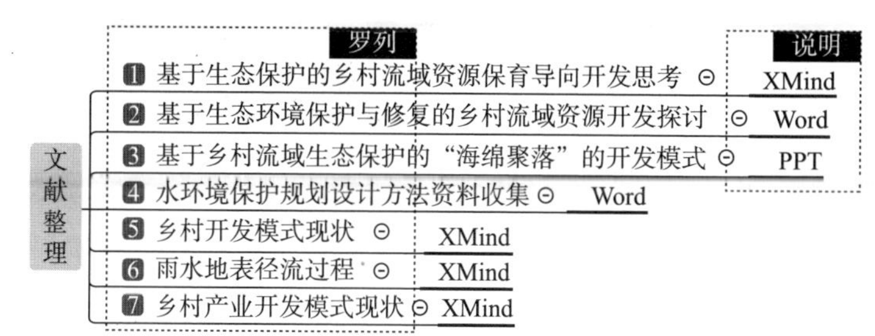
罗列
说明
文献整理
1 基于生态保护的乡村流域资源保育导向开发思考
XMind
2 基于生态环境保护与修复的乡村流域资源开发探讨
Word
3 基于乡村流域生态保护的“海绵聚落”的开发模式
PPT
4 水环境保护规划设计方法资料收集
Word
5 乡村开发模式现状
XMind
6 雨水地表径流过程
XMind
7 乡村产业开发模式现状
XMind

图 2-61　文献的信息总结与归纳

下面对这七个研究热点分别进行展示：

a. 基于生态保护的乡村流域资源保育导向开发思考文本（图 2-62）

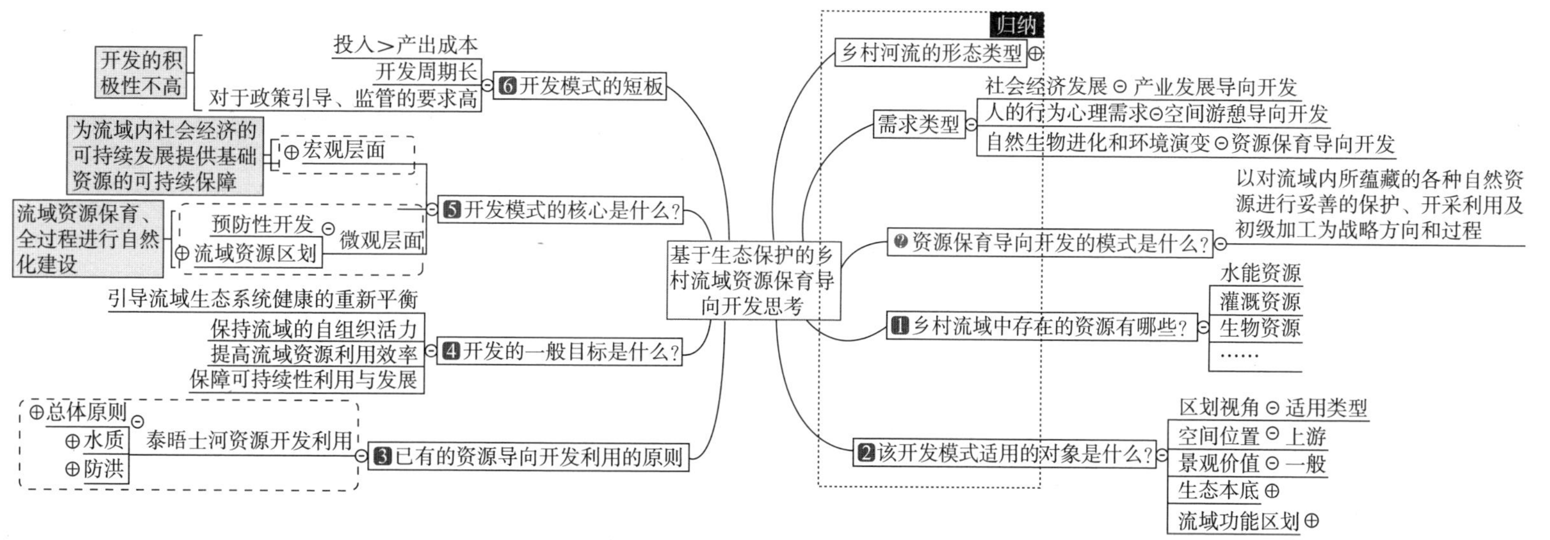
基于生态保护的乡村流域资源保育导向开发思考
归纳
乡村河流的形态类型
需求类型
社会经济发展 产业发展导向开发
人的行为心理需求 空间游憩导向开发
自然生物进化和环境演变 资源保育导向开发
资源保育导向开发的模式是什么?
以对流域内所蕴藏的各种自然资源进行妥善的保护、开采利用及初级加工为战略方向和过程
1 乡村流域中存在的资源有哪些?
水能资源
灌溉资源
生物资源
……
2 该开发模式适用的对象是什么?
区划视角 适用类型
空间位置 上游
景观价值 一般
生态本底
流域功能区划
3 已有的资源导向开发利用的原则
泰晤士河资源开发利用
总体原则
水质
防洪
4 开发的一般目标是什么?
引导流域生态系统健康的重新平衡
保持流域的自组织活力
提高流域资源利用效率
保障可持续性利用与发展
5 开发模式的核心是什么?
宏观层面
为流域内社会经济的可持续发展提供基础资源的可持续保障
微观层面
预防性开发
流域资源区划
流域资源保育、全过程进行自然化建设
6 开发模式的短板
投入>产出成本
开发周期长
对于政策引导、监管的要求高
开发的积极性不高

图 2-62　研究热点 1 的信息归纳与总结

b. 基于生态环境保护与修复的乡村流域资源开发探讨

这部分内容是利用 Word 进行文献梳理的，可以很明显地看出 Word 在梳理信息时具有过于累赘、不够直观的缺点。由于内容过多，下面也只能展示部分截图（图 2-63）。

c. 基于乡村流域生态保护的“海绵聚落”的开发模式

这部分内容是利用 PPT 进行整理的，可以看出 PPT 形式易于汇报，但对于信息之间关联性的把握不如思维导图形式。由于内容过多，在此也仅展示部分截图（图 2-64）。

d. 水环境保护规划设计方法资料收集

这部分内容也是利用 Word 进行文献梳理的。由于内容梳理了 25 页，过于冗杂，下面只能展示部分截图（图 2-65）。

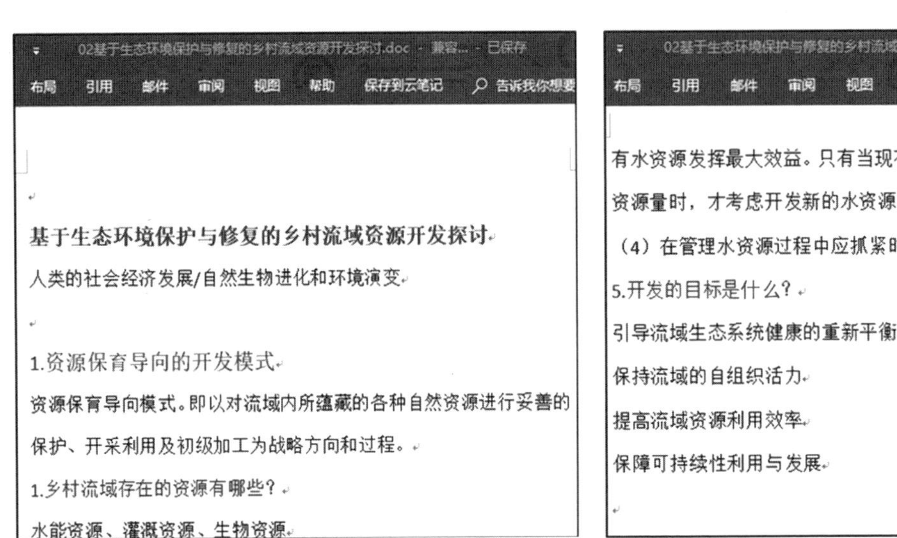

02基于生态环境保护与修复的乡村流域资源开发探讨.doc - 兼容... - 已保存
布局 引用 邮件 审阅 视图 帮助 保存到云笔记 告诉我你想要
基于生态环境保护与修复的乡村流域资源开发探讨
人类的社会经济发展/自然生物进化和环境演变
1.资源保育导向的开发模式
资源保育导向模式。即以对流域内所蕴藏的各种自然资源进行妥善的保护、开采利用及初级加工为战略方向和过程。
1.乡村流域存在的资源有哪些？
水能资源、灌溉资源、生物资源
02基于生态环境保护与修复的乡村流域资源开发探讨.doc - 兼容... - 已保存
布局 引用 邮件 审阅 视图 帮助 保存到云笔记 告诉我你想要
有水资源发挥最大效益。只有当现有水资源量不足、确实需要增加水资源量时，才考虑开发新的水资源。
（4）在管理水资源过程中应抓紧时机改善水环境。
5.开发的目标是什么？
引导流域生态系统健康的重新平衡
保持流域的自组织活力
提高流域资源利用效率
保障可持续性利用与发展

图 2-63　研究热点 2 的信息归纳与总结

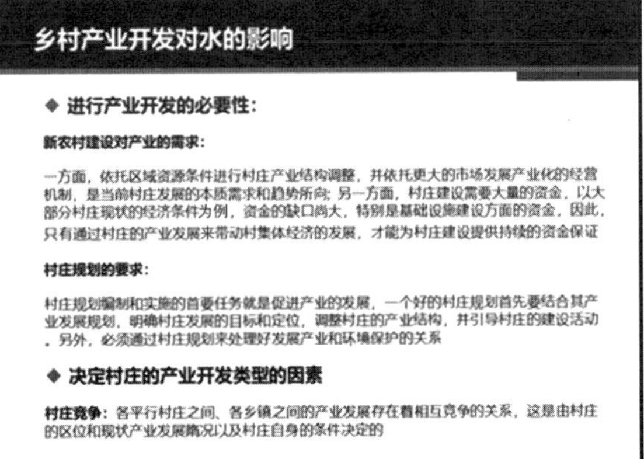

乡村产业开发对水的影响
◆ 进行产业开发的必要性：
新农村建设对产业的需求：
一方面，依托区域资源条件进行村庄产业结构调整，并依托更大的市场发展产业化的经营机制，是当前村庄发展的本质需求和趋势所向；另一方面，村庄建设需要大量的资金，以大部分村庄现状的经济条件为例，资金的缺口尚大，特别是基础设施建设方面的资金，因此，只有通过村庄的产业发展来带动村集体经济的发展，才能为村庄建设提供持续的资金保证
村庄规划的要求：
村庄规划编制和实施的首要任务就是促进产业的发展，一个好的村庄规划首先要结合其产业发展规划，明确村庄发展的目标和定位，调整村庄的产业结构，并引导村庄的建设活动。另外，必须通过村庄规划来处理好发展产业和环境保护的关系
◆ 决定村庄的产业开发类型的因素
村庄竞争：各平行村庄之间、各乡镇之间的产业发展存在着相互竞争的关系，这是由村庄的区位和现状产业发展情况以及村庄自身的条件决定的

提出海绵村落概念

- 海绵聚落：指乡村聚落能够像海绵一样，在适应环境变化和应对自然灾害等方面具有良好的“弹性”，下雨时吸水、蓄水、渗水、净水，需要时将蓄存的水“释放”并加以利用
- 提出的意义：
- （1）提高防汛抗旱能力。在干旱半干旱的农村地区，有效地开展雨洪调蓄利用技术，将雨季的充沛雨水暂时储存起来，不但可以削弱雨洪水泛滥的潜在危害，减轻水土流失，避免大规模洪涝灾害的发生，而且能在旱季的时候补充家政生活用水和农作物生长用水，具有重要的现实意义
- （2）保障和提高粮食产量，增加农民收入补充农作物成长过程中所需的水分
- （3）保护生态环境，促进植树造林和生境恢复。通过恢复生态平衡、减少水土流失研究发现，雨水对于退化的生态系统的恢复十分重要，合理的积蓄和利用雨水，不但可以促进植被恢复、生产力再生，而且有助于水土保持并减弱土壤侵蚀程度，效果显著
- （4）增强水资源利用效率,有利推动我国经济社会的可持续发展
- （5）减少化肥、农药等污染物排入自然水体，减轻因雨水径流造成的面源污染
- （6）缓解部分地区缺水现状，有利于社会的安全稳定

图 2-64　研究热点 3 的信息归纳与总结

论文一 《海绵城市建设的径流控制指标探析》

1.四大海绵城市水文控制指标体系：

①维持河湖湿地基流与地下水补给的入渗控制指标；

②减少雨洪面源污染的水质控制指标；

③防止河道侵蚀的水土侵蚀控制指标；

④避免小量级洪涝和减轻极端洪涝灾害的洪水控制指标。

城市雨洪管理中的水文控制指标（变化→除去水量控制，囊括水形、水质）也从简单的径流峰值控制向多样化演变，包括控制河道侵蚀及面源污染、地下水补充、满岸洪水及极端洪水控制等完整的**指标控制体系。**

2.相关理论：

“低影响开发”（LID）定义为：**在土地开发过程中，通过场地控制降雨径流，达到减少径流量和雨水污染负荷的一种管理方法和应用技术(海绵城市沿起——保护控制水量、水质的问题)。**

3.城市水环境保护的水文控制指标大致分为 五个层次（由源头到少量到大量洪峰）（图 1），前三个控制指标采用径流总量控制方法，主要**侧重于保护水环境**；而后两个控制指标采用径流峰值控制方法，旨在**减少城市及下游地区洪涝灾害。**

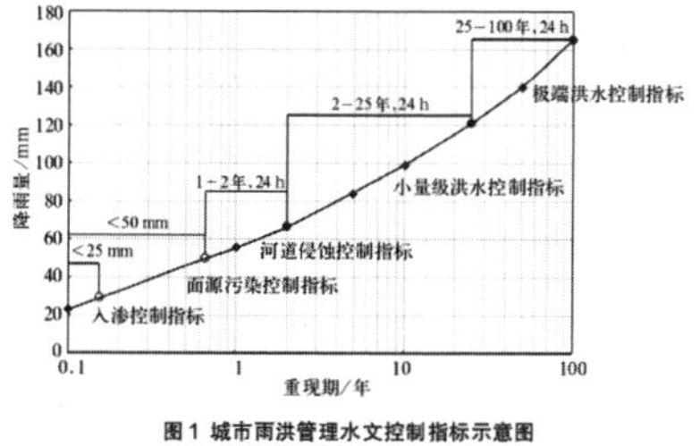

降雨量/mm
重现期/年
25−100 年,24 h
2−25 年,24 h
1−2 年,24 h
<50 mm
<25 mm
极端洪水控制指标
小量级洪水控制指标
河道侵蚀控制指标
面源污染控制指标
入渗控制指标

图 1 城市雨洪管理水文控制指标示意图

②以场地空间结构促进基址水文循环过程：

借由场地的水文价值要素快速渗水、滞蓄汛雨，通过软质工程以小型、低成本的方式管理水文单元。顺应地表径流路径，利用生态要素设置集雨绿地、生态渗透池等相互连通的系统，取代管网等雨水收集设施。

相较于传统排水模式，低影响设计以小型、低成本的方式对雨水与集中径流进行收集储存、滞留渗透，减缓防洪压力，降低供水消耗，改善地下水质与土壤涵养。

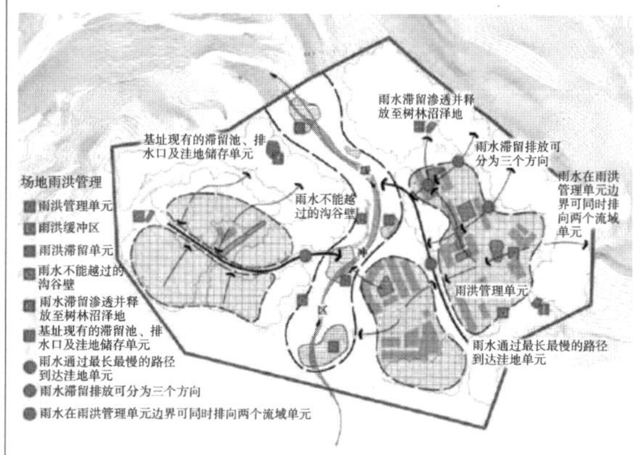

场地雨洪管理
雨洪管理单元
雨洪缓冲区
雨洪滞留单元
雨水不能越过的沟谷壁
雨水滞留渗透并释放至树林沼泽地
基址现有的滞留池、排水口及洼地储存单元
雨水通过最长最慢的路径到达洼地单元
雨水滞留排放可分为三个方向
雨水在雨洪管理单元边界可同时排向两个流域单元
基址现有的滞留池、排水口及洼地储存单元
雨水滞留渗透并释放至树林沼泽地
雨水滞留排放可分为三个方向
雨水不能越过的沟谷壁
雨水在雨洪管理单元边界可同时排向两个流域单元
雨洪管理单元
雨水通过最长最慢的路径到达洼地单元

图7 场地雨洪管理

③以绿色空间建设助力水文环境维育：

a.构筑具备复合生态功能的绿色缓冲带：包含滨水防护绿带、坡地水土流失防护带、植被沼洼滞洪带。

（1）以植被根系抓固河岸土壤，减少河岸侵蚀；（2）清除和净化来自邻近建设单元的地表非点源径流污染；（3）保护陡坡地，避免敏感地区的建设活动，防止坡地土壤侵蚀；（4）规避河道硬化，保护水源，削减洪涝；（5）供给雨水池塘净化场所，净化和存储来自非渗透性地面的污染水流；（6）为野生动植物提供食物和栖息地，以及迁徙通道与踏脚石。

图 2-65 研究热点 4 的信息归纳与总结

研究小技巧：

研究小技巧：

e. 乡村开发模式现状（图 2-66）

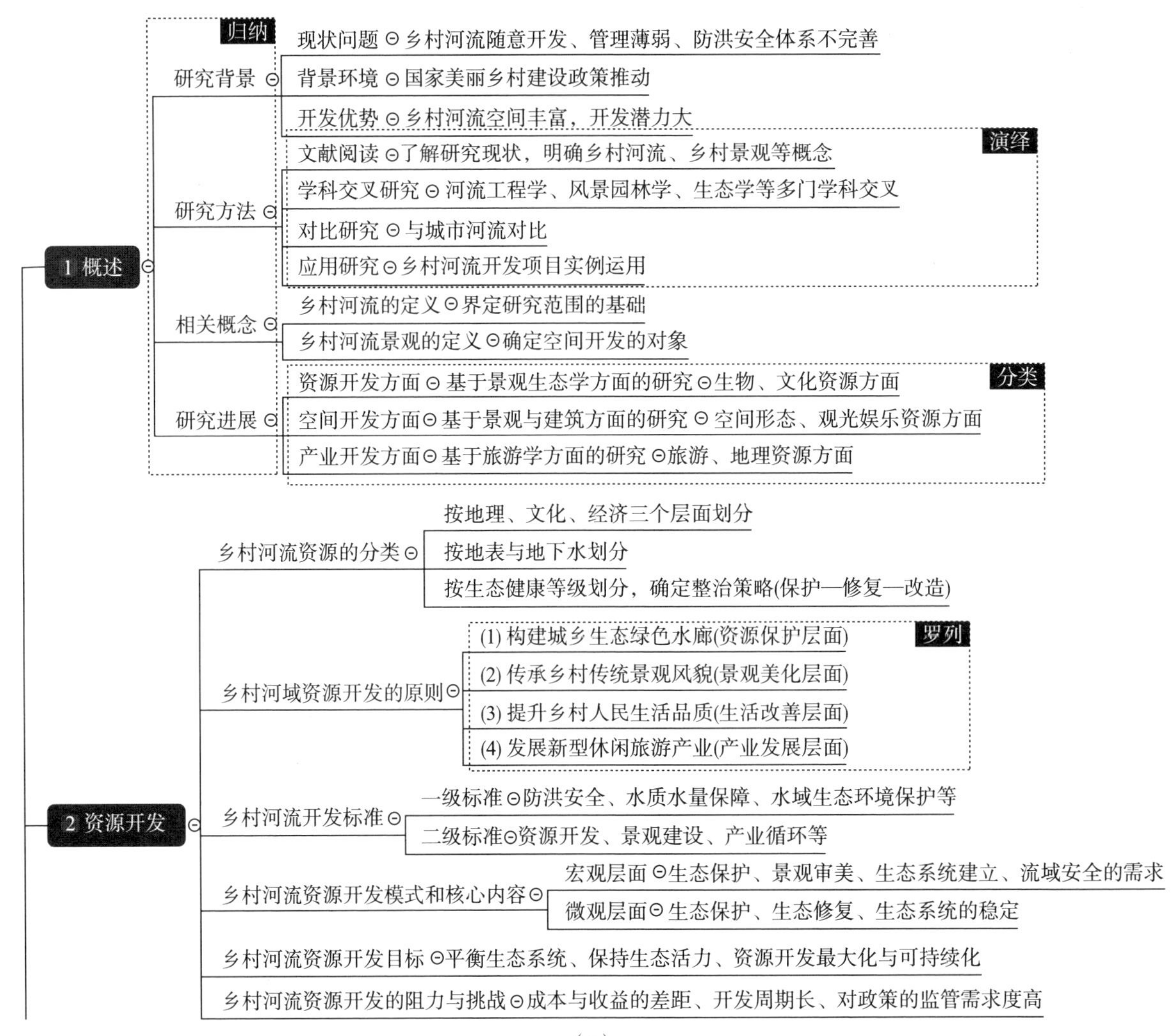

归纳
演绎
分类
罗列
1 概述
研究背景
现状问题 乡村河流随意开发、管理薄弱、防洪安全体系不完善
背景环境 国家美丽乡村建设政策推动
开发优势 乡村河流空间丰富，开发潜力大
研究方法
文献阅读 了解研究现状，明确乡村河流、乡村景观等概念
学科交叉研究 河流工程学、风景园林学、生态学等多门学科交叉
对比研究 与城市河流对比
应用研究 乡村河流开发项目实例运用
相关概念
乡村河流的定义 界定研究范围的基础
乡村河流景观的定义 确定空间开发的对象
研究进展
资源开发方面 基于景观生态学方面的研究 生物、文化资源方面
空间开发方面 基于景观与建筑方面的研究 空间形态、观光娱乐资源方面
产业开发方面 基于旅游学方面的研究 旅游、地理资源方面
2 资源开发
乡村河流资源的分类
按地理、文化、经济三个层面划分
按地表与地下水划分
按生态健康等级划分，确定整治策略(保护—修复—改造)
乡村河域资源开发的原则
(1) 构建城乡生态绿色水廊(资源保护层面)
(2) 传承乡村传统景观风貌(景观美化层面)
(3) 提升乡村人民生活品质(生活改善层面)
(4) 发展新型休闲旅游产业(产业发展层面)
乡村河流开发标准
一级标准 防洪安全、水质水量保障、水域生态环境保护等
二级标准 资源开发、景观建设、产业循环等
乡村河流资源开发模式和核心内容
宏观层面 生态保护、景观审美、生态系统建立、流域安全的需求
微观层面 生态保护、生态修复、生态系统的稳定
乡村河流资源开发目标 平衡生态系统、保持生态活力、资源开发最大化与可持续化
乡村河流资源开发的阻力与挑战 成本与收益的差距、开发周期长、对政策的监管需求度高

（a）

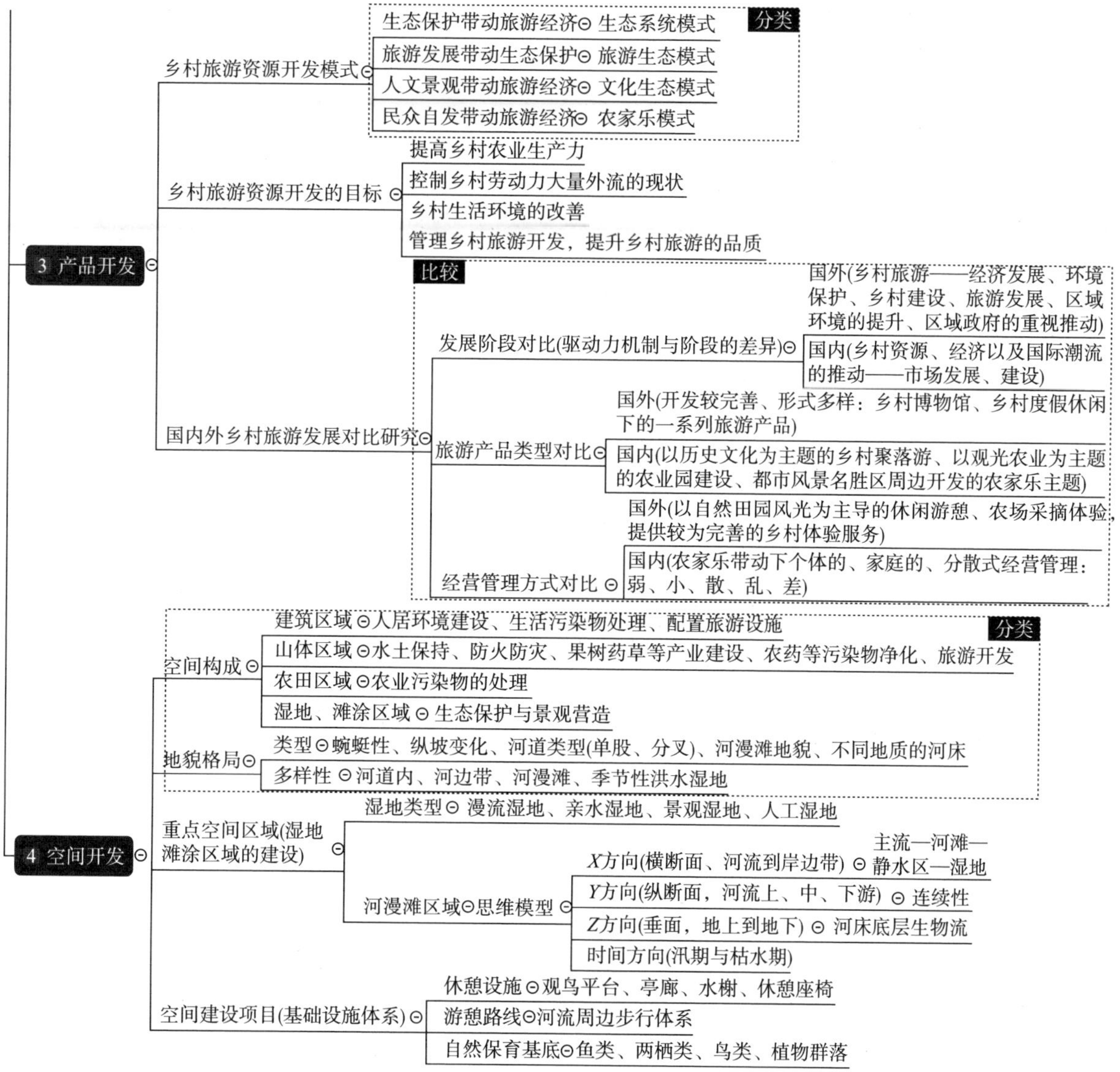

- 3 产品开发
  - 乡村旅游资源开发模式（分类）
    - 生态保护带动旅游经济 生态系统模式
    - 旅游发展带动生态保护 旅游生态模式
    - 人文景观带动旅游经济 文化生态模式
    - 民众自发带动旅游经济 农家乐模式
  - 乡村旅游资源开发的目标
    - 提高乡村农业生产力
    - 控制乡村劳动力大量外流的现状
    - 乡村生活环境的改善
    - 管理乡村旅游开发，提升乡村旅游的品质
  - 国内外乡村旅游发展对比研究（比较）
    - 发展阶段对比(驱动力机制与阶段的差异)
      - 国外(乡村旅游——经济发展、环境保护、乡村建设、旅游发展、区域环境的提升、区域政府的重视推动)
      - 国内(乡村资源、经济以及国际潮流的推动——市场发展、建设)
    - 旅游产品类型对比
      - 国外(开发较完善、形式多样：乡村博物馆、乡村度假休闲下的一系列旅游产品)
      - 国内(以历史文化为主题的乡村聚落游、以观光农业为主题的农业园建设、都市风景名胜区周边开发的农家乐主题)
    - 经营管理方式对比
      - 国外(以自然田园风光为主导的休闲游憩、农场采摘体验，提供较为完善的乡村体验服务)
      - 国内(农家乐带动下个体的、家庭的、分散式经营管理：弱、小、散、乱、差)
- 4 空间开发
  - 空间构成（分类）
    - 建筑区域 人居环境建设、生活污染物处理、配置旅游设施
    - 山体区域 水土保持、防火防灾、果树药草等产业建设、农药等污染物净化、旅游开发
    - 农田区域 农业污染物的处理
    - 湿地、滩涂区域 生态保护与景观营造
  - 地貌格局
    - 类型 蜿蜒性、纵坡变化、河道类型(单股、分叉)、河漫滩地貌、不同地质的河床
    - 多样性 河道内、河边带、河漫滩、季节性洪水湿地
  - 重点空间区域(湿地滩涂区域的建设)
    - 湿地类型 漫流湿地、亲水湿地、景观湿地、人工湿地
    - 河漫滩区域 思维模型
      - *X*方向(横断面、河流到岸边带) 主流—河滩—静水区—湿地
      - *Y*方向(纵断面，河流上、中、下游) 连续性
      - *Z*方向(垂面，地上到地下) 河床底层生物流
      - 时间方向(汛期与枯水期)
  - 空间建设项目(基础设施体系)
    - 休憩设施 观鸟平台、亭廊、水榭、休憩座椅
    - 游憩路线 河流周边步行体系
    - 自然保育基底 鱼类、两栖类、鸟类、植物群落

（b）

图 2-66　研究热点 5 的信息归纳与总结

研究小技巧：

f. 雨水地表径流过程（图 2-67）

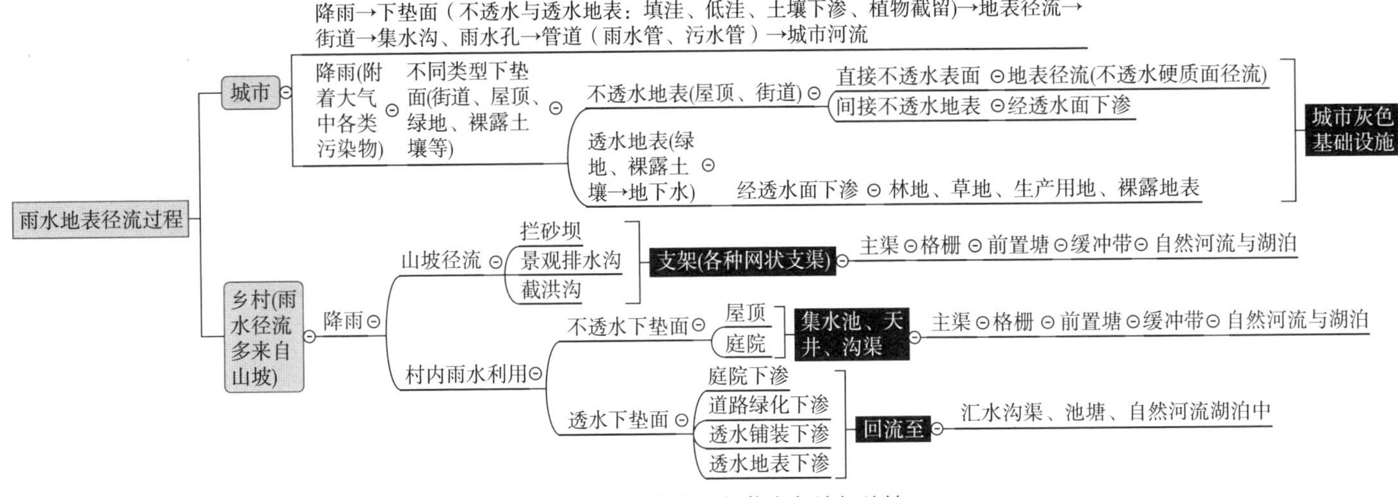
降雨→下垫面（不透水与透水地表：填洼、低洼、土壤下渗、植物截留)→地表径流→街道→集水沟、雨水孔→管道（雨水管、污水管）→城市河流
雨水地表径流过程
城市
降雨(附着大气中各类污染物)
不同类型下垫面(街道、屋顶、绿地、裸露土壤等)
不透水地表(屋顶、街道)
直接不透水表面
地表径流(不透水硬质面径流)
间接不透水地表
经透水面下渗
透水地表(绿地、裸露土壤→地下水)
经透水面下渗
林地、草地、生产用地、裸露地表
城市灰色基础设施
乡村(雨水径流多来自山坡)
降雨
山坡径流
拦砂坝
景观排水沟
截洪沟
支架(各种网状支渠)
主渠
格栅
前置塘
缓冲带
自然河流与湖泊
村内雨水利用
不透水下垫面
屋顶
庭院
集水池、天井、沟渠
主渠
格栅
前置塘
缓冲带
自然河流与湖泊
透水下垫面
庭院下渗
道路绿化下渗
透水铺装下渗
透水地表下渗
回流至
汇水沟渠、池塘、自然河流湖泊中
图 2-67 研究热点 6 的信息归纳与总结

g. 乡村产业开发模式现状（图 2-68）

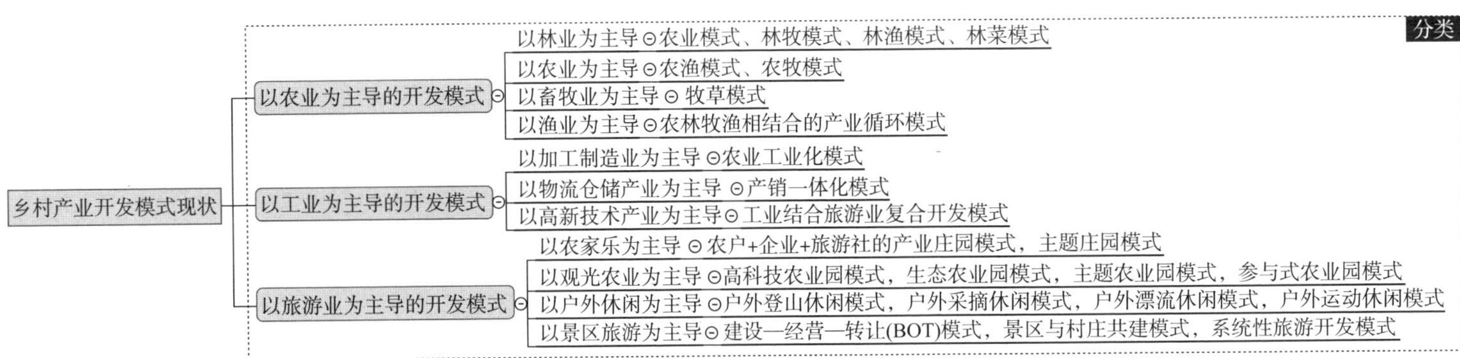
分类
乡村产业开发模式现状
以农业为主导的开发模式
以林业为主导
农业模式、林牧模式、林渔模式、林菜模式
以农业为主导
农渔模式、农牧模式
以畜牧业为主导
牧草模式
以渔业为主导
农林牧渔相结合的产业循环模式
以工业为主导的开发模式
以加工制造业为主导
农业工业化模式
以物流仓储产业为主导
产销一体化模式
以高新技术产业为主导
工业结合旅游业复合开发模式
以旅游业为主导的开发模式
以农家乐为主导
农户+企业+旅游社的产业庄园模式，主题庄园模式
以观光农业为主导
高科技农业园模式，生态农业园模式，主题农业园模式，参与式农业园模式
以户外休闲为主导
户外登山休闲模式，户外采摘休闲模式，户外漂流休闲模式，户外运动休闲模式
以景区旅游为主导
建设—经营—转让(BOT)模式，景区与村庄共建模式，系统性旅游开发模式
图 2-68 研究热点 7 的信息归纳与总结

（2）第 2 阶段：研究方向定位

① 确定五个研究方向

通过文献分析初步了解了乡村河域景观的研究现状后，团队继续对总结出来的八个研究大类进行了分享与讨论，最终筛选出五个最值得研究的热点方向，并利用思维导图对会议进行了记录，如图 2-69 所示。接下来则是基于这五个方向继续深入挖掘、阅读和整理相关文献。

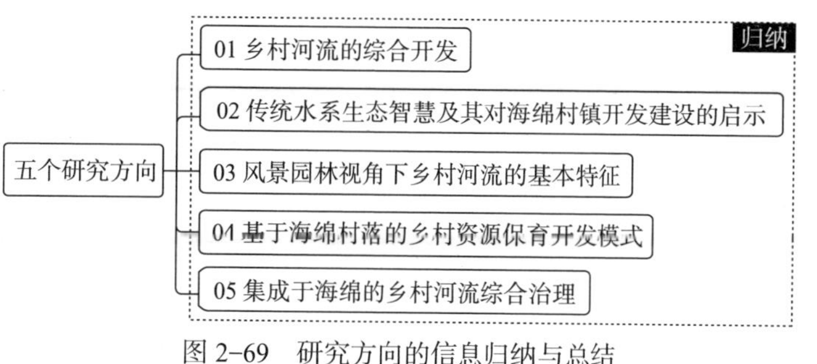
归纳
五个研究方向
01 乡村河流的综合开发
02 传统水系生态智慧及其对海绵村镇开发建设的启示
03 风景园林视角下乡村河流的基本特征
04 基于海绵村落的乡村资源保育开发模式
05 集成于海绵的乡村河流综合治理

图 2-69　研究方向的信息归纳与总结

② 五个研究方向的文献阅读

对经讨论确定的五个研究方向的文献进行深入阅读，并利用思维导图予以记录和整理。

a. 乡村河流的综合开发（图 2-70）

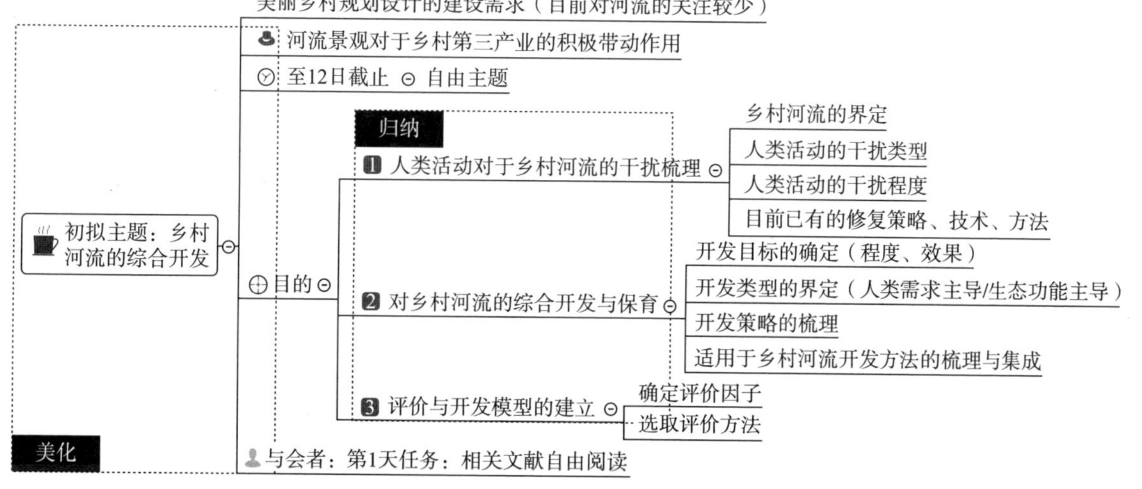
初拟主题：乡村河流的综合开发
美丽乡村规划设计的建设需求（目前对河流的关注较少）
河流景观对于乡村第三产业的积极带动作用
至12日截止 自由主题
目的
归纳
1 人类活动对于乡村河流的干扰梳理
乡村河流的界定
人类活动的干扰类型
人类活动的干扰程度
目前已有的修复策略、技术、方法
2 对乡村河流的综合开发与保育
开发目标的确定（程度、效果）
开发类型的界定（人类需求主导/生态功能主导）
开发策略的梳理
适用于乡村河流开发方法的梳理与集成
3 评价与开发模型的建立
确定评价因子
选取评价方法
美化
与会者：第1天任务：相关文献自由阅读

图 2-70　研究方向 1 的信息归纳与总结

研究小技巧：

经验分享

XMind 版本的思维导图中有丰富多样的小图标有助于感性而直观地快速分辨一个画布中各个分支所要表达的内容，并能依据约定的颜色标识快速甄别各分支不同级别的关键程度，进一步提高科研工作的效率。

研究小技巧：

b. 传统水系生态智慧及其对海绵村镇开发建设的启示（图 2-71）

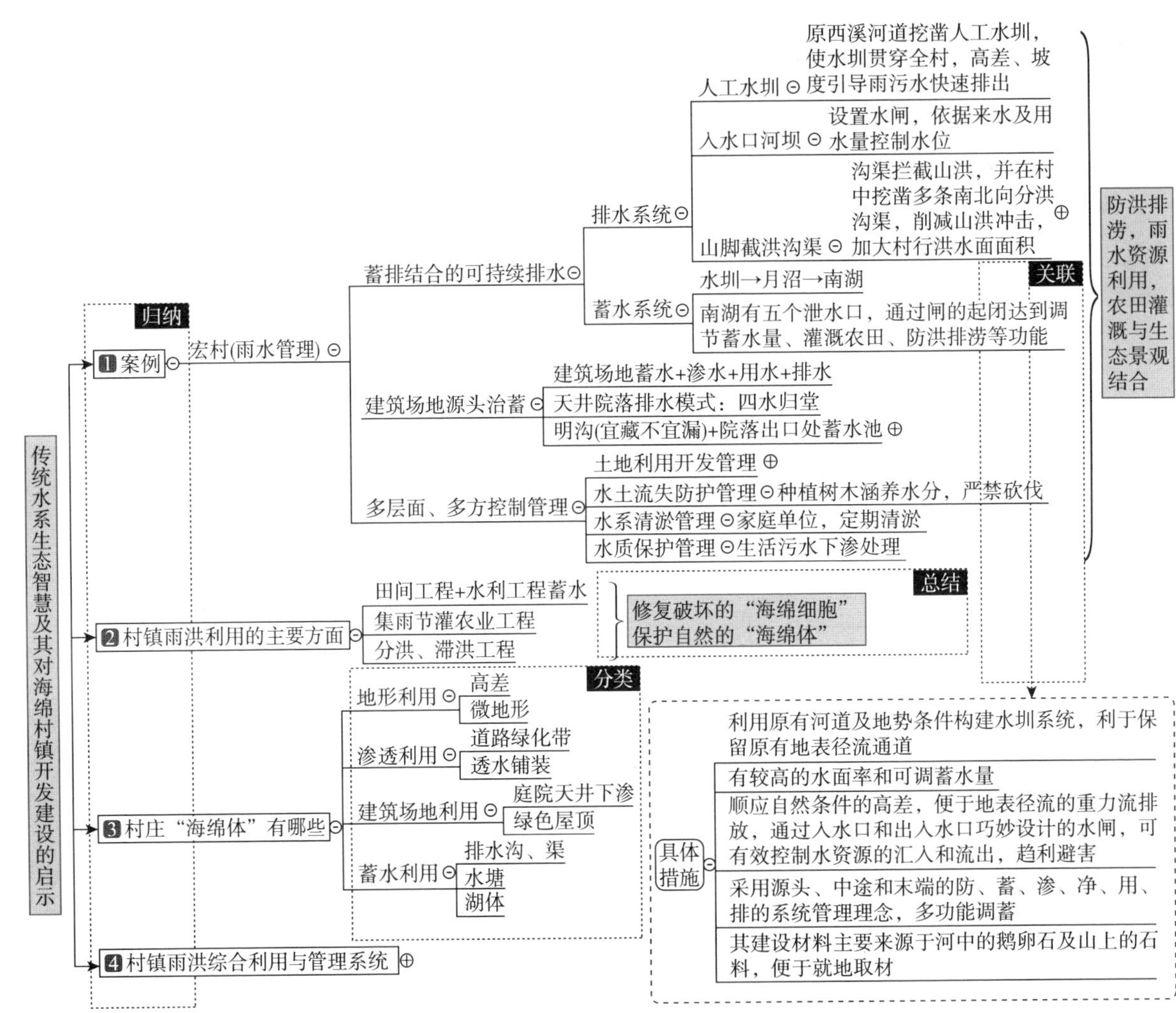

传统水系生态智慧及其对海绵村镇开发建设的启示
归纳
1 案例
宏村(雨水管理)
蓄排结合的可持续排水
排水系统
人工水圳
原西溪河道挖凿人工水圳，使水圳贯穿全村，高差、坡度引导雨污水快速排出
入水口河坝
设置水闸，依据来水及用水量控制水位
山脚截洪沟渠
沟渠拦截山洪，并在村中挖凿多条南北向分洪沟渠，削减山洪冲击，加大村行洪水面面积
蓄水系统
水圳→月沼→南湖
南湖有五个泄水口，通过闸的起闭达到调节蓄水量、灌溉农田、防洪排涝等功能
防洪排涝，雨水资源利用，农田灌溉与生态景观结合
关联
建筑场地源头治蓄
建筑场地蓄水+渗水+用水+排水
天井院落排水模式：四水归堂
明沟(宜藏不宜漏)+院落出口处蓄水池
多层面、多方控制管理
土地利用开发管理
水土流失防护管理
种植树木涵养水分，严禁砍伐
水系清淤管理
家庭单位，定期清淤
水质保护管理
生活污水下渗处理
2 村镇雨洪利用的主要方面
田间工程+水利工程蓄水
集雨节灌农业工程
分洪、滞洪工程
总结
修复破坏的“海绵细胞”
保护自然的“海绵体”
3 村庄“海绵体”有哪些
分类
地形利用
高差
微地形
渗透利用
道路绿化带
透水铺装
建筑场地利用
庭院天井下渗
绿色屋顶
蓄水利用
排水沟、渠
水塘
湖体
具体措施
利用原有河道及地势条件构建水圳系统，利于保留原有地表径流通道
有较高的水面率和可调蓄水量
顺应自然条件的高差，便于地表径流的重力流排放，通过入水口和出入水口巧妙设计的水闸，可有效控制水资源的汇入和流出，趋利避害
采用源头、中途和末端的防、蓄、渗、净、用、排的系统管理理念，多功能调蓄
其建设材料主要来源于河中的鹅卵石及山上的石料，便于就地取材
4 村镇雨洪综合利用与管理系统

图 2-71　研究方向 2 的信息归纳与总结

c. 风景园林视角下乡村河流的基本特征

这部分内容也是利用 Word 进行整理的，由于内容过多，仅展示部分截图，如图 2-72 所示。

研究小技巧：

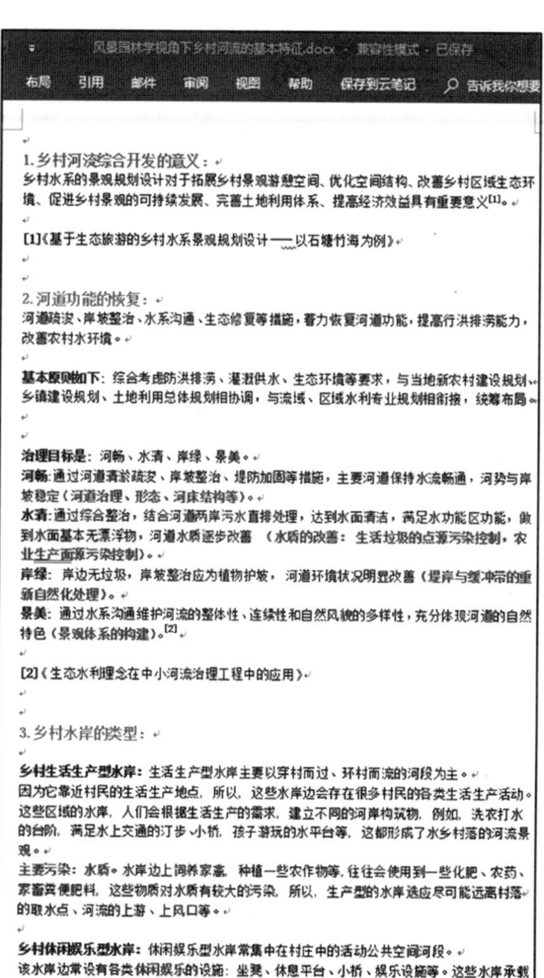

1.乡村河流综合开发的意义：

乡村水系的景观规划设计对于拓展乡村景观游憩空间、优化空间结构、改善乡村区域生态环境、促进乡村景观的可持续发展、完善土地利用体系、提高经济效益具有重要意义[1]。

[1]《基于生态旅游的乡村水系景观规划设计——以石塘竹海为例》

2.河道功能的恢复：

河道疏浚、岸坡整治、水系沟通、生态修复等措施，着力恢复河道功能，提高行洪排涝能力，改善农村水环境。

基本原则如下：综合考虑防洪排涝、灌溉供水、生态环境等要求，与当地新农村建设规划、乡镇建设规划、土地利用总体规划相协调，与流域、区域水利专业规划相衔接，统筹布局。

治理目标是：河畅、水清、岸绿、景美。

河畅：通过河道清淤疏浚、岸坡整治、堤防加固等措施，主要河道保持水流畅通，河势与岸坡稳定（河道治理、形态、河床结构等）。

水清：通过综合整治，结合河道两岸污水直排处理，达到水面清洁，满足水功能区功能，做到水面基本无漂浮物，河道水质逐步改善（水质的改善：生活垃圾的点源污染控制，农业生产面源污染控制）。

岸绿：岸边无垃圾，岸坡整治应为植物护坡，河道环境状况明显改善（堤岸与缓冲带的重新自然化处理）。

景美：通过水系沟通维护河流的整体性、连续性和自然风貌的多样性，充分体现河道的自然特色（景观体系的构建）。[2]

[2]《生态水利理念在中小河流治理工程中的应用》

3.乡村水岸的类型：

乡村生活生产型水岸：生活生产型水岸主要以穿村而过、环村而流的河段为主。

因为它靠近村民的生活生产地点，所以，这些水岸边会存在很多村民的各类生活生产活动。这些区域的水岸，人们会根据生活生产的需求，建立不同的河岸构筑物，例如，洗衣打水的台阶，满足水上交通的汀步、小桥，孩子游玩的水平台等，这都形成了水乡村落的河流景观。

主要污染：水质。水岸边上饲养家禽，种植一些农作物等，往往会使用到一些化肥、农药、家畜粪便肥料，这些物质对水质有较大的污染，所以，生产型的水岸选应尽可能远离村落的取水点、河流的上游、上风口等。

乡村休闲娱乐型水岸：休闲娱乐型水岸常集中在村庄中的活动公共空间河段。

该水岸边常设有各类休闲娱乐的设施：坐凳、休息平台、小桥、娱乐设施等。这些水岸承载着村民多样的休闲娱乐活动，一些旅游区内的村庄河流水岸，还有着旅游开发、文化宣传的

作用。故该类水岸的营造，既要满足人们休闲娱乐所需的各类空间功能需求，也要多注意人工构筑物与环境的融合问题，要做到人工与自然相互结合。合理的休闲空间营造，也是使环境功能多样性的一种手段[3]。

【3】《乡村中不同形式与功能各异的河流水岸营造方法》

乡村经济发展型水岸：具体内容略。

4.乡村河流污染的主要来源：

农村和农业污染物排放量大，农村环境形势严峻。

突出表现为部分地区农村生活污染加剧，畜禽养殖污染严重，工业和城市污染向农村转移。农村水环境的恶化，不但直接影响农业生产，而且不利于社会的经济发展和稳定。

乡村河流治理与城市河流治理存在的反差是什么？

具体内容略。

5.乡村河流的基本功能：

存储淡水的容器，循环水体的通道。

乡村河流空间基本功能所带来的生态效益、社会经济效益、水文地质效益对河流生态系统的构建产生深远影响。

乡村河流空间的性质：与城市河流比较，乡村河流朴实无华、生态多样，可形成有别于城市的独特景观体验。

6.乡村景观的特征：

（1）**人工味少，偶然性高**，亲切朴素，生态质量高。

乡村景观则多了一份“偶然性”，因为其形成与人们的“劳作”息息相关，农民凭借自己的生产生活经验，从最低能耗，最经济节约的角度，不断“调整”着乡村景观。

（2）**受地域影响明显**。国内与国外，南方与北方，不同的地域下乡村景观呈现出不一样的景观形象。即使在同一区域内，由于诸如滨水、山体、平地，丘陵等地理位置的差异，景观表象也不尽相同。

（3）**以生产景观为主**：居住形式与生活方式受农耕文化影响明显。农业生产是乡村经济的基础，大面积的农田形成乡村的肌理，几千年前的农耕文化则是源远流长的乡村文化的血液，这是乡村景观最突出的特征。乡村景观是生存艺术的展现。

图 2-72　研究方向 3 的信息归纳与总结

研究小技巧：

d. 基于海绵村落的乡村资源保育开发模式（图 2-73）

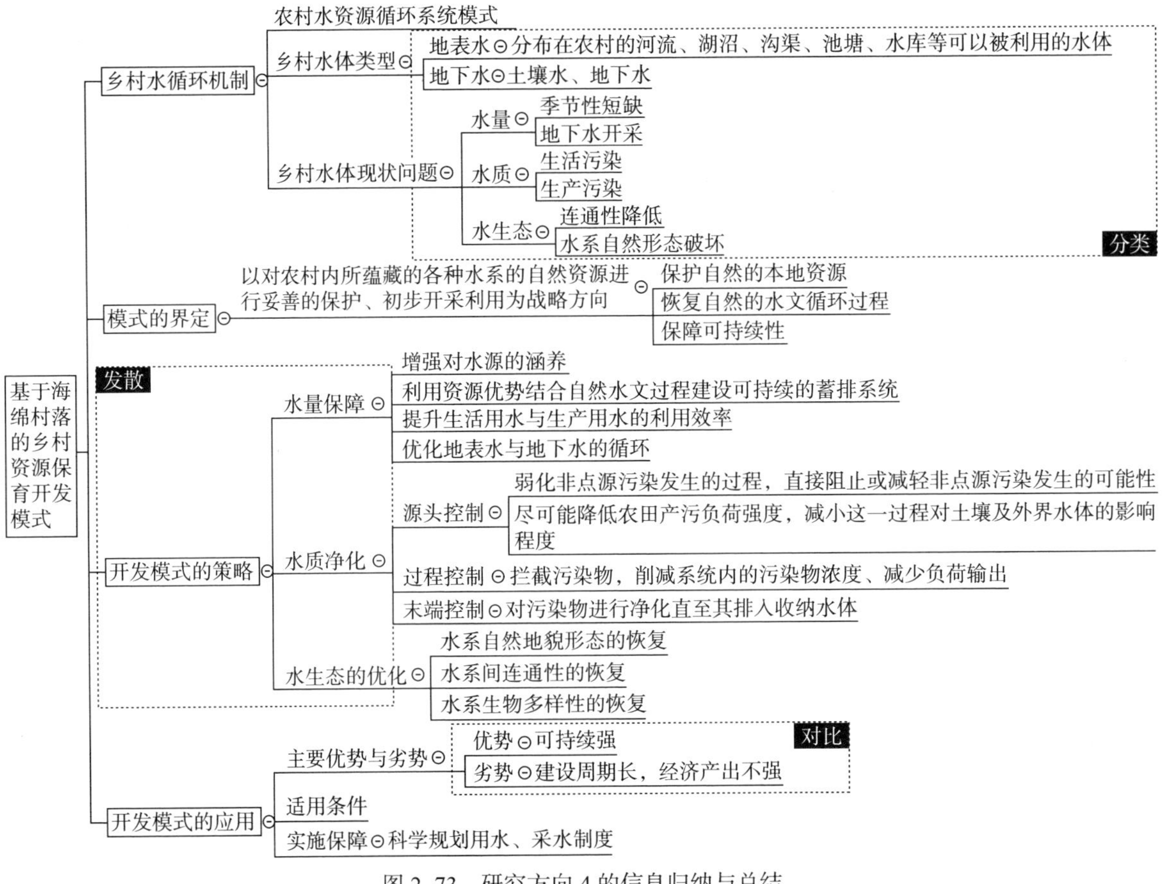

基于海绵村落的乡村资源保育开发模式
乡村水循环机制
农村水资源循环系统模式
乡村水体类型
地表水
分布在农村的河流、湖沼、沟渠、池塘、水库等可以被利用的水体
地下水
土壤水、地下水
乡村水体现状问题
水量
季节性短缺
地下水开采
水质
生活污染
生产污染
水生态
连通性降低
水系自然形态破坏
分类
模式的界定
以对农村内所蕴藏的各种水系的自然资源进行妥善的保护、初步开采利用为战略方向
保护自然的本地资源
恢复自然的水文循环过程
保障可持续性
发散
开发模式的策略
水量保障
增强对水源的涵养
利用资源优势结合自然水文过程建设可持续的蓄排系统
提升生活用水与生产用水的利用效率
优化地表水与地下水的循环
水质净化
源头控制
弱化非点源污染发生的过程，直接阻止或减轻非点源污染发生的可能性
尽可能降低农田产污负荷强度，减小这一过程对土壤及外界水体的影响程度
过程控制
拦截污染物，削减系统内的污染物浓度、减少负荷输出
末端控制
对污染物进行净化直至其排入收纳水体
水生态的优化
水系自然地貌形态的恢复
水系间连通性的恢复
水系生物多样性的恢复
开发模式的应用
主要优势与劣势
优势
可持续强
劣势
建设周期长，经济产出不强
对比
适用条件
实施保障
科学规划用水、采水制度

图 2-73　研究方向 4 的信息归纳与总结

e. 集成于海绵的乡村河流综合治理

这部分内容包含了多个方面，分为五张思维导图进行信息梳理与整合，分别从“乡村河流综合治

理”（图 2–74）、“海绵城市文献重点梳理”（图 2–75）、“传统村落水系智慧与海绵村镇雨洪”（图 2–76）、“水文化与水环境相适应的村落形态”（图 2–77）、“海绵概念借鉴与其在村落拓展可能性”（图 2–78）五个侧重点出发。

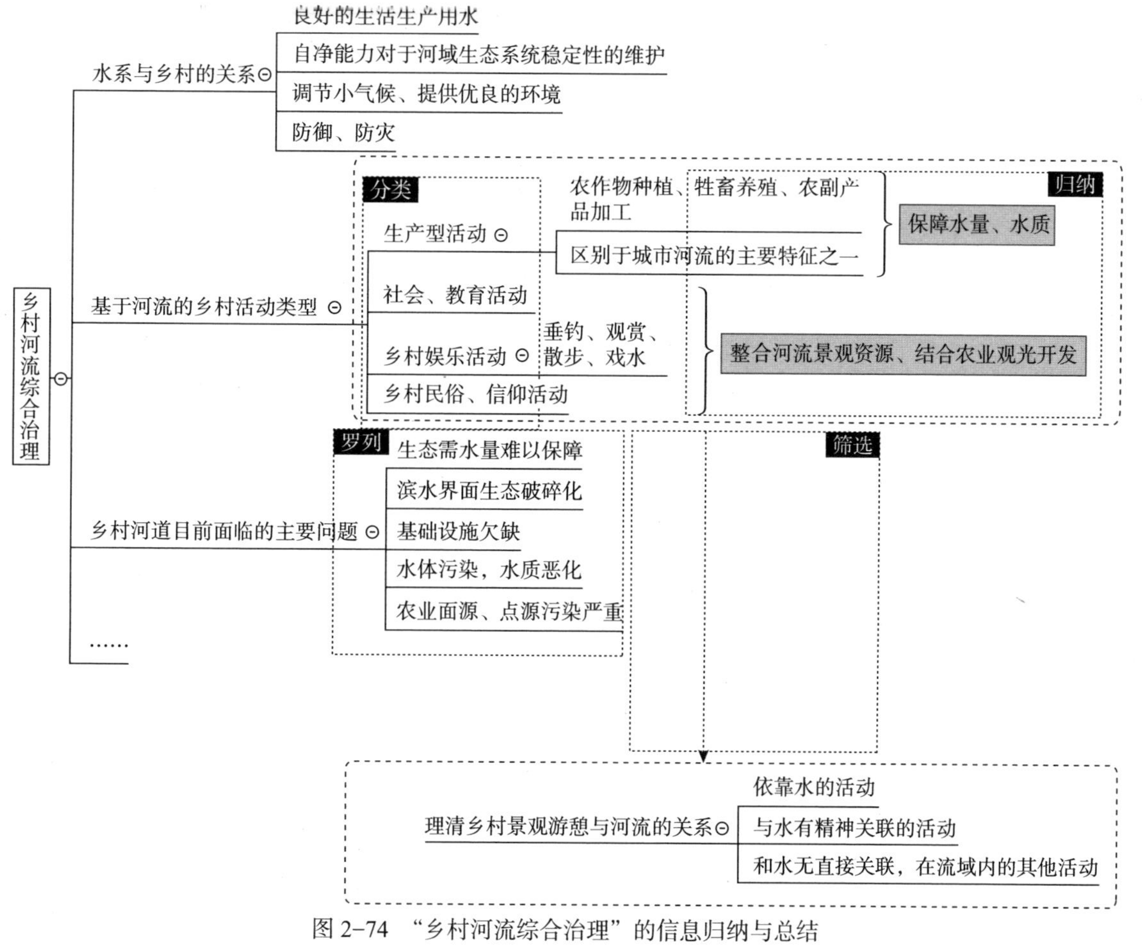

乡村河流综合治理
水系与乡村的关系
良好的生活生产用水
自净能力对于河域生态系统稳定性的维护
调节小气候、提供优良的环境
防御、防灾
分类
归纳
基于河流的乡村活动类型
生产型活动
农作物种植、牲畜养殖、农副产品加工
区别于城市河流的主要特征之一
保障水量、水质
社会、教育活动
乡村娱乐活动
垂钓、观赏、散步、戏水
乡村民俗、信仰活动
整合河流景观资源、结合农业观光开发
罗列
筛选
乡村河道目前面临的主要问题
生态需水量难以保障
滨水界面生态破碎化
基础设施欠缺
水体污染，水质恶化
农业面源、点源污染严重
……
理清乡村景观游憩与河流的关系
依靠水的活动
与水有精神关联的活动
和水无直接关联，在流域内的其他活动

图 2–74 “乡村河流综合治理”的信息归纳与总结

研究小技巧：

研究小技巧：

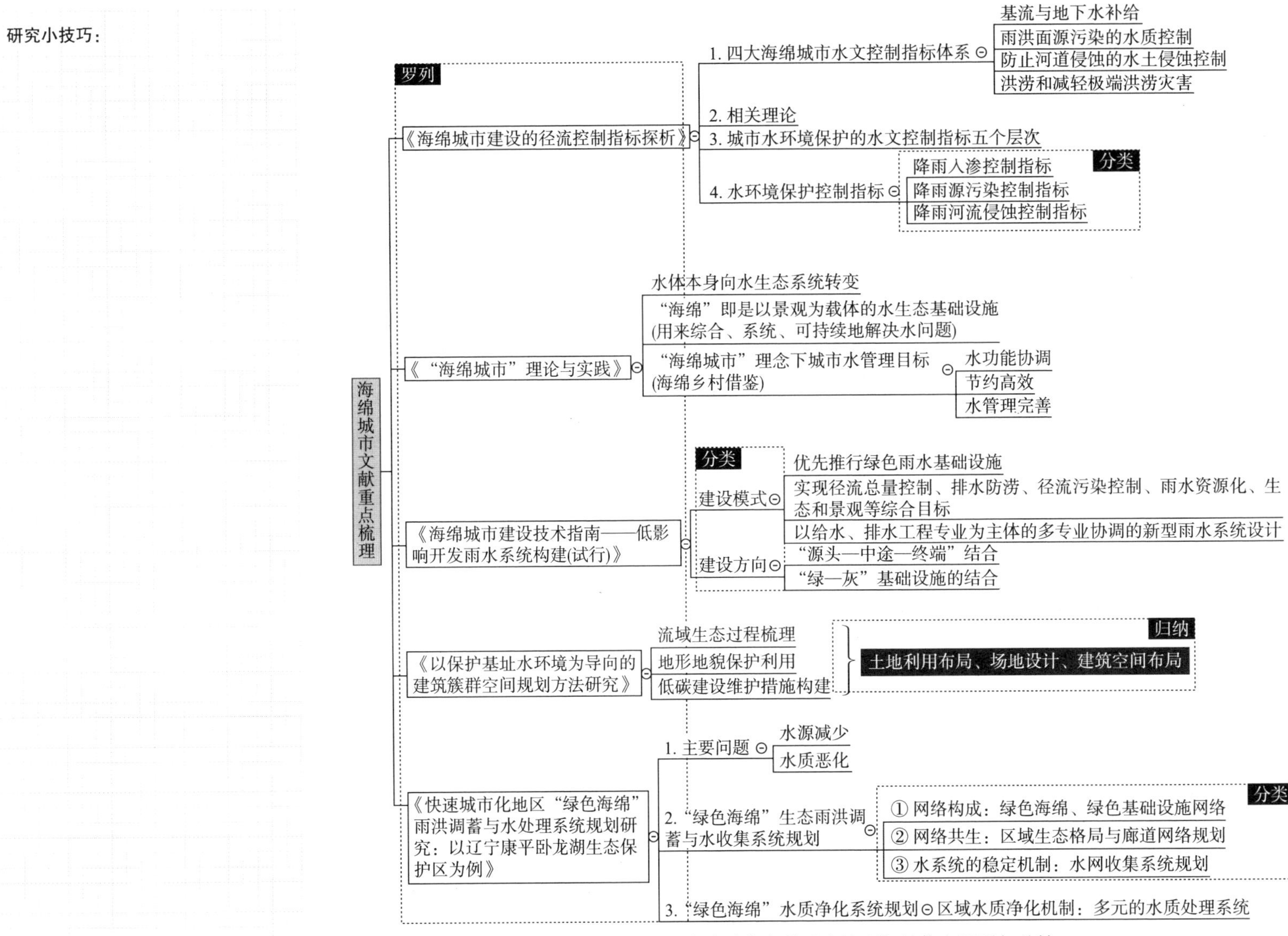

海绵城市文献重点梳理
罗列
《海绵城市建设的径流控制指标探析》
1. 四大海绵城市水文控制指标体系
基流与地下水补给
雨洪面源污染的水质控制
防止河道侵蚀的水土侵蚀控制
洪涝和减轻极端洪涝灾害
2. 相关理论
3. 城市水环境保护的水文控制指标五个层次
4. 水环境保护控制指标
分类
降雨入渗控制指标
降雨源污染控制指标
降雨河流侵蚀控制指标
《“海绵城市”理论与实践》
水体本身向水生态系统转变
“海绵”即是以景观为载体的水生态基础设施
(用来综合、系统、可持续地解决水问题)
“海绵城市”理念下城市水管理目标
(海绵乡村借鉴)
水功能协调
节约高效
水管理完善
《海绵城市建设技术指南——低影响开发雨水系统构建(试行)》
分类
建设模式
优先推行绿色雨水基础设施
实现径流总量控制、排水防涝、径流污染控制、雨水资源化、生态和景观等综合目标
以给水、排水工程专业为主体的多专业协调的新型雨水系统设计
建设方向
“源头—中途—终端”结合
“绿—灰”基础设施的结合
《以保护基址水环境为导向的建筑簇群空间规划方法研究》
流域生态过程梳理
地形地貌保护利用
低碳建设维护措施构建
归纳
土地利用布局、场地设计、建筑空间布局
《快速城市化地区“绿色海绵”雨洪调蓄与水处理系统规划研究：以辽宁康平卧龙湖生态保护区为例》
1. 主要问题
水源减少
水质恶化
2.“绿色海绵”生态雨洪调蓄与水收集系统规划
分类
① 网络构成：绿色海绵、绿色基础设施网络
② 网络共生：区域生态格局与廊道网络规划
③ 水系统的稳定机制：水网收集系统规划
3.“绿色海绵”水质净化系统规划
区域水质净化机制：多元的水质处理系统

图 2-75 “海绵城市文献重点梳理”的信息罗列与总结

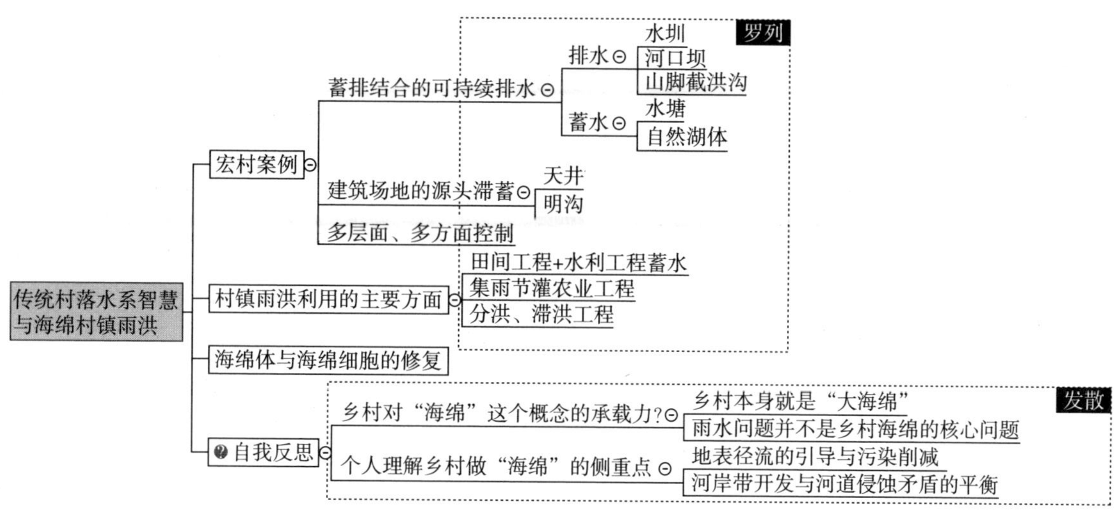
罗列
传统村落水系智慧与海绵村镇雨洪
宏村案例
蓄排结合的可持续排水
排水
水圳
河口坝
山脚截洪沟
蓄水
水塘
自然湖体
建筑场地的源头滞蓄
天井
明沟
多层面、多方面控制
村镇雨洪利用的主要方面
田间工程+水利工程蓄水
集雨节灌农业工程
分洪、滞洪工程
海绵体与海绵细胞的修复
发散
自我反思
乡村对“海绵”这个概念的承载力?
乡村本身就是“大海绵”
雨水问题并不是乡村海绵的核心问题
个人理解乡村做“海绵”的侧重点
地表径流的引导与污染削减
河岸带开发与河道侵蚀矛盾的平衡

图 2-76　“传统村落水系智慧与海绵村镇雨洪”的信息罗列与总结

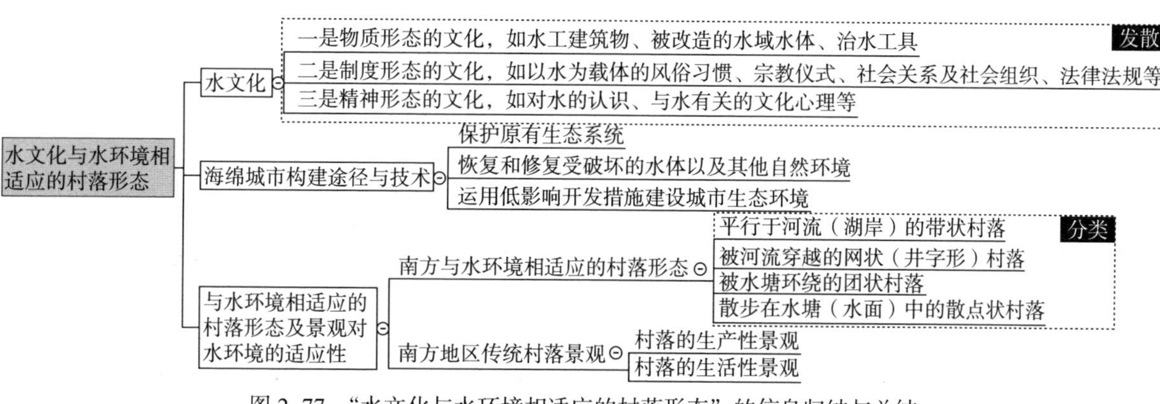
发散
水文化与水环境相适应的村落形态
水文化
一是物质形态的文化，如水工建筑物、被改造的水域水体、治水工具
二是制度形态的文化，如以水为载体的风俗习惯、宗教仪式、社会关系及社会组织、法律法规等
三是精神形态的文化，如对水的认识、与水有关的文化心理等
海绵城市构建途径与技术
保护原有生态系统
恢复和修复受破坏的水体以及其他自然环境
运用低影响开发措施建设城市生态环境
分类
与水环境相适应的村落形态及景观对水环境的适应性
南方与水环境相适应的村落形态
平行于河流（湖岸）的带状村落
被河流穿越的网状（井字形）村落
被水塘环绕的团状村落
散步在水塘（水面）中的散点状村落
南方地区传统村落景观
村落的生产性景观
村落的生活性景观

图 2-77　“水文化与水环境相适应的村落形态”的信息归纳与总结

研究小技巧：

研究小技巧：

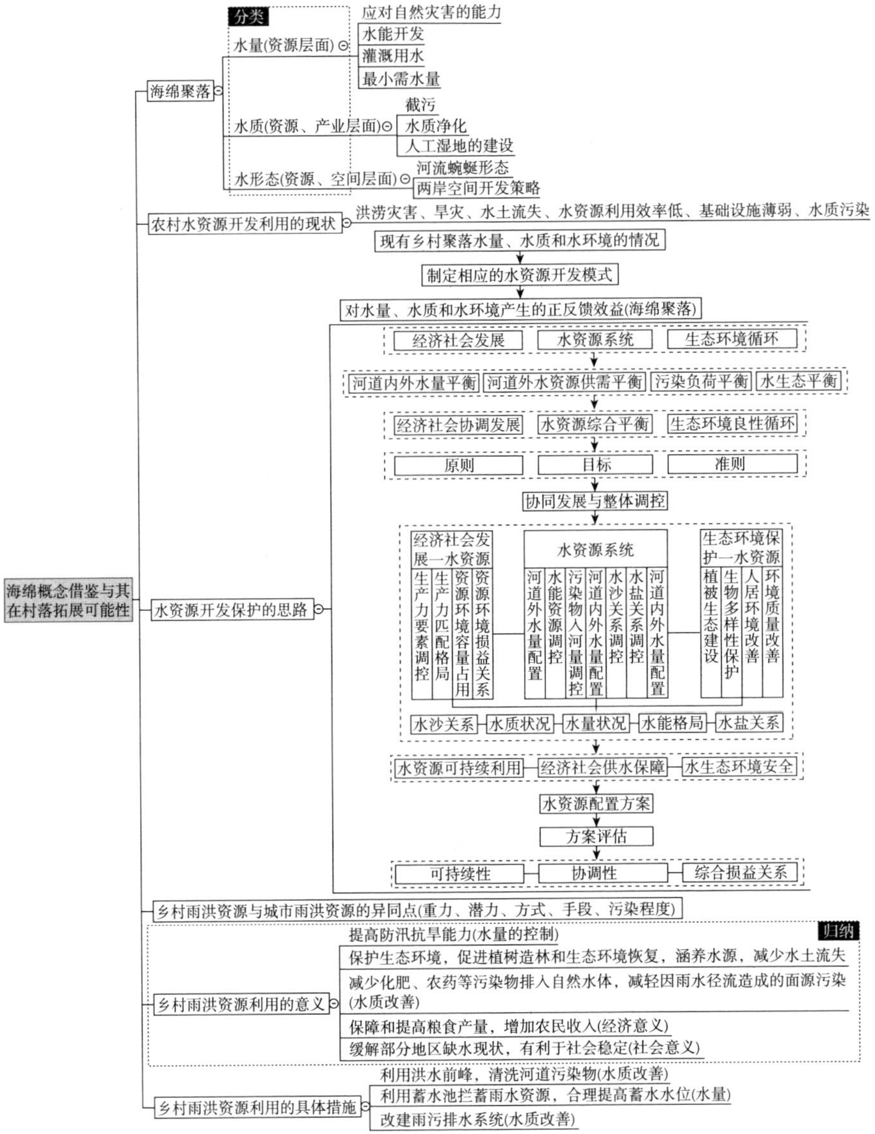

- 海绵概念借鉴与其在村落拓展可能性
  - 海绵聚落（分类）
    - 水量(资源层面)
      - 应对自然灾害的能力
      - 水能开发
      - 灌溉用水
      - 最小需水量
    - 水质(资源、产业层面)
      - 截污
      - 水质净化
      - 人工湿地的建设
    - 水形态(资源、空间层面)
      - 河流蜿蜒形态
      - 两岸空间开发策略
  - 农村水资源开发利用的现状
    - 洪涝灾害、旱灾、水土流失、水资源利用效率低、基础设施薄弱、水质污染
  - 水资源开发保护的思路
    - 现有乡村聚落水量、水质和水环境的情况 → 制定相应的水资源开发模式 → 对水量、水质和水环境产生的正反馈效益(海绵聚落)
    - 经济社会发展｜水资源系统｜生态环境循环
    - → 河道内外水量平衡｜河道外水资源供需平衡｜污染负荷平衡｜水生态平衡
    - → 经济社会协调发展｜水资源综合平衡｜生态环境良性循环
    - → 原则｜目标｜准则
    - → 协同发展与整体调控
    - →
      - 经济社会发展—水资源：生产力要素调控；生产力匹配格局；资源环境容量占用；资源环境损益关系
      - 水资源系统：河道外水量配置；水能资源调控；污染物入河量调控；河道内外水量配置；水沙关系调控；水盐关系调控；河道内外水量配置
      - 生态环境保护—水资源：植被生态建设；生物多样性保护；人居环境改善；环境质量改善
      - 水沙关系—水质状况—水量状况—水能格局—水盐关系
    - → 水资源可持续利用—经济社会供水保障—水生态环境安全
    - → 水资源配置方案 → 方案评估
    - → 可持续性—协调性—综合损益关系
  - 乡村雨洪资源与城市雨洪资源的异同点(重力、潜力、方式、手段、污染程度)
  - 乡村雨洪资源利用的意义（归纳）
    - 提高防汛抗旱能力(水量的控制)
    - 保护生态环境，促进植树造林和生态环境恢复，涵养水源，减少水土流失
    - 减少化肥、农药等污染物排入自然水体，减轻因雨水径流造成的面源污染(水质改善)
    - 保障和提高粮食产量，增加农民收入(经济意义)
    - 缓解部分地区缺水现状，有利于社会稳定(社会意义)
  - 乡村雨洪资源利用的具体措施
    - 利用洪水前峰，清洗河道污染物(水质改善)
    - 利用蓄水池拦蓄雨水资源，合理提高蓄水水位(水量)
    - 改建雨污排水系统(水质改善)

图 2-78 “海绵概念借鉴与其在村落拓展可能性”的信息归纳与总结

③ 定位至四个研究方向

基于对五个研究方向的文献解读与分析，经过讨论，团队将研究定位至四个方向，并基于此开始拟订研究计划。讨论内容利用思维导图予以梳理与总结（图 2-79）。

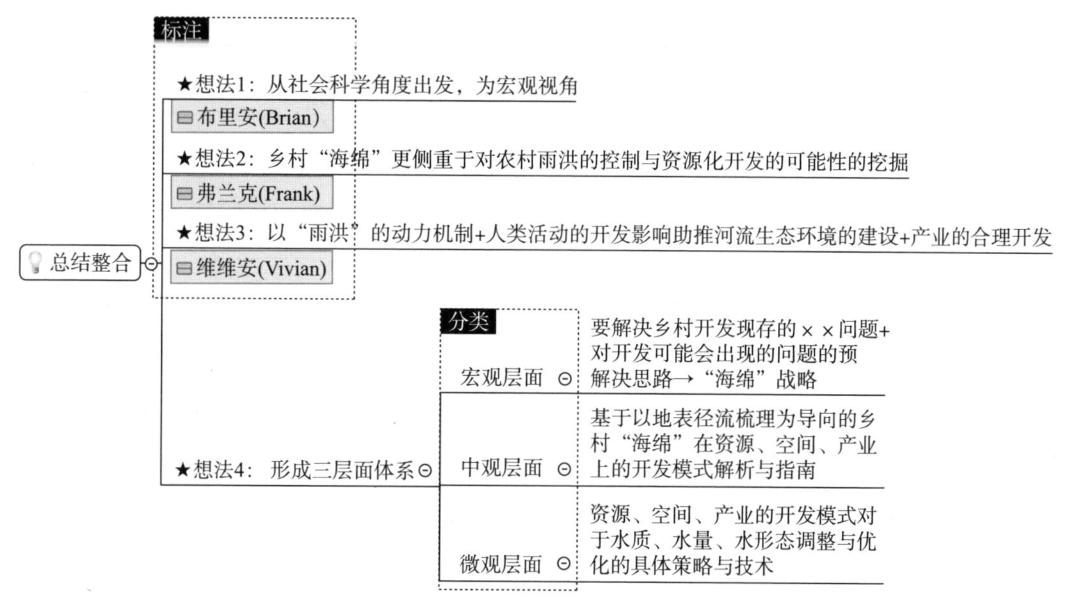

标注
★想法1：从社会科学角度出发，为宏观视角
布里安(Brian)
★想法2：乡村“海绵”更侧重于对农村雨洪的控制与资源化开发的可能性的挖掘
弗兰克(Frank)
★想法3：以“雨洪”的动力机制+人类活动的开发影响助推河流生态环境的建设+产业的合理开发
维维安(Vivian)
总结整合
分类
宏观层面
要解决乡村开发现存的××问题+对开发可能会出现的问题的预解决思路→“海绵”战略
中观层面
基于以地表径流梳理为导向的乡村“海绵”在资源、空间、产业上的开发模式解析与指南
微观层面
资源、空间、产业的开发模式对于水质、水量、水形态调整与优化的具体策略与技术
★想法4：形成三层面体系

图 2-79　研究方向的信息记录与总结

（3）第 3 阶段：研究计划拟订

① 初级框架形成

前期通过利用思维导图不断地发散和总结与团队讨论，从而将研究逐步缩小定位至四个方向，基于此团队开始初拟研究计划的内容，初期选择的题目为“基于乡村流域生态保护的低影响开发模式研究”，通过讨论修改了三轮，最终确定以“乡村河域景观低影响开发模式研究”为题，借助思维导图的可更改性，边讨论边记录，如图 2-80 所示。另外，为了方便理解，团队在原来思维导图基础上做了标注，“2.2

研究小技巧：

经验分享

思维导图的强大附属功能可以从多方面减少科研过程中额外产生的工作量，如前文提到的可视化标签便能很好地被应用于此。

研究小技巧：

主要研究方法”和“3.2 创新点”部分代表后续框架中会修改或者增加的内容，图中也予以了说明。

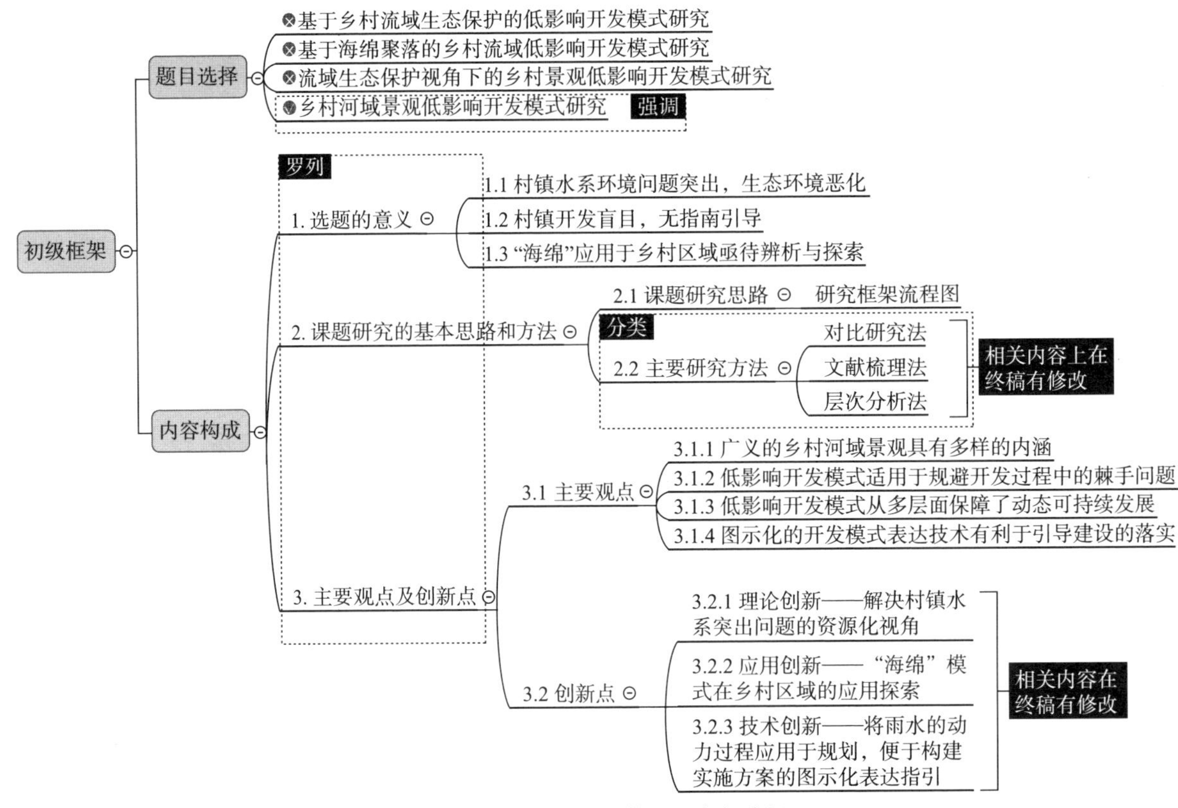

初级框架
题目选择
基于乡村流域生态保护的低影响开发模式研究
基于海绵聚落的乡村流域低影响开发模式研究
流域生态保护视角下的乡村景观低影响开发模式研究
乡村河域景观低影响开发模式研究
强调
内容构成
罗列
1. 选题的意义
1.1 村镇水系环境问题突出，生态环境恶化
1.2 村镇开发盲目，无指南引导
1.3 “海绵”应用于乡村区域亟待辨析与探索
2. 课题研究的基本思路和方法
2.1 课题研究思路
研究框架流程图
分类
2.2 主要研究方法
对比研究法
文献梳理法
层次分析法
相关内容上在终稿有修改
3. 主要观点及创新点
3.1 主要观点
3.1.1 广义的乡村河域景观具有多样的内涵
3.1.2 低影响开发模式适用于规避开发过程中的棘手问题
3.1.3 低影响开发模式从多层面保障了动态可持续发展
3.1.4 图示化的开发模式表达技术有利于引导建设的落实
3.2 创新点
3.2.1 理论创新——解决村镇水系突出问题的资源化视角
3.2.2 应用创新——“海绵”模式在乡村区域的应用探索
3.2.3 技术创新——将雨水的动力过程应用于规划，便于构建实施方案的图示化表达指引
相关内容在终稿有修改

图 2–80　初级框架的信息整合与分析

② 中级框架形成

通过对初级框架的讨论，进一步补充、修改形成中级框架。在中级框架中，申报书结构与内容已经基本确定，后续的终极框架即在该基础上做具体内容填充和细节纠正（图 2–81）。基于思维导图工具的逻辑思维推衍能力，我们能很方便地发现逻辑有问题的地方，并及时地予以纠正。

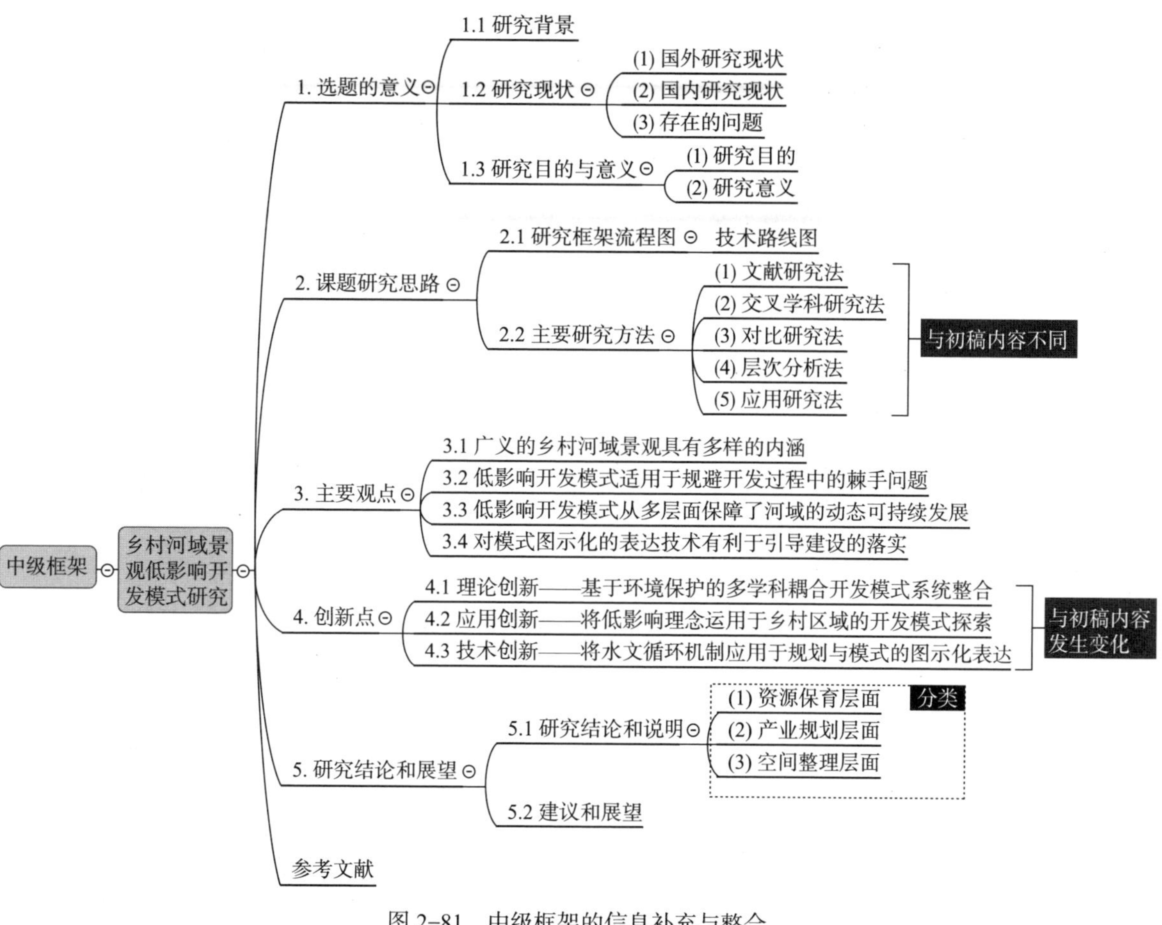
中级框架
乡村河域景观低影响开发模式研究
1. 选题的意义
1.1 研究背景
1.2 研究现状
(1) 国外研究现状
(2) 国内研究现状
(3) 存在的问题
1.3 研究目的与意义
(1) 研究目的
(2) 研究意义
2. 课题研究思路
2.1 研究框架流程图
技术路线图
2.2 主要研究方法
(1) 文献研究法
(2) 交叉学科研究法
(3) 对比研究法
(4) 层次分析法
(5) 应用研究法
与初稿内容不同
3. 主要观点
3.1 广义的乡村河域景观具有多样的内涵
3.2 低影响开发模式适用于规避开发过程中的棘手问题
3.3 低影响开发模式从多层面保障了河域的动态可持续发展
3.4 对模式图示化的表达技术有利于引导建设的落实
4. 创新点
4.1 理论创新——基于环境保护的多学科耦合开发模式系统整合
4.2 应用创新——将低影响理念运用于乡村区域的开发模式探索
4.3 技术创新——将水文循环机制应用于规划与模式的图示化表达
与初稿内容发生变化
5. 研究结论和展望
5.1 研究结论和说明
(1) 资源保育层面
(2) 产业规划层面
(3) 空间整理层面
分类
5.2 建议和展望
参考文献

图 2-81　中级框架的信息补充与整合

研究小技巧：

③ 终极框架形成

利用思维导图补充和修改中级框架的细节，形成终极框架（图 2-82）。

研究小技巧：

经验分享

基于思维导图强大的分支功能以及可以无限扩展的特性，我们可以轻松地将之前的研究工作整理融入之后的工作中。每一阶段的工作都可以通过分支的添加或是超链接导入与其相关的文件当中，从而使工作的衔接更加有逻辑性。思维导图的这一特性也使得每个研究阶段的工作以及全部的研究工作都可以被完整地保存下来，同时也方便在今后工作中调阅。

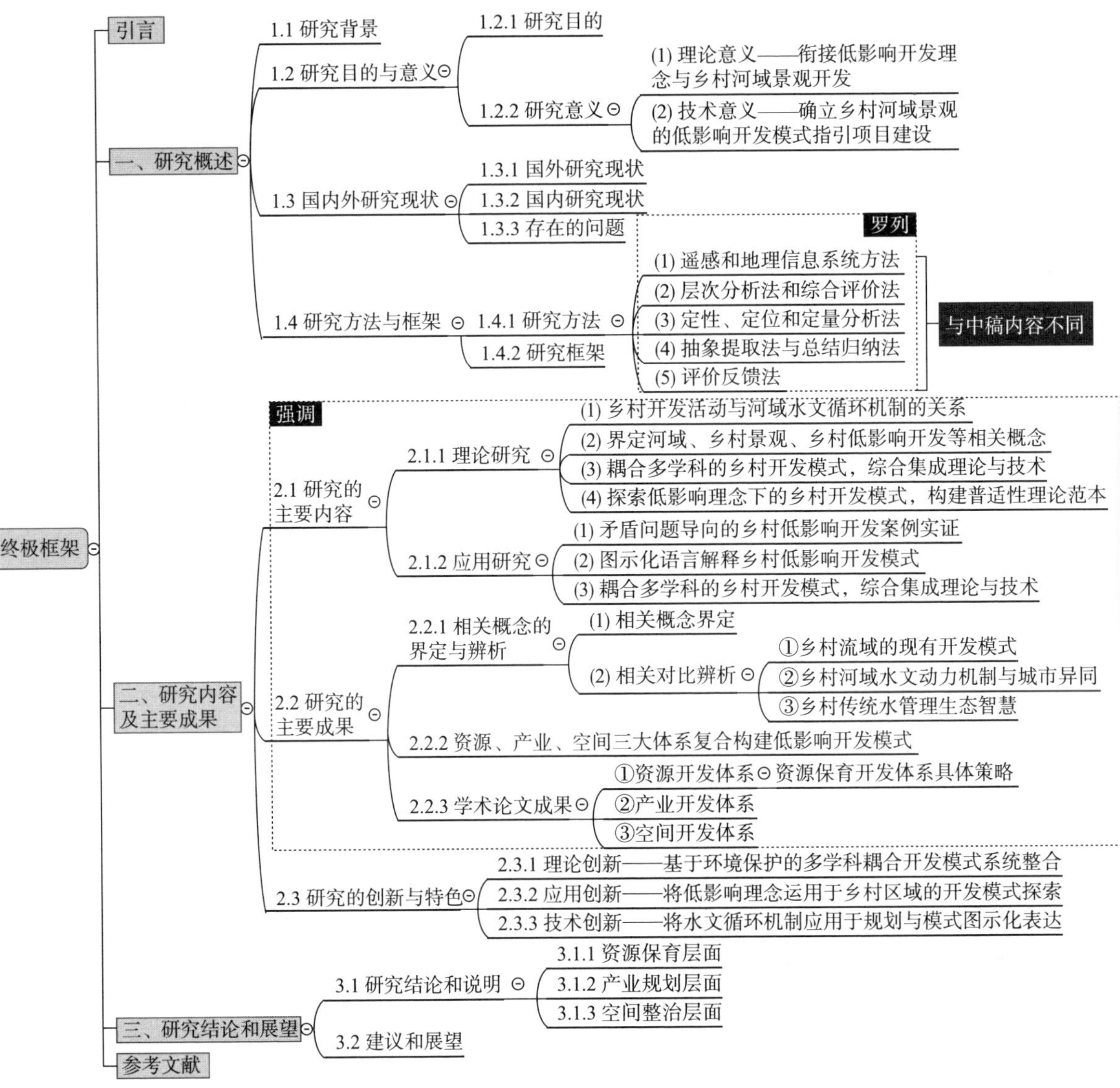

终极框架
引言
一、研究概述
1.1 研究背景
1.2 研究目的与意义
1.2.1 研究目的
1.2.2 研究意义
(1) 理论意义——衔接低影响开发理念与乡村河域景观开发
(2) 技术意义——确立乡村河域景观的低影响开发模式指引项目建设
1.3 国内外研究现状
1.3.1 国外研究现状
1.3.2 国内研究现状
1.3.3 存在的问题
罗列
1.4 研究方法与框架
1.4.1 研究方法
(1) 遥感和地理信息系统方法
(2) 层次分析法和综合评价法
(3) 定性、定位和定量分析法
(4) 抽象提取法与总结归纳法
(5) 评价反馈法
与中稿内容不同
1.4.2 研究框架
强调
二、研究内容及主要成果
2.1 研究的主要内容
2.1.1 理论研究
(1) 乡村开发活动与河域水文循环机制的关系
(2) 界定河域、乡村景观、乡村低影响开发等相关概念
(3) 耦合多学科的乡村开发模式，综合集成理论与技术
(4) 探索低影响理念下的乡村开发模式，构建普适性理论范本
2.1.2 应用研究
(1) 矛盾问题导向的乡村低影响开发案例实证
(2) 图示化语言解释乡村低影响开发模式
(3) 耦合多学科的乡村开发模式，综合集成理论与技术
2.2 研究的主要成果
2.2.1 相关概念的界定与辨析
(1) 相关概念界定
(2) 相关对比辨析
①乡村流域的现有开发模式
②乡村河域水文动力机制与城市异同
③乡村传统水管理生态智慧
2.2.2 资源、产业、空间三大体系复合构建低影响开发模式
2.2.3 学术论文成果
①资源开发体系
资源保育开发体系具体策略
②产业开发体系
③空间开发体系
2.3 研究的创新与特色
2.3.1 理论创新——基于环境保护的多学科耦合开发模式系统整合
2.3.2 应用创新——将低影响理念运用于乡村区域的开发模式探索
2.3.3 技术创新——将水文循环机制应用于规划与模式图示化表达
三、研究结论和展望
3.1 研究结论和说明
3.1.1 资源保育层面
3.1.2 产业规划层面
3.1.3 空间整治层面
3.2 建议和展望
参考文献

图 2-82　终极框架的信息补充与整合

（4）第 4 阶段：文本撰写

按照终极版本的研究计划，开始撰写申报书的具体内容，技术路线也在这个阶段逐步生成，申报书部分内容截图如图 2-83 所示，技术路线如图 2-84 所示。

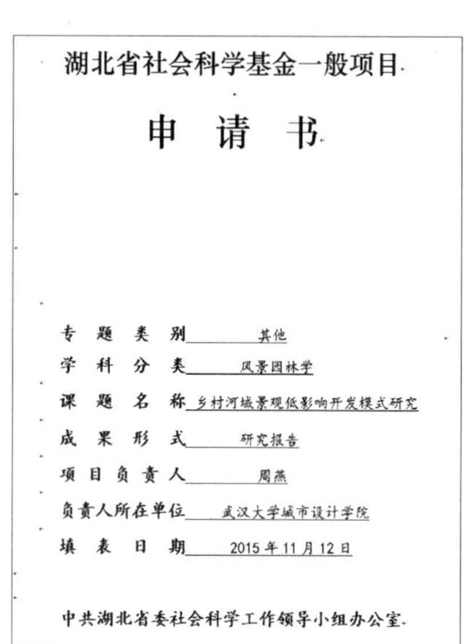

湖北省社会科学基金一般项目

申 请 书

专 题 类 别 其他

学 科 分 类 风景园林学

课 题 名 称 乡村河域景观低影响开发模式研究

成 果 形 式 研究报告

项 目 负 责 人 周燕

负责人所在单位 武汉大学城市设计学院

填 表 日 期 2015 年 11 月 12 日

中共湖北省委社会科学工作领导小组办公室

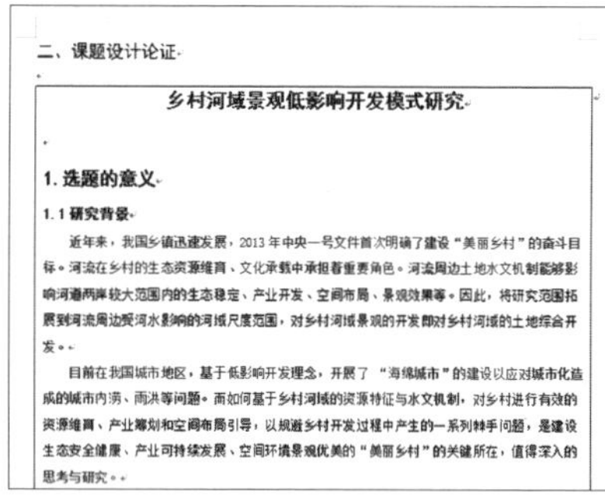

二、课题设计论证

乡村河域景观低影响开发模式研究

1. 选题的意义

1.1 研究背景

近年来，我国乡镇迅速发展，2013 年中央一号文件首次明确了建设“美丽乡村”的奋斗目标。河流在乡村的生态资源维育、文化承载中承担着重要角色。河流周边土地水文机制能够影响河道两岸较大范围内的生态稳定、产业开发、空间布局、景观效果等。因此，将研究范围拓展到河流周边受河水影响的河域尺度范围，对乡村河域景观的开发即对乡村河域的土地综合开发。

目前在我国城市地区，基于低影响开发理念，开展了“海绵城市”的建设以应对城市化造成的城市内涝、雨洪等问题。而如何基于乡村河域的资源特征与水文机制，对乡村进行有效的资源维育、产业筹划和空间布局引导，以规避乡村开发过程中产生的一系列棘手问题，是建设生态安全健康、产业可持续发展、空间环境景观优美的“美丽乡村”的关键所在，值得深入的思考与研究。

图 2-83 申报书部分内容截图

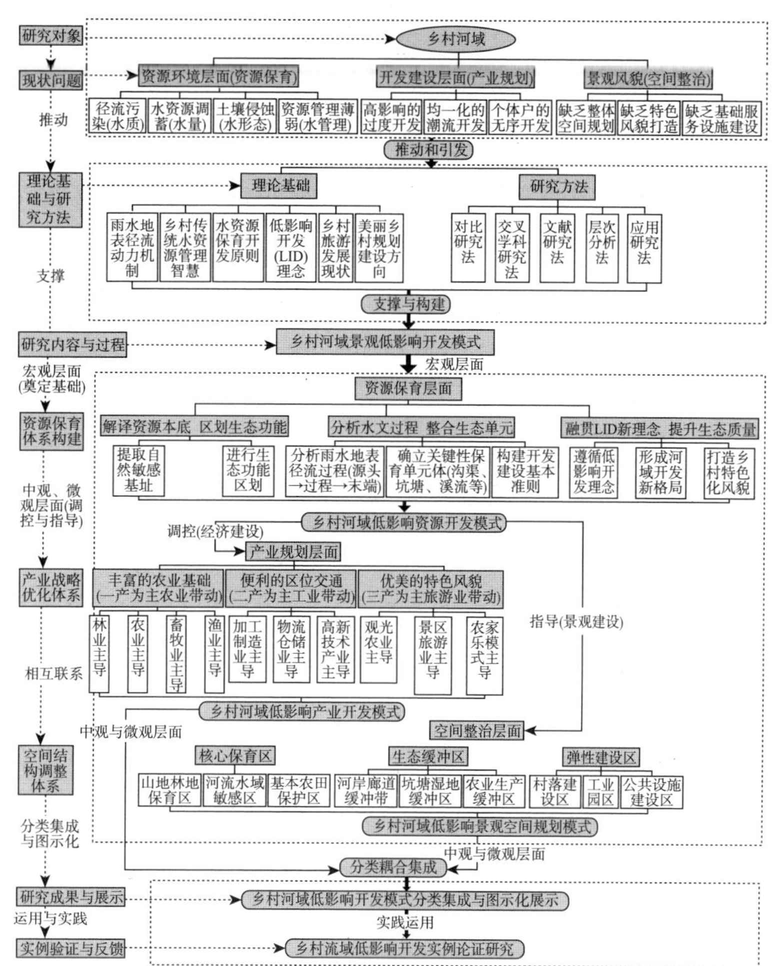
研究对象
乡村河域
现状问题
资源环境层面(资源保育)
开发建设层面(产业规划)
景观风貌(空间整治)
径流污染(水质)
水资源调蓄(水量)
土壤侵蚀(水形态)
资源管理薄弱(水管理)
高影响的过度开发
均一化的潮流开发
个体户的无序开发
缺乏整体空间规划
缺乏特色风貌打造
缺乏基础服务设施建设
推动
推动和引发
理论基础与研究方法
理论基础
研究方法
雨水地表径流动力机制
乡村传统水资源管理智慧
水资源保育开发原则
低影响开发(LID)理念
乡村旅游发展现状
美丽乡村规划建设方向
对比研究法
交叉学科研究法
文献研究法
层次分析法
应用研究法
支撑
支撑与构建
研究内容与过程
乡村河域景观低影响开发模式
宏观层面
宏观层面(奠定基础)
资源保育层面
资源保育体系构建
解译资源本底 区划生态功能
分析水文过程 整合生态单元
融贯LID新理念 提升生态质量
提取自然敏感基址
进行生态功能区划
分析雨水地表径流过程(源头→过程→末端)
确立关键性保育单元体(沟渠、坑塘、溪流等)
构建开发建设基本准则
遵循低影响开发理念
形成河域开发新格局
打造乡村特色化风貌
中观、微观层面(调控与指导)
乡村河域低影响资源开发模式
调控(经济建设)
产业规划层面
产业战略优化体系
丰富的农业基础(一产为主农业带动)
便利的区位交通(二产为主工业带动)
优美的特色风貌(三产为主旅游业带动)
林业主导
农业主导
畜牧业主导
渔业主导
加工制造业主导
物流仓储业主导
高新技术产业主导
观光农业主导
景区旅游业主导
农家乐模式主导
指导(景观建设)
相互联系
乡村河域低影响产业开发模式
中观与微观层面
空间整治层面
空间结构调整体系
核心保育区
生态缓冲区
弹性建设区
山地林地保育区
河流水域敏感区
基本农田保护区
河岸廊道缓冲带
坑塘湿地缓冲区
农业生产缓冲区
村落建设区
工业园区
公共设施建设区
乡村河域低影响景观空间规划模式
分类集成与图示化
中观与微观层面
分类耦合集成
研究成果与展示
乡村河域低影响开发模式分类集成与图示化展示
运用与实践
实践运用
实例验证与反馈
乡村流域低影响开发实例论证研究

图 2-84 申报书技术路线图

研究小技巧：

经验分享

我们常画的技术路线图，就是将复杂的技术论证过程用图表的方式表达出来，使人更容易了解整个过程，这其实也是思维导图的一种形式。

研究小技巧：

3）科研成果

发表学术论文如下：

（1）周燕，苟翡翠 . 国外河流景观生态修复模式与案例对比研究［J］. 现代园林，2016，13（3）：237–242。

（2）GOU F C, ZHOU Y. Suburban sightseeing farm design from the perspective of behavior-driven design［J］. Journal of landscape research, 2016, 8（2）：13–15, 20。

（3）ZHOU Y, Yin L P. Biodiversity-based plant cultivation design in sightseeing farm：a case study of cultivation design in Luzihe Village［J］. Journal of landscape research, 2016（3）：3–5。

（4）Yin L P, ZHOU Y. A thought on plants cultivation design of Luzihe Village as an example［J］. Journal of landscape research, 2015（3）：5–6, 9。

4）课题总结

本次课题立足于目前广泛开展的海绵城市建设的大背景。乡村区域本身作为调蓄功能较强的“大海绵”，在目前的开发模式中，往往忽视了对其资源的保育，而对于水文循环的关注则更少，引起了水量、水质、水形态的一系列问题。此次研究从人类活动的干扰梳理与生态环境的保护出发，创新性地探索了低影响的理念在资源保育、空间调整、产业优化中的开发应用模式。在课题推进的过程中，首先，以思维导图来推进研究，在文献整理阶段理清条理，初步确定七个研究方向。其次，以思维图的方式发散信息对比考量，筛选出更适合推进的四个方向。再次，使用思维导图来拟订研究计划框架，从初级框架到终极框架不断调整及完善信息。最后，撰写文本，完成项目，推进过程严谨，内容条理清晰。另外，此次研究拟采用图示化的表达方式，以视觉化语言，一目了然地解译开发模式，表达核心理念，便于开发者对于模式的解读与理解，从而更好地指导建设的落实。

2.2.2 课题 2　2016 年武汉市城建委科技计划项目：大型城市建设中海绵城市生态水环境构建方法研究

1）课题缘起

（1）直接原因：2016 年武汉市城建委科技计划项目申报通知下达；与武汉中央商务区建设投资股份有限公司合作完成武汉市梦泽湖公园水生态系统构建工程项目。

（2）间接原因：① 武汉市城市发展现状。a. 目前武汉市的城市水环境问题严重，如城市内涝、水污染、地下水位下降等；b. 当前人工水体建设的不科学，已成为水系统功能整体退化的原因之一。② 相关理论的研究。a. 海绵城市的理论发展；b. 可持续发展；c. 景观水文。

2）课题思路推进

本课题有两大特点：一是这是一项由四方合作共

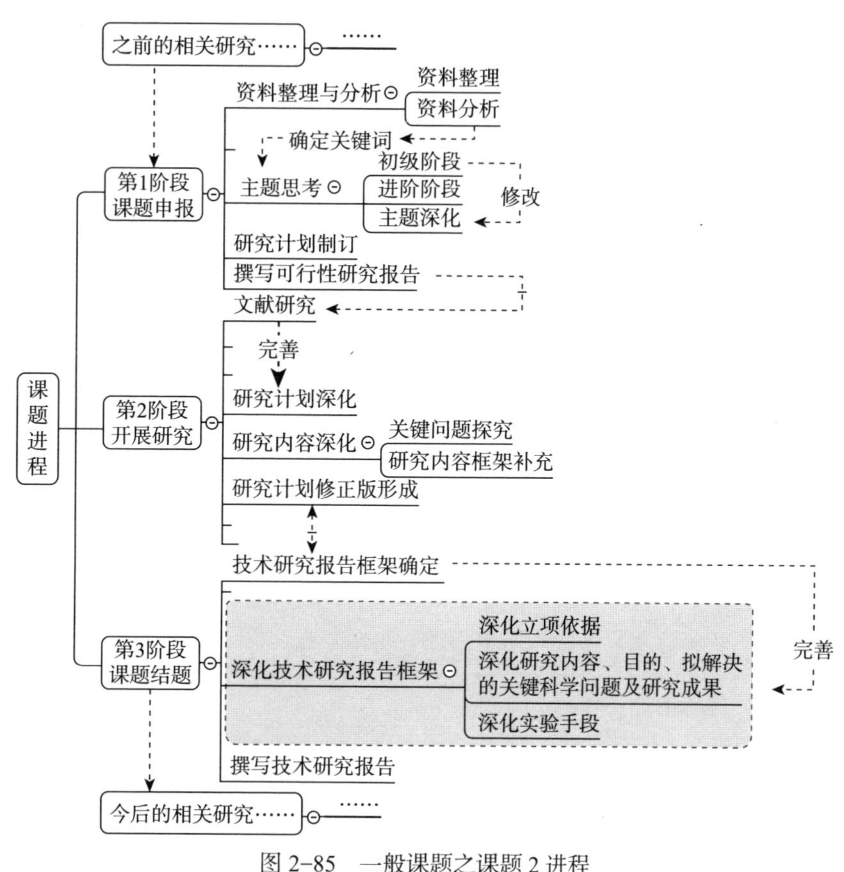

之前的相关研究……
……
课题进程
第1阶段课题申报
资料整理与分析
资料整理
资料分析
确定关键词
主题思考
初级阶段
进阶阶段
主题深化
修改
研究计划制订
撰写可行性研究报告
文献研究
完善
第2阶段开展研究
研究计划深化
研究内容深化
关键问题探究
研究内容框架补充
研究计划修正版形成
技术研究报告框架确定
第3阶段课题结题
深化技术研究报告框架
深化立项依据
深化研究内容、目的、拟解决的关键科学问题及研究成果
深化实验手段
完善
撰写技术研究报告
今后的相关研究……
……

图 2-85　一般课题之课题 2 进程

研究小技巧：

经验分享

在工作时我们常常会遇到同一件事会由多人轮流接手的情况。因此在完成自己的任务时，要整理清楚，并进行文件标注，避免日后他人接手时看不明白，造成不必要的时间浪费。

研究小技巧：

同完成的武汉市城建委的科技计划项目，包括了武汉中央商务区建设投资股份有限公司、武汉大学、武汉沃田生态科技有限公司、武汉中科水生环境工程股份有限公司，其中武汉大学即以本团队为代表，负责项目技术研究部分的内容。二是该项目从申报到研究，再到结题，是一个完完整整的过程，作为展示如何借助思维导图申报并完成一个科研项目的一个极好的例子。本项目包括三个阶段的内容，具体如图 2–85 所示。

（1）第 1 阶段：课题申报

在这个阶段，通过四方合作撰写了最终的申报书，其中本团队完成的主要是可行性研究报告的撰写。因此本阶段展示的为接到课题申报通知到完成可行性研究报告撰写的过程。

① 资料整理与分析

a. 资料整理

首先基于梦泽湖的基础资料和武汉中科水生环境工程股份有限公司所做的工程水量和水质保持工程资料，利用思维导图罗列和总结以上信息，达到对梦泽湖基本情况的初步了解。明确了梦泽湖作为人工开挖的湖体，应充分了解其特殊性，确定湖体给排水的基本情况（图 2–86）。

b. 资料分析

由于合作方已确定以“海绵城市”为主题，在基于梦泽湖水体公园本身所存在的水环境问题的基础上，对现有资料进行综合分析，寻找“海绵城市”与“人工水体”之间的关联性，并确定该研究将以量化技术为基础，实现对梦泽湖水质和水量的优化调控，作为“海绵城市”的构成体系之一发挥城市海绵的作用，从而确定本次研究的关键词有“水文分析”“海绵体”“模块”“整合”，在下一阶段的工作中将就此展开更深入的探讨（图 2–87）。

② 主题思考

在关键词确定的基础上查阅相关文献，并利用思维导图展开发散思考，从而对研究主题进行初步分析，形成初级阶段的主题思考，再通过组会讨论，修改和深化初级阶段的主题，进一步形成进阶版主题，然后再经过讨论确定最终版研究主题。

a. 初级阶段主题思考

这一阶段基于关键词进行思路拓展，以思维导图的方式辅助思维的发散与信息的关联，并按逻辑顺序整理记录，在思考与整理的过程中不断调整及增添内容，从而进一步引申出初步的研究推进思路，如图 2-88 所示。

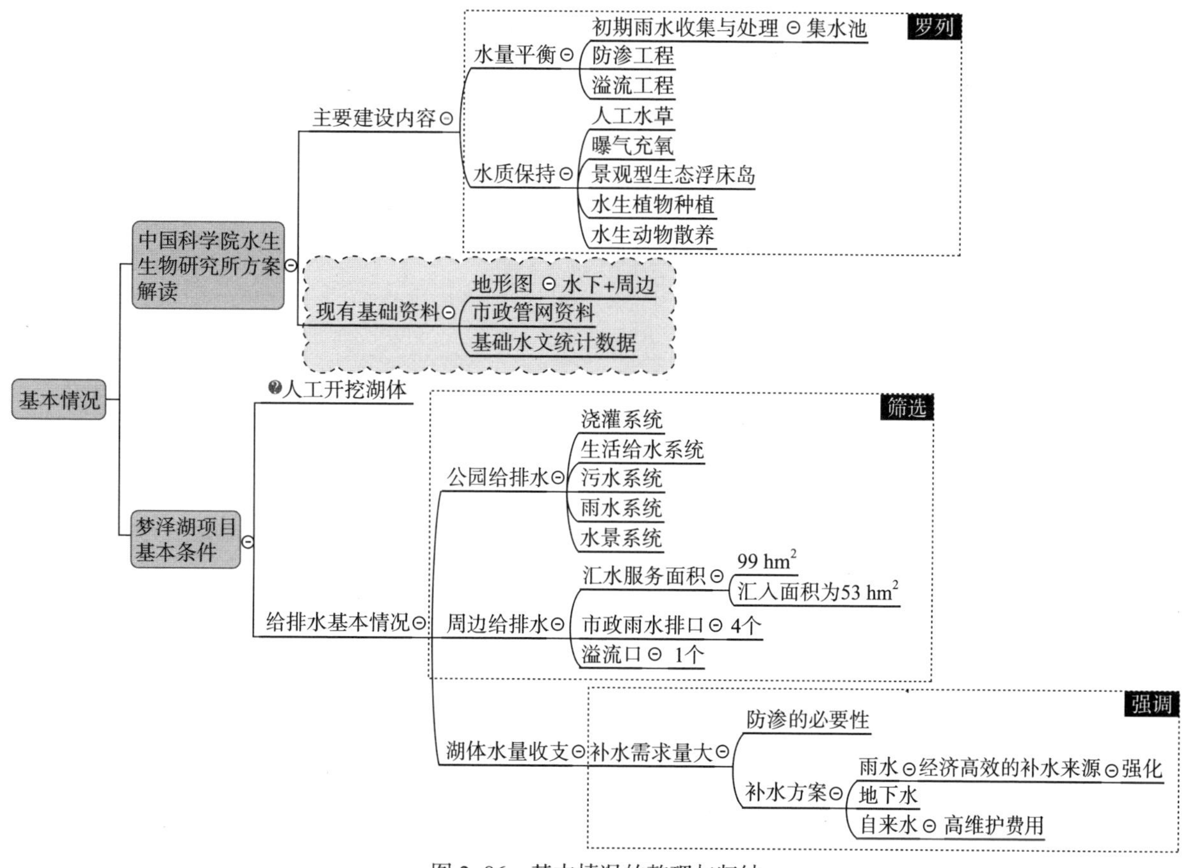

罗列
基本情况
中国科学院水生生物研究所方案解读
主要建设内容
水量平衡
初期雨水收集与处理
集水池
防渗工程
溢流工程
水质保持
人工水草
曝气充氧
景观型生态浮床岛
水生植物种植
水生动物散养
现有基础资料
地形图
水下+周边
市政管网资料
基础水文统计数据
梦泽湖项目基本条件
人工开挖湖体
筛选
给排水基本情况
公园给排水
浇灌系统
生活给水系统
污水系统
雨水系统
水景系统
周边给排水
汇水服务面积
99 hm2
汇入面积为53 hm2
市政雨水排口
4个
溢流口
1个
强调
湖体水量收支
补水需求量大
防渗的必要性
补水方案
雨水
经济高效的补水来源
强化
地下水
自来水
高维护费用

图 2-86　基本情况的整理与归纳

研究小技巧：

研究小技巧：

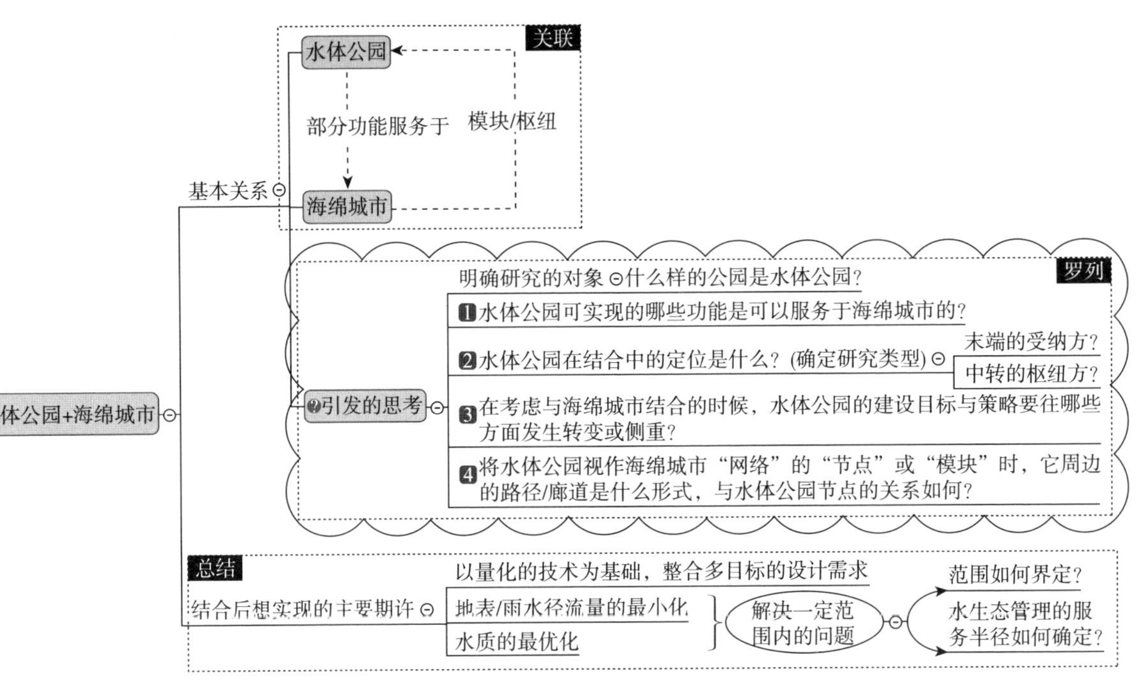
关联
水体公园
部分功能服务于
模块/枢纽
海绵城市
基本关系
罗列
水体公园+海绵城市
引发的思考
明确研究的对象 什么样的公园是水体公园?
1 水体公园可实现的哪些功能是可以服务于海绵城市的?
2 水体公园在结合中的定位是什么? (确定研究类型)
末端的受纳方?
中转的枢纽方?
3 在考虑与海绵城市结合的时候，水体公园的建设目标与策略要往哪些方面发生转变或侧重?
4 将水体公园视作海绵城市“网络”的“节点”或“模块”时，它周边的路径/廊道是什么形式，与水体公园节点的关系如何?
总结
结合后想实现的主要期许
以量化的技术为基础，整合多目标的设计需求
地表/雨水径流量的最小化
水质的最优化
解决一定范围内的问题
范围如何界定?
水生态管理的服务半径如何确定?
图 2-87 “水体公园 + 海绵城市”的信息关联与推衍

研究小技巧：

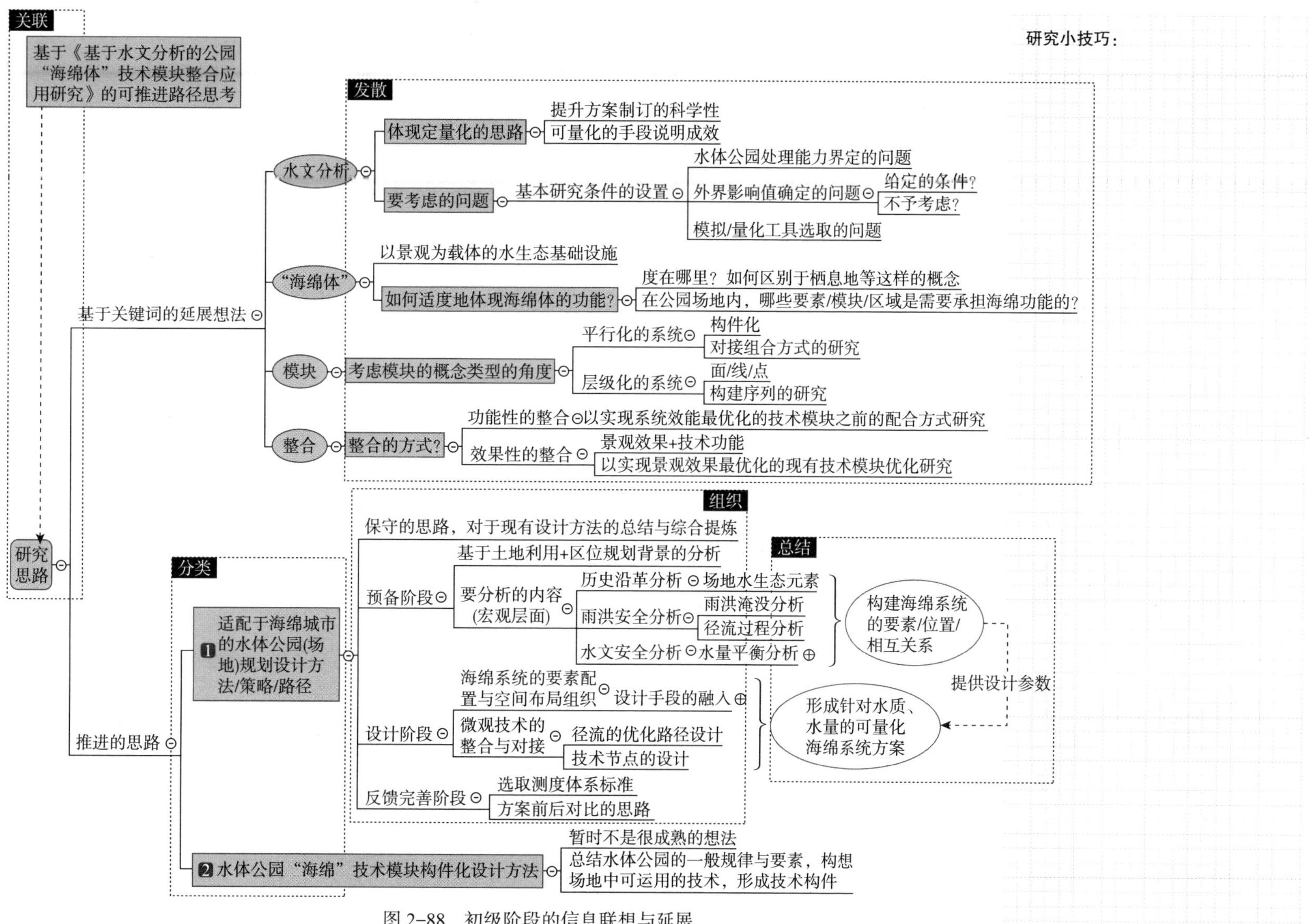

关联
基于《基于水文分析的公园“海绵体”技术模块整合应用研究》的可推进路径思考
研究思路
基于关键词的延展想法
发散
水文分析
体现定量化的思路
提升方案制订的科学性
可量化的手段说明成效
要考虑的问题
基本研究条件的设置
水体公园处理能力界定的问题
外界影响值确定的问题
给定的条件？
不予考虑？
模拟/量化工具选取的问题
“海绵体”
以景观为载体的水生态基础设施
如何适度地体现海绵体的功能？
度在哪里？如何区别于栖息地等这样的概念
在公园场地内，哪些要素/模块/区域是需要承担海绵功能的？
模块
考虑模块的概念类型的角度
平行化的系统
构件化
对接组合方式的研究
层级化的系统
面/线/点
构建序列的研究
整合
整合的方式？
功能性的整合
以实现系统效能最优化的技术模块之前的配合方式研究
效果性的整合
景观效果+技术功能
以实现景观效果最优化的现有技术模块优化研究
推进的思路
分类
❶ 适配于海绵城市的水体公园(场地)规划设计方法/策略/路径
组织
保守的思路，对于现有设计方法的总结与综合提炼
预备阶段
基于土地利用+区位规划背景的分析
要分析的内容(宏观层面)
历史沿革分析
场地水生态元素
雨洪安全分析
雨洪淹没分析
径流过程分析
水文安全分析
水量平衡分析
设计阶段
海绵系统的要素配置与空间布局组织
设计手段的融入
微观技术的整合与对接
径流的优化路径设计
技术节点的设计
反馈完善阶段
选取测度体系标准
方案前后对比的思路
总结
构建海绵系统的要素/位置/相互关系
提供设计参数
形成针对水质、水量的可量化海绵系统方案
❷ 水体公园“海绵”技术模块构件化设计方法
暂时不是很成熟的想法
总结水体公园的一般规律与要素，构想场地中可运用的技术，形成技术构件

图 2-88　初级阶段的信息联想与延展

研究小技巧：

b. 进阶阶段主题思考

通过对初级阶段主题的讨论，确定了构建适配于海绵城市的城市公园构建策略，进而在此基础上进行深入思考，确定具体的主题展开思路，并使海绵城市是由许多健康海绵单元构成的大尺度的健康水系统，而每个人工水体就是单个健康海绵单元的观点达到统一。在此视角下，利用思维导图拟订了单个海绵单元健康水系统的构建途径，对工程分类做出初步阐述（图 2–89）。

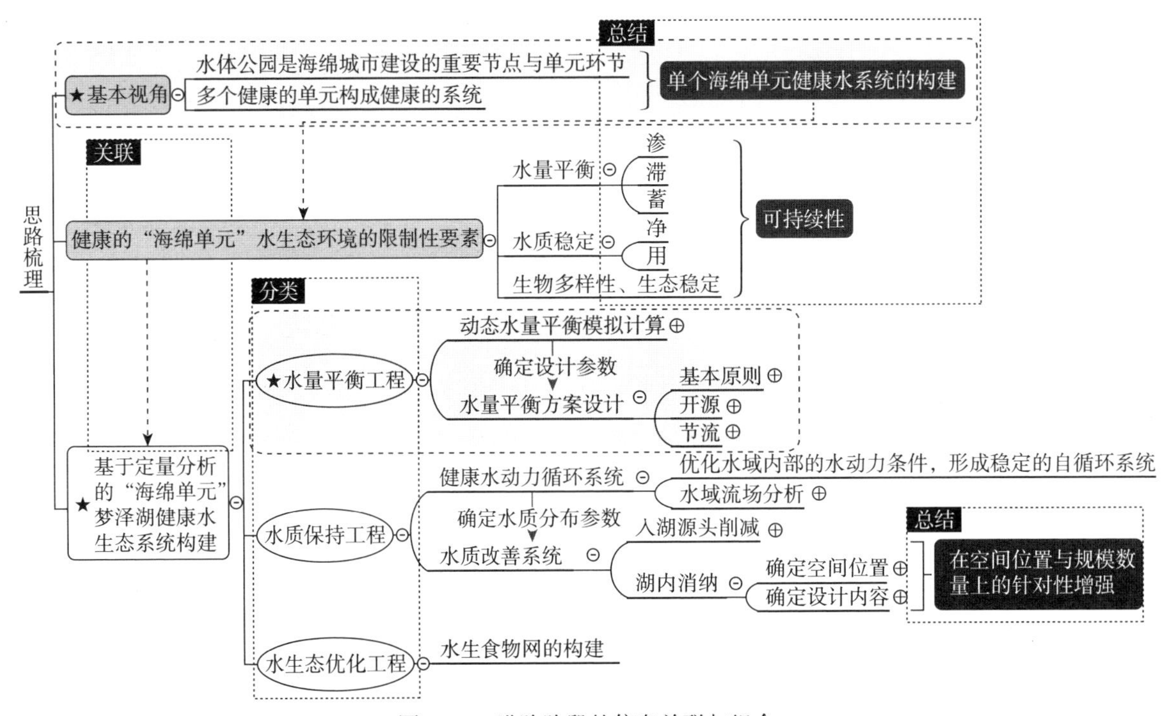

总结
水体公园是海绵城市建设的重要节点与单元环节
★基本视角
多个健康的单元构成健康的系统
单个海绵单元健康水系统的构建
关联
思路梳理
水量平衡
渗
滞
蓄
健康的“海绵单元”水生态环境的限制性要素
水质稳定
净
用
生物多样性、生态稳定
可持续性
分类
动态水量平衡模拟计算
确定设计参数
★水量平衡工程
水量平衡方案设计
基本原则
开源
节流
健康水动力循环系统
优化水域内部的水动力条件，形成稳定的自循环系统
水域流场分析
基于定量分析的“海绵单元”梦泽湖健康水生态系统构建
确定水质分布参数
水质保持工程
入湖源头削减
水质改善系统
总结
湖内消纳
确定空间位置
确定设计内容
在空间位置与规模数量上的针对性增强
水生态优化工程
水生食物网的构建

图 2–89　进阶阶段的信息关联与组合

以上所确定的健康的“海绵单元”水生态环境限制性要素包括水量平衡、水质稳定、生物多样性及生态稳定，并以此推进梦泽湖健康水生态系统的构建，由于作为人工湖的梦泽湖水量维持存在很大挑

战，因此其中的水量平衡工程为重点工程。下面将对该工程进一步展示，确定大概的计算方法与辅助工具（图 2-90）。

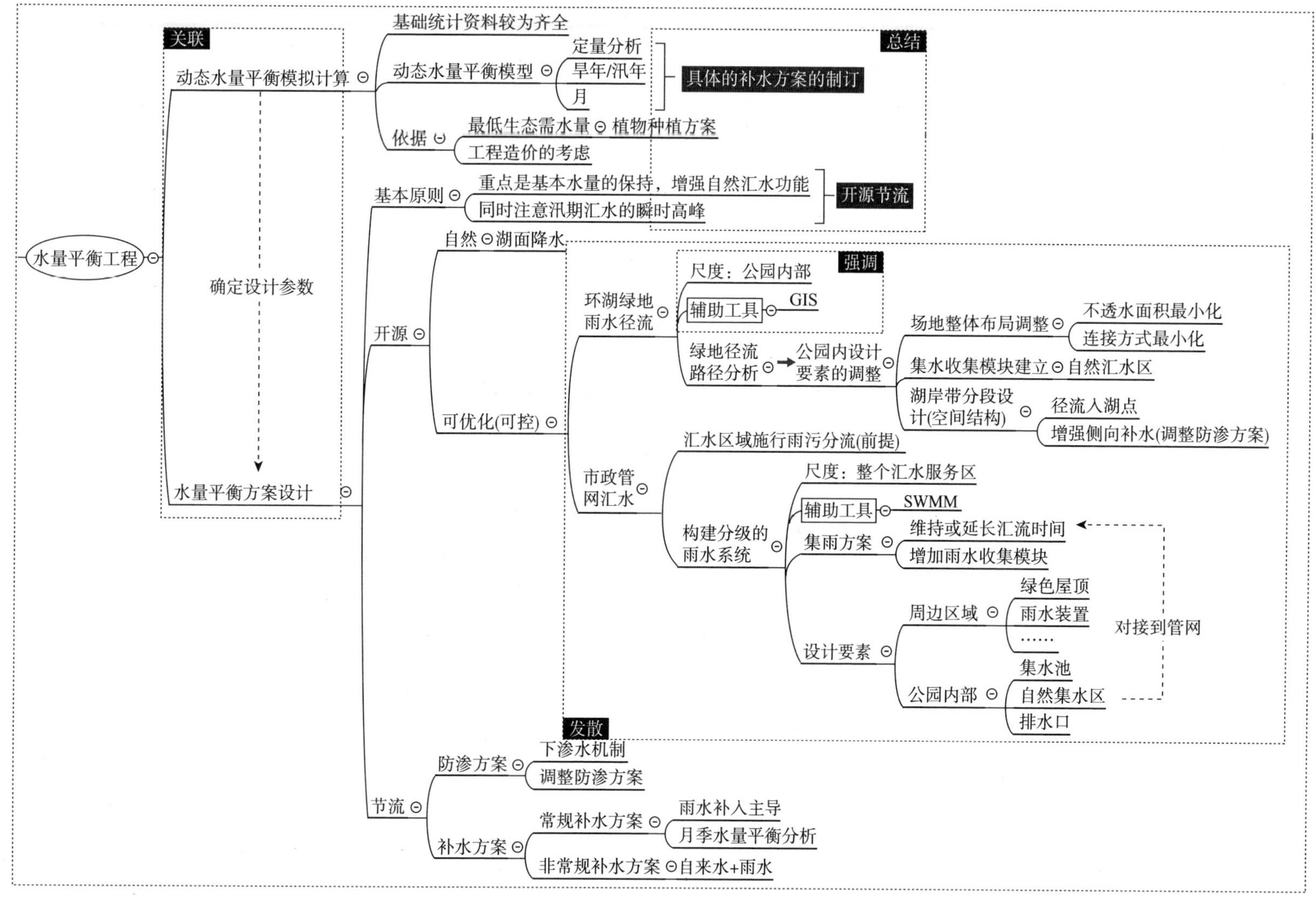

关联
总结
强调
发散
水量平衡工程
动态水量平衡模拟计算
确定设计参数
水量平衡方案设计
基础统计资料较为齐全
动态水量平衡模型
定量分析
旱年/汛年
月
具体的补水方案的制订
依据
最低生态需水量
植物种植方案
工程造价的考虑
基本原则
重点是基本水量的保持，增强自然汇水功能
同时注意汛期汇水的瞬时高峰
开源节流
开源
自然
湖面降水
可优化(可控)
环湖绿地雨水径流
尺度：公园内部
辅助工具
GIS
绿地径流路径分析
公园内设计要素的调整
场地整体布局调整
不透水面积最小化
连接方式最小化
集水收集模块建立
自然汇水区
湖岸带分段设计(空间结构)
径流入湖点
增强侧向补水(调整防渗方案)
市政管网汇水
汇水区域施行雨污分流(前提)
构建分级的雨水系统
尺度：整个汇水服务区
辅助工具
SWMM
集雨方案
维持或延长汇流时间
增加雨水收集模块
设计要素
周边区域
绿色屋顶
雨水装置
……
公园内部
集水池
自然集水区
排水口
对接到管网
节流
防渗方案
下渗水机制
调整防渗方案
补水方案
常规补水方案
雨水补入主导
月季水量平衡分析
非常规补水方案
自来水+雨水

图 2-90　计算方法与辅助工具的信息筛选与重组

研究小技巧：

c. 主题深化

经过前两次的讨论和思考，对于研究对象和方向有了基本认识，在此基础上对研究主题再次进行梳理，从而对研究内容、研究目的、研究对象等更具体化。利用思维导图对这些内容及时进行整理和记录，为后续研究计划的撰写强化了主题方向，把握住项目进展的大致路线（图 2–91）。

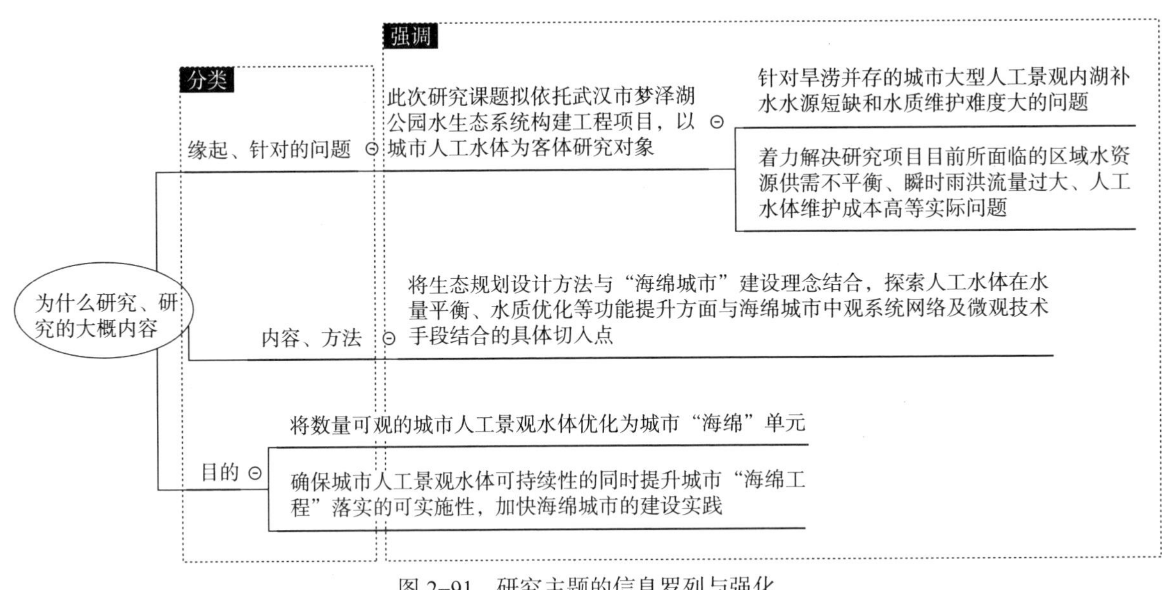

强调
分类
为什么研究、研究的大概内容
缘起、针对的问题
此次研究课题拟依托武汉市梦泽湖公园水生态系统构建工程项目，以城市人工水体为客体研究对象
针对旱涝并存的城市大型人工景观内湖补水水源短缺和水质维护难度大的问题
着力解决研究项目目前所面临的区域水资源供需不平衡、瞬时雨洪流量过大、人工水体维护成本高等实际问题
内容、方法
将生态规划设计方法与"海绵城市"建设理念结合，探索人工水体在水量平衡、水质优化等功能提升方面与海绵城市中观系统网络及微观技术手段结合的具体切入点
目的
将数量可观的城市人工景观水体优化为城市"海绵"单元
确保城市人工景观水体可持续性的同时提升城市"海绵工程"落实的可实施性，加快海绵城市的建设实践

图 2–91 研究主题的信息罗列与强化

③ 研究计划制订

确定研究问题、内容及方法后，基于可行性研究报告的内容构成开始着手拟订研究计划。计划主要包含了意义和作用、前期工作情况、年度计划安排、研究内容、结果预判等（图 2–92）。利用思维导图罗列这些内容，同时进行发散思考，并重点整理核心研究内容，为下一阶段的深化做准备。另外，还将与项目申报相关的其他材料进行整理与罗列。如此，便可以保证对于整个项目进程的把控、组织和管理。

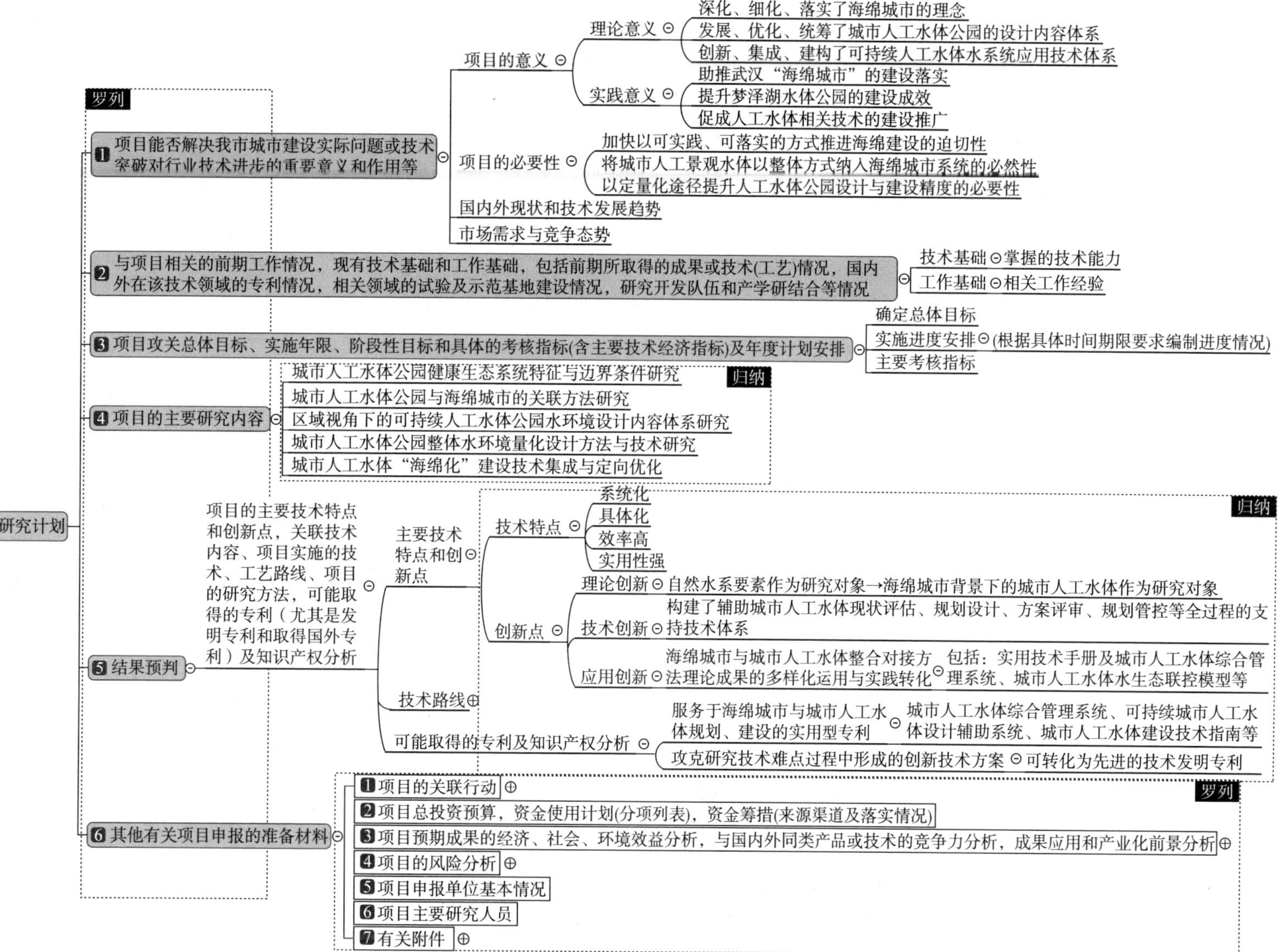

研究计划
罗列
❶项目能否解决我市城市建设实际问题或技术突破对行业技术进步的重要意义和作用等
项目的意义
理论意义
深化、细化、落实了海绵城市的理念
发展、优化、统筹了城市人工水体公园的设计内容体系
创新、集成、建构了可持续人工水体水系统应用技术体系
实践意义
助推武汉“海绵城市”的建设落实
提升梦泽湖水体公园的建设成效
促成人工水体相关技术的建设推广
项目的必要性
加快以可实践、可落实的方式推进海绵建设的迫切性
将城市人工景观水体以整体方式纳入海绵城市系统的必然性
以定量化途径提升人工水体公园设计与建设精度的必要性
国内外现状和技术发展趋势
市场需求与竞争态势
❷与项目相关的前期工作情况，现有技术基础和工作基础，包括前期所取得的成果或技术(工艺)情况，国内外在该技术领域的专利情况，相关领域的试验及示范基地建设情况，研究开发队伍和产学研结合等情况
技术基础
掌握的技术能力
工作基础
相关工作经验
❸项目攻关总体目标、实施年限、阶段性目标和具体的考核指标(含主要技术经济指标)及年度计划安排
确定总体目标
实施进度安排
(根据具体时间期限要求编制进度情况)
主要考核指标
❹项目的主要研究内容
归纳
城市人工水体公园健康生态系统特征与边界条件研究
城市人工水体公园与海绵城市的关联方法研究
区域视角下的可持续人工水体公园水环境设计内容体系研究
城市人工水体公园整体水环境量化设计方法与技术研究
城市人工水体“海绵化”建设技术集成与定向优化
❺结果预判
项目的主要技术特点和创新点，关联技术内容、项目实施的技术、工艺路线、项目的研究方法，可能取得的专利（尤其是发明专利和取得国外专利）及知识产权分析
主要技术特点和创新点
归纳
技术特点
系统化
具体化
效率高
实用性强
创新点
理论创新
自然水系要素作为研究对象→海绵城市背景下的城市人工水体作为研究对象
技术创新
构建了辅助城市人工水体现状评估、规划设计、方案评审、规划管控等全过程的支持技术体系
应用创新
海绵城市与城市人工水体整合对接方法理论成果的多样化运用与实践转化
包括：实用技术手册及城市人工水体综合管理系统、城市人工水体水生态联控模型等
技术路线
可能取得的专利及知识产权分析
服务于海绵城市与城市人工水体规划、建设的实用型专利
城市人工水体综合管理系统、可持续城市人工水体设计辅助系统、城市人工水体建设技术指南等
攻克研究技术难点过程中形成的创新技术方案
可转化为先进的技术发明专利
❻其他有关项目申报的准备材料
罗列
❶项目的关联行动
❷项目总投资预算，资金使用计划(分项列表)，资金筹措(来源渠道及落实情况)
❸项目预期成果的经济、社会、环境效益分析，与国内外同类产品或技术的竞争力分析，成果应用和产业化前景分析
❹项目的风险分析
❺项目申报单位基本情况
❻项目主要研究人员
❼有关附件

图 2-92　研究计划的信息罗列与发散

研究小技巧：

④ 撰写可行性研究报告

在确定研究计划后，可开始着手撰写可行性研究报告。此报告是在研究计划框架的基础上结合文献查阅逐步丰富其内容的，技术路线也是在撰写过程中逐步生成的。现将报告的部分文本截图如图 2–93 所示。

附件一

武汉市城建科研项目
可行性研究报告

项目名称：适配于海绵城市建设的水体公园健康水环境构建方法研究——以梦泽湖水生态系统构建为例

申报单位：________________

武汉市城乡建设委员会制

二〇一六年

一、项目摘要：

梦泽湖公园位于武汉市中央商务区（CBD）核心区，总用地面积为53.32 hm^2，规划中湖水总面积为21.98 hm^2，是武汉市第一个以大型人工开挖湖景观为主体的市级城市公园，主导功能为综合公园及其配套设施。作为CBD最大的调蓄水体，其还承担着王家墩南片区90 hm^2范围的雨水调蓄任务。

武汉市是全国16个首批海绵城市试点之一，目前正在积极地探索符合武汉城市特色的海绵城市建设方案，有序地开展海绵城市试点项目。城市水生态修复及检测评估平台建设是《武汉市海绵城市建设试点工作实施方案》实施中需重点推进的七个板块之一。景观水体是城市宏观水系统的微观构成单元，可作为"海绵城市"网络体系中发挥水量有机调蓄、水质自然净化等核心作用的重要功能性节点。人工景观水体是城市水系的特征构成要素之一，既能满足城市环境良性建设需求又可辅助城市水文健康循环。在当下倡导利用现有的公共空间及资源进行改造与优化以及发展海绵城市理念进行城市水系统规划的政策推动下，人工水体作为区域水系汇集的终端或传输环节，是辅助建构基于健康子汇水区的"海绵"单元不可或缺的水生态基础设施。国内目前对于城市人工景观水体的研究仍集中在碎片化的景观设计理念、小型化的工程建设、局部化的污染防治技术等层面，尚缺乏从整体视角出发对城市大型人工水体可持续性生态系统构建方法的研究。

此次研究课题拟依托武汉市梦泽湖公园水生态系统构建工程项目，以城市人工水体为客体研究对象，就人工景观水体优化与海绵城市汇水单元体系建设的对接整合、区域整体视角下可持续人工水体水生态系统的建构路径与内容、数字建模及分析技术辅助人工水体定量化设计及工程决策、人工水体"海绵化"建设定向技术优化与集成四个方面的关键理论方法与技术展开攻关。针对旱涝并存城市大型人工景观内湖补水水源短缺和水质维护难度大的问题，通过深入分析人工景观湖体在构成要素、系统结构、水文循环、水质演变等方面的特征与基本规律，归纳人工水体正常运行的限制性要素与边界约束条件。将生态规划设计方法与"海绵城市"建设理念结合，探索人工水体在水量平衡、水质优化等功能提升方面与海绵城市中观系统网络及微观技术手段结合的具体切入点。总结形成包含宏观网络搭建到微观的实施措施的整合及可持续性人工水体生态设计内容的完善；优化、集成先进数字规划技术，形成可操作性强的量化设计辅助体系；精选并整合成贴合度高、可操作性强、时序结构清晰的建设技术体系。着力解决研究

二、项目的意义和必要性（主要是项目能否解决我市城市建设实际问题或技术突破对行业技术进步的重要意义和作用等），国内外现状和技术发展趋势，市场需求及竞争态势分析。

2.1 项目的意义

2.1.1 理论意义

（1）深化、细化、落实了海绵城市的理念

"海绵城市"作为新兴的城市发展与雨洪水管理的概念，其内涵仍在不断地发展、扩充之中。城市"海绵体"作为海绵城市的基本单元，是海绵城市的构成载体，行使着海绵城市的各项功能，承担并完成海绵城市的各项要求。建成功能完备的城市"海绵体"是落实海绵城市理念最为直接的体现，可以相对全面、快捷、高效地推进海绵城市建设工作。

此次研究拟论证极具城市建成环境特色且具有高效水文功能的人工景观水体能否成为海绵城市功能体的可能性，完成其与海绵城市系统具体关联方式的研究。通过对该类城市公共资源与空间"海绵化"的功能复合与优化，拓展了城市"海绵体"的内涵与形式范畴，深化、强化了海绵城市的理念，完善了海绵的理论与技术体系，可为落实海绵城市的工程建设提供可靠的落点与切实可行的路径。

（2）发展、优化、统筹了城市人工水体公园的设计内容体系

人工景观水体是优化城市人居环境的有效途径之一，多样化的功能使其成为城市景观与城市二元水文循环不可或缺的重要组成部分。但由于城市人工水体生态结构薄弱，生态系统的稳定性与抗干扰能力较差。适配于自然水系的传统设计内容与单一化的工程化治理手段，难以应对城市人工水体依赖外源补水且水量短缺、污染物难以消解造成水质较差等复杂问题。

此次研究拟在深入认识城市人工景观水体自身特质与外源影响机制的基础上，以生态学、可持续发展、低影响开发等的理论为指导，提出多层次、可持续的健康人工水系设计理念。通过对人工水体公园设计策略更为系统、完善的优化，改进了人工水体公园的设计思路及方法，丰富了城市人工水体公园的具体设计内容，可为今后的规划及设计提供一定的理论依据。

图 2–93　可行性研究报告部分文本截图

（2）第 2 阶段：开展研究

完成课题申报后，正式开启研究。研究过程基于申报阶段的可行性研究报告，借助思维导图根据原有计划进行相关文献研究，从而完善研究计划，并对计划各单项内容进行扩展和深化，最终生成修正版的研究计划，指导结题阶段的技术研究报告的撰写。

① 文献研究

在这一阶段开始阅读大量的相关文献，首先收集了近 20 年来有关人工湖的文献，并用思维导图的方式进行分类整理。在此仅以 2015 年的 40 余篇文献展开举例（图 2–94）。

研究小技巧：

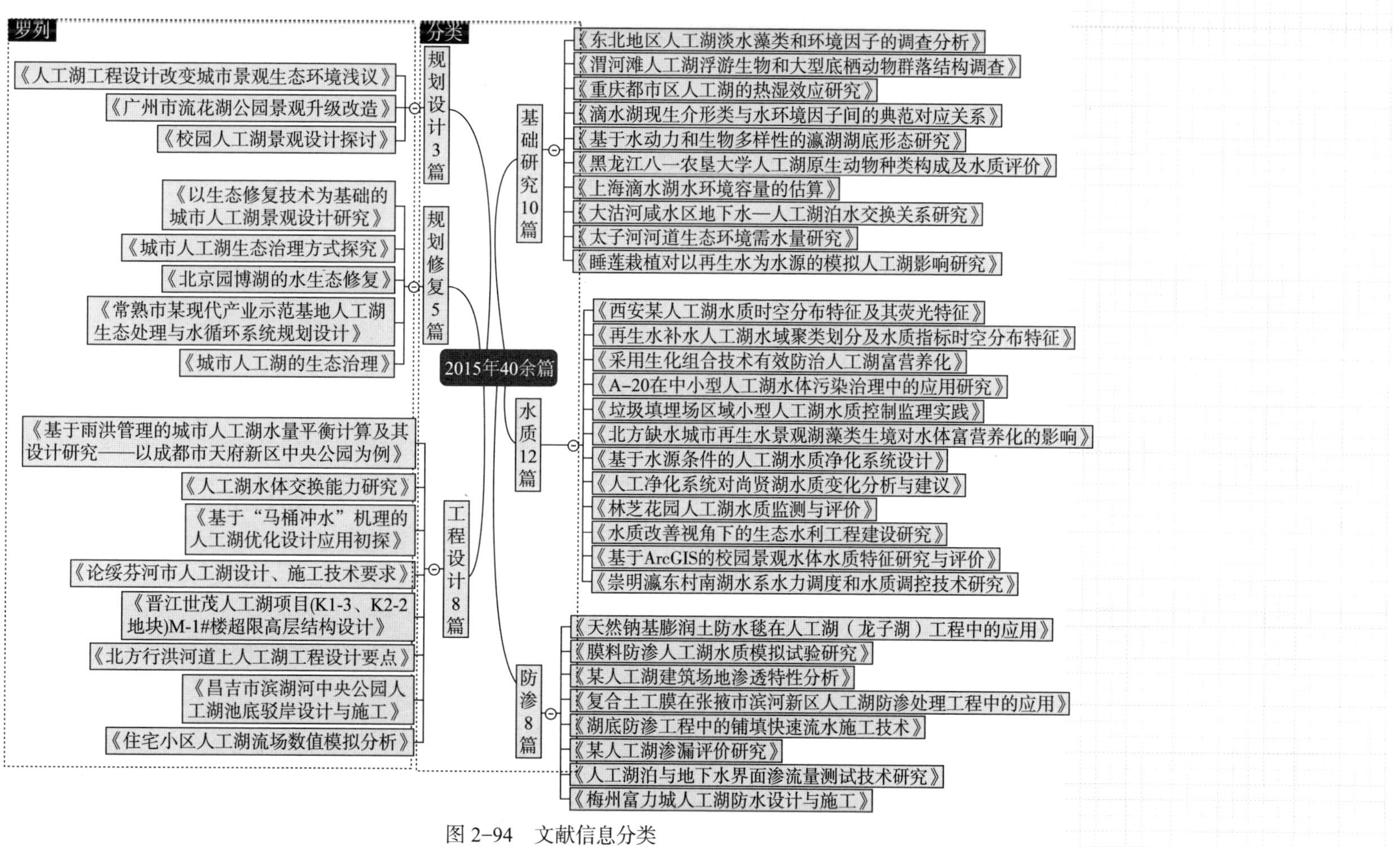

罗列
分类
2015年40余篇
规划设计3篇
《人工湖工程设计改变城市景观生态环境浅议》
《广州市流花湖公园景观升级改造》
《校园人工湖景观设计探讨》
规划修复5篇
《以生态修复技术为基础的城市人工湖景观设计研究》
《城市人工湖生态治理方式探究》
《北京园博湖的水生态修复》
《常熟市某现代产业示范基地人工湖生态处理与水循环系统规划设计》
《城市人工湖的生态治理》
工程设计8篇
《基于雨洪管理的城市人工湖水量平衡计算及其设计研究——以成都市天府新区中央公园为例》
《人工湖水体交换能力研究》
《基于“马桶冲水”机理的人工湖优化设计应用初探》
《论绥芬河市人工湖设计、施工技术要求》
《晋江世茂人工湖项目(K1-3、K2-2地块)M-1#楼超限高层结构设计》
《北方行洪河道上人工湖工程设计要点》
《昌吉市滨湖河中央公园人工湖池底驳岸设计与施工》
《住宅小区人工湖流场数值模拟分析》
基础研究10篇
《东北地区人工湖淡水藻类和环境因子的调查分析》
《渭河滩人工湖浮游生物和大型底栖动物群落结构调查》
《重庆都市区人工湖的热湿效应研究》
《滴水湖现生介形类与水环境因子间的典范对应关系》
《基于水动力和生物多样性的瀛湖湖底形态研究》
《黑龙江八一农垦大学人工湖原生动物种类构成及水质评价》
《上海滴水湖水环境容量的估算》
《大沽河咸水区地下水—人工湖泊水交换关系研究》
《太子河河道生态环境需水量研究》
《睡莲栽植对以再生水为水源的模拟人工湖影响研究》
水质12篇
《西安某人工湖水质时空分布特征及其荧光特征》
《再生水补水人工湖水域聚类划分及水质指标时空分布特征》
《采用生化组合技术有效防治人工湖富营养化》
《A-20在中小型人工湖水体污染治理中的应用研究》
《垃圾填埋场区域小型人工湖水质控制监理实践》
《北方缺水城市再生水景观湖藻类生境对水体富营养化的影响》
《基于水源条件的人工湖水质净化系统设计》
《人工净化系统对尚贤湖水质变化分析与建议》
《林芝花园人工湖水质监测与评价》
《水质改善视角下的生态水利工程建设研究》
《基于ArcGIS的校园景观水体水质特征研究与评价》
《崇明瀛东村南湖水系水力调度和水质调控技术研究》
防渗8篇
《天然钠基膨润土防水毯在人工湖（龙子湖）工程中的应用》
《膜料防渗人工湖水质模拟试验研究》
《某人工湖建筑场地渗透特性分析》
《复合土工膜在张掖市滨河新区人工湖防渗处理工程中的应用》
《湖底防渗工程中的铺填快速流水施工技术》
《某人工湖渗漏评价研究》
《人工湖泊与地下水界面渗流量测试技术研究》
《梅州富力城人工湖防水设计与施工》

图 2–94　文献信息分类

研究小技巧：

根据以上的文献整理，初步归纳出对于本课题具有借鉴意义的文献类型，主要包括三个方面：天然湖泊的情况、水体水量的损耗、水体水量的补充，针对这部分文献再做具体的文献研究。图 2-95 展示了具体的文献条目。

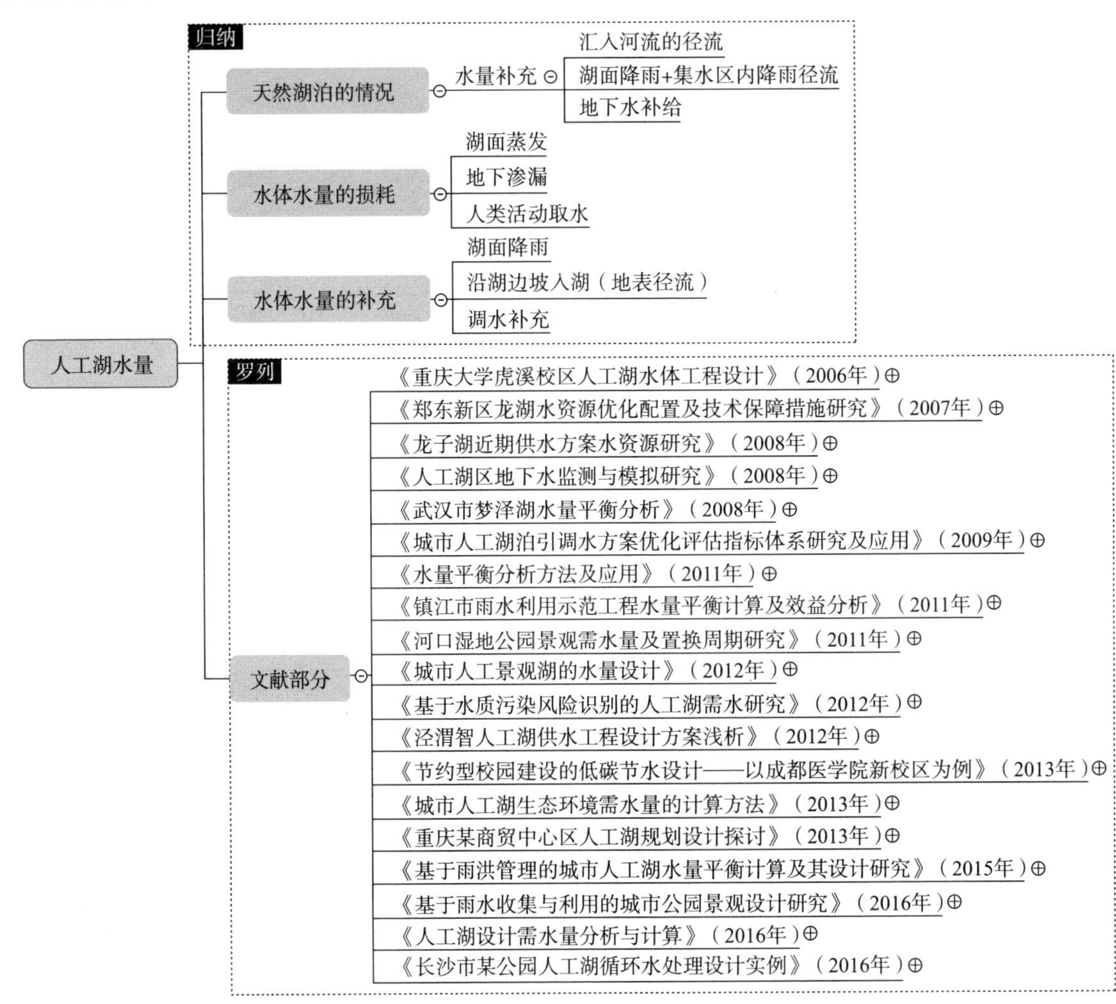

归纳
人工湖水量
天然湖泊的情况
水量补充
汇入河流的径流
湖面降雨+集水区内降雨径流
地下水补给
水体水量的损耗
湖面蒸发
地下渗漏
人类活动取水
水体水量的补充
湖面降雨
沿湖边坡入湖（地表径流）
调水补充
罗列
文献部分
《重庆大学虎溪校区人工湖水体工程设计》（2006年）
《郑东新区龙湖水资源优化配置及技术保障措施研究》（2007年）
《龙子湖近期供水方案水资源研究》（2008年）
《人工湖区地下水监测与模拟研究》（2008年）
《武汉市梦泽湖水量平衡分析》（2008年）
《城市人工湖泊引调水方案优化评估指标体系研究及应用》（2009年）
《水量平衡分析方法及应用》（2011年）
《镇江市雨水利用示范工程水量平衡计算及效益分析》（2011年）
《河口湿地公园景观需水量及置换周期研究》（2011年）
《城市人工景观湖的水量设计》（2012年）
《基于水质污染风险识别的人工湖需水研究》（2012年）
《泾渭智人工湖供水工程设计方案浅析》（2012年）
《节约型校园建设的低碳节水设计——以成都医学院新校区为例》（2013年）
《城市人工湖生态环境需水量的计算方法》（2013年）
《重庆某商贸中心区人工湖规划设计探讨》（2013年）
《基于雨洪管理的城市人工湖水量平衡计算及其设计研究》（2015年）
《基于雨水收集与利用的城市公园景观设计研究》（2016年）
《人工湖设计需水量分析与计算》（2016年）
《长沙市某公园人工湖循环水处理设计实例》（2016年）

图 2-95 “人工湖水量”的信息归纳

由于文献内容过多，在此仅展开其中一篇来具体展示如何利用思维导图的方式对文章内容进行理解和梳理，在理解内容的同时借助思维导图梳理文章结构，并提取关键信息，对重要内容进行摘录，同时在解读的基础上进一步加深理解并做总结，从而实现知识的输入与输出（图 2-96）。

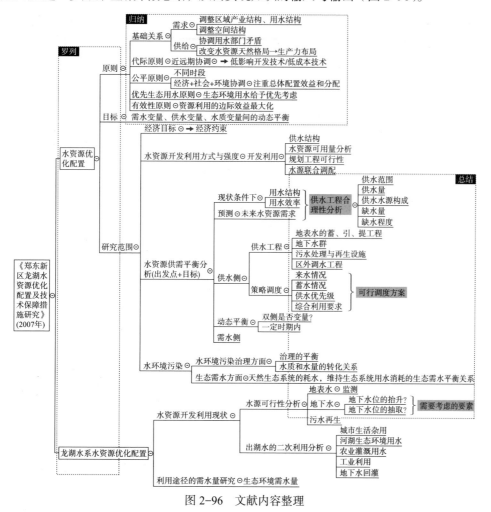

研究小技巧：

归纳　罗列　总结

- 《郑东新区龙湖水资源优化配置及技术保障措施研究》(2007年)
  - 水资源优化配置
    - 原则
      - 基础关系
        - 需求
          - 调整区域产业结构、用水结构
          - 调整空间结构
        - 供给
          - 协调用水部门矛盾
          - 改变水资源天然格局→生产力布局
      - 代际原则 — 近远期协调 — ➜ 低影响开发技术/低成本技术
      - 公平原则
        - 不同时段
        - 经济+社会+环境协调 — 注重总体配置效益和分配
      - 优先生态用水原则 — 生态环境用水给予优先考虑
      - 有效性原则 — 资源利用的边际效益最大化
    - 目标 — 需水变量、供水变量、水质变量间的动态平衡
    - 研究范围
      - 经济目标 — ➜ 经济约束
      - 水资源开发利用方式与强度 — 开发利用
        - 供水结构
        - 水资源可用量分析
        - 规划工程可行性
        - 水源联合调配
      - 水资源供需平衡分析(出发点+目标)
        - 现状条件下
          - 用水结构
          - 用水效率
        - 预测 — 未来水资源需求
        - （以上）→ 供水工程合理性分析
          - 供水范围
          - 供水量
          - 供水水源构成
          - 缺水量
          - 缺水程度
        - 供水侧
          - 供水工程
            - 地表水的蓄、引、提工程
            - 地下水群
            - 污水处理与再生设施
            - 区外调水工程
          - 策略调度
            - 来水情况
            - 蓄水情况
            - 供水优先级
            - 综合利用要求
            - （以上）→ 可行调度方案
        - 动态平衡
          - 双侧是否变量?
          - 一定时期内
        - 需水侧
      - 水环境污染
        - 水环境污染治理方面
          - 治理的平衡
          - 水质和水量的转化关系
        - 生态需水方面 — 天然生态系统的耗水，维持生态系统用水消耗的生态需水平衡关系
  - 龙湖水系水资源优化配置
    - 水资源开发利用现状
      - 水源可行性分析
        - 地表水 — 监测
        - 地下水
          - 地下水位的抬升?
          - 地下水位的抽取?
          - （以上）→ 需要考虑的要素
        - 污水再生
      - 出湖水的二次利用分析
        - 城市生活杂用
        - 河湖生态环境用水
        - 农业灌溉用水
        - 工业利用
        - 地下水回灌
    - 利用途径的需水量研究 — 生态环境需水量

图 2-96　文献内容整理

研究小技巧：

② 研究计划深化

在大量阅读文献的基础上，发现课题申报阶段的可行性研究报告还可做出补充、修改和调整，因此提取现有文献分析相关信息与结论对课题申报阶段的研究计划的具体内容进行丰富和完善，包括研究背景、研究对象、研究目的与意义、国内外研究进展、研究内容、研究方法、研究创新点及难点，此处也体现出思维导图的灵活性，即可直接在原有的存档上进行信息调整与深化。限于篇幅，此处不再将各个部分一一展开，仅展示部分内容（图 2–97）。

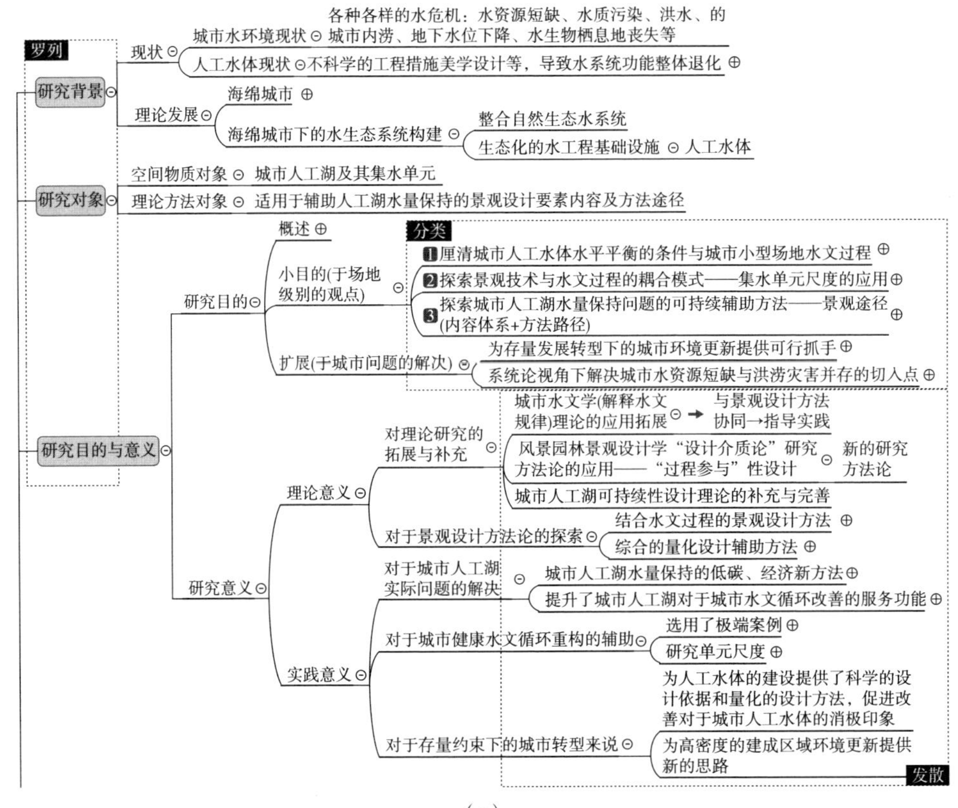

罗列
研究背景
现状
城市水环境现状
各种各样的水危机：水资源短缺、水质污染、洪水、的城市内涝、地下水位下降、水生物栖息地丧失等
人工水体现状
不科学的工程措施美学设计等，导致水系统功能整体退化
理论发展
海绵城市
海绵城市下的水生态系统构建
整合自然生态水系统
生态化的水工程基础设施
人工水体
研究对象
空间物质对象
城市人工湖及其集水单元
理论方法对象
适用于辅助人工湖水量保持的景观设计要素内容及方法途径
分类
研究目的与意义
研究目的
概述
小目的(于场地级别的观点)
厘清城市人工水体水平平衡的条件与城市小型场地水文过程
探索景观技术与水文过程的耦合模式——集水单元尺度的应用
探索城市人工湖水量保持问题的可持续辅助方法——景观途径(内容体系+方法路径)
扩展(于城市问题的解决)
为存量发展转型下的城市环境更新提供可行抓手
系统论视角下解决城市水资源短缺与洪涝灾害并存的切入点
研究意义
理论意义
对理论研究的拓展与补充
城市水文学(解释水文规律)理论的应用拓展
与景观设计方法协同→指导实践
风景园林景观设计学“设计介质论”研究方法论的应用——“过程参与”性设计
新的研究方法论
城市人工湖可持续性设计理论的补充与完善
对于景观设计方法论的探索
结合水文过程的景观设计方法
综合的量化设计辅助方法
实践意义
对于城市人工湖实际问题的解决
城市人工湖水量保持的低碳、经济新方法
提升了城市人工湖对于城市水文循环改善的服务功能
对于城市健康水文循环重构的辅助
选用了极端案例
研究单元尺度
对于存量约束下的城市转型来说
为人工水体的建设提供了科学的设计依据和量化的设计方法，促进改善对于城市人工水体的消极印象
为高密度的建成区域环境更新提供新的思路
发散

（a）

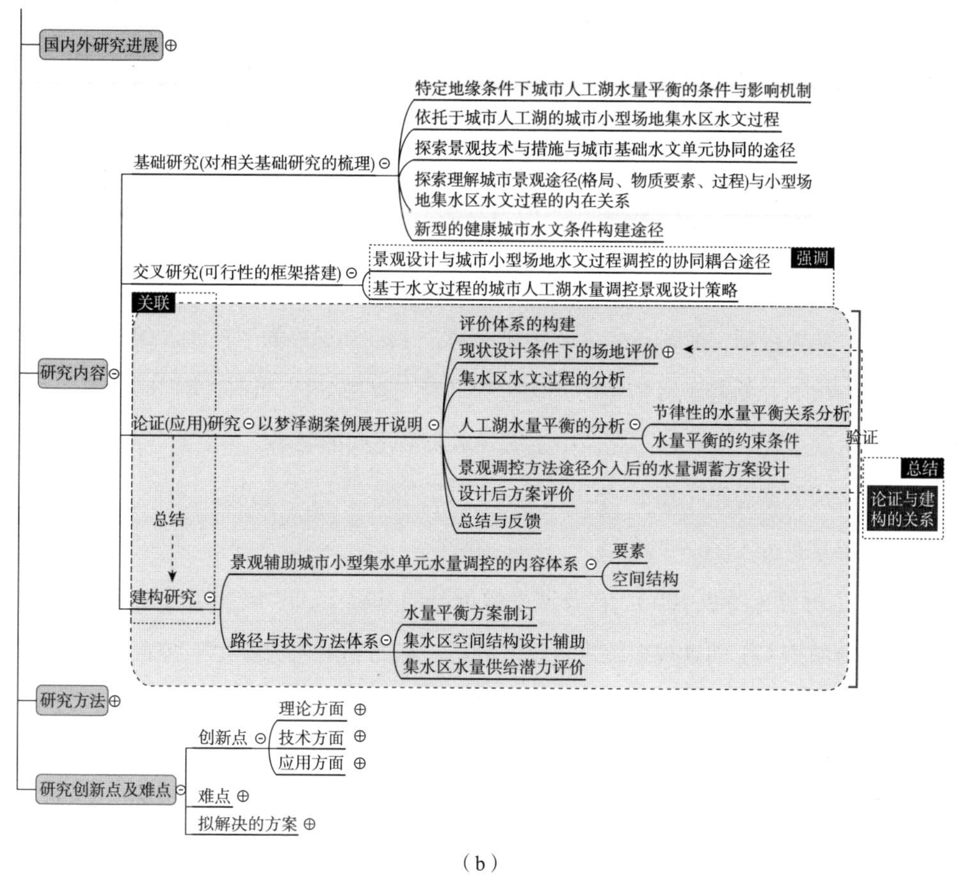

国内外研究进展
基础研究(对相关基础研究的梳理)
特定地缘条件下城市人工湖水量平衡的条件与影响机制
依托于城市人工湖的城市小型场地集水区水文过程
探索景观技术与措施与城市基础水文单元协同的途径
探索理解城市景观途径(格局、物质要素、过程)与小型场地集水区水文过程的内在关系
新型的健康城市水文条件构建途径
交叉研究(可行性的框架搭建)
景观设计与城市小型场地水文过程调控的协同耦合途径
基于水文过程的城市人工湖水量调控景观设计策略
强调
关联
研究内容
论证(应用)研究
以梦泽湖案例展开说明
评价体系的构建
现状设计条件下的场地评价
集水区水文过程的分析
人工湖水量平衡的分析
节律性的水量平衡关系分析
水量平衡的约束条件
景观调控方法途径介入后的水量调蓄方案设计
设计后方案评价
总结与反馈
验证
总结
论证与建构的关系
总结
建构研究
景观辅助城市小型集水单元水量调控的内容体系
要素
空间结构
路径与技术方法体系
水量平衡方案制订
集水区空间结构设计辅助
集水区水量供给潜力评价
研究方法
研究创新点及难点
创新点
理论方面
技术方面
应用方面
难点
拟解决的方案

（b）

图 2-97 研究计划的信息补充与深化

研究小技巧：

在深化研究计划时，以思维导图的方式整理关键信息并组织要点，能够保证整体结构层次分明、内容逻辑紧密相关，使论证过程与系统构建过程更为清晰。其中研究内容的交叉研究部分为关键问题，在后续工作中还需要深入探讨。

研究小技巧：

③ 研究内容深化

在研究计划深化完成的基础上，对计划中的核心——“研究内容”中的“交叉研究”部分进行更深入的探究，针对如何利用景观途径来实现人工湖体水量调节的关键问题寻找突破口，尝试利用思维导图的发散方法来拆分景观系统和水文循环系统以得到其构成要素，进而辅助建立彼此之间的关联性。

a. 关键问题探究——景观系统与水文循环系统的拆分

在人工湖景观系统的拆分中，首先查阅文献，总结景观系统的构成要素，然后利用思维导图的发散方法进行常规拆分，从而得到“非物质要素”“物质要素”和“知识要素”三类，但该分类无法建立与水文循环系统的联系，故而开始基于可拓学的方法进行共轭与发散分析，以此来同时按照一种分类依据拆分水文循环系统和景观系统，从而建立起两个系统构成要素之间的联系。

——景观系统构成要素总结（图 2-98）。

——景观系统要素拆分（图 2-99）。

——可拓学方法拆分（图 2-100）。在普通发散拆分的基础上，尝试利用可拓学的方法，将城市人工湖水文循环系统与城市人工湖景观系统进行发散分析，从而利用“功能元”“空间元”和“物质元”的相互对应来辅助思考如何将景观系统和水文过程进行结合。

b. 研究内容框架补充

经过对研究内容关键问题的深入探究，整合思路形成了深化版的研究内容框架。相较于上一阶段的研究内容，此次强化和修正了人工湖景观要素和水文过程结合的实现路径，包括城市人工湖集水单元水文过程与景观设计的耦合途径、基于水文过程的城市人工湖水量调控景观设计策略、景观设计辅助城市人工湖水量保持的内容体系及方法路径三大部分（图 2-101）。

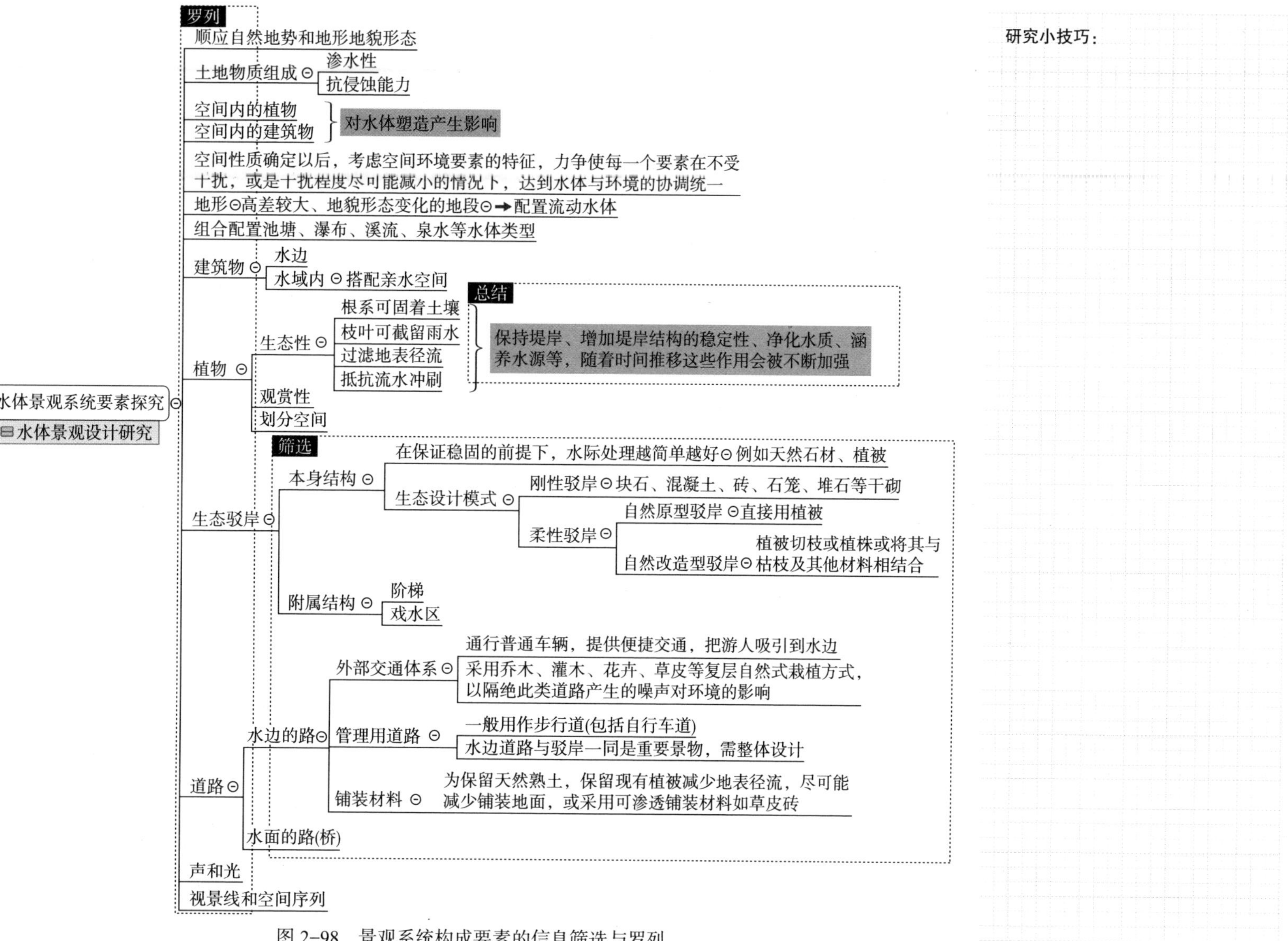
罗列
顺应自然地势和地形地貌形态
土地物质组成
渗水性
抗侵蚀能力
空间内的植物
空间内的建筑物
对水体塑造产生影响
空间性质确定以后，考虑空间环境要素的特征，力争使每一个要素在不受十扰，或是十扰程度尽可能减小的情况下，达到水体与环境的协调统一
地形
高差较大、地貌形态变化的地段
配置流动水体
组合配置池塘、瀑布、溪流、泉水等水体类型
建筑物
水边
水域内
搭配亲水空间
总结
植物
生态性
根系可固着土壤
枝叶可截留雨水
过滤地表径流
抵抗流水冲刷
保持堤岸、增加堤岸结构的稳定性、净化水质、涵养水源等，随着时间推移这些作用会被不断加强
观赏性
划分空间
水体景观系统要素探究
水体景观设计研究
筛选
生态驳岸
本身结构
在保证稳固的前提下，水际处理越简单越好
例如天然石材、植被
生态设计模式
刚性驳岸
块石、混凝土、砖、石笼、堆石等干砌
柔性驳岸
自然原型驳岸
直接用植被
自然改造型驳岸
植被切枝或植株或将其与枯枝及其他材料相结合
附属结构
阶梯
戏水区
道路
水边的路
外部交通体系
通行普通车辆，提供便捷交通，把游人吸引到水边
采用乔木、灌木、花卉、草皮等复层自然式栽植方式，以隔绝此类道路产生的噪声对环境的影响
管理用道路
一般用作步行道(包括自行车道)
水边道路与驳岸一同是重要景物，需整体设计
铺装材料
为保留天然熟土，保留现有植被减少地表径流，尽可能减少铺装地面，或采用可渗透铺装材料如草皮砖
水面的路(桥)
声和光
视景线和空间序列

图 2-98　景观系统构成要素的信息筛选与罗列

研究小技巧：

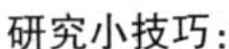
研究小技巧：

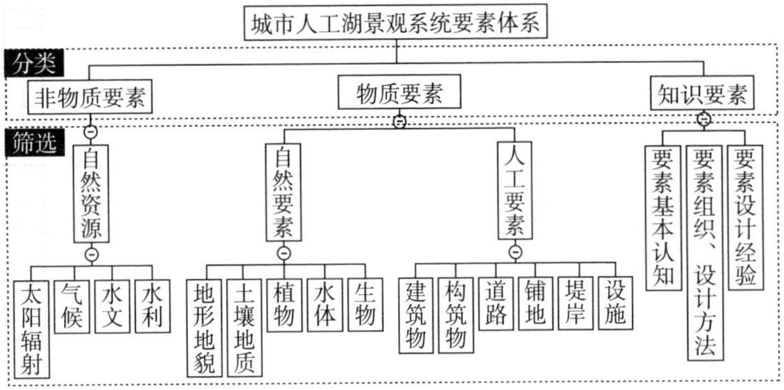

- 城市人工湖景观系统要素体系
  - 分类
    - 非物质要素
    - 物质要素
    - 知识要素
  - 筛选
    - 非物质要素 → 自然资源
      - 太阳辐射
      - 气候
      - 水文
      - 水利
    - 物质要素
      - 自然要素
        - 地形地貌
        - 土壤地质
        - 植物
        - 水体
        - 生物
      - 人工要素
        - 建筑物
        - 构筑物
        - 道路
        - 铺地
        - 堤岸
        - 设施
    - 知识要素
      - 要素基本认知
      - 要素组织、设计方法
      - 要素设计经验

图 2-99　景观系统要素的信息筛选与重组

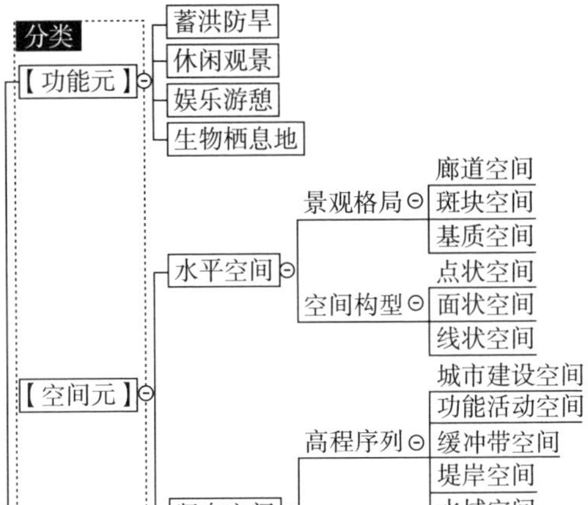

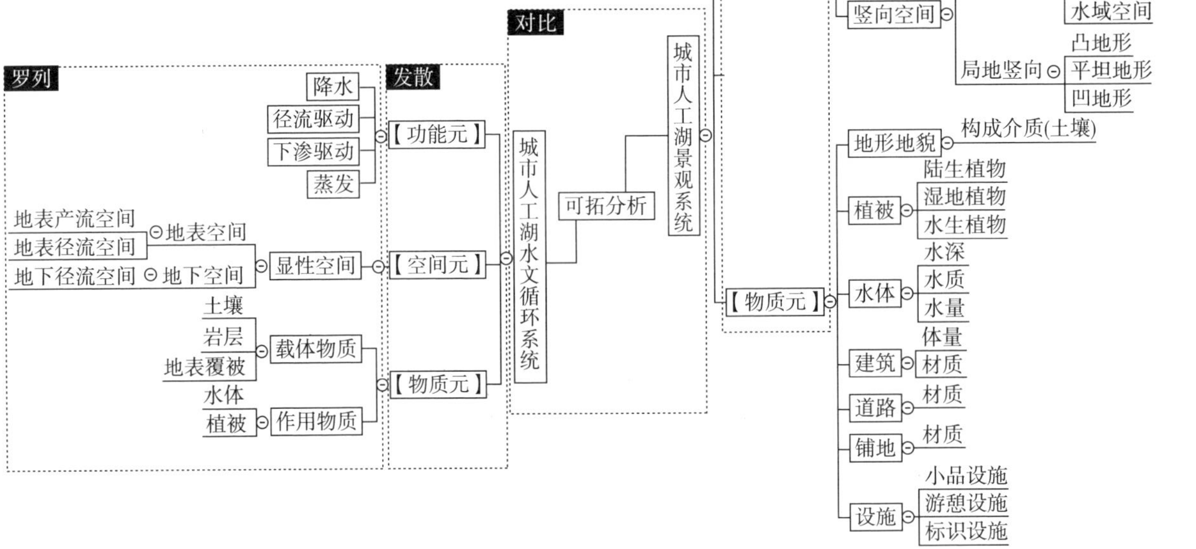

- 城市人工湖景观系统
  - 分类
    - 【功能元】
      - 蓄洪防旱
      - 休闲观景
      - 娱乐游憩
      - 生物栖息地
    - 【空间元】
      - 水平空间
        - 景观格局
          - 廊道空间
          - 斑块空间
          - 基质空间
        - 空间构型
          - 点状空间
          - 面状空间
          - 线状空间
      - 竖向空间
        - 高程序列
          - 城市建设空间
          - 功能活动空间
          - 缓冲带空间
          - 堤岸空间
          - 水域空间
        - 局地竖向
          - 凸地形
          - 平坦地形
          - 凹地形
    - 【物质元】
      - 地形地貌
        - 构成介质(土壤)
      - 植被
        - 陆生植物
        - 湿地植物
        - 水生植物
      - 水体
        - 水深
        - 水质
        - 水量
      - 建筑
        - 体量
        - 材质
      - 道路
        - 材质
      - 铺地
        - 材质
      - 设施
        - 小品设施
        - 游憩设施
        - 标识设施
  - 对比
    - 可拓分析 → 城市人工湖水文循环系统
      - 发散
        - 【功能元】
          - 罗列
            - 降水
            - 径流驱动
            - 下渗驱动
            - 蒸发
        - 【空间元】
          - 显性空间
            - 地表空间
              - 地表产流空间
              - 地表径流空间
            - 地下空间
              - 地下径流空间
        - 【物质元】
          - 载体物质
            - 土壤
            - 岩层
            - 地表覆被
          - 作用物质
            - 水体
            - 植被

图 2-100　可拓学方法的信息发散与罗列

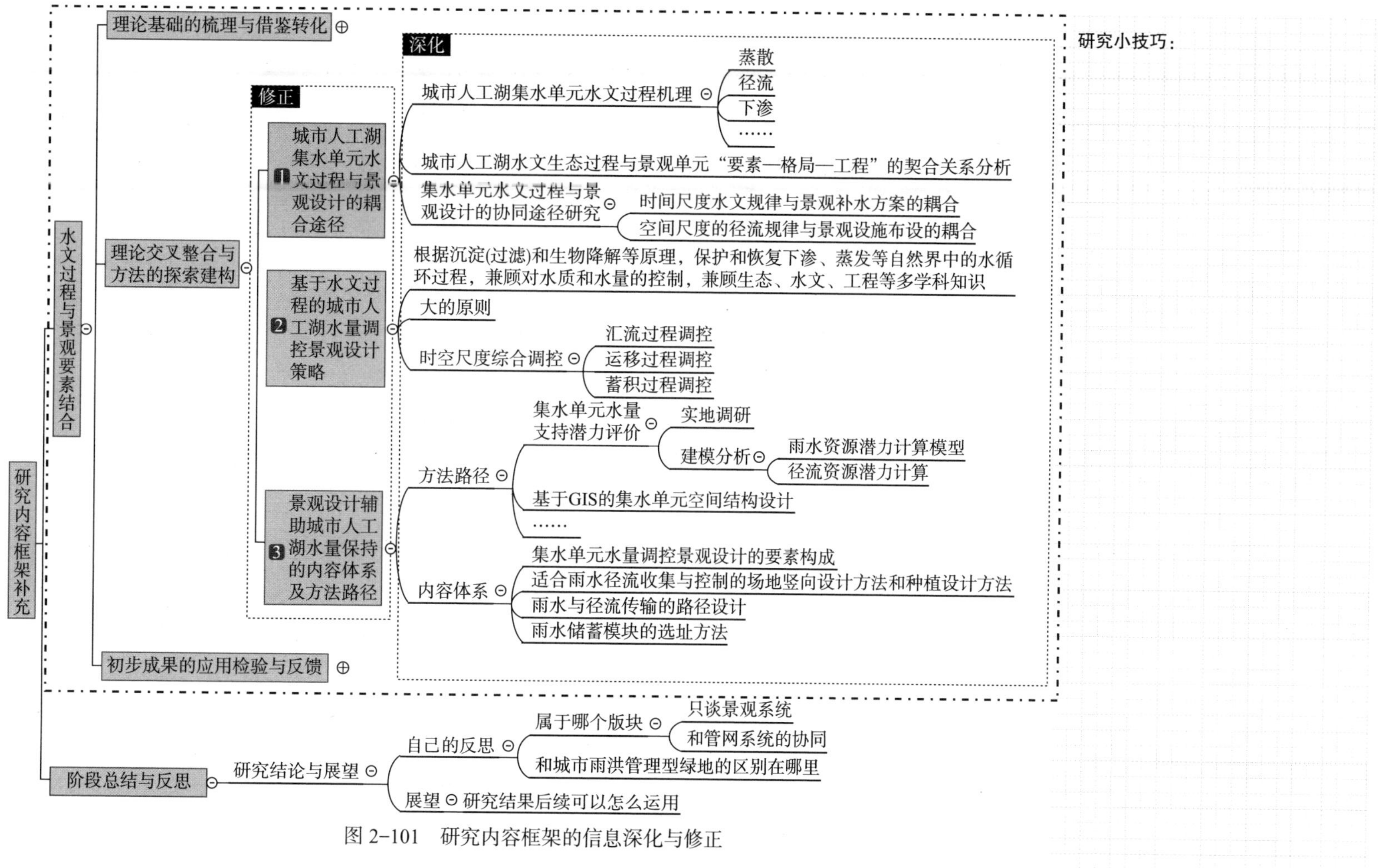

研究内容框架补充
水文过程与景观要素结合
理论基础的梳理与借鉴转化
理论交叉整合与方法的探索建构
修正
1 城市人工湖集水单元水文过程与景观设计的耦合途径
2 基于水文过程的城市人工湖水量调控景观设计策略
3 景观设计辅助城市人工湖水量保持的内容体系及方法路径
深化
城市人工湖集水单元水文过程机理
蒸散
径流
下渗
……
城市人工湖水文生态过程与景观单元"要素—格局—工程"的契合关系分析
集水单元水文过程与景观设计的协同途径研究
时间尺度水文规律与景观补水方案的耦合
空间尺度的径流规律与景观设施布设的耦合
根据沉淀(过滤)和生物降解等原理，保护和恢复下渗、蒸发等自然界中的水循环过程，兼顾对水质和水量的控制，兼顾生态、水文、工程等多学科知识
大的原则
时空尺度综合调控
汇流过程调控
运移过程调控
蓄积过程调控
方法路径
集水单元水量支持潜力评价
实地调研
建模分析
雨水资源潜力计算模型
径流资源潜力计算
基于GIS的集水单元空间结构设计
……
内容体系
集水单元水量调控景观设计的要素构成
适合雨水径流收集与控制的场地竖向设计方法和种植设计方法
雨水与径流传输的路径设计
雨水储蓄模块的选址方法
初步成果的应用检验与反馈
阶段总结与反思
研究结论与展望
自己的反思
属于哪个版块
只谈景观系统
和管网系统的协同
和城市雨洪管理型绿地的区别在哪里
展望
研究结果后续可以怎么运用
研究小技巧：

图 2-101　研究内容框架的信息深化与修正

④ 研究计划修正版形成

经过利用思维导图对申报阶段的研究计划进行深化、对深化后的研究内容进行补充，形成了修正版研究计划，是开展正式研究过程中的一个相对成熟的研究成果，主要包含立项依据，相关理论与实践研究进

研究小技巧：

展分析，城市人工湖水量平衡机制、调控方案与关键问题，城市人工湖集水单元水文过程与景观设计的耦合途径，基于水文过程的城市人工湖水量调控景观设计策略，梦泽湖可持续水量保障体系构建应用，景观设计辅助城市人工湖水量保持的内容体系及方法路径七个方面的内容，以思维导图的方式对这些内容进行分类、完善、调整和补充，为后续阶段的结题报告撰写奠定了内容逻辑框架的坚实基础（图 2-102）。

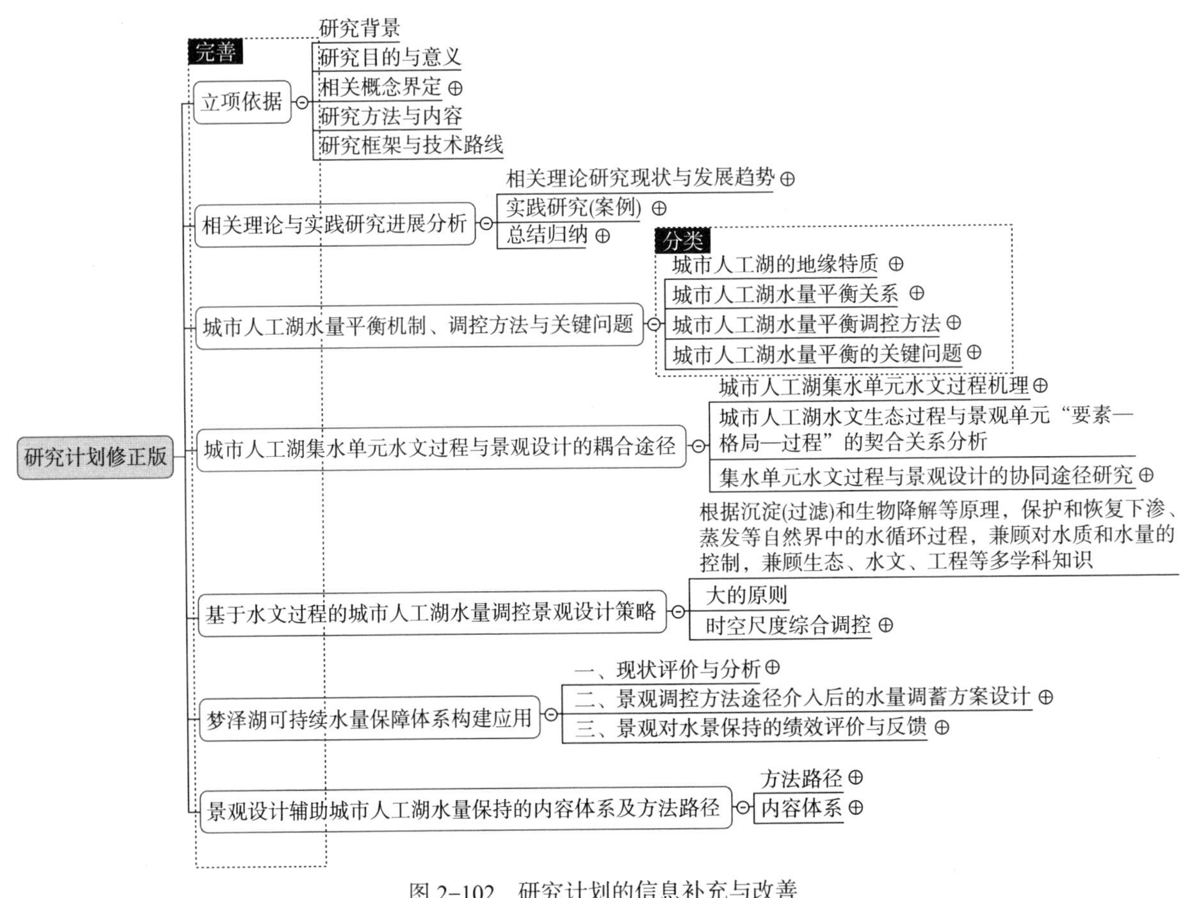
研究计划修正版
完善
立项依据
研究背景
研究目的与意义
相关概念界定
研究方法与内容
研究框架与技术路线
相关理论与实践研究进展分析
相关理论研究现状与发展趋势
实践研究(案例)
总结归纳
城市人工湖水量平衡机制、调控方法与关键问题
分类
城市人工湖的地缘特质
城市人工湖水量平衡关系
城市人工湖水量平衡调控方法
城市人工湖水量平衡的关键问题
城市人工湖集水单元水文过程与景观设计的耦合途径
城市人工湖集水单元水文过程机理
城市人工湖水文生态过程与景观单元“要素—格局—过程”的契合关系分析
集水单元水文过程与景观设计的协同途径研究
基于水文过程的城市人工湖水量调控景观设计策略
根据沉淀(过滤)和生物降解等原理，保护和恢复下渗、蒸发等自然界中的水循环过程，兼顾对水质和水量的控制，兼顾生态、水文、工程等多学科知识
大的原则
时空尺度综合调控
梦泽湖可持续水量保障体系构建应用
一、现状评价与分析
二、景观调控方法途径介入后的水量调蓄方案设计
三、景观对水景保持的绩效评价与反馈
景观设计辅助城市人工湖水量保持的内容体系及方法路径
方法路径
内容体系

图 2-102　研究计划的信息补充与改善

（3）第 3 阶段：课题结题

课题的结题阶段是对研究成果的最后输出，本课题的结题报告以技术研究报告为主，故在此节以该报告的撰写为主线展示思维导图在其中所起到的辅助作用。在研究过程中所生成的最终的“修正版”研究计划的基础上，基于技术研究报告的内容框架进行调整和进一步深化，形成结题阶段的技术研究报告框架，指导报告的撰写。

① 技术研究报告框架确定（图 2–103）

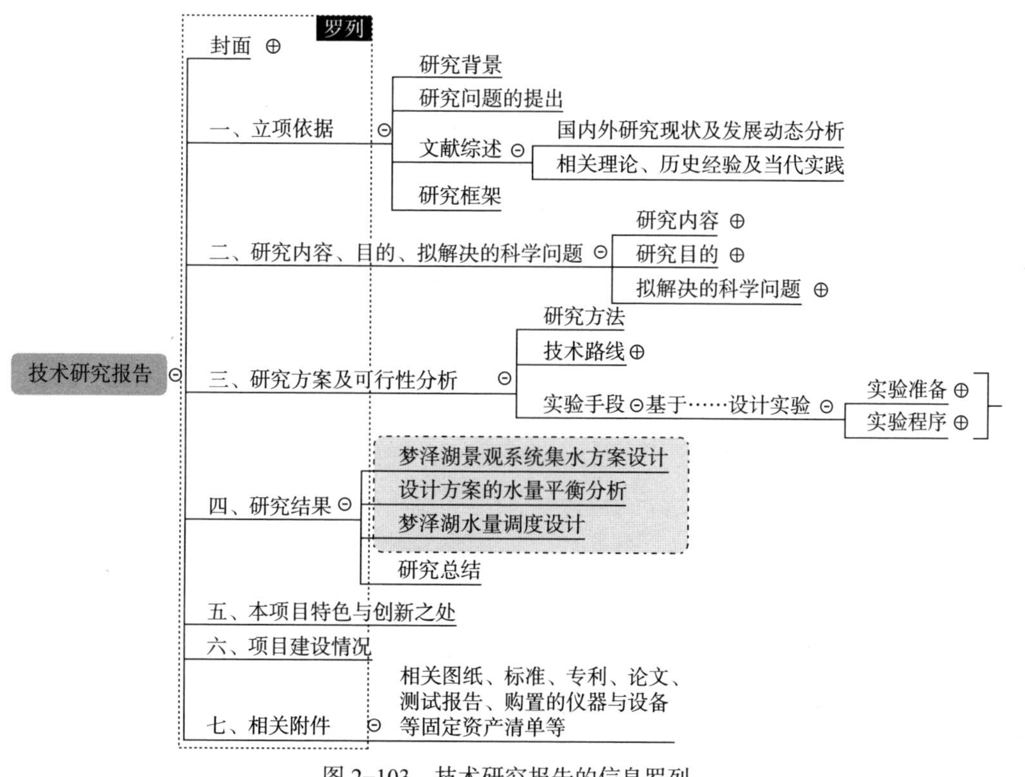
罗列
技术研究报告
封面
一、立项依据
研究背景
研究问题的提出
文献综述
国内外研究现状及发展动态分析
相关理论、历史经验及当代实践
研究框架
二、研究内容、目的、拟解决的科学问题
研究内容
研究目的
拟解决的科学问题
三、研究方案及可行性分析
研究方法
技术路线
实验手段
基于……设计实验
实验准备
实验程序
四、研究结果
梦泽湖景观系统集水方案设计
设计方案的水量平衡分析
梦泽湖水量调度设计
研究总结
五、本项目特色与创新之处
六、项目建设情况
七、相关附件
相关图纸、标准、专利、论文、
测试报告、购置的仪器与设备
等固定资产清单等

图 2–103　技术研究报告的信息罗列

研究小技巧：

解释说明

技术研究报告只是最后成果的一个部分，不过关于研究过程和结论的核心内容都是在这里呈现的。

研究小技巧：

② 深化技术研究报告框架

虽然研究阶段已做了大部分的内容，但在撰写结题报告阶段，部分内容仍旧存在问题和不足，通过团队讨论后整合修改意见，再通过阅读文献、梳理逻辑思路，利用思维导图进一步深化技术研究报告框架的具体内容，从而保证了各部分的严谨关联性。

a. 深化立项依据

立项依据部分包括研究背景、研究问题的提出、重要概念引入、文献综述等（图 2-104）。以思维导图的方式罗列信息并对内容进行组织，条理清晰、一目了然且方便查漏补缺。

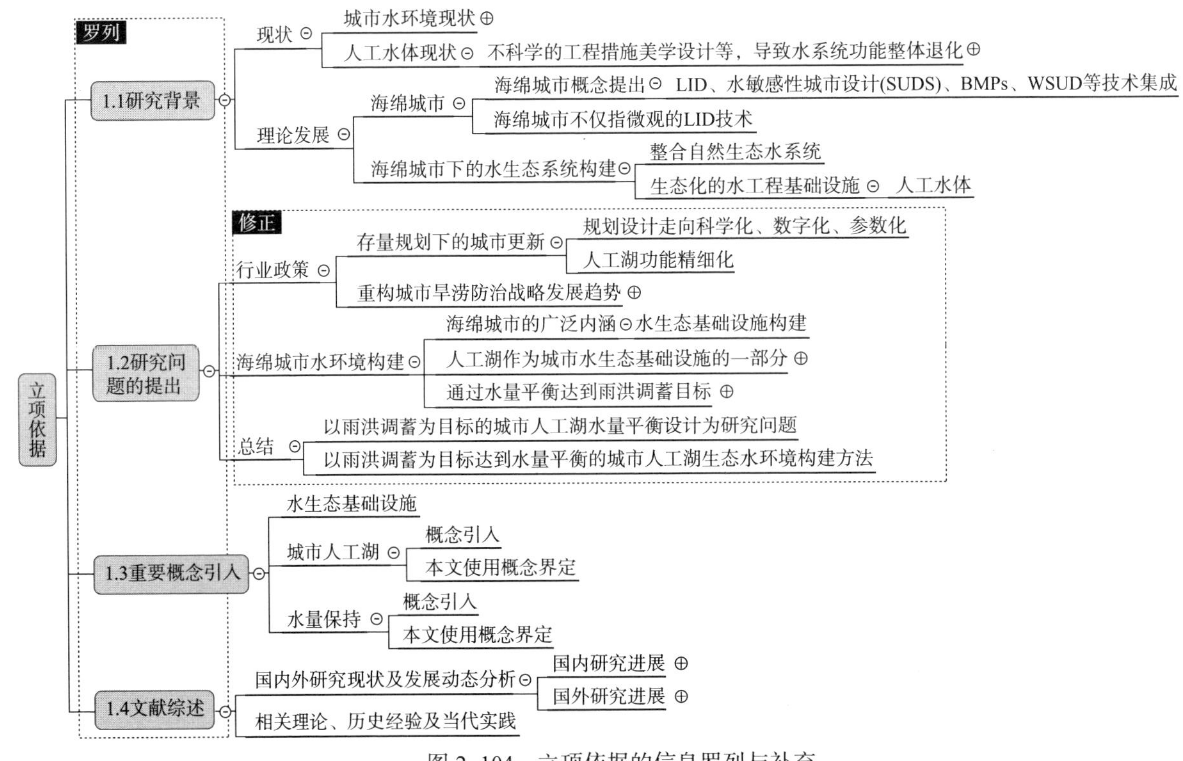

罗列
立项依据
1.1研究背景
现状
城市水环境现状
人工水体现状
不科学的工程措施美学设计等，导致水系统功能整体退化
理论发展
海绵城市
海绵城市概念提出
LID、水敏感性城市设计(SUDS)、BMPs、WSUD等技术集成
海绵城市不仅指微观的LID技术
海绵城市下的水生态系统构建
整合自然生态水系统
生态化的水工程基础设施
人工水体
修正
1.2研究问题的提出
行业政策
存量规划下的城市更新
规划设计走向科学化、数字化、参数化
人工湖功能精细化
重构城市旱涝防治战略发展趋势
海绵城市水环境构建
海绵城市的广泛内涵
水生态基础设施构建
人工湖作为城市水生态基础设施的一部分
通过水量平衡达到雨洪调蓄目标
总结
以雨洪调蓄为目标的城市人工湖水量平衡设计为研究问题
以雨洪调蓄为目标达到水量平衡的城市人工湖生态水环境构建方法
1.3重要概念引入
水生态基础设施
城市人工湖
概念引入
本文使用概念界定
水量保持
概念引入
本文使用概念界定
1.4文献综述
国内外研究现状及发展动态分析
国内研究进展
国外研究进展
相关理论、历史经验及当代实践

图 2-104　立项依据的信息罗列与补充

b. 深化研究内容、目的、拟解决的关键科学问题及研究结果（图 2-105）

研究小技巧：

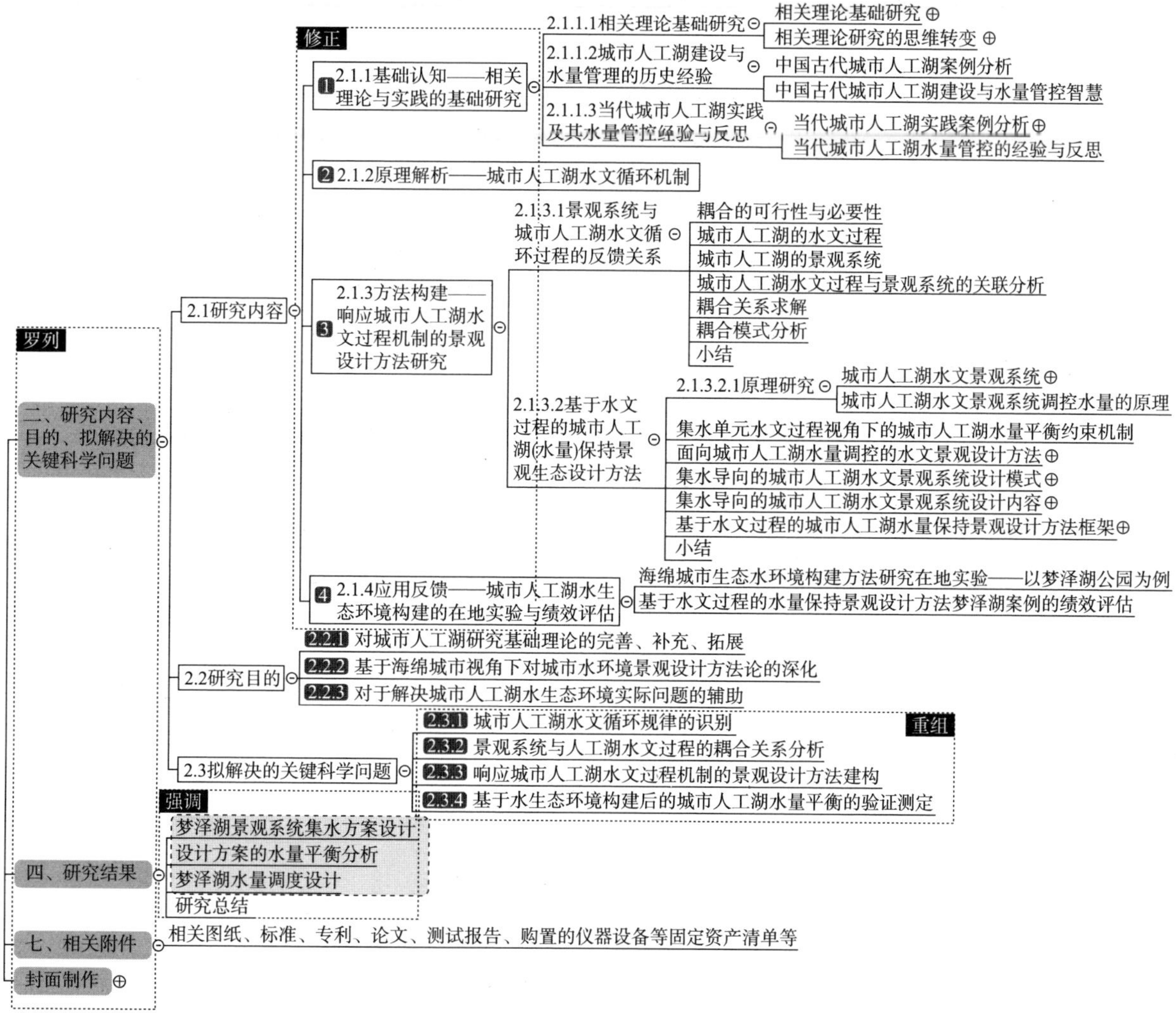

罗列

- 二、研究内容、目的、拟解决的关键科学问题
  - 2.1研究内容
    - 修正
    - 1 2.1.1基础认知——相关理论与实践的基础研究
      - 2.1.1.1相关理论基础研究
        - 相关理论基础研究
        - 相关理论研究的思维转变
      - 2.1.1.2城市人工湖建设与水量管理的历史经验
        - 中国古代城市人工湖案例分析
        - 中国古代城市人工湖建设与水量管控智慧
      - 2.1.1.3当代城市人工湖实践及其水量管控经验与反思
        - 当代城市人工湖实践案例分析
        - 当代城市人工湖水量管控的经验与反思
    - 2 2.1.2原理解析——城市人工湖水文循环机制
    - 3 2.1.3方法构建——响应城市人工湖水文过程机制的景观设计方法研究
      - 2.1.3.1景观系统与城市人工湖水文循环过程的反馈关系
        - 耦合的可行性与必要性
        - 城市人工湖的水文过程
        - 城市人工湖的景观系统
        - 城市人工湖水文过程与景观系统的关联分析
        - 耦合关系求解
        - 耦合模式分析
        - 小结
      - 2.1.3.2基于水文过程的城市人工湖(水量)保持景观生态设计方法
        - 2.1.3.2.1原理研究
          - 城市人工湖水文景观系统
          - 城市人工湖水文景观系统调控水量的原理
        - 集水单元水文过程视角下的城市人工湖水量平衡约束机制
        - 面向城市人工湖水量调控的水文景观设计方法
        - 集水导向的城市人工湖水文景观系统设计模式
        - 集水导向的城市人工湖水文景观系统设计内容
        - 基于水文过程的城市人工湖水量保持景观设计方法框架
        - 小结
    - 4 2.1.4应用反馈——城市人工湖水生态环境构建的在地实验与绩效评估
      - 海绵城市生态水环境构建方法研究在地实验——以梦泽湖公园为例
      - 基于水文过程的水量保持景观设计方法梦泽湖案例的绩效评估
  - 2.2研究目的
    - 2.2.1 对城市人工湖研究基础理论的完善、补充、拓展
    - 2.2.2 基于海绵城市视角下对城市水环境景观设计方法论的深化
    - 2.2.3 对于解决城市人工湖水生态环境实际问题的辅助
  - 2.3拟解决的关键科学问题
    - 重组
    - 2.3.1 城市人工湖水文循环规律的识别
    - 2.3.2 景观系统与人工湖水文过程的耦合关系分析
    - 2.3.3 响应城市人工湖水文过程机制的景观设计方法建构
    - 2.3.4 基于水生态环境构建后的城市人工湖水量平衡的验证测定
- 四、研究结果
  - 强调
  - 梦泽湖景观系统集水方案设计
  - 设计方案的水量平衡分析
  - 梦泽湖水量调度设计
  - 研究总结
- 七、相关附件
  - 相关图纸、标准、专利、论文、测试报告、购置的仪器设备等固定资产清单等
- 封面制作

图 2-105　研究内容、目的、拟解决的关键科学问题及研究结果的信息罗列与补充

研究小技巧：

c. 深化实验手段

实验手段是在研究内容确定的基础上生成的，是对项目中所构建的方法论的在地实验，对研究内容有反馈作用，可以指导研究内容的优化。实验手段包括了实验准备和实验程序两大内容，利用思维导图对其具体内容进行丰富与细化，确保实验流程的科学合理性和逻辑有效性（图 2-106）。

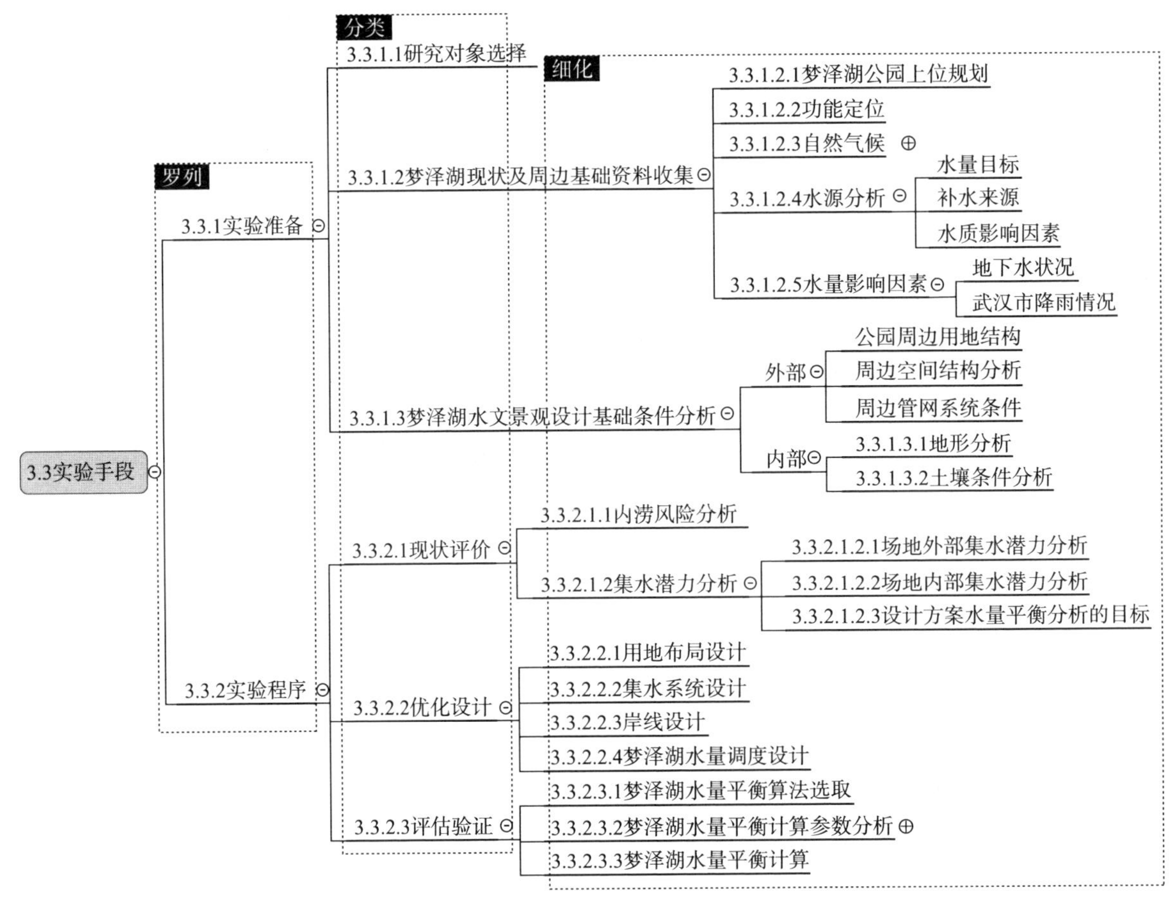

罗列
分类
细化
3.3实验手段
3.3.1实验准备
3.3.2实验程序
3.3.1.1研究对象选择
3.3.1.2梦泽湖现状及周边基础资料收集
3.3.1.2.1梦泽湖公园上位规划
3.3.1.2.2功能定位
3.3.1.2.3自然气候
3.3.1.2.4水源分析
水量目标
补水来源
水质影响因素
3.3.1.2.5水量影响因素
地下水状况
武汉市降雨情况
3.3.1.3梦泽湖水文景观设计基础条件分析
外部
公园周边用地结构
周边空间结构分析
周边管网系统条件
内部
3.3.1.3.1地形分析
3.3.1.3.2土壤条件分析
3.3.2.1现状评价
3.3.2.1.1内涝风险分析
3.3.2.1.2集水潜力分析
3.3.2.1.2.1场地外部集水潜力分析
3.3.2.1.2.2场地内部集水潜力分析
3.3.2.1.2.3设计方案水量平衡分析的目标
3.3.2.2优化设计
3.3.2.2.1用地布局设计
3.3.2.2.2集水系统设计
3.3.2.2.3岸线设计
3.3.2.2.4梦泽湖水量调度设计
3.3.2.3评估验证
3.3.2.3.1梦泽湖水量平衡算法选取
3.3.2.3.2梦泽湖水量平衡计算参数分析
3.3.2.3.3梦泽湖水量平衡计算

图 2-106　实验手段的信息丰富与细化

③ 撰写技术研究报告

a. 内容撰写

至此，借助思维导图完成对整个技术研究报告的结构搭建与内容丰富，接下来则可直接开始撰写技术研究报告的文本内容。因为有了现有研究计划框架的指引，完全可以保证文本内容的逻辑严谨性，在撰写过程中若出现疑问，又可返回对研究计划框架做修改。报告部分内容展示如图 2-107 所示。

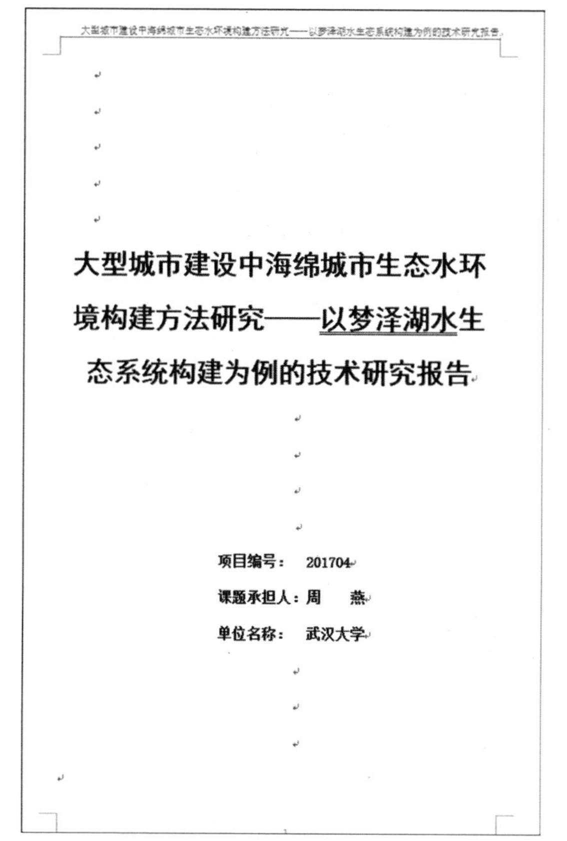

大型城市建设中海绵城市生态水环境构建方法研究——以梦泽湖水生态系统构建为例的技术研究报告

大型城市建设中海绵城市生态水环境构建方法研究——以梦泽湖水生态系统构建为例的技术研究报告

项目编号： 201704

课题承担人： 周 燕

单位名称： 武汉大学

大型城市建设中海绵城市生态水环境构建方法研究——以梦泽湖水生态系统构建为例的技术研究报告

目 录

5

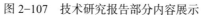

图 2-107　技术研究报告部分内容展示

研究小技巧：

研究小技巧：

b. 技术路线生成

通过报告的逐步撰写和对研究计划的同步修改与调整，最终也就形成了项目技术路线图（图 2-108）。该图既可以直接利用思维导图制作，也可以借助幻灯片、图像处理（Photoshop）等软件进行制作，由于有了对思维导图版本的研究计划的逻辑梳理，可以快速完成技术路线的有序组织。

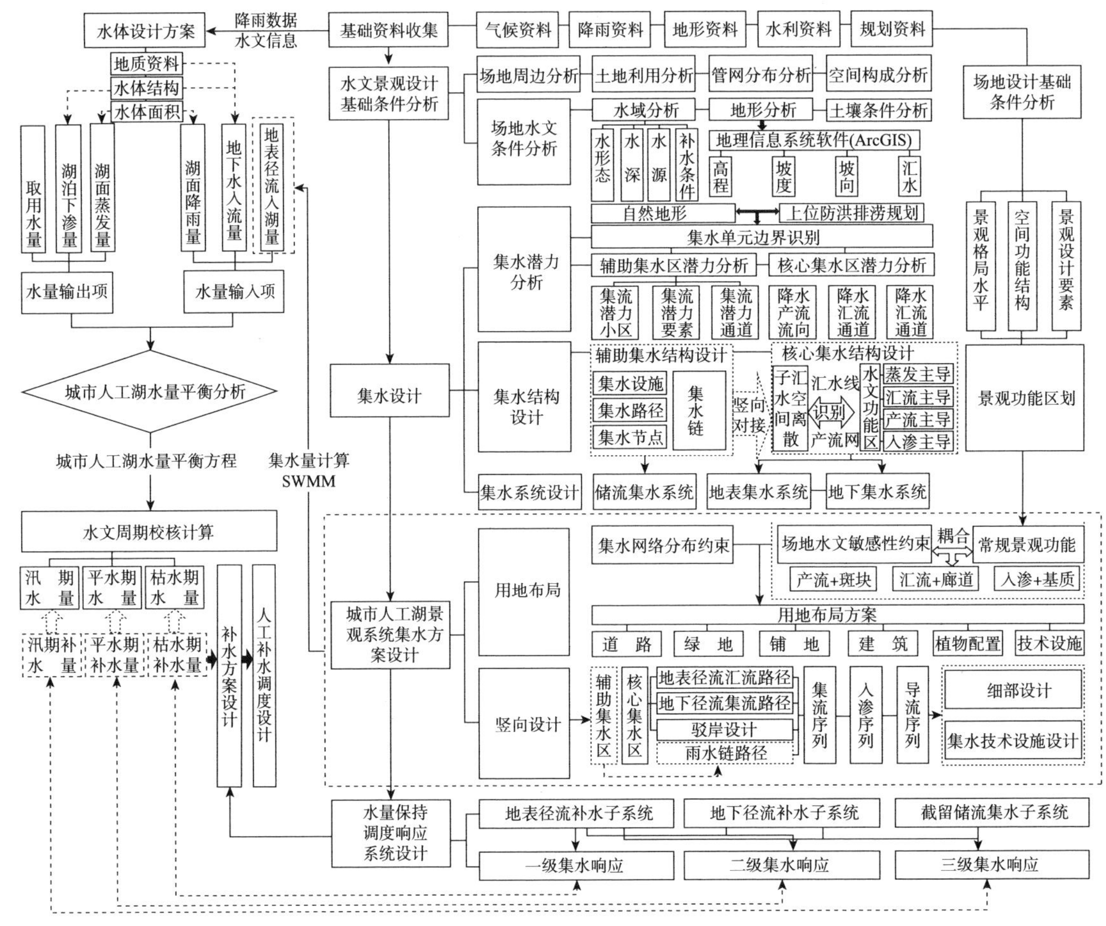

水体设计方案
降雨数据
水文信息
基础资料收集
气候资料
降雨资料
地形资料
水利资料
规划资料
地质资料
水体结构
水体面积
水文景观设计基础条件分析
场地周边分析
土地利用分析
管网分布分析
空间构成分析
场地设计基础条件分析
场地水文条件分析
水域分析
地形分析
土壤条件分析
水形态
水深
水源
补水条件
地理信息系统软件(ArcGIS)
高程
坡度
坡向
汇水
取用水量
湖泊下渗量
湖面蒸发量
湖面降雨量
地下水入流量
地表径流入湖量
自然地形
上位防洪排涝规划
集水单元边界识别
集水潜力分析
辅助集水区潜力分析
核心集水区潜力分析
集流潜力小区
集流潜力要素
集流潜力通道
降水产流流向
降水汇流通道
降水汇流通道
景观格局水平
空间功能结构
景观设计要素
水量输出项
水量输入项
城市人工湖水量平衡分析
集水设计
集水结构设计
辅助集水结构设计
集水设施
集水路径
集水节点
集水链
竖向对接
核心集水结构设计
子汇水空间离散
汇水线
识别
产流网
水文功能区
蒸发主导
汇流主导
产流主导
入渗主导
景观功能区划
城市人工湖水量平衡方程
集水量计算
SWMM
集水系统设计
储流集水系统
地表集水系统
地下集水系统
水文周期校核计算
汛期水量
平水期水量
枯水期水量
汛期补水量
平水期补水量
枯水期补水量
补水方案设计
人工补水调度设计
用地布局
集水网络分布约束
场地水文敏感性约束
耦合
常规景观功能
产流+斑块
汇流+廊道
入渗+基质
城市人工湖景观系统集水方案设计
用地布局方案
道路
绿地
铺地
建筑
植物配置
技术设施
竖向设计
辅助集水区
核心集水区
地表径流汇流路径
地下径流集流路径
驳岸设计
雨水链路径
集流序列
入渗序列
导流序列
细部设计
集水技术设施设计
水量保持调度响应系统设计
地表径流补水子系统
地下径流补水子系统
截留储流集水子系统
一级集水响应
二级集水响应
三级集水响应

图 2-108 项目技术路线图

3）科研成果

（1）研究报告

研究报告包括技术研究报告、工作报告、集成优化报告、经济社会效益报告、调研报告、应用指南。

（2）发表学术论文或报告

① 王雪原，周燕，禹佳宁，等．基于水文过程的城市湖泊雨水利用系统的构建方法研究：以武汉梦泽湖为例［J］．风景园林，2020（1）：70–76。

② 冉玲于，苟翡翠，王雪原，等．雨洪调蓄视角下的城市人工湖水量平衡景观设计方法研究［J］．风景园林，2019，26（3）：75–80。

③ 苟翡翠，王雪原，田亮，等．郊野湖泊型湿地水环境修复与保育策略研究：以荆州崇湖湿地公园规划为例［J］．中国园林，2019，35（4）：107–111。

④ 苟翡翠，周燕．近郊型河流景观的生态修复：以德国德莱萨姆河为例［J］．中国园林，2018，34（8）：33–38。

⑤ 冉玲于，周燕．可拓学辅助景观分析与方案生成的应用方法研究：以咸宁市淦河滨河空间景观优化策略生成过程为例［C］// 中国城市规划学会．共享与品质：2018 中国城市规划年会论文集．北京：中国建筑工业出版社，2018。

⑥ 周燕，冉玲于，苟翡翠，等．基于数值模拟的湖库型景观水体生态设计方法研究：以 MIKE 21 模型在大官塘水库规划方案中的应用为例［J］．中国园林，2018，34（3）：123–128。

⑦ 冉玲于，田亮，周燕．基于绿色基础设施规划的生态开发初探：以武汉市大东湖为例［R］．武汉：湖北省风景园林学会，2017。

⑧ 田亮，冉玲于，周燕．严西湖会不会成为下一个南湖［R］．武汉：湖北省风景园林学会，2017。

（3）评审中学术论文

城市人工湖水量保持的景观途径研究进展，《西部人居环境学刊》初审。

研究小技巧：

研究小技巧：

4）课题总结

由于本课题从申报到开展研究再到结题是一个完整而漫长的过程，其中参与的人员也未能保证是同一批人员，所以如何衔接每一阶段的工作是其面临的一大难题。然而思维导图的介入，可以完美地实现对整个项目的推进、组织和管理：通过思维导图梳理每一阶段的研究内容，达到对课题从一而终的资料整合，团队成员可以随时调用之前的思维导图以辅助下一阶段的工作开展。首先，思维导图能够持续捋清整个研究过程的逻辑思路，既保证每一阶段参与人员思路清晰，也有助于下一阶段参与人员对项目的快速理解与摄入；其次，思维导图不仅能够梳理思路，而且能在研究框架清楚的情况下将任务分配为几大板块，这将极大地方便团队成员的任务领取，且借助其严谨的内容架构可以很好地保证团队成员对自己任务的深入理解与方向把控；最后，思维导图能够有效地辅助知识的转译，这对项目输出为汇报幻灯片和各个阶段的研究报告有极大的促进作用。因此，思维导图对于一个完整的科研项目具有很大的推进作用。

2.2.3 课题3 2017年民进武汉市委会参政议政调研课题：建议开展大东湖绿色基础设施规划的提案

1）课题缘起

（1）直接原因：2017年民进武汉市委会参政议政调研课题结题。

（2）间接原因：深化与巩固团队近期完成的“大东湖生态基础设施构建工作坊”的研究成果。为延续团队刚刚完成的对于大东湖片区生态基础设施和景观安全格局的分析，进一步探索如何在大东湖片区进行绿色基础设施的建设。

2）课题思路推进

该课题的结题是在一定前期研究成果的基础上进行的框架构建，是对信息的提取与重组。另外，本次研究本身已经明确目标，即重新回顾前期实验（指的是刚刚结束的运用 ArcGIS 构建的大东湖生态基础设施工作坊），寻找支撑实验的理论依据，以响应武汉市水生态文明建设的号召，指向性很明确，因此，在对思维导图的信息提取中也具有很强的针对性。该研究的重点在于提案，所以不需要研究太过于细节化的技术策略，只需要运用已经完成的实验结果来重新构建明确的提案思路便可。提案结束后，团队还就研究中的重点问题进行了再思考，撰写论文并投稿。本课题分为三大阶段，如图 2-109 所示。

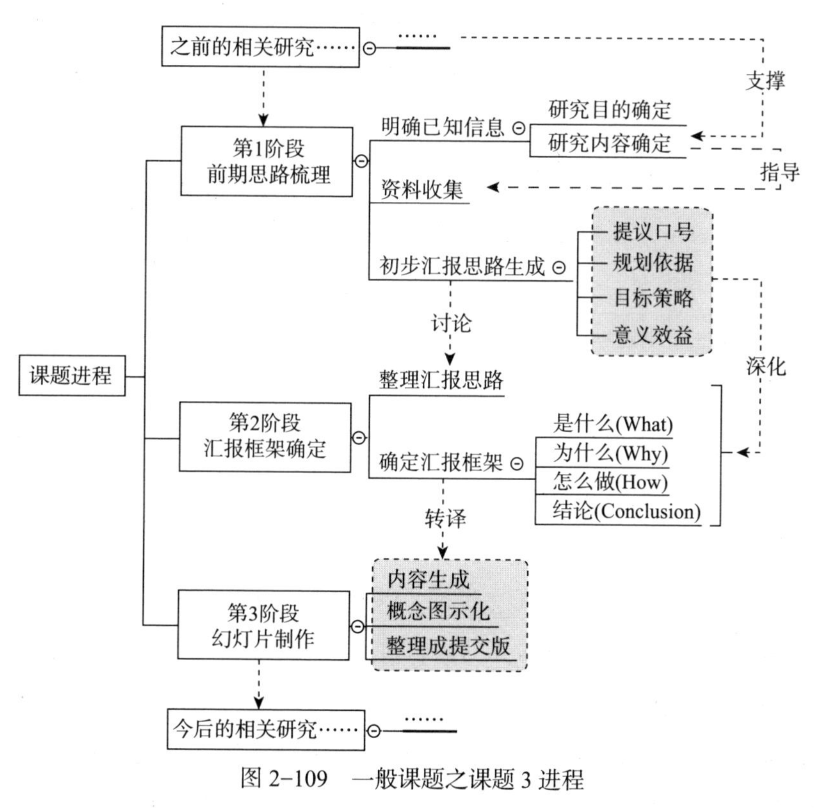
之前的相关研究……
……
支撑
第1阶段
前期思路梳理
明确已知信息
研究目的确定
研究内容确定
指导
资料收集
初步汇报思路生成
提议口号
规划依据
目标策略
意义效益
讨论
深化
课题进程
整理汇报思路
第2阶段
汇报框架确定
确定汇报框架
是什么(What)
为什么(Why)
怎么做(How)
结论(Conclusion)
转译
内容生成
概念图示化
整理成提交版
第3阶段
幻灯片制作
今后的相关研究……
……
图 2-109　一般课题之课题 3 进程

研究小技巧：

研究小技巧：

经验分享

· 以"目标导向"为主，借鉴"5W1H"［对选定的项目、工序或操作，都要从原因（何因 Why）、对象（何事 What）、地点（何地 Where）、时间（何时 When）、人员（何人 Who）、方法（何法 How）六个方面提出的问题进行思考］的方法，提出"是什么""为什么"和"怎么做"等问题，再去寻找答案。

· 分析问题的两种思路：一种为问题导向，即"提出问题（面对问题）—解决问题"的思路（亡羊补牢）；另一种是目标导向，即"明确目标—达到目标"的思路（防微杜渐）。前者较为被动，但是针对性较强；后者较主动，但是达到目的的方式不止一种，思路不易明确，却也会因此出现较为出彩的方法。

（1）第 1 阶段：前期思路梳理

在研究前期，明确课题为目标导向型，意在提出一套有助于保护、修复和开发大东湖片区的科学提案。研究内容将基于已完成的工作坊的实验结果构建解释框架，以此来强化构建大东湖绿色基础设施的好处。

在明晰研究目的与内容后，查阅相关上位规划文件并进行解读，思考课题汇报大致思路，由于是希望将团队研究成果推向政府政策，故而汇报思路与前面的一般纵向研究课题会有所不同。最终，团队利用思维导图梳理了从"口号"到"依据"再到"深度"的一个初步思路，其中"口号"即开门见山地介绍团队在做什么，通过思维导图进行口号要点的发散思考与归纳总结；"依据"则是说明团队为何要这样做，向政府提供充分的支撑依据，也就是利用思维导图罗列和筛选上位规划文件中最具关联性的内容；"深度"则是深入说明团队将要怎么做，并明确这样做的意义与影响，并运用思维导图对目标、策略、预期成果和实施意义进行分类、重组与深化（图 2–110）。这里也体现出利用思维导图进行推进式思考过程是非常有效的，针对梳理步骤只需明确关键词后便可切换至下一级，无论是展开发散还是收起总结都清晰明了。

（2）第 2 阶段：汇报框架确定

① 整理汇报思路

在前期确定基本研究思路之后开展会议进行讨论，利用思维导图对讨论内容与结果进行总结与梳理，从而推进下一步汇报框架内容的生成（图 2–111）。

② 确定汇报框架

整合会议讨论结果，重组信息深化内容，形成了以 What—Why—How—Conclusion 的流程为汇报思路，并利用思维导图梳理各个部分的逻辑关系与内容细节，为制作最终汇报 PPT 搭建框架（图 2–112）。

（3）第 3 阶段：幻灯片制作

依据最终形成的汇报框架，整合必要的资料信息，将一些概念性的文字通过图示语言进行表达，将思维导图转化为图文并茂的幻灯片用于汇报。图 2–113 展示了幻灯片的部分内容。

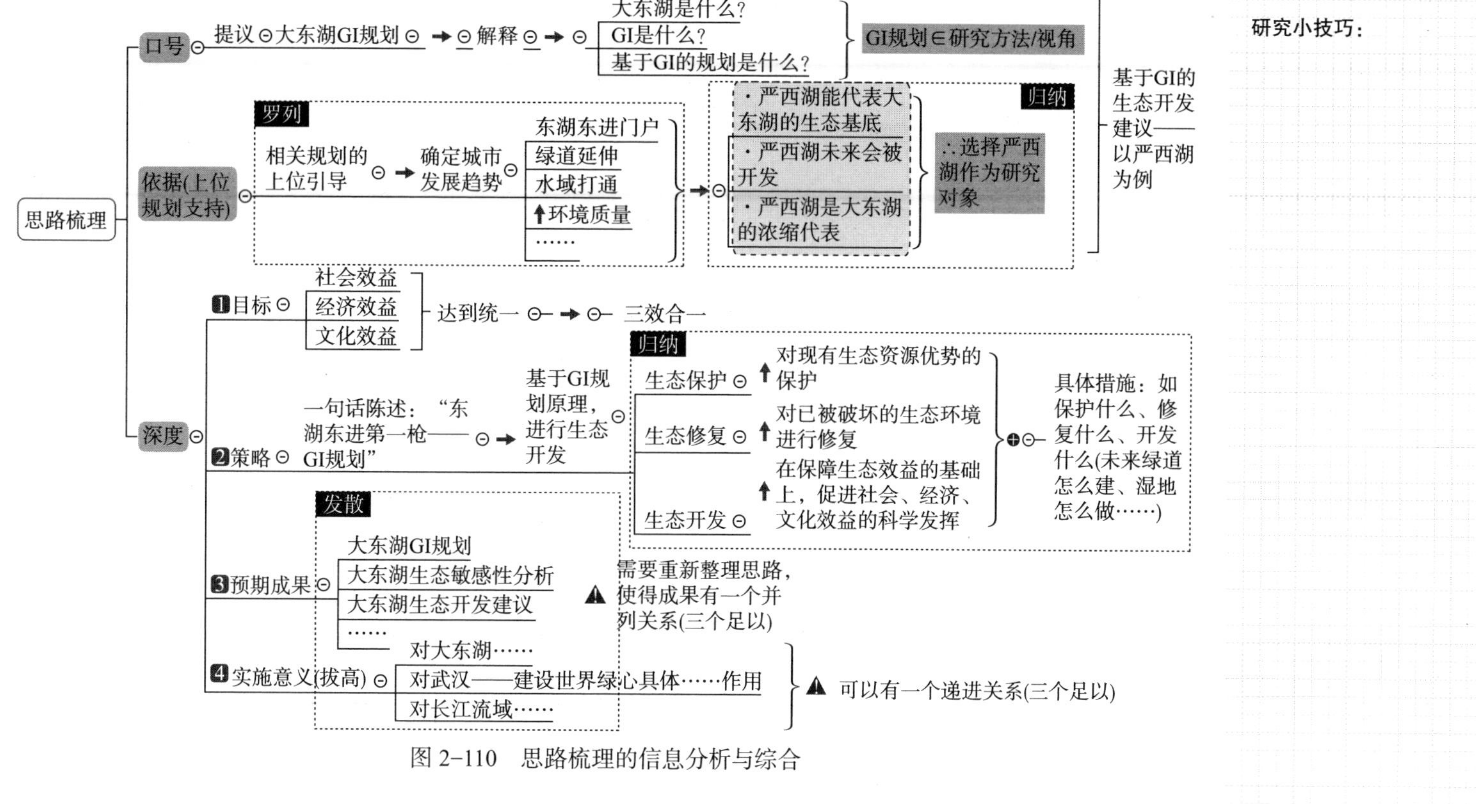

思路梳理
口号
提议
大东湖GI规划
解释
大东湖是什么?
GI是什么?
基于GI的规划是什么?
GI规划∈研究方法/视角
依据(上位规划支持)
罗列
相关规划的上位引导
确定城市发展趋势
东湖东进门户
绿道延伸
水域打通
环境质量
……
归纳
·严西湖能代表大东湖的生态基底
·严西湖未来会被开发
·严西湖是大东湖的浓缩代表
∴选择严西湖作为研究对象
基于GI的生态开发建议——以严西湖为例
深度
1目标
社会效益
经济效益
文化效益
达到统一
三效合一
2策略
一句话陈述："东湖东进第一枪——GI规划"
基于GI规划原理，进行生态开发
归纳
生态保护
对现有生态资源优势的保护
生态修复
对已被破坏的生态环境进行修复
生态开发
在保障生态效益的基础上，促进社会、经济、文化效益的科学发挥
具体措施：如保护什么、修复什么、开发什么(未来绿道怎么建、湿地怎么做……)
发散
3预期成果
大东湖GI规划
大东湖生态敏感性分析
大东湖生态开发建议
……
需要重新整理思路，使得成果有一个并列关系(三个足以)
4实施意义(拔高)
对大东湖……
对武汉——建设世界绿心具体……作用
对长江流域……
可以有一个递进关系(三个足以)

图 2-110　思路梳理的信息分析与综合

研究小技巧：

3）科研成果

（1）结题报告

结题报告为“武汉市大东湖片区水生态基础设施雨洪调蓄潜力研究结题报告”。

（2）发表学术报告

① 冉玲于，田亮，周燕 . 基于绿色基础设施规划的生态开发初探：以武汉市大东湖为例［R］. 武汉：湖北省风景园林学会，2017。

研究小技巧：

② 田亮，冉玲于，周燕．严西湖会不会成为下一个南湖［R］．武汉：湖北省风景园林学会，2017。

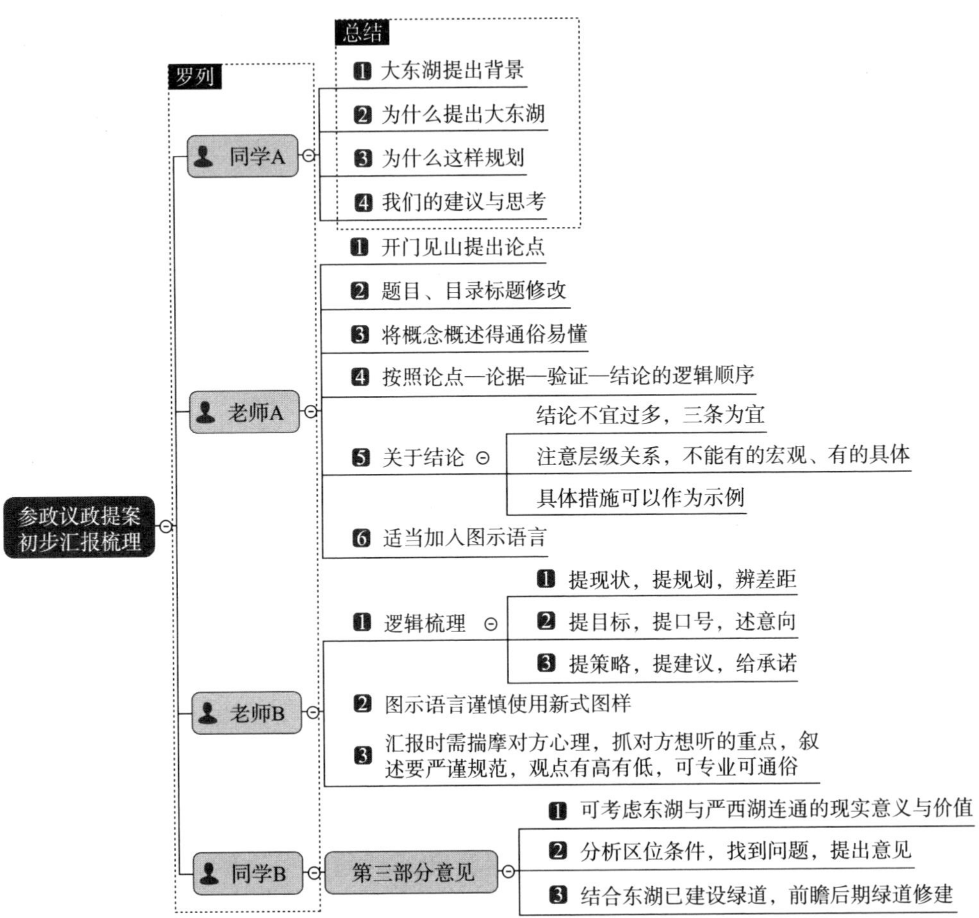

参政议政提案初步汇报梳理
罗列
总结
同学A
1 大东湖提出背景
2 为什么提出大东湖
3 为什么这样规划
4 我们的建议与思考
老师A
1 开门见山提出论点
2 题目、目录标题修改
3 将概念概述得通俗易懂
4 按照论点—论据—验证—结论的逻辑顺序
5 关于结论
结论不宜过多，三条为宜
注意层级关系，不能有的宏观、有的具体
具体措施可以作为示例
6 适当加入图示语言
老师B
1 逻辑梳理
1 提现状，提规划，辨差距
2 提目标，提口号，述意向
3 提策略，提建议，给承诺
2 图示语言谨慎使用新式图样
3 汇报时需揣摩对方心理，抓对方想听的重点，叙述要严谨规范，观点有高有低，可专业可通俗
同学B
第三部分意见
1 可考虑东湖与严西湖连通的现实意义与价值
2 分析区位条件，找到问题，提出意见
3 结合东湖已建设绿道，前瞻后期绿道修建

图 2-111　参政议政提案初步汇报的信息总结

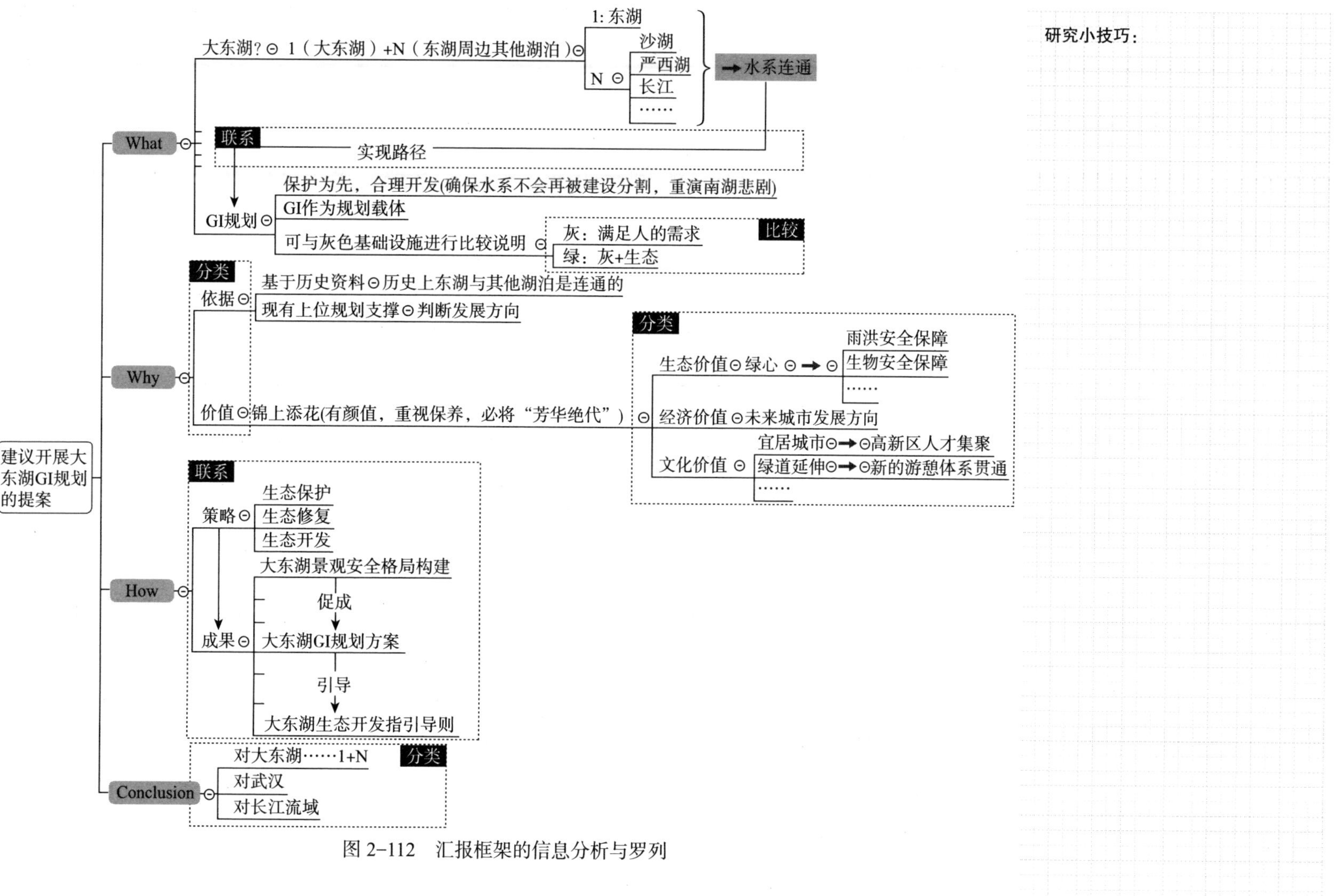
建议开展大东湖GI规划的提案
What
大东湖? 1（大东湖）+N（东湖周边其他湖泊）
1: 东湖
N
沙湖
严西湖
长江
……
水系连通
联系
实现路径
GI规划
保护为先，合理开发(确保水系不会再被建设分割，重演南湖悲剧)
GI作为规划载体
可与灰色基础设施进行比较说明
灰：满足人的需求
绿：灰+生态
比较
Why
分类
依据
基于历史资料 历史上东湖与其他湖泊是连通的
现有上位规划支撑 判断发展方向
价值 锦上添花(有颜值，重视保养，必将“芳华绝代”)
分类
生态价值 绿心
雨洪安全保障
生物安全保障
……
经济价值 未来城市发展方向
文化价值
宜居城市 高新区人才集聚
绿道延伸 新的游憩体系贯通
……
How
联系
策略
生态保护
生态修复
生态开发
成果
大东湖景观安全格局构建
促成
大东湖GI规划方案
引导
大东湖生态开发指引导则
Conclusion
对大东湖……1+N
对武汉
对长江流域
分类
图 2-112　汇报框架的信息分析与罗列

研究小技巧：

研究小技巧：

参政议政最终版.pptx

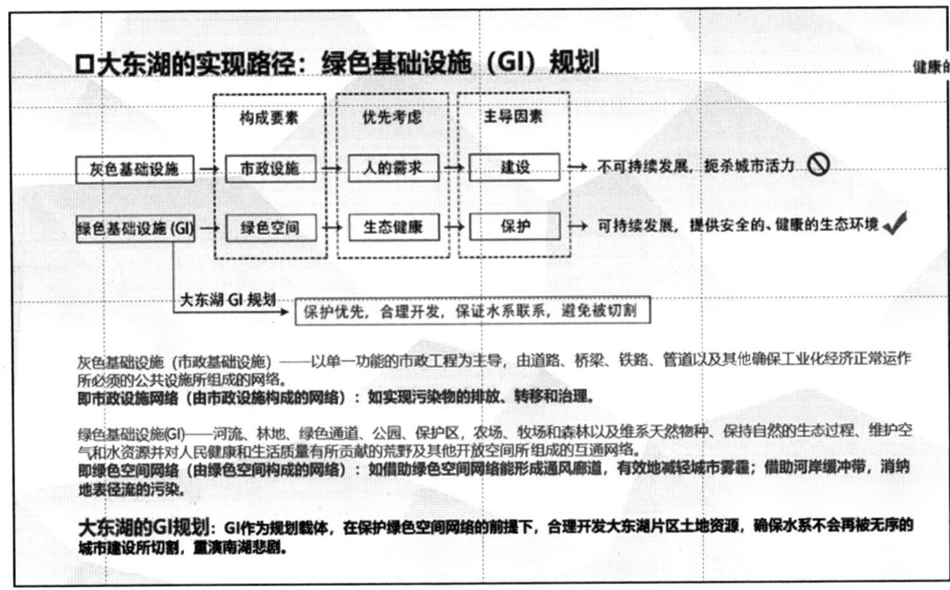
口大东湖的实现路径：绿色基础设施（GI）规划
健康的
构成要素
优先考虑
主导因素
灰色基础设施
市政设施
人的需求
建设
不可持续发展，扼杀城市活力
绿色基础设施(GI)
绿色空间
生态健康
保护
可持续发展，提供安全的、健康的生态环境
大东湖 GI 规划
保护优先，合理开发，保证水系联系，避免被切割
灰色基础设施（市政基础设施）——以单一功能的市政工程为主导，由道路、桥梁、铁路、管道以及其他确保工业化经济正常运作所必须的公共设施所组成的网络。
即市政设施网络（由市政设施构成的网络）：如实现污染物的排放、转移和治理。
绿色基础设施(GI)——河流、林地、绿色通道、公园、保护区，农场、牧场和森林以及维系天然物种、保持自然的生态过程、维护空气和水资源并对人民健康和生活质量有所贡献的荒野及其他开放空间所组成的互通网络。
即绿色空间网络（由绿色空间构成的网络）：如借助绿色空间网络能形成通风廊道，有效地减轻城市雾霾；借助河岸缓冲带，消纳地表径流的污染。
大东湖的GI规划：GI作为规划载体，在保护绿色空间网络的前提下，合理开发大东湖片区土地资源，确保水系不会再被无序的城市建设所切割，重演南湖悲剧。

图 2–113　参政议政最终版幻灯片部分内容

4）课题总结

本课题作为目标导向型的研究提案，即开展大东湖绿色基础设施规划、改善城市环境，而团队要做的只是寻找一定的理论依据和实践方法，所以重点在于回顾前期研究成果，筛选与提取能够支撑其目标的理论与方法即可。所以，该课题反向追溯前期工作坊期间如何进行强关联信息的筛选，而后又如何进行信息重组，构建新的逻辑框架与汇报思路，是研究过程中要解决的关键问题。而这恰好是思维导图最为擅长的工作类型，通过思维导图对信息进行筛选、关联与重组，可以很快地构建出新的框架。

3　设计实践

研究小技巧：

经验分享

在工作时我们常常会遇到同一件事会由多人轮流接手的情况，因此在完成自己的任务时，要整理清楚并进行文件标注，避免日后他人接手时看不明白，造成不必要的时间浪费。

3.1 科研主导类项目

科研主导类项目选取2016年湿地修复建设项目——湖北省咸宁城市防洪排涝建设实施方案来论述。

3.1.1 项目缘起

（1）直接原因：2016年湖北省咸宁防洪排涝建设工程实施；水利部下发《关于抓紧编制灾后水利薄弱环节建设实施方案的通知》。

（2）间接原因：2016年咸宁市遭受严重的洪涝灾害，表现出其应对山溪洪水灾害的乏力；咸宁市的城市建设目标是“构成合理的生态框架，建成具有滨江、滨湖特色的生态城市”。

3.1.2 项目思路推进

刚接到该项目时，甲方对团队的要求只是几个湿地的规划设计，但经过对场地的调研和对项目的分析，团队认为应当从整个咸宁市的水系统出发综合防洪排涝，因此在项目中团队试图利用一个从宏观的全面分析到微观的详细设计的完整流程来扭转甲方的设计期望，以发挥景观规划设计在城市水生态基础设施建设中的统领作用。故而本项目有一个宏观—中观—微观视角的分析过程，是展示如何利用思维导图将研究与设计结合的代表案例（图3-1）。

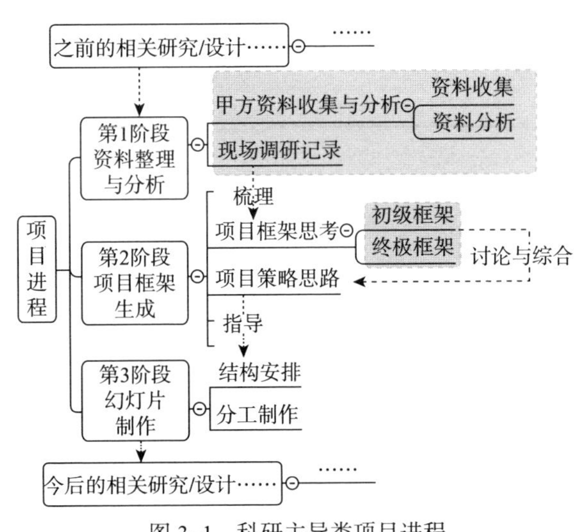
之前的相关研究/设计……
……
项目进程
第1阶段资料整理与分析
甲方资料收集与分析
资料收集
资料分析
现场调研记录
梳理
第2阶段项目框架生成
项目框架思考
初级框架
终极框架
讨论与综合
项目策略思路
指导
第3阶段幻灯片制作
结构安排
分工制作
今后的相关研究/设计……
……

图3-1 科研主导类项目进程

1）第 1 阶段：资料整理与分析

（1）甲方资料收集与分析

在该项目中，甲方资料比较齐全，故前期主要基于甲方资料进行分类整理和分析，利用思维导图罗列并梳理相关资料与文件，并对其重点信息进行提取与组合，实现对项目的初步印象（图 3–2）。

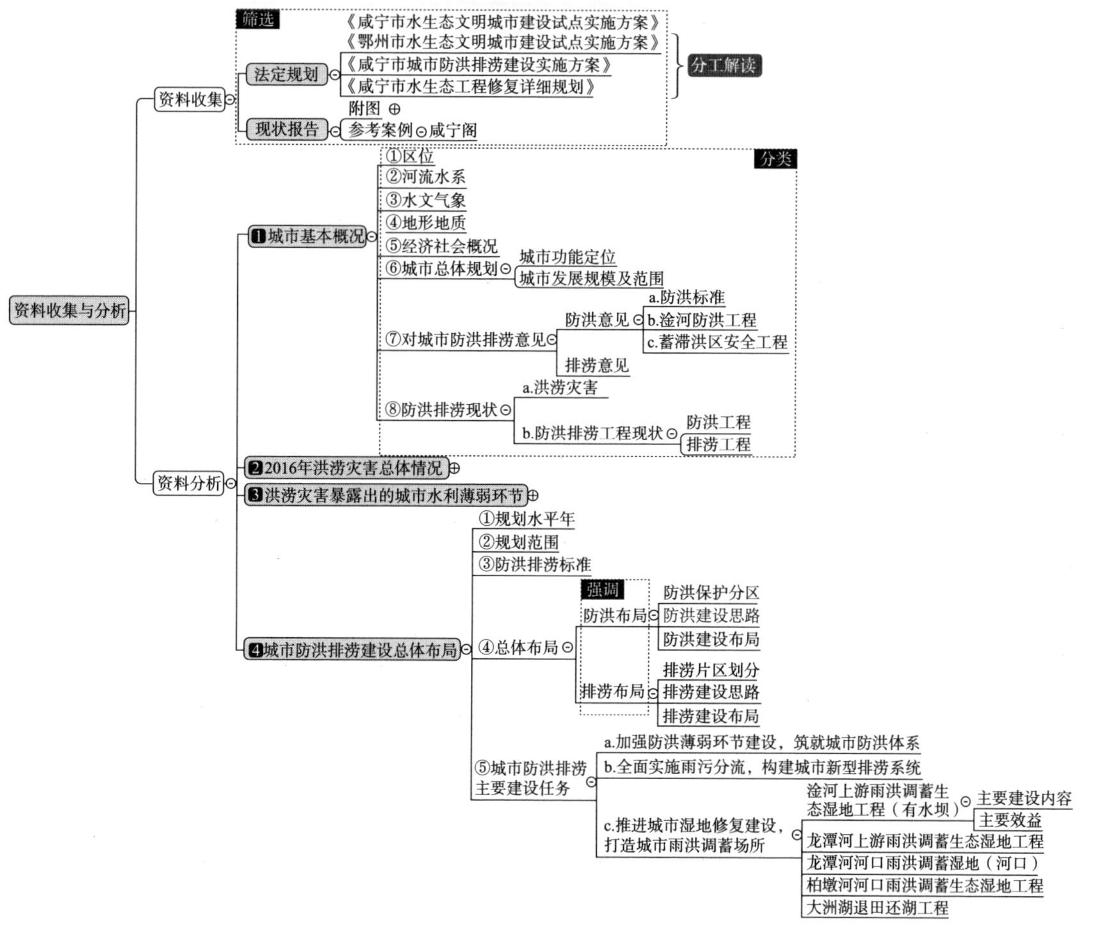
资料收集与分析
资料收集
筛选
法定规划
《咸宁市水生态文明城市建设试点实施方案》
《鄂州市水生态文明城市建设试点实施方案》
《咸宁市城市防洪排涝建设实施方案》
《咸宁市水生态工程修复详细规划》
分工解读
现状报告
附图
参考案例
咸宁阁
资料分析
分类
❶城市基本概况
①区位
②河流水系
③水文气象
④地形地质
⑤经济社会概况
⑥城市总体规划
城市功能定位
城市发展规模及范围
⑦对城市防洪排涝意见
防洪意见
a.防洪标准
b.淦河防洪工程
c.蓄滞洪区安全工程
排涝意见
⑧防洪排涝现状
a.洪涝灾害
b.防洪排涝工程现状
防洪工程
排涝工程
❷2016年洪涝灾害总体情况
❸洪涝灾害暴露出的城市水利薄弱环节
❹城市防洪排涝建设总体布局
①规划水平年
②规划范围
③防洪排涝标准
④总体布局
强调
防洪布局
防洪保护分区
防洪建设思路
防洪建设布局
排涝布局
排涝片区划分
排涝建设思路
排涝建设布局
⑤城市防洪排涝主要建设任务
a.加强防洪薄弱环节建设，筑就城市防洪体系
b.全面实施雨污分流，构建城市新型排涝系统
c.推进城市湿地修复建设，打造城市雨洪调蓄场所
淦河上游雨洪调蓄生态湿地工程（有水坝）
主要建设内容
主要效益
龙潭河上游雨洪调蓄生态湿地工程
龙潭河河口雨洪调蓄湿地（河口）
柏墩河河口雨洪调蓄生态湿地工程
大洲湖退田还湖工程

图 3–2　甲方资料的信息收集与整理

研究小技巧：

研究小技巧：

（2）现场调研记录

通过前期资料的整理与分析，形成对场地的初步印象后开始进行现场调研，利用草图与文字记录现场实况，然后利用思维导图整理现场调研信息，抓取重点形成调研纪要，从而实现对场地的性质、条件、问题、甲方要求等的把握，而且思维导图无限的子目录可以辅助对于场地信息的不断完善，帮助思考与形成对于各个场地的构思以指导下一步工作。

① 现场部分草图记录（图 3–3）

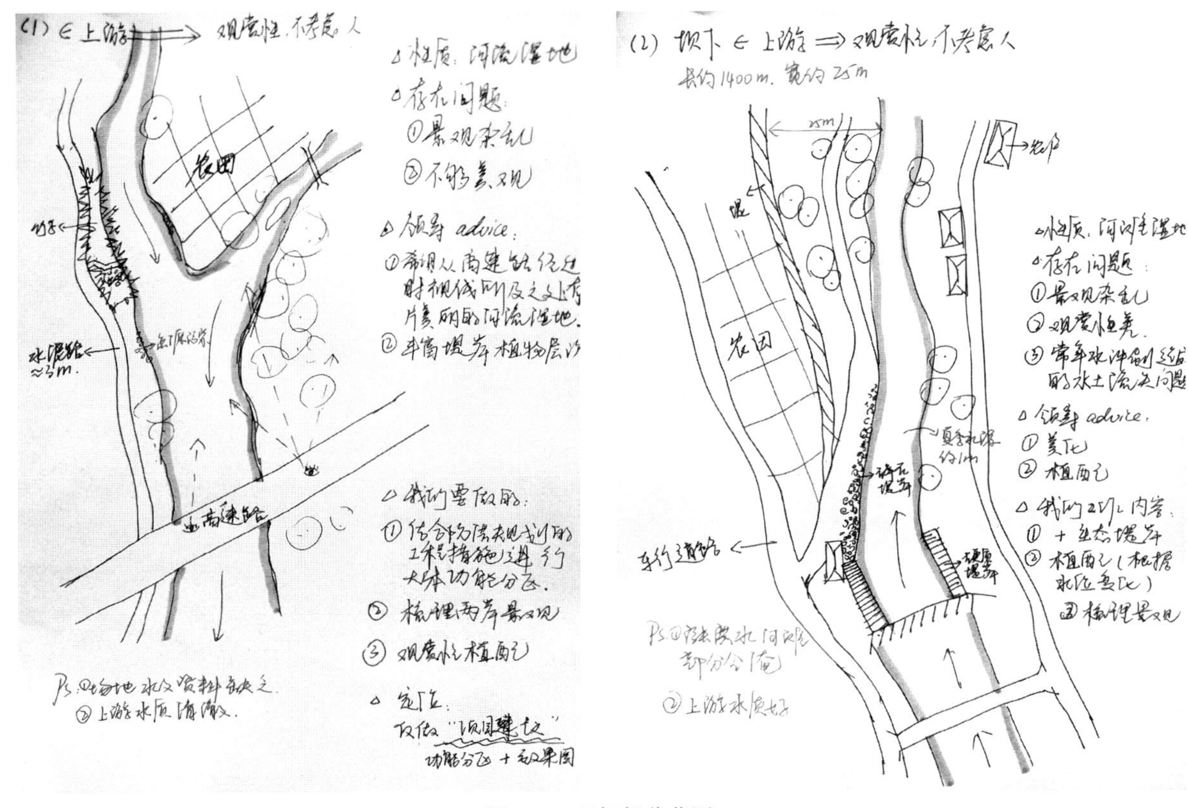

农田
△性质：河流湿地
△存在问题：
①景观杂乱
△领导 advice:
长约1400m，宽约25m
农田
车行道路

图 3–3　现场部分草图

② 上游柏墩河河口湿地（图 3-4）

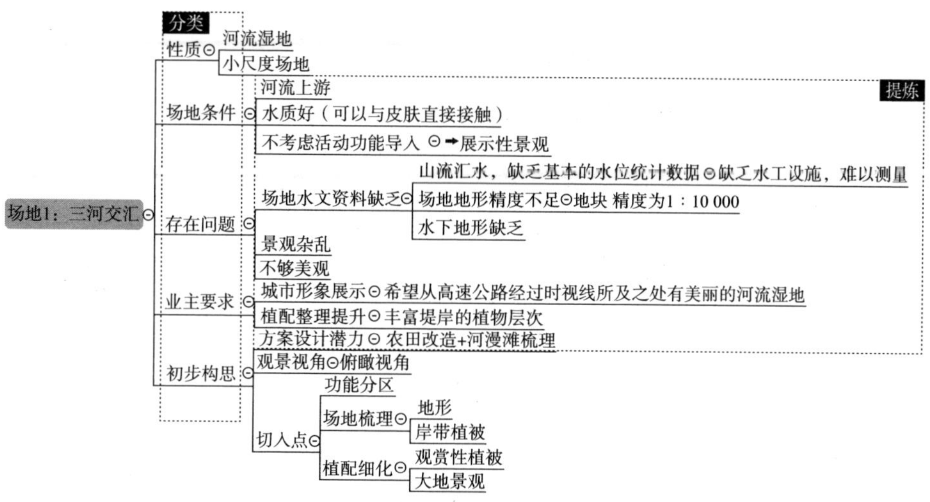

分类
提炼
场地1：三河交汇
性质
河流湿地
小尺度场地
场地条件
河流上游
水质好（可以与皮肤直接接触）
不考虑活动功能导入 ➡展示性景观
存在问题
场地水文资料缺乏
山流汇水，缺乏基本的水位统计数据 缺乏水工设施，难以测量
场地地形精度不足 地块 精度为1：10 000
水下地形缺乏
景观杂乱
不够美观
业主要求
城市形象展示 希望从高速公路经过时视线所及之处有美丽的河流湿地
植配整理提升 丰富堤岸的植物层次
初步构思
方案设计潜力 农田改造+河漫滩梳理
观景视角 俯瞰视角
切入点
功能分区
场地梳理
地形
岸带植被
植配细化
观赏性植被
大地景观

图 3-4　场地 1 的信息重组与归纳

③ 上游雨洪调蓄生态湿地（图 3-5）

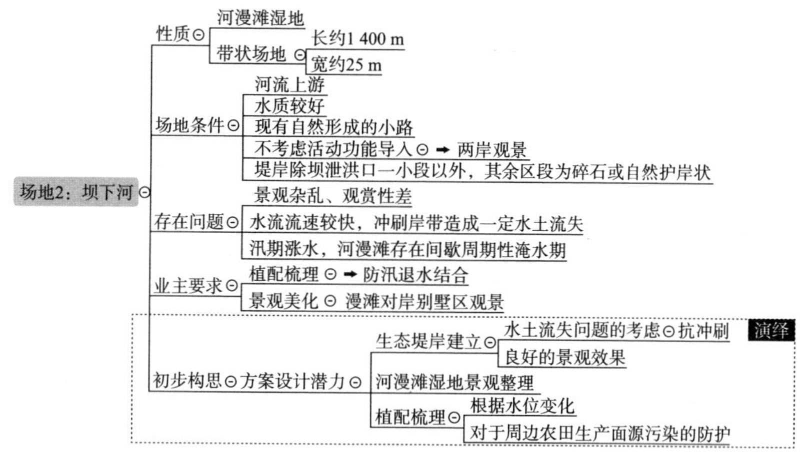

场地2：坝下河
性质
河漫滩湿地
带状场地
长约1 400 m
宽约25 m
场地条件
河流上游
水质较好
现有自然形成的小路
不考虑活动功能导入 ➡ 两岸观景
堤岸除坝泄洪口一小段以外，其余区段为碎石或自然护岸状
存在问题
景观杂乱、观赏性差
水流流速较快，冲刷岸带造成一定水土流失
汛期涨水，河漫滩存在间歇周期性淹水期
业主要求
植配梳理 ➡ 防汛退水结合
景观美化 漫滩对岸别墅区观景
演绎
初步构思
方案设计潜力
生态堤岸建立
水土流失问题的考虑 抗冲刷
良好的景观效果
河漫滩湿地景观整理
植配梳理
根据水位变化
对于周边农田生产面源污染的防护

图 3-5　场地 2 的信息重组与归纳

研究小技巧：

经验分享

在同时进行多个场地的调研时，应事先确定通用目录以避免信息遗漏，同时依据场地特质添加相应的记录要点。

研究小技巧：

④ 中游龙潭河口雨洪调蓄生态湿地（图 3-6）

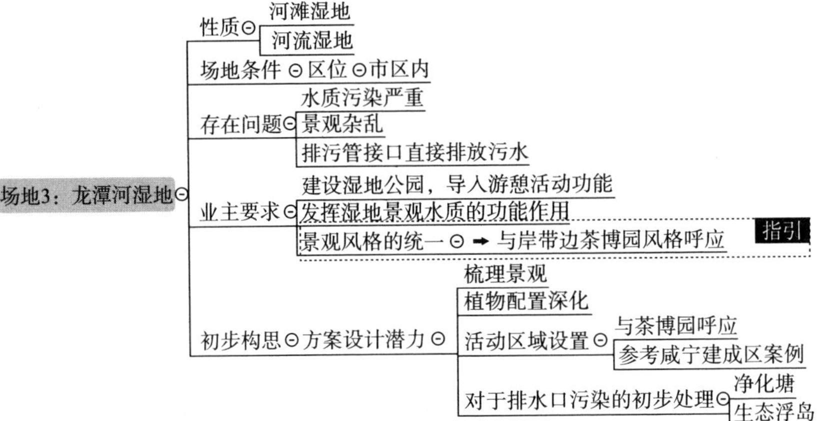
场地3：龙潭河湿地
性质
河滩湿地
河流湿地
场地条件
区位
市区内
存在问题
水质污染严重
景观杂乱
排污管接口直接排放污水
业主要求
建设湿地公园，导入游憩活动功能
发挥湿地景观水质的功能作用
景观风格的统一
与岸带边茶博园风格呼应
指引
初步构思
方案设计潜力
梳理景观
植物配置深化
活动区域设置
与茶博园呼应
参考咸宁建成区案例
对于排水口污染的初步处理
净化塘
生态浮岛

图 3-6　场地 3 的信息重组与归纳

⑤ 龙潭河上游雨洪调蓄生态湿地（图 3-7）

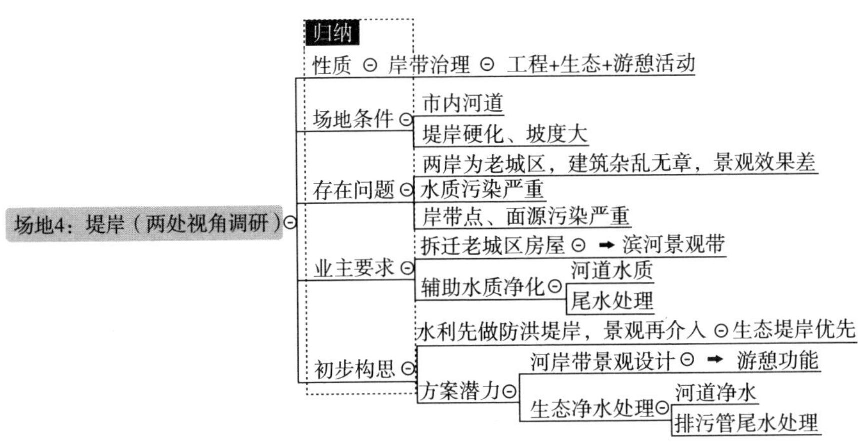
归纳
场地4：堤岸（两处视角调研）
性质
岸带治理
工程+生态+游憩活动
场地条件
市内河道
堤岸硬化、坡度大
存在问题
两岸为老城区，建筑杂乱无章，景观效果差
水质污染严重
岸带点、面源污染严重
业主要求
拆迁老城区房屋
滨河景观带
辅助水质净化
河道水质
尾水处理
初步构思
水利先做防洪堤岸，景观再介入
生态堤岸优先
方案潜力
河岸带景观设计
游憩功能
生态净水处理
河道净水
排污管尾水处理

图 3-7　场地 4 的信息重组与归纳

⑥ 下游大洲湖退田还湖（图 3-8）

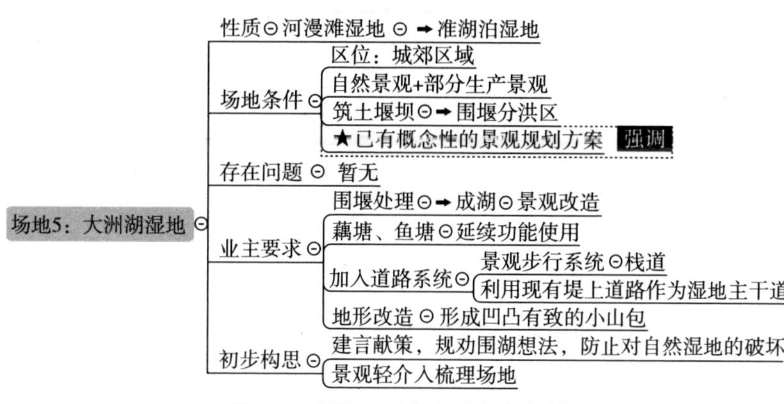
场地5：大洲湖湿地
性质 河漫滩湿地 准湖泊湿地
场地条件
区位：城郊区域
自然景观+部分生产景观
筑土堰坝 围堰分洪区
★已有概念性的景观规划方案
强调
存在问题 暂无
业主要求
围堰处理 成湖 景观改造
藕塘、鱼塘 延续功能使用
加入道路系统
景观步行系统 栈道
利用现有堤上道路作为湿地主干道
地形改造 形成凹凸有致的小山包
初步构思
建言献策，规劝围湖想法，防止对自然湿地的破坏
景观轻介入梳理场地

图 3-8 场地 5 的信息重组与归纳

⑦ 淦河 107 国道桥至老西河桥段河道疏挖扩卡工程（图 3-9）

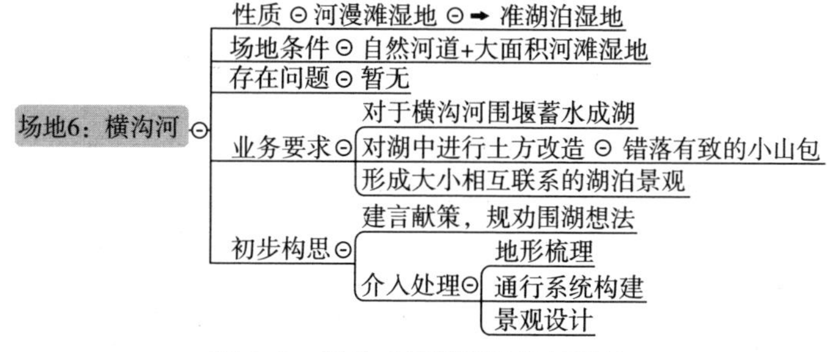
场地6：横沟河
性质 河漫滩湿地 准湖泊湿地
场地条件 自然河道+大面积河滩湿地
存在问题 暂无
业务要求
对于横沟河围堰蓄水成湖
对湖中进行土方改造 错落有致的小山包
形成大小相互联系的湖泊景观
初步构思
建言献策，规劝围湖想法
介入处理
地形梳理
通行系统构建
景观设计

图 3-9 场地 6 的信息重组与归纳

2）第 2 阶段：项目框架生成

（1）项目框架思考

通过对基础资料的整理与分析和现场调研的记录与整合，开始尝试针对项目整体框架进行构思。

研究小技巧：

研究小技巧：

① 初级框架：从规划文件出发的思考

该版本的项目框架主要通过对项目指定的法定规划、现状报告进行解读分析，逐一寻找在设计范围内的条款指令，并以思维导图的方式整理罗列，从而寻找条款与项目的核心指导信息及关联性，明确了政策方向与设计支持，以及如何有效地落实到实地工程上（图 3-10）。

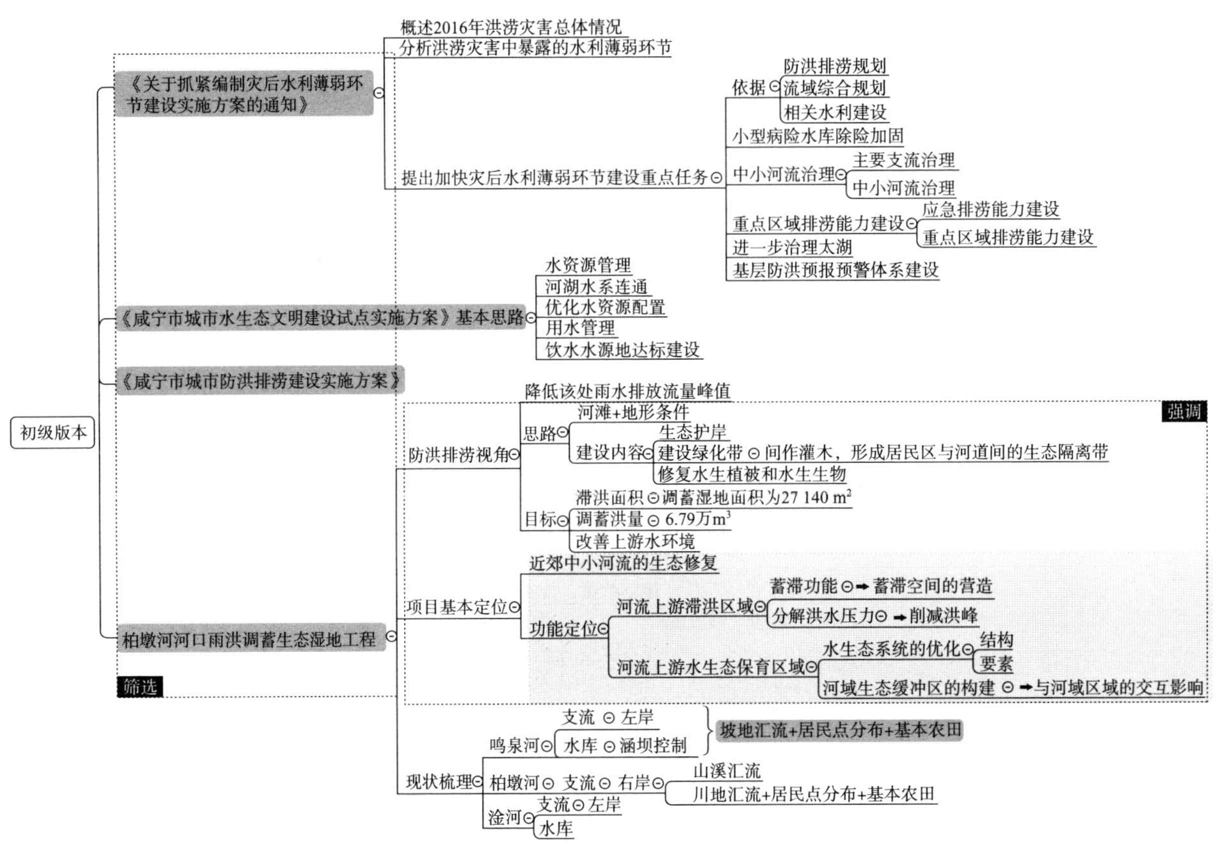

初级版本
《关于抓紧编制灾后水利薄弱环节建设实施方案的通知》
概述2016年洪涝灾害总体情况
分析洪涝灾害中暴露的水利薄弱环节
提出加快灾后水利薄弱环节建设重点任务
依据
防洪排涝规划
流域综合规划
相关水利建设
小型病险水库除险加固
中小河流治理
主要支流治理
中小河流治理
重点区域排涝能力建设
应急排涝能力建设
重点区域排涝能力建设
进一步治理太湖
基层防洪预报预警体系建设
《咸宁市城市水生态文明建设试点实施方案》基本思路
水资源管理
河湖水系连通
优化水资源配置
用水管理
饮水水源地达标建设
《咸宁市城市防洪排涝建设实施方案》
柏墩河河口雨洪调蓄生态湿地工程
筛选
强调
防洪排涝视角
降低该处雨水排放流量峰值
思路
河滩+地形条件
建设内容
生态护岸
建设绿化带 间作灌木，形成居民区与河道间的生态隔离带
修复水生植被和水生生物
目标
滞洪面积 调蓄湿地面积为27 140 m²
调蓄洪量 6.79万m³
改善上游水环境
项目基本定位
近郊中小河流的生态修复
功能定位
河流上游滞洪区域
蓄滞功能 → 蓄滞空间的营造
分解洪水压力 → 削减洪峰
河流上游水生态保育区域
水生态系统的优化
结构
要素
河域生态缓冲区的构建 → 与河域区域的交互影响
现状梳理
鸣泉河
支流 左岸
水库 涵坝控制
坡地汇流+居民点分布+基本农田
柏墩河 支流 右岸
山溪汇流
川地汇流+居民点分布+基本农田
淦河
支流 左岸
水库

图 3-10　初级框架的信息筛选与强调

② 终极框架

在初级框架的基础上，利用思维导图融入对场地具体情况与规划设计目标的思考，从而梳理形成既能迎合规划文件也能实际解决场地自身问题的项目框架，强调了宏观水生态基础设施构建的重要性和必要性，并在该框架下对各个湿地进行功能解读与分配，试图从景观途径实现对咸宁整个城市防洪排涝的目标。利用思维导图辅助形成对各个环节关联性的解读，实现对宏观—中观—微观层面策略的逻辑推衍（图 3–11）。

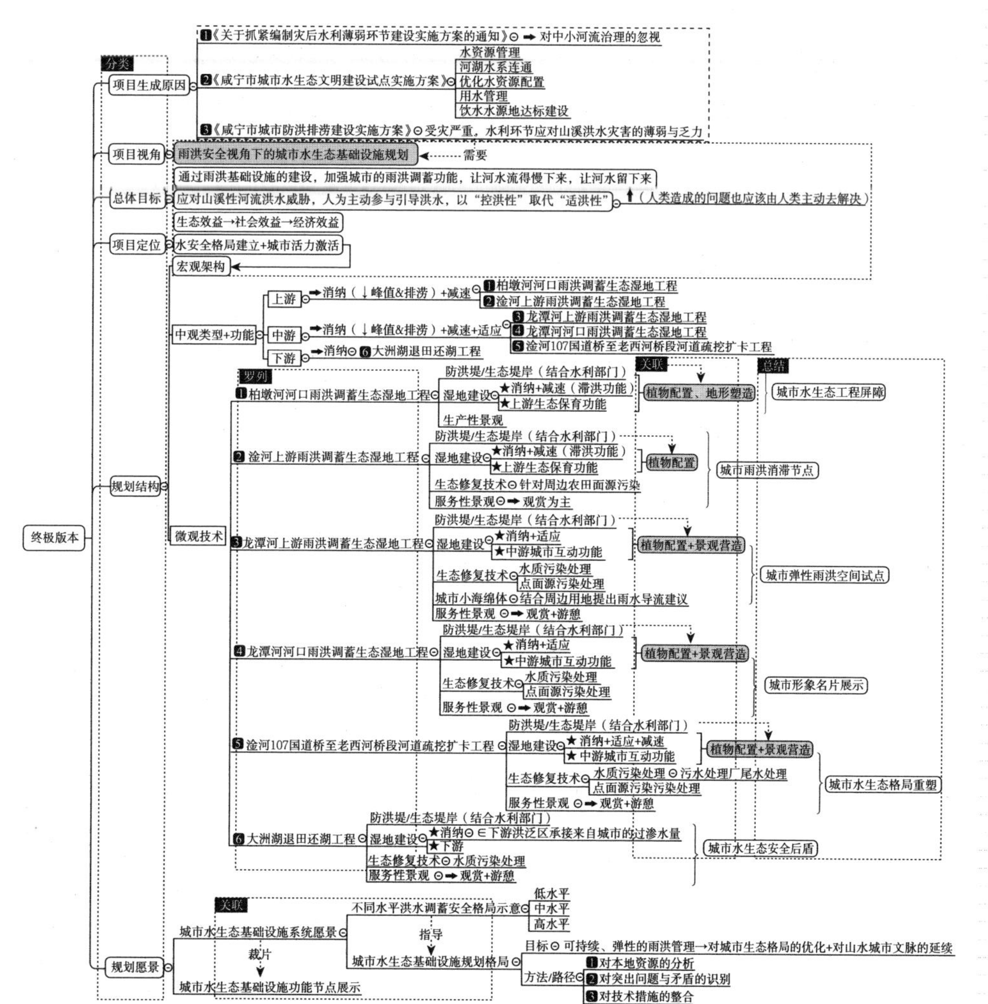

终极版本
分类
项目生成原因
❶《关于抓紧编制灾后水利薄弱环节建设实施方案的通知》➡ 对中小河流治理的忽视
❷《咸宁市城市水生态文明建设试点实施方案》
水资源管理
河湖水系连通
优化水资源配置
用水管理
饮水水源地达标建设
❸《咸宁市城市防洪排涝建设实施方案》受灾严重，水利环节应对山溪洪水灾害的薄弱与乏力
项目视角
雨洪安全视角下的城市水生态基础设施规划
需要
总体目标
通过雨洪基础设施的建设，加强城市的雨洪调蓄功能，让河水流得慢下来，让河水留下来
应对山溪性河流洪水威胁，人为主动参与引导洪水，以"控洪性"取代"适洪性"
（人类造成的问题也应该由人类主动去解决）
项目定位
生态效益→社会效益→经济效益
水安全格局建立+城市活力激活
宏观架构
规划结构
中观类型+功能
上游
➡消纳（↓峰值&排涝）+减速
❶柏墩河河口雨洪调蓄生态湿地工程
❷淦河上游雨洪调蓄生态湿地工程
中游
➡消纳（↓峰值&排涝）+减速+适应
❸龙潭河上游雨洪调蓄生态湿地工程
❹龙潭河河口雨洪调蓄生态湿地工程
❺淦河107国道桥至老西河桥段河道疏挖扩卡工程
下游
➡消纳 ❻大洲湖退田还湖工程
微观技术
罗列
❶柏墩河河口雨洪调蓄生态湿地工程
防洪提/生态堤岸（结合水利部门）
湿地建设
★消纳+减速（滞洪功能）
★上游生态保育功能
生产性景观
❷淦河上游雨洪调蓄生态湿地工程
防洪堤/生态堤岸（结合水利部门）
湿地建设
★消纳+减速（滞洪功能）
★上游生态保育功能
生态修复技术 针对周边农田面源污染
服务性景观 ➡ 观赏为主
❸龙潭河上游雨洪调蓄生态湿地工程
防洪堤/生态堤岸（结合水利部门）
湿地建设
★消纳+适应
★中游城市互动功能
生态修复技术
水质污染处理
点面源污染处理
城市小海绵体 结合周边用地提出雨水导流建议
服务性景观 ➡ 观赏+游憩
❹龙潭河河口雨洪调蓄生态湿地工程
防洪堤/生态堤岸（结合水利部门）
湿地建设
★消纳+适应
★中游城市互动功能
生态修复技术
水质污染处理
点面源污染处理
服务性景观 ➡ 观赏+游憩
❺淦河107国道桥至老西河桥段河道疏挖扩卡工程
防洪堤/生态堤岸（结合水利部门）
湿地建设
★消纳+适应+减速
★中游城市互动功能
生态修复技术
水质污染处理 污水处理厂尾水处理
点面源污染污染处理
服务性景观 ➡ 观赏+游憩
❻大洲湖退田还湖工程
防洪堤/生态堤岸（结合水利部门）
湿地建设
★消纳 ∈下游洪泛区承接来自城市的过渗水量
★下游
生态修复技术 水质污染处理
服务性景观 ➡ 观赏+游憩
关联
植物配置、地形塑造
植物配置
植物配置+景观营造
植物配置+景观营造
植物配置+景观营造
总结
城市水生态工程屏障
城市雨洪消滞节点
城市弹性雨洪空间试点
城市形象名片展示
城市水生态格局重塑
城市水生态安全后盾
规划愿景
关联
城市水生态基础设施系统愿景
不同水平洪水调蓄安全格局示意
低水平
中水平
高水平
指导
裁片
城市水生态基础设施规划格局
目标 可持续、弹性的雨洪管理→对城市生态格局的优化+对山水城市文脉的延续
方法/路径
❶对本地资源的分析
❷对突出问题与矛盾的识别
❸对技术措施的整合
城市水生态基础设施功能节点展示

图 3–11　终极框架的信息关联与组织

研究小技巧：

研究小技巧：

（2）项目策略思路

在终极框架的基础上，进一步深化框架，形成对项目核心策略的最终想法，利用思维导图进行罗列与重组，强化各部分之间的关联性，对要点进行强调，这将直接指导项目汇报幻灯片内容的制作及场地规划设计（图 3-12）。

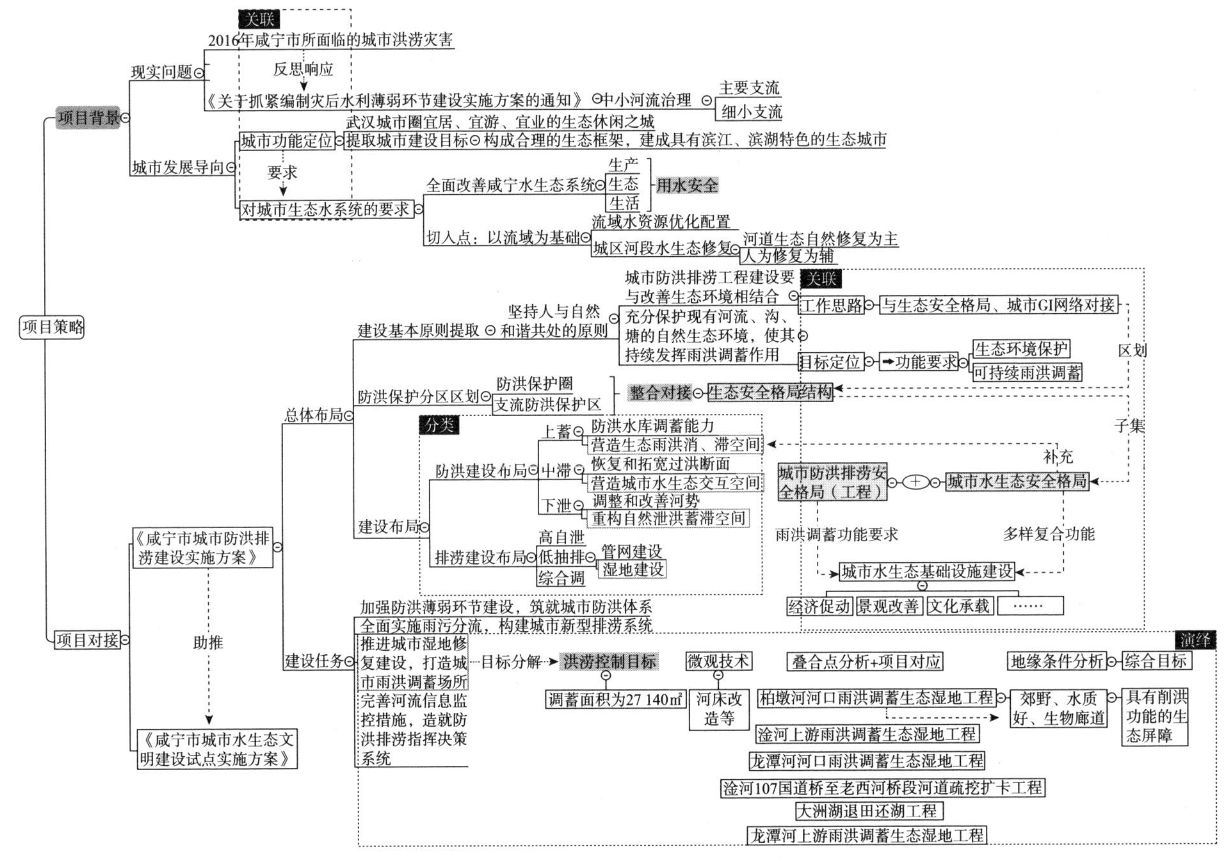

项目策略
项目背景
现实问题
关联
2016年咸宁市所面临的城市洪涝灾害
反思响应
《关于抓紧编制灾后水利薄弱环节建设实施方案的通知》
中小河流治理
主要支流
细小支流
城市发展导向
城市功能定位
武汉城市圈宜居、宜游、宜业的生态休闲之城
提取城市建设目标
构成合理的生态框架，建成具有滨江、滨湖特色的生态城市
要求
对城市生态水系统的要求
全面改善咸宁水生态系统
生产
生态
生活
用水安全
切入点：以流域为基础
流域水资源优化配置
城区河段水生态修复
河道生态自然修复为主
人为修复为辅
项目对接
《咸宁市城市防洪排涝建设实施方案》
助推
《咸宁市城市水生态文明建设试点实施方案》
总体布局
建设基本原则提取
坚持人与自然和谐共处的原则
城市防洪排涝工程建设要与改善生态环境相结合
充分保护现有河流、沟、塘的自然生态环境，使其持续发挥雨洪调蓄作用
关联
工作思路
与生态安全格局、城市GI网络对接
目标定位
➡功能要求
生态环境保护
可持续雨洪调蓄
区划
防洪保护分区区划
防洪保护圈
支流防洪保护区
整合对接
生态安全格局结构
子集
分类
建设布局
防洪建设布局
上蓄
防洪水库调蓄能力
营造生态雨洪消、滞空间
中滞
恢复和拓宽过洪断面
营造城市水生态交互空间
下泄
调整和改善河势
重构自然泄洪蓄滞空间
排涝建设布局
高自泄
低抽排
综合调
管网建设
湿地建设
补充
城市防洪排涝安全格局（工程）
城市水生态安全格局
雨洪调蓄功能要求
多样复合功能
城市水生态基础设施建设
经济促动
景观改善
文化承载
……
建设任务
加强防洪薄弱环节建设，筑就城市防洪体系
全面实施雨污分流，构建城市新型排涝系统
推进城市湿地修复建设，打造城市雨洪调蓄场所
完善河流信息监控措施，造就防洪排涝指挥决策系统
目标分解
洪涝控制目标
调蓄面积为27 140㎡
微观技术
河床改造等
叠合点分析+项目对应
柏墩河河口雨洪调蓄生态湿地工程
淦河上游雨洪调蓄生态湿地工程
龙潭河河口雨洪调蓄生态湿地工程
淦河107国道桥至老西河桥段河道疏挖扩卡工程
大洲湖退田还湖工程
龙潭河上游雨洪调蓄生态湿地工程
演绎
地缘条件分析
综合目标
郊野、水质好、生物廊道
具有削洪功能的生态屏障

图 3-12 项目策略的信息重组与逻辑梳理

3）第 3 阶段：幻灯片制作

（1）结构安排

在确定项目总体策略推衍逻辑后，利用思维导图对幻灯片内容结构进行组织构建，并确定各部分大致页数（图 3-13）。

研究小技巧：

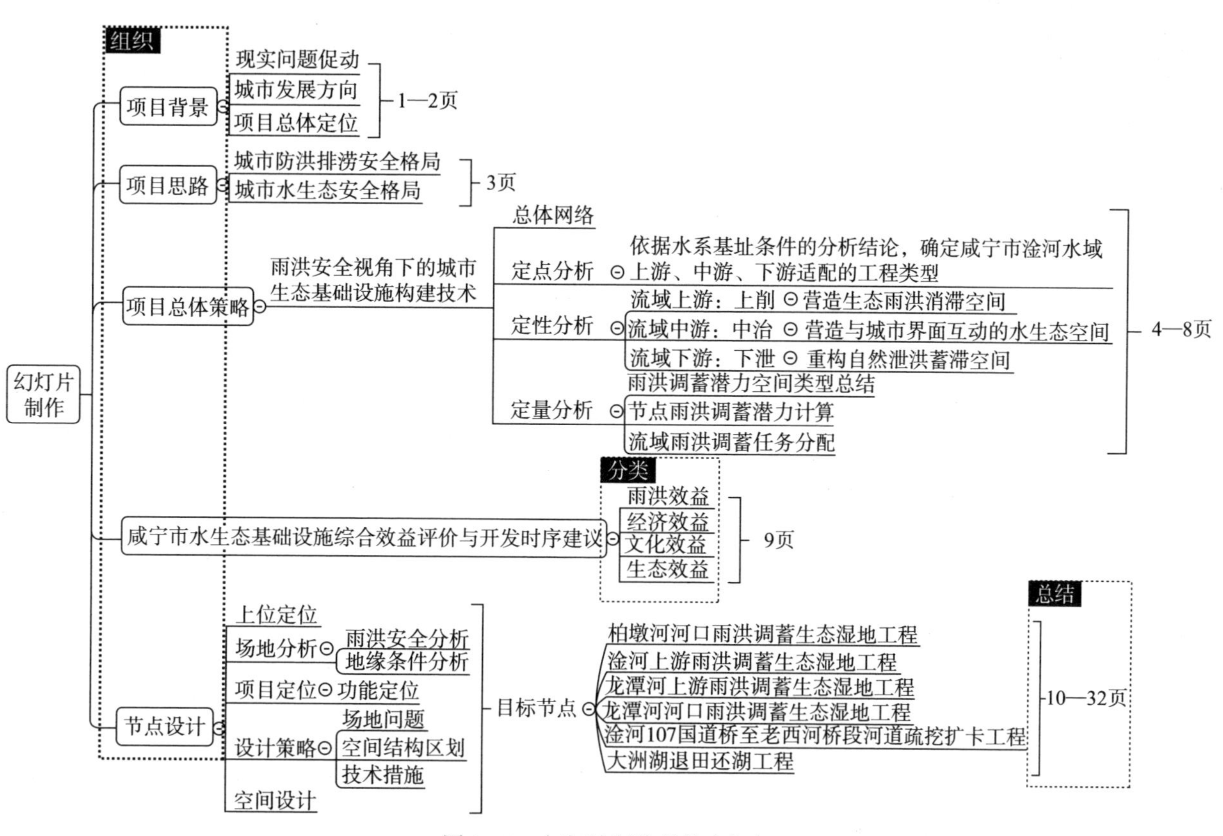

组织
幻灯片制作
项目背景
现实问题促动
城市发展方向
项目总体定位
1—2页
项目思路
城市防洪排涝安全格局
城市水生态安全格局
3页
项目总体策略
雨洪安全视角下的城市生态基础设施构建技术
总体网络
定点分析
依据水系基址条件的分析结论，确定咸宁市淦河水域上游、中游、下游适配的工程类型
定性分析
流域上游：上削
营造生态雨洪消滞空间
流域中游：中治
营造与城市界面互动的水生态空间
流域下游：下泄
重构自然泄洪蓄滞空间
定量分析
雨洪调蓄潜力空间类型总结
节点雨洪调蓄潜力计算
流域雨洪调蓄任务分配
4—8页
分类
咸宁市水生态基础设施综合效益评价与开发时序建议
雨洪效益
经济效益
文化效益
生态效益
9页
节点设计
上位定位
场地分析
雨洪安全分析
地缘条件分析
项目定位
功能定位
设计策略
场地问题
空间结构区划
技术措施
空间设计
目标节点
柏墩河河口雨洪调蓄生态湿地工程
淦河上游雨洪调蓄生态湿地工程
龙潭河上游雨洪调蓄生态湿地工程
龙潭河河口雨洪调蓄生态湿地工程
淦河107国道桥至老西河桥段河道疏挖扩卡工程
大洲湖退田还湖工程
总结
10—32页

图 3-13　幻灯片制作的信息组织

研究小技巧：

（2）分工制作

在确定幻灯片结构后即可按照篇章分配任务，团队成员合作完成。图 3-14 展示了部分幻灯片内容。

咸宁湿地建设项目PPT1108.pptx

湿地修复建设项目
项目背景
现实问题促动
2016年咸宁市遭受严重的洪涝灾害，应对山溪洪水灾害乏力
水利部 反思响应，下发通知
《关于抓紧编制灾后水利薄弱环节建设实施方案的通知》
灾后水利薄弱环节建设重点任务：
小型病险水库除险加固
中小河流治理
重点区域排涝能力建设
基层防洪预报预警体系建设
城市发展导向
城市功能定位— 武汉城市圈宜居、宜游、宜业的生态休闲之城
城市建设目标— 构成合理的生态框架，建成具有滨江、滨湖特色的生态城市
对城市生态水系统的期许：全面改善咸宁水生态系统
统筹城市防洪排涝
确保城市用水安全
促进城市人水和谐
城市水生态安全
生态安全
生产安全
生活安全
项目总体定位
以淦河流域为基础，建构城市水生态安全格局，充分发挥生态基础设施的雨洪调蓄功能，推进城市湿地修复建设，促进城市总体环境改善。
项目目标：
防洪排涝工程建设
整合
城市生态环境改善
充分保护现有河沟、塘的自然生态环境
发挥可持续雨洪调蓄作用
雨洪安全视角下的城市水生态基础设施规划
城市生态安全格局网络构建
潜力场地挖掘
先进技术措施整合
咸宁市城市防洪排涝建设实施方案
1

图 3-14 咸宁湿地建设项目部分幻灯片

3.1.3 项目阶段性成果

发表学术论文：冉玲于，周燕．可拓学辅助景观分析与方案生成的应用方法研究：以咸宁市淦河滨河空间景观优化策略生成过程为例［C］// 中国城市规划学会．共享与品质：2018 中国城市规划年会论文集．北京：中国建筑工业出版社，2018。

3.1.4 项目总结

研究小技巧：

本次项目以问题为导向，从风景园林专业可控的视角出发，提出一套从上至下的管控措施，力求为咸宁市洪涝灾害的减轻做出更为宏观全面的分析。但是，在前期调研及与甲方的沟通过程中，我们发现甲方对于风景园林行业工作具有一定的偏见，这也是当前社会环境下普遍存在的一种现象，风景园林还被很多人误认为只是“种种树、画画图”的行业。我们需要扩大专业影响力，也需要向社会展示我们可以从什么方面为社会与生态做贡献。同时，基于场地现状，我们发现咸宁市淦河流域发生洪涝灾害的一大因素还在于没有建立起水生态基础设施网络，没有科学地利用好自然流域的蓄洪潜力。因此，此次项目以淦河流域为基础，尝试建构城市水生态安全格局，充分发挥生态基础设施的雨洪调蓄功能，推进城市湿地修复建设，促进城市总体环境改善。以思维导图的方式推进项目，在第一阶段进行资料整理与分析时，条理清晰、重点突出，能够高效提取有用信息作为限制条件向下推进；在第二阶段推导项目框架时，以思维导图的方式实现对信息的比较、关联、归纳、重组，实现对项目整体的系统性把控和重要概念的突出；在第三阶段幻灯片制作时，思维导图可以帮助梳理幻灯片章节内容，确保汇报的各个环节具有很强的逻辑性，并且由于前期思维导图辅助形成了项目框架与具体策略的实现路径，幻灯片具体内容的制作也就变得轻而易举了。

研究小技巧：

3.2 设计主导类项目

设计主导类项目选取 2018 年苏州水利枢纽风景区申报——苏州市引清工程水利风景区总体规划概念方案来论述。

3.2.1 项目缘起

（1）直接原因：甲方需求。① 江苏省水利厅拟对苏州市胥口水利枢纽、阳澄湖水利枢纽、七浦塘水利枢纽和江边水利枢纽进行复核，欲共同申报国家级水利风景区，因此需对这四大枢纽所在的风景区进行总体规划；② 甲方希望能以“水文化”为主题，所以项目将围绕“水利文化”展开。

（2）间接原因：团队研究基础。① 长期关注水域生态景观；② 对于水质、水量和水动力具备一定的研究基础。

3.2.2 项目思路推进

本项目主要以甲方需求为主导，在不脱离现状的基础上寻找主题支撑依据。这也是大多数横向项目的传统思路。唯一不同之处在于，团队首先利用思维导图进行思路梳理和逻辑推衍，形成总体框架后直接转译为汇报幻灯片，确保工作能保质保量完成。

本项目展示的只是前期概念生成阶段的工作，后期主要为规划设计，思路流程与此阶段不同，故在此

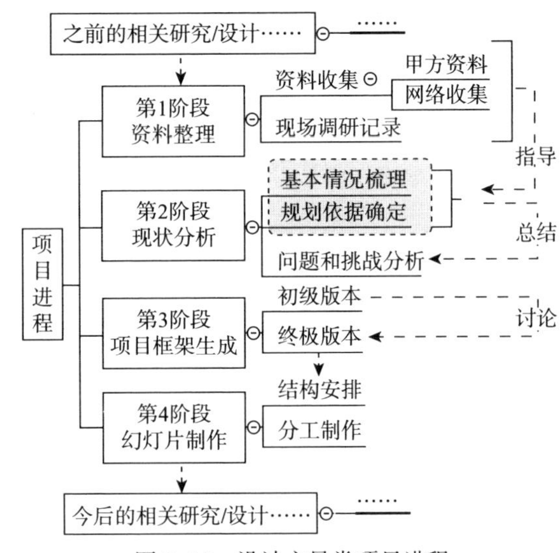
之前的相关研究/设计……
……
项目进程
第1阶段
资料整理
资料收集
甲方资料
网络收集
现场调研记录
指导
第2阶段
现状分析
基本情况梳理
规划依据确定
总结
问题和挑战分析
第3阶段
项目框架生成
初级版本
终极版本
讨论
结构安排
第4阶段
幻灯片制作
分工制作
今后的相关研究/设计……
……

图 3-15　设计主导类项目进程

不做进一步展示。该项目分为四个阶段，如图 3-15 所示。

1）第 1 阶段：资料整理

（1）资料收集

在资料收集阶段，通过甲方提供和网络搜索两种途径获取相关资料。

这些资料中，一类与项目直接相关，如“水利风景区规划要求相关文件”和“四大枢纽前期资料”，可为项目的限制条件与规划方向提供直接依据；另一类与项目间接相关，如“上位规划文件”“水利风景区周边相关规划与文献”“相关规划图纸与数据”“与水文化相关的文献或文本”，可为项目的限制条件与开发潜力提供推导依据。现将部分资料示例如下：

① 水利风景区规划要求相关文件示例。a.《苏州两河一站水利风景区规划工作大纲》；b.《苏州市水利工程管理处水利风景区的情况汇报》；c.《水利风景区复核评价报告书及江苏风景区名单》；d.《水利风景区评价标准（SL 300—2013）》；e.《水利风景区规划（纲要）编制要求和注意事项》；f.《全国水利风景区建设发展规划（2017—2025 年）》。

② 四大枢纽前期资料示例。a. 四大枢纽空间布局示意图。b. 七浦塘水利枢纽航拍视频；七浦塘人文点分布图；七浦塘初设总报告审定稿打印版（2012-12-27）；七浦塘口门建筑物最终位置图［采用计算机辅助制图（CAD）］。

③ 上位规划文件（文稿）示例。a. 2016 年苏州规划；b.《苏州统计年鉴（2017）》Excel 版；c.《苏州市城市发展战略研究》总报告；d.《苏州市总体城市设计》；e.《“智慧苏州”规划》；f. 江苏城市群建设新闻稿；g.《苏州市城市绿地系统规划（2017—2035 年）》；h.《苏州市城市中心区排水（雨水）防涝综合规划》；i.《苏州历史文化名城保护规划（2013—2030 年）》；j.《苏州市旅游发展总体规划》文本；k. 苏州市国民经济和社会发展第十二个五年规划；l.《苏州水利十二五规划》；m. 苏州市国民经济和社会发展第十三个五年规划研究报告；n.《苏州市“十三五”生态环境保护规划》；o.《苏州河网水系总体规划》；p.《江苏省水利风景区发展规划纲要》。

研究小技巧：

研究小技巧：

④ 水利风景区周边相关规划与文献示例。a.《苏州市木渎镇总体规划（2016—2020 年）》；b. 中国城市规划设计研究院《苏州太湖国家旅游度假区总体规划（2005—2020 年）》；c.《苏州新城（苏州工业园区）发展战略规划》；d.《吴中区“十三五”环保与生态建设规划》；e.《苏州胥江南岸片区总体规划（2014—2030 年）》；f.《苏州运河与胥江滨水景观规划设计研究》；g.《苏州金鸡湖滨水景观规划》；h.《苏州市石湖景区总体规划》；i.《昆山市城市总体规划纲要（2008—2030 年）》；j.《苏州环古城河夜景规划设计》；k.《苏州环古城西段绿地景观规划》；l.《江南水乡城市夜景规划初探——苏州夜景规划有感》；m.《苏州古城区水系演变规律及水动力改善研究》；n.《苏州古典园林理水与古城水系》。

⑤ 相关规划图纸与数据示例。a. 苏州市行政区划图。b. 苏州市水系图。c. 苏州水利风景区河道、枢纽相关量测数据。d. 其他：东山镇规划总图两张；高铁新城东部片区详细规划图；角直镇用地规划图；木渎镇胥江以南控制性详细规划图；望亭镇总体规划图；渭塘镇特色村庄规划图；渭塘镇中心镇区详细规划图；吴中区木渎镇总体规划图；相城区黄埭镇总体规划调整图；相城区渭塘镇总体规划图；胥江用地规划图；胥江运河以北详图。

⑥ 与水文化相关的文献或文本示例。《基于水文化传承的水利风景区规划研究》（马云）、《具有地域特色水利风景区的规划方法初探——以聊城市徒骇河水利风景区规划为例》（谢祥财、刘晓明）、《开发苏州水文化体育旅游设想》（徐燕华）、《论城市水文化建设的必要性和意义》（陈兴茹）、《水利风景区的价值内涵、发展历程与运行现状的思考》（余凤龙、黄震方、尚正永）、《水利风景区旅游规划研究——以湖南攸县酒仙湖景区概念性规划为例》（张宝铮）、《水利风景区生态旅游发展现状及对策建议》（钟林生、王婧、詹卫华）、《水利风景区水文化挖掘及载体建设研究》（庄晓敏）、《水利风景区水文化遗产保护利用现状、问题及对策》（周波、谭徐明、王茂林）、《水利风景区演变特征与旅游发展导向》（孙琨、詹卫华、赵洪峰）、《水文化传承视域下城市水利风景区规划探析》（马云、单鹏飞、董红燕）、《水文化研究几个关键问题的讨论》（左其亭）、《苏州水文化体育旅游资源开发探讨》（钟华、徐燕华、刘鑫）、《苏州运河与胥江滨水景观规划设计研究》（周亮、黄启堂、林征）。

（2）现场调研记录

在现场调研过程中，一边拍摄照片一边以草图记录问题，之后便可及时利用思维导图将现场见闻梳理整合，以便达到对场地的快速认识。

① 现场照片拍摄（图 3-16）

胥口水利枢组
西塘河水利枢组
阳澄湖水利枢组
江边水利枢组

图 3-16 现场照片

② 调研情况记录整理（图 3-17）

在现场调研过程中及时记录，后续可利用思维导图工具对现状进行初步梳理。通过对四大枢纽的基

研究小技巧：

研究小技巧：

本信息分门别类地归纳与整理，可实现对现状的基本了解，此时以最简单的语言进行快速整理即可。

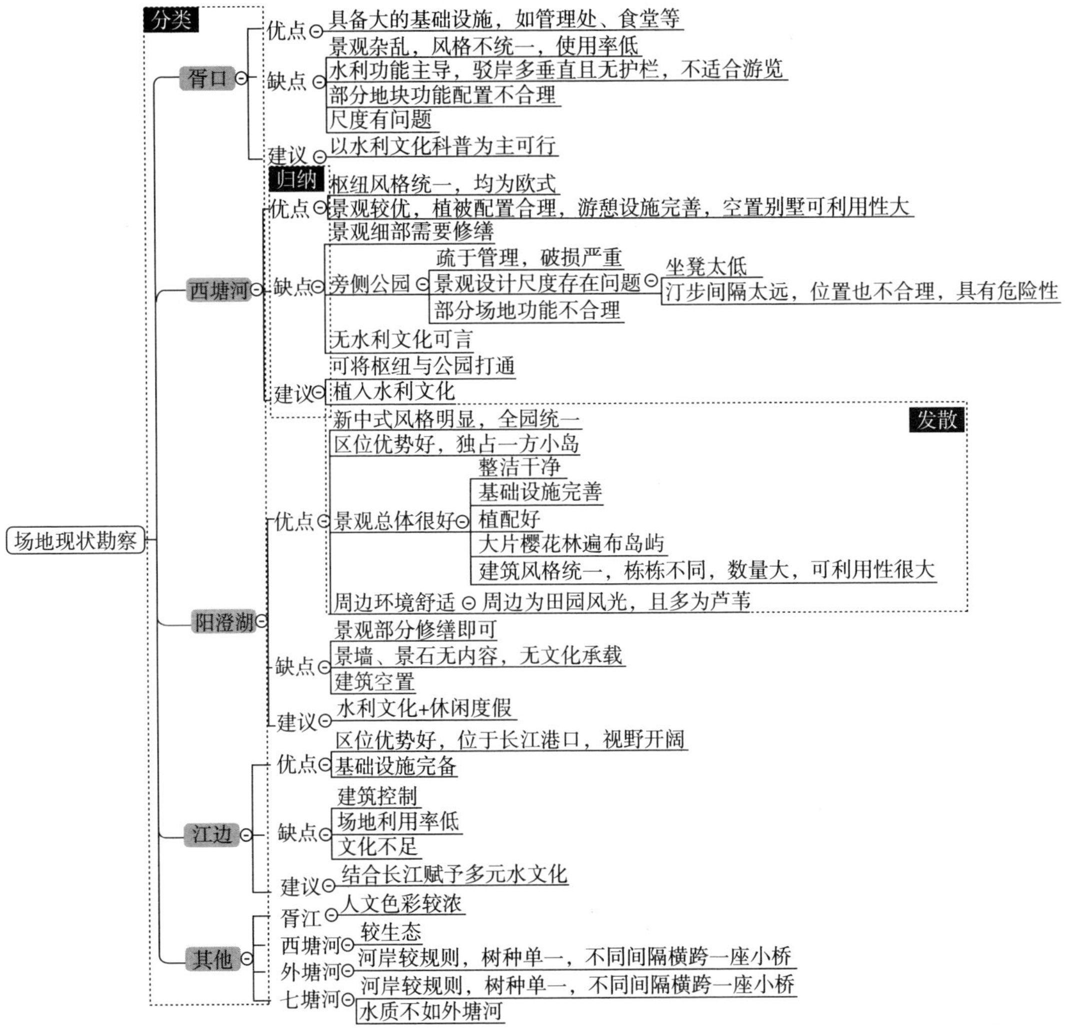

- 场地现状勘察
  - 胥口
    - 优点
      - 具备大的基础设施，如管理处、食堂等
    - 缺点
      - 景观杂乱，风格不统一，使用率低
      - 水利功能主导，驳岸多垂直且无护栏，不适合游览
      - 部分地块功能配置不合理
      - 尺度有问题
    - 建议
      - 以水利文化科普为主可行
  - 西塘河
    - 优点
      - 枢纽风格统一，均为欧式
      - 景观较优，植被配置合理，游憩设施完善，空置别墅可利用性大
    - 缺点
      - 景观细部需要修缮
      - 旁侧公园
        - 疏于管理，破损严重
        - 景观设计尺度存在问题
          - 坐凳太低
          - 汀步间隔太远，位置也不合理，具有危险性
        - 部分场地功能不合理
      - 无水利文化可言
    - 建议
      - 可将枢纽与公园打通
      - 植入水利文化
  - 阳澄湖
    - 优点
      - 新中式风格明显，全园统一
      - 区位优势好，独占一方小岛
      - 景观总体很好
        - 整洁干净
        - 基础设施完善
        - 植配好
        - 大片樱花林遍布岛屿
        - 建筑风格统一，栋栋不同，数量大，可利用性很大
      - 周边环境舒适
        - 周边为田园风光，且多为芦苇
    - 缺点
      - 景观部分修缮即可
      - 景墙、景石无内容，无文化承载
      - 建筑空置
    - 建议
      - 水利文化+休闲度假
  - 江边
    - 优点
      - 区位优势好，位于长江港口，视野开阔
      - 基础设施完备
    - 缺点
      - 建筑控制
      - 场地利用率低
      - 文化不足
    - 建议
      - 结合长江赋予多元水文化
  - 其他
    - 胥江
      - 人文色彩较浓
    - 西塘河
      - 较生态
    - 外塘河
      - 河岸较规则，树种单一，不同间隔横跨一座小桥
    - 七塘河
      - 河岸较规则，树种单一，不同间隔横跨一座小桥
      - 水质不如外塘河

分类　归纳　发散

图 3-17　场地现状勘察核心信息的筛选与罗列

2）第 2 阶段：现状分析

根据前期收集的资料以及对现场情况的初步了解，利用思维导图确定项目的主题推衍流程，包括对基本情况的梳理、规划依据的寻找和问题与挑战的确定，如图 3–18 所示。

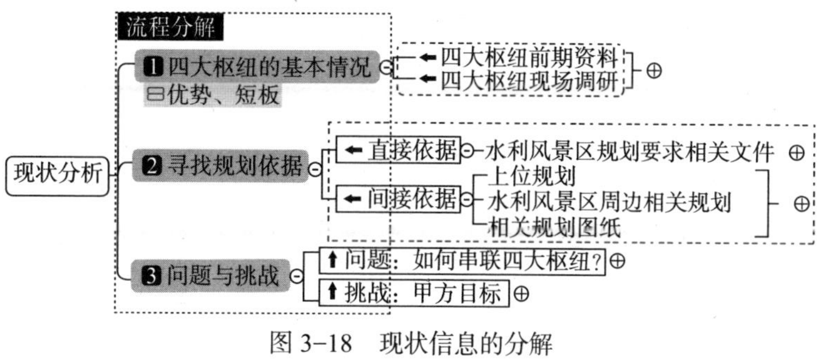

流程分解
现状分析
1 四大枢纽的基本情况
优势、短板
四大枢纽前期资料
四大枢纽现场调研
2 寻找规划依据
直接依据
水利风景区规划要求相关文件
间接依据
上位规划
水利风景区周边相关规划
相关规划图纸
3 问题与挑战
问题：如何串联四大枢纽？
挑战：甲方目标

图 3–18　现状信息的分解

研究小技巧：

（1）基本情况梳理

基于相关的前期资料和初期整理的现场调研情况，选取有效信息，利用思维导图对其进行重组与归纳，实现对各个枢纽基本情况的再次梳理。

① 胥口水利枢纽（图 3–19）。

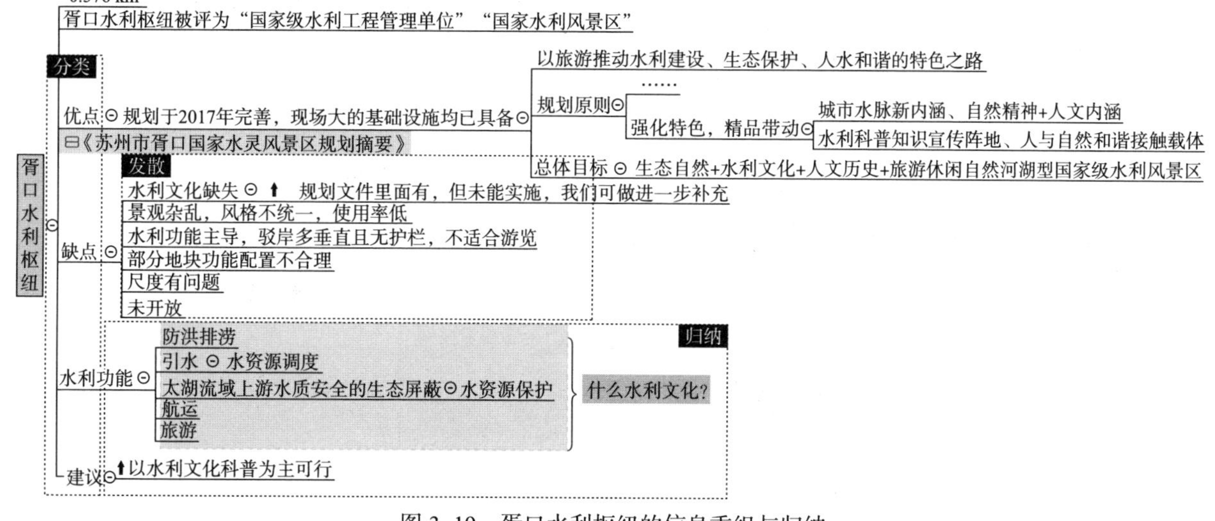

0.576 km²
胥口水利枢纽被评为“国家级水利工程管理单位”“国家水利风景区”
分类
胥口水利枢纽
优点
规划于2017年完善，现场大的基础设施均已具备
《苏州市胥口国家水灵风景区规划摘要》
以旅游推动水利建设、生态保护、人水和谐的特色之路
……
规划原则
强化特色，精品带动
城市水脉新内涵、自然精神+人文内涵
水利科普知识宣传阵地、人与自然和谐接触载体
总体目标
生态自然+水利文化+人文历史+旅游休闲自然河湖型国家级水利风景区
发散
缺点
水利文化缺失
规划文件里面有，但未能实施，我们可做进一步补充
景观杂乱，风格不统一，使用率低
水利功能主导，驳岸多垂直且无护栏，不适合游览
部分地块功能配置不合理
尺度有问题
未开放
归纳
水利功能
防洪排涝
引水
水资源调度
太湖流域上游水质安全的生态屏蔽
水资源保护
航运
旅游
什么水利文化?
建议
以水利文化科普为主可行

图 3–19　胥口水利枢纽的信息重组与归纳

研究小技巧：

② 西塘河水利枢纽（图 3-20）。

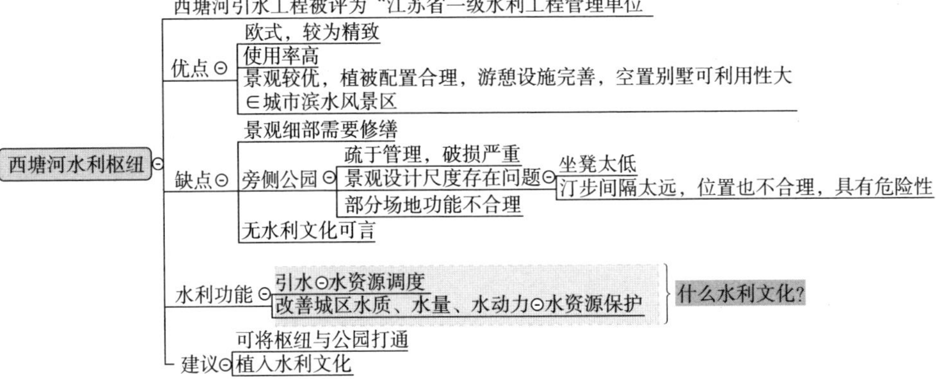
西塘河水利枢纽
西塘河引水工程被评为“江苏省一级水利工程管理单位”
优点
欧式，较为精致
使用率高
景观较优，植被配置合理，游憩设施完善，空置别墅可利用性大
∈城市滨水风景区
缺点
景观细部需要修缮
旁侧公园
疏于管理，破损严重
景观设计尺度存在问题
坐凳太低
汀步间隔太远，位置也不合理，具有危险性
部分场地功能不合理
无水利文化可言
水利功能
引水⊙水资源调度
改善城区水质、水量、水动力⊙水资源保护
什么水利文化?
建议
可将枢纽与公园打通
植入水利文化

图 3-20　西塘河水利枢纽的信息重组与归纳

③ 阳澄湖水利枢纽（图 3-21）。

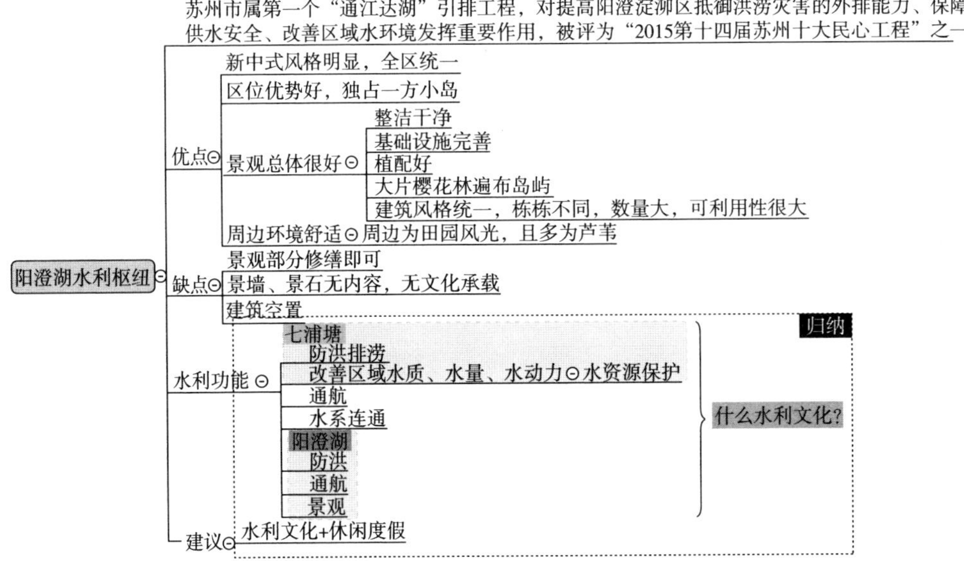
阳澄湖水利枢纽
苏州市属第一个“通江达湖”引排工程，对提高阳澄淀泖区抵御洪涝灾害的外排能力、保障供水安全、改善区域水环境发挥重要作用，被评为“2015第十四届苏州十大民心工程”之一
优点
新中式风格明显，全区统一
区位优势好，独占一方小岛
景观总体很好
整洁干净
基础设施完善
植配好
大片樱花林遍布岛屿
建筑风格统一，栋栋不同，数量大，可利用性很大
周边环境舒适⊙周边为田园风光，且多为芦苇
缺点
景观部分修缮即可
景墙、景石无内容，无文化承载
建筑空置
归纳
水利功能
七浦塘
防洪排涝
改善区域水质、水量、水动力⊙水资源保护
通航
水系连通
阳澄湖
防洪
通航
景观
什么水利文化?
建议
水利文化+休闲度假

图 3-21　阳澄湖水利枢纽的信息重组与归纳

④ 江边水利枢纽（图 3–22）。

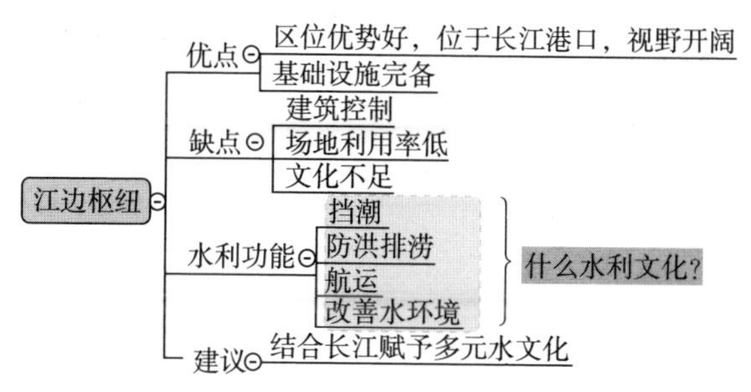
江边枢纽
优点
区位优势好，位于长江港口，视野开阔
基础设施完备
缺点
建筑控制
场地利用率低
文化不足
水利功能
挡潮
防洪排涝
航运
改善水环境
什么水利文化?
建议
结合长江赋予多元水文化

图 3–22　江边水利枢纽的信息重组与归纳

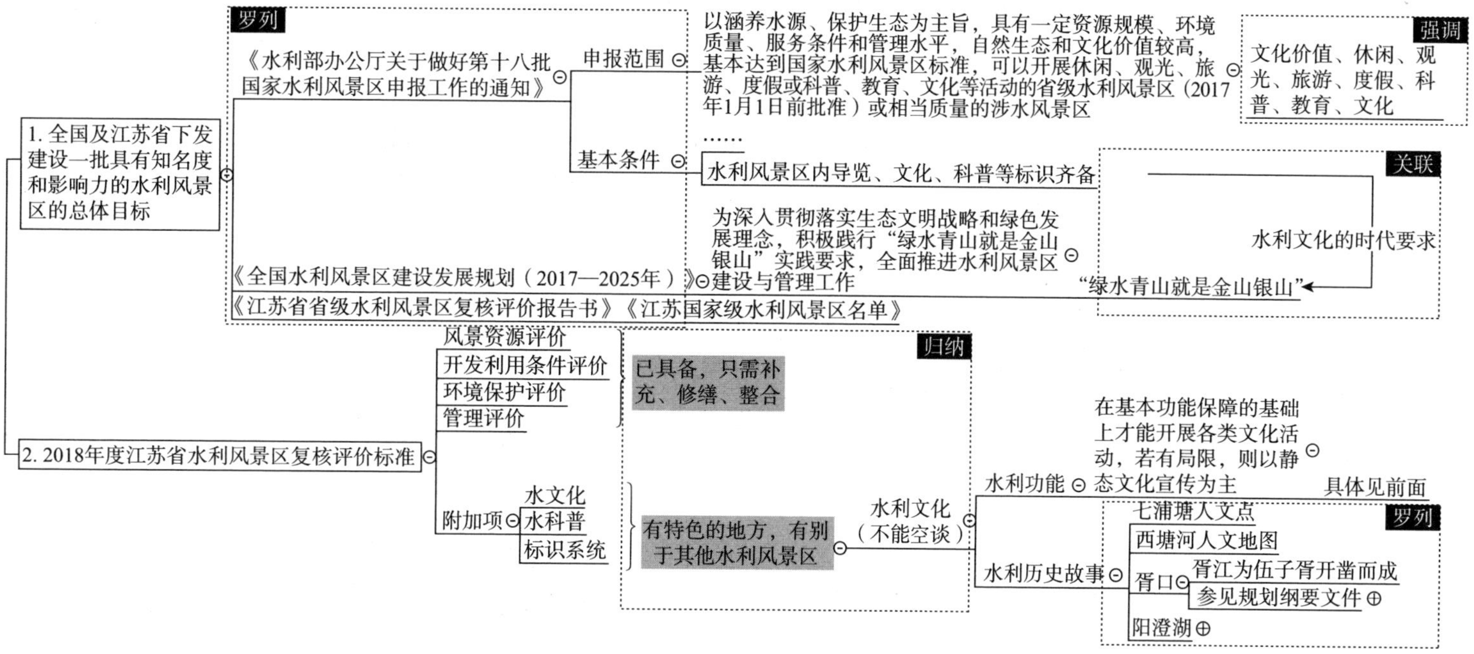

（2）规划依据确定

① 直接依据

直接依据也可称为“规划背景”，在这里主要指的是阅读甲方“任务书”，以及与“任务书”直接相关的文件。利用思维导图从中提取甲方关注的重点，以及目前想要实现其目标所存在的阻碍，将这些在思维导图中予以重点标注（图 3–23）。

罗列
1. 全国及江苏省下发建设一批具有知名度和影响力的水利风景区的总体目标
《水利部办公厅关于做好第十八批国家水利风景区申报工作的通知》
申报范围
以涵养水源、保护生态为主旨，具有一定资源规模、环境质量、服务条件和管理水平，自然生态和文化价值较高，基本达到国家水利风景区标准，可以开展休闲、观光、旅游、度假或科普、教育、文化等活动的省级水利风景区（2017年1月1日前批准）或相当质量的涉水风景区
强调
文化价值、休闲、观光、旅游、度假、科普、教育、文化
……
基本条件
水利风景区内导览、文化、科普等标识齐备
关联
水利文化的时代要求
《全国水利风景区建设发展规划（2017—2025年）》
为深入贯彻落实生态文明战略和绿色发展理念，积极践行“绿水青山就是金山银山”实践要求，全面推进水利风景区建设与管理工作
“绿水青山就是金山银山”
《江苏省省级水利风景区复核评价报告书》《江苏国家级水利风景区名单》
2. 2018年度江苏省水利风景区复核评价标准
风景资源评价
开发利用条件评价
环境保护评价
管理评价
归纳
已具备，只需补充、修缮、整合
附加项
水文化
水科普
标识系统
有特色的地方，有别于其他水利风景区
水利文化（不能空谈）
水利功能
在基本功能保障的基础上才能开展各类文化活动，若有局限，则以静态文化宣传为主
具体见前面
水利历史故事
罗列
七浦塘人文点
西塘河人文地图
胥口
胥江为伍子胥开凿而成
参见规划纲要文件
阳澄湖

图 3–23　直接依据的信息罗列与归纳

② 间接依据

间接依据主要指的是除直接依据以外的其他规划文件与资料，对于这些文件的阅读，重点在于寻找与本项目有关的上位指导意见、发

研究小技巧：

展方向和规划策略，并在思维导图中进行重点标注，以便后期整合思考、寻找关联性。其最终目的在于为本项目提供规划依据，道理等同于在纵向科研项目中，基于现有研究基础与相关文献提炼“立项依据”。限于篇幅，在此只展示对其中一个规划文件的解读过程（图 3-24）。

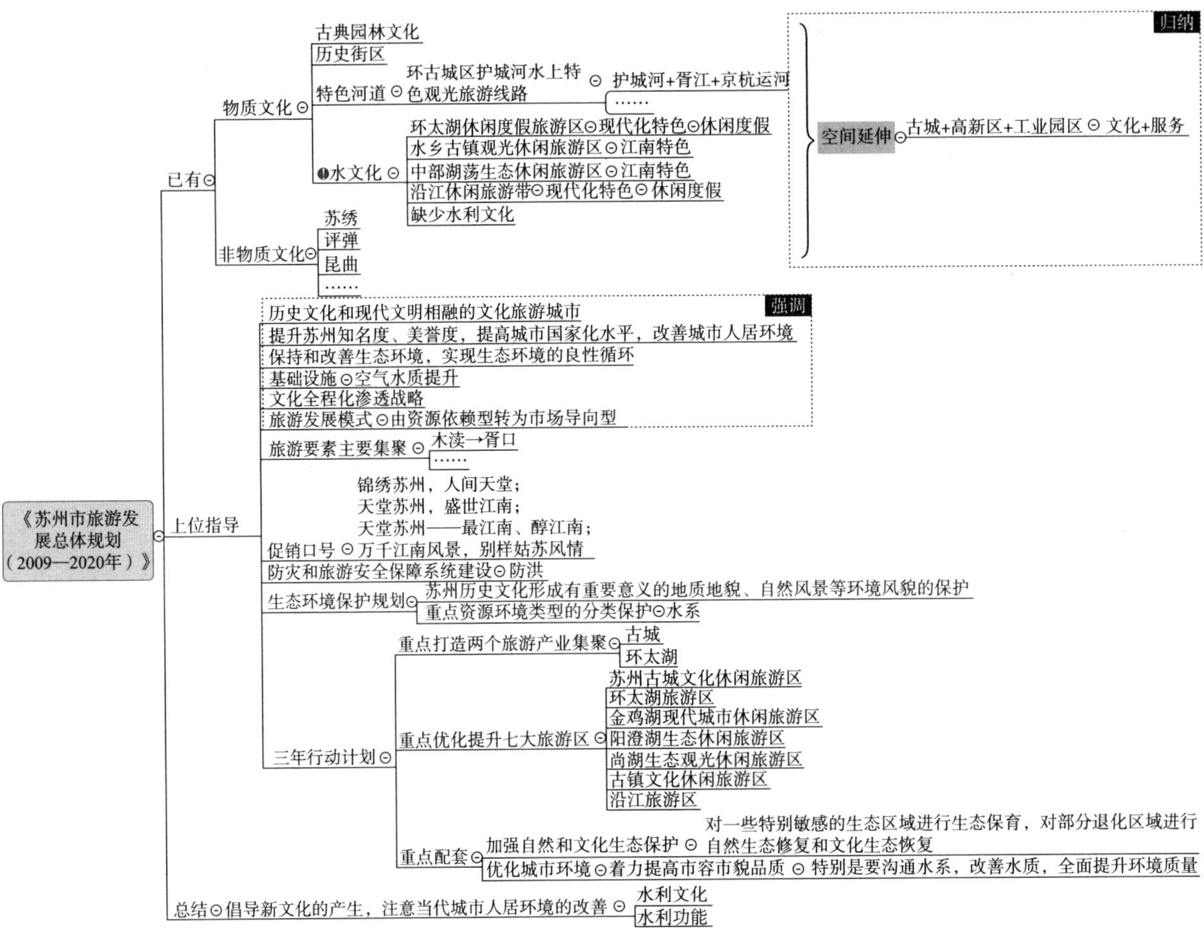

《苏州市旅游发展总体规划（2009—2020年）》
已有
物质文化
古典园林文化
历史街区
特色河道
环古城区护城河水上特色观光旅游线路
护城河+胥江+京杭运河
……
水文化
环太湖休闲度假旅游区 现代化特色 休闲度假
水乡古镇观光休闲旅游区 江南特色
中部湖荡生态休闲旅游区 江南特色
沿江休闲旅游带 现代化特色 休闲度假
缺少水利文化
非物质文化
苏绣
评弹
昆曲
……
归纳
空间延伸
古城+高新区+工业园区 文化+服务
上位指导
强调
历史文化和现代文明相融的文化旅游城市
提升苏州知名度、美誉度，提高城市国家化水平，改善城市人居环境
保持和改善生态环境，实现生态环境的良性循环
基础设施 空气水质提升
文化全程化渗透战略
旅游发展模式 由资源依赖型转为市场导向型
旅游要素主要集聚
木渎→胥口
……
锦绣苏州，人间天堂；
天堂苏州，盛世江南；
天堂苏州——最江南、醇江南；
促销口号 万千江南风景，别样姑苏风情
防灾和旅游安全保障系统建设 防洪
生态环境保护规划
苏州历史文化形成有重要意义的地质地貌、自然风景等环境风貌的保护
重点资源环境类型的分类保护 水系
三年行动计划
重点打造两个旅游产业集聚
古城
环太湖
重点优化提升七大旅游区
苏州古城文化休闲旅游区
环太湖旅游区
金鸡湖现代城市休闲旅游区
阳澄湖生态休闲旅游区
尚湖生态观光休闲旅游区
古镇文化休闲旅游区
沿江旅游区
重点配套
加强自然和文化生态保护
对一些特别敏感的生态区域进行生态保育，对部分退化区域进行自然生态修复和文化生态恢复
优化城市环境 着力提高市容市貌品质 特别是要沟通水系，改善水质，全面提升环境质量
总结 倡导新文化的产生，注意当代城市人居环境的改善
水利文化
水利功能

图 3-24　间接依据的相关信息提取

（3）问题和挑战分析

利用思维导图，对问题与挑战进行发散分析，借以思考如何平衡场地本身所面临的问题以及与甲方目标之间的关系（图 3-25）。

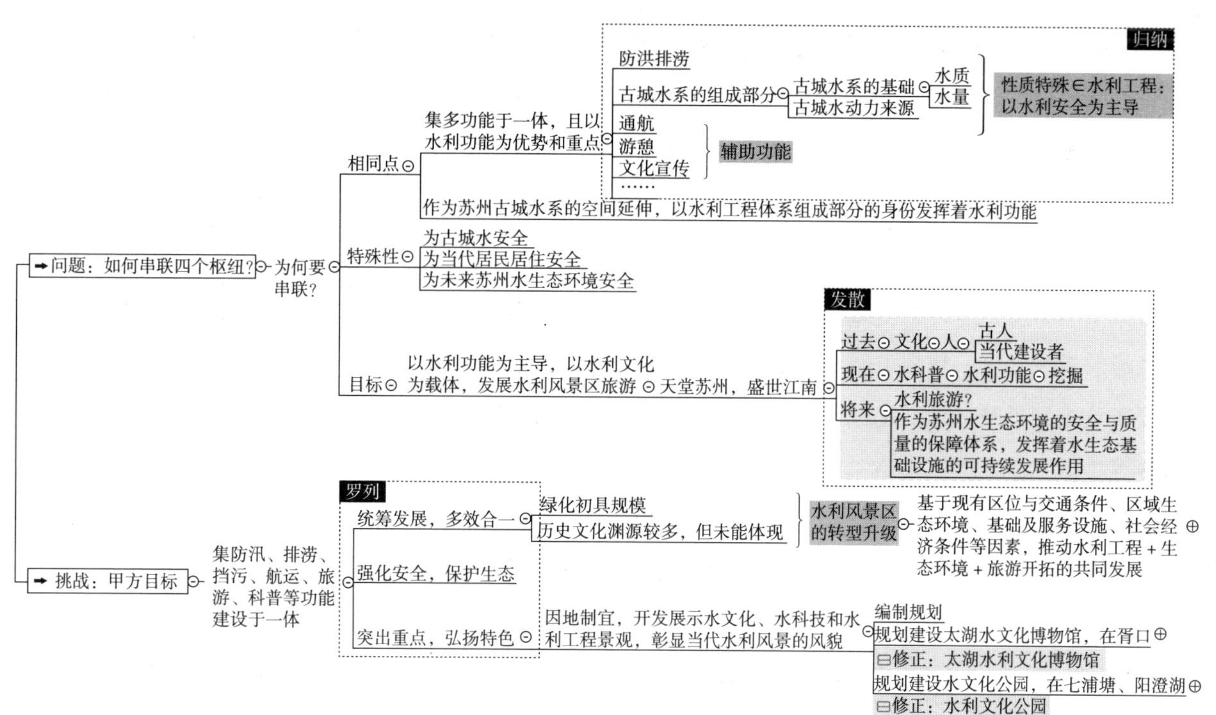

归纳
防洪排涝
古城水系的组成部分
古城水系的基础
水质
水量
古城水动力来源
性质特殊∈水利工程：
以水利安全为主导
集多功能于一体，且以
水利功能为优势和重点
通航
游憩
文化宣传
……
辅助功能
相同点
作为苏州古城水系的空间延伸，以水利工程体系组成部分的身份发挥着水利功能
问题：如何串联四个枢纽?
为何要
串联?
特殊性
为古城水安全
为当代居民居住安全
为未来苏州水生态环境安全
发散
过去
文化
人
古人
当代建设者
现在
水科普
水利功能
挖掘
以水利功能为主导，以水利文化
目标
为载体，发展水利风景区旅游
天堂苏州，盛世江南
将来
水利旅游?
作为苏州水生态环境的安全与质
量的保障体系，发挥着水生态基
础设施的可持续发展作用
罗列
统筹发展，多效合一
绿化初具规模
历史文化渊源较多，但未能体现
水利风景区
的转型升级
基于现有区位与交通条件、区域生
态环境、基础及服务设施、社会经
济条件等因素，推动水利工程＋生
态环境＋旅游开拓的共同发展
挑战：甲方目标
集防汛、排涝、
挡污、航运、旅
游、科普等功能
建设于一体
强化安全，保护生态
突出重点，弘扬特色
因地制宜，开发展示水文化、水科技和水
利工程景观，彰显当代水利风景的风貌
编制规划
规划建设太湖水文化博物馆，在胥口
修正：太湖水利文化博物馆
规划建设水文化公园，在七浦塘、阳澄湖
修正：水利文化公园

图 3-25 问题与挑战的相关信息提取

在这一阶段，利用思维导图梳理了场地的基本情况，得以了解四大枢纽的优势与问题，基于甲方需求（以“水文化”为主题）提出改造建议；再利用思维导图挑选和重组相关的规划文件，通过内容拆解寻找“水文化”的支撑依据；最后总结得出场地的问题，并提炼与分解其所面临的挑战，归纳得出本项

研究小技巧：

经验分享

在横向项目中，若能养成统领性的逻辑思维，可使项目总体框架保持清晰，为后续设计工作的展开提供了一个合理的推理过程。这将有效避免设计流于形式。

研究小技巧：

目以“水利文化”为主题。以上工作为项目总体框架的产生奠定了基础，确保后续工作是在了解场地实际状况的基础上围绕“水利文化”的关键词展开的。

3）第 3 阶段：项目框架生成

一个实践项目的生成一般包含三大部分：分析、策略和方案设计。因此，利用思维导图对这三大内容进行解析后即可直接指导幻灯片的内容制作，并为文本撰写打下结构基础。经过思维导图梳理的项目框架会更加具备逻辑性。在梳理框架后团队会针对该框架进行讨论，讨论所产生的意见可专门使用某种颜色的字体同步记录于思维导图中，以提高讨论效率。

（1）初级版本

① 总体框架展示

在本项目中，总体框架包括了五个内容：前期研究、景区现状资源及发展分析、规划策略、总体定位及布局和专项规划。它主要表达规划思路、规划定位、总体布局、如何实现和后期工作内容等（图 3–26）。

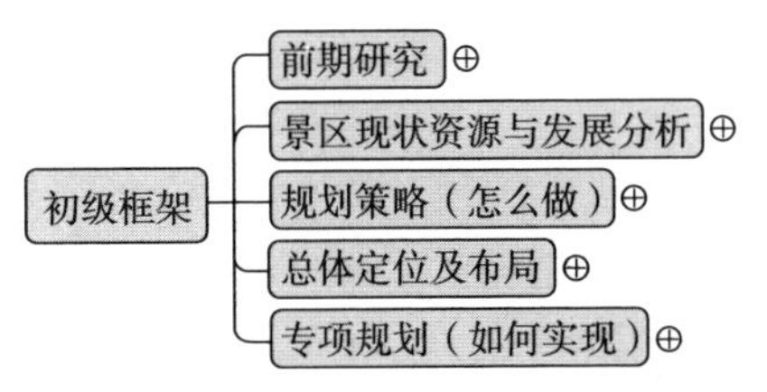
初级框架
前期研究
景区现状资源与发展分析
规划策略（怎么做）
总体定位及布局
专项规划（如何实现）
图 3–26　初级框架的逻辑梳理

针对各个部分的内容进行如下展示，其中图 3–27 中的“查阅资料：江苏省……进行比较分析”与相应标注为讨论后需要修改的地方。这也体现出思维导图的优点，即易于随时修正思路。

② 前期研究

“前期研究”主要是对项目目标、名称（在该项目中名称是待定的，故需要重新商议裁定）与设计范围的确定（图 3–27）。通过简单的结构解析，即可表达内容的构成。

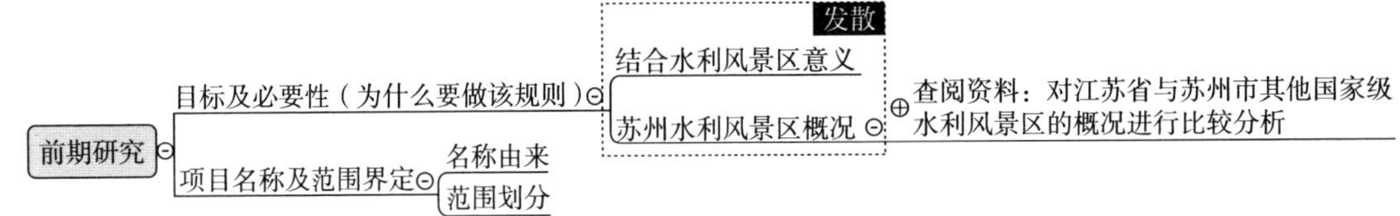
前期研究
目标及必要性（为什么要做该规则）
项目名称及范围界定
发散
结合水利风景区意义
苏州水利风景区概况
查阅资料：对江苏省与苏州市其他国家级水利风景区的概况进行比较分析
名称由来
范围划分
图 3–27　前期研究的信息归纳与发散

③ 景区现状资源与发展分析、规划策略、总体定位及布局

“景区现状资源与发展分析”中对现状资源进行了发散分析，也对景区发展进行了 SWOT 分析，通过讨论应该增加市场分析；“规划策略”基于一个核心目标展开；而“总体定位及布局”则包括了规划愿景、总体定位、空间布局和功能结构四个部分的内容（图 3–28）。

研究小技巧：

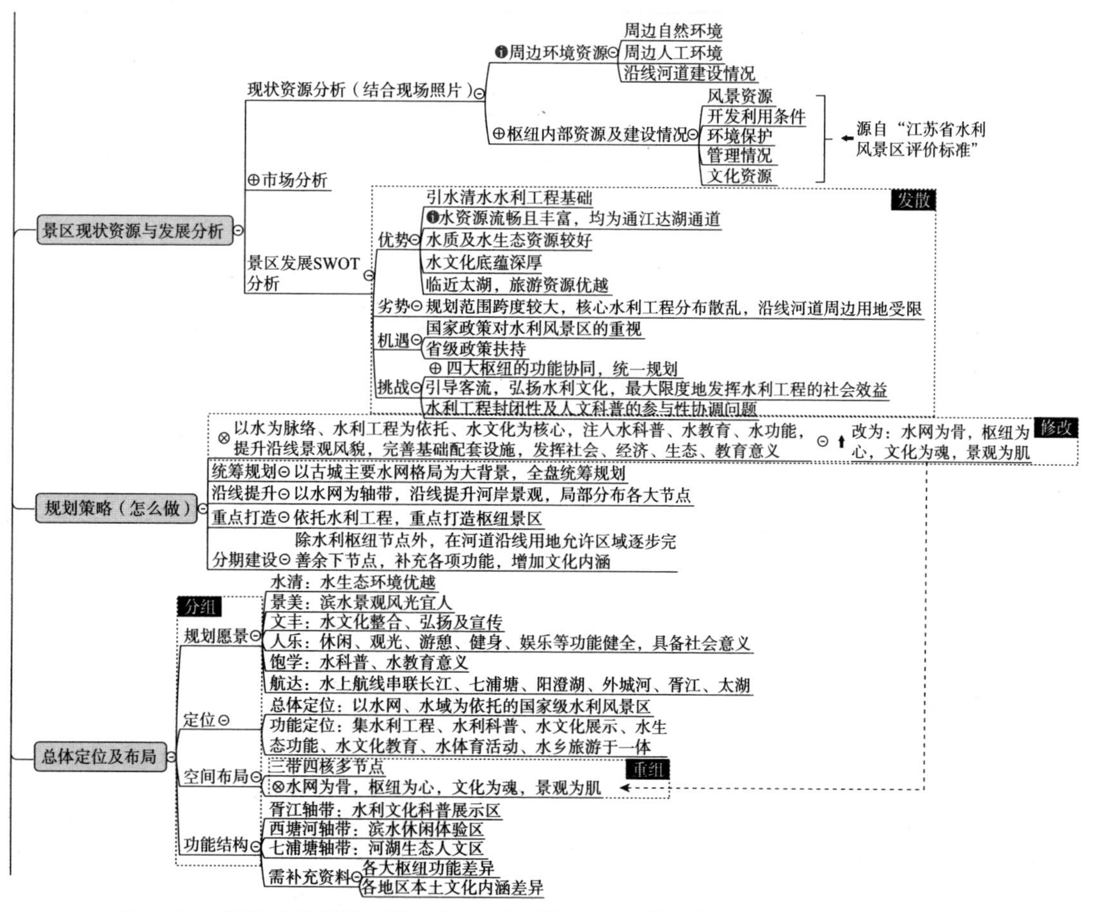

景区现状资源与发展分析
现状资源分析（结合现场照片）
周边环境资源
周边自然环境
周边人工环境
沿线河道建设情况
枢纽内部资源及建设情况
风景资源
开发利用条件
环境保护
管理情况
文化资源
源自“江苏省水利风景区评价标准”
市场分析
景区发展SWOT分析
发散
优势
引水清水水利工程基础
水资源流畅且丰富，均为通江达湖通道
水质及水生态资源较好
水文化底蕴深厚
临近太湖，旅游资源优越
劣势
规划范围跨度较大，核心水利工程分布散乱，沿线河道周边用地受限
机遇
国家政策对水利风景区的重视
省级政策扶持
挑战
四大枢纽的功能协同，统一规划
引导客流，弘扬水利文化，最大限度地发挥水利工程的社会效益
水利工程封闭性及人文科普的参与性协调问题
规划策略（怎么做）
以水为脉络、水利工程为依托、水文化为核心，注入水科普、水教育、水功能，提升沿线景观风貌，完善基础配套设施，发挥社会、经济、生态、教育意义
改为：水网为骨，枢纽为心，文化为魂，景观为肌
修改
统筹规划 以古城主要水网格局为大背景，全盘统筹规划
沿线提升 以水网为轴带，沿线提升河岸景观，局部分布各大节点
重点打造 依托水利工程，重点打造枢纽景区
分期建设 除水利枢纽节点外，在河道沿线用地允许区域逐步完善余下节点，补充各项功能，增加文化内涵
总体定位及布局
分组
规划愿景
水清：水生态环境优越
景美：滨水景观风光宜人
文丰：水文化整合、弘扬及宣传
人乐：休闲、观光、游憩、健身、娱乐等功能健全，具备社会意义
饱学：水科普、水教育意义
航达：水上航线串联长江、七浦塘、阳澄湖、外城河、胥江、太湖
定位
总体定位：以水网、水域为依托的国家级水利风景区
功能定位：集水利工程、水利科普、水文化展示、水生态功能、水文化教育、水体育活动、水乡旅游于一体
空间布局
三带四核多节点
水网为骨，枢纽为心，文化为魂，景观为肌
重组
功能结构
胥江轴带：水利文化科普展示区
西塘河轴带：滨水休闲体验区
七浦塘轴带：河湖生态人文区
需补充资料
各大枢纽功能差异
各地区本土文化内涵差异

图 3–28　景区现状资源与发展分析、规划策略、总体定位及布局的信息归纳与发散

研究小技巧：

④ 专项规划

由于本项目是以“水利文化”为主题展开的，所以在初期概念设计中的“专项规划”将重点对详细节点规划设计、旅游活动策划、水利科技及水文化传播进行内容架构，具体的设计在此阶段不涉及（图3-29）。

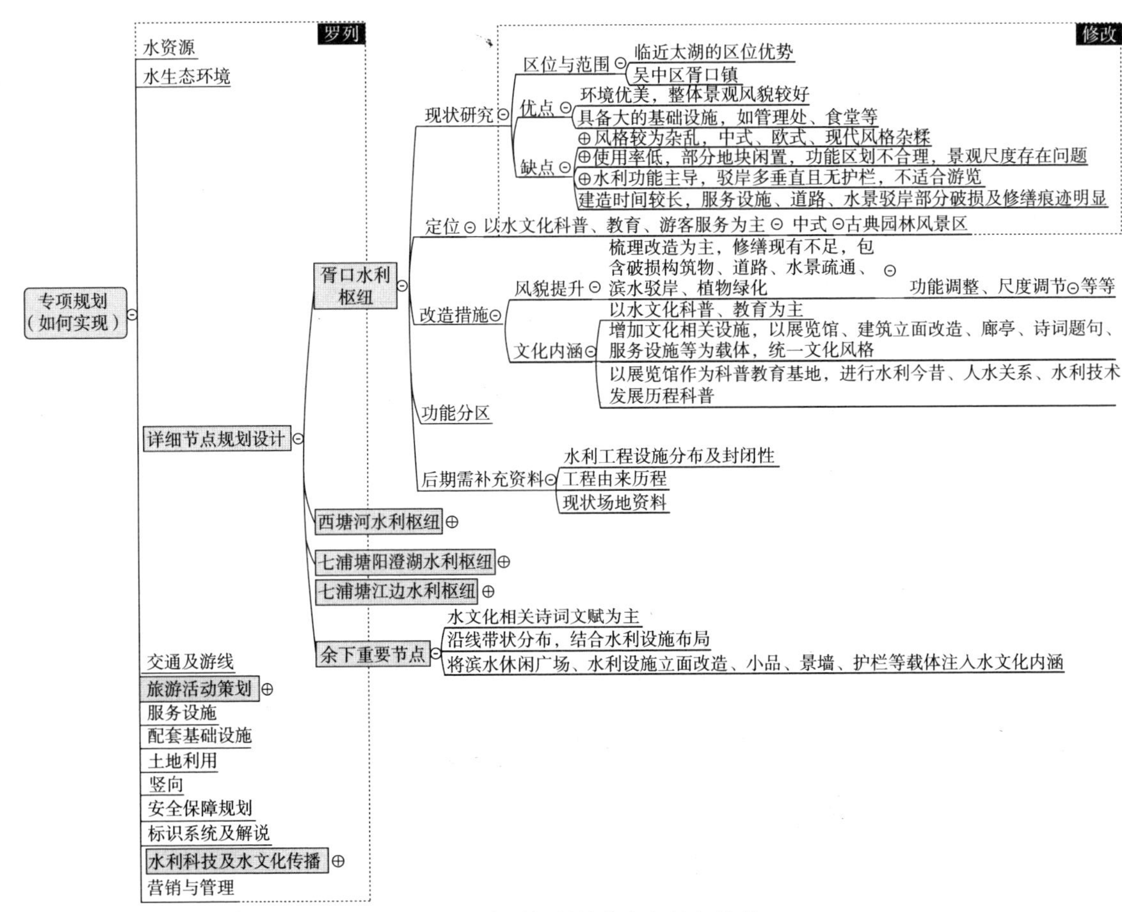

罗列
修改
专项规划（如何实现）
水资源
水生态环境
详细节点规划设计
胥口水利枢纽
现状研究
区位与范围
临近太湖的区位优势
吴中区胥口镇
优点
环境优美，整体景观风貌较好
具备大的基础设施，如管理处、食堂等
缺点
风格较为杂乱，中式、欧式、现代风格杂糅
使用率低，部分地块闲置，功能区划不合理，景观尺度存在问题
水利功能主导，驳岸多垂直且无护栏，不适合游览
建造时间较长，服务设施、道路、水景驳岸部分破损及修缮痕迹明显
定位
以水文化科普、教育、游客服务为主
中式
古典园林风景区
改造措施
风貌提升
梳理改造为主，修缮现有不足，包含破损构筑物、道路、水景疏通、滨水驳岸、植物绿化
功能调整、尺度调节
等等
文化内涵
以水文化科普、教育为主
增加文化相关设施，以展览馆、建筑立面改造、廊亭、诗词题句、服务设施等为载体，统一文化风格
以展览馆作为科普教育基地，进行水利今昔、人水关系、水利技术发展历程科普
功能分区
后期需补充资料
水利工程设施分布及封闭性
工程由来历程
现状场地资料
西塘河水利枢纽
七浦塘阳澄湖水利枢纽
七浦塘江边水利枢纽
余下重要节点
水文化相关诗词文赋为主
沿线带状分布，结合水利设施布局
将滨水休闲广场、水利设施立面改造、小品、景墙、护栏等载体注入水文化内涵
交通及游线
旅游活动策划
服务设施
配套基础设施
土地利用
竖向
安全保障规划
标识系统及解说
水利科技及水文化传播
营销与管理

图 3-29　专项规划的信息归纳与发散

（2）终极版本

通过对于初级版本项目框架的讨论与修改，形成终极版本的框架，包括五个内容：前期分析、景区资源及未来发展分析、规划策略、总体定位及布局和专项规划（图 3–30）。利用思维导图可实现对这些内容的关系推衍和重点标注，达到从始至终理清项目整体因果逻辑的目的。

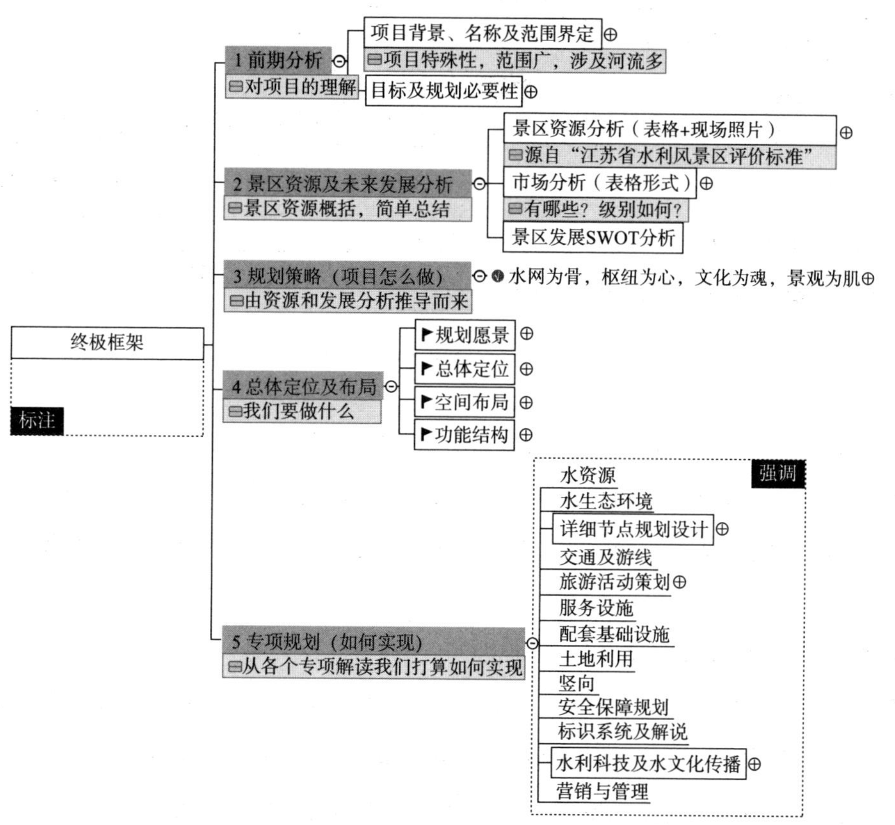

终极框架
标注
1 前期分析
对项目的理解
项目背景、名称及范围界定
项目特殊性，范围广，涉及河流多
目标及规划必要性
2 景区资源及未来发展分析
景区资源概括，简单总结
景区资源分析（表格+现场照片）
源自“江苏省水利风景区评价标准”
市场分析（表格形式）
有哪些？级别如何？
景区发展SWOT分析
3 规划策略（项目怎么做）
由资源和发展分析推导而来
水网为骨，枢纽为心，文化为魂，景观为肌
4 总体定位及布局
我们要做什么
规划愿景
总体定位
空间布局
功能结构
5 专项规划（如何实现）
从各个专项解读我们打算如何实现
强调
水资源
水生态环境
详细节点规划设计
交通及游线
旅游活动策划
服务设施
配套基础设施
土地利用
竖向
安全保障规划
标识系统及解说
水利科技及水文化传播
营销与管理

图 3–30　终极框架的逻辑梳理

研究小技巧：

解释说明

由于标注的字体调整大小，故无法保证各位读者看清具体内容，不过标注主要是对内容的一些小小的说明。

研究小技巧：

① 前期分析

“前期分析”主要是对项目的理解，从项目背景、名称及范围界定和目标及规划必要性出发进行信息罗列与筛选（图 3–31）。

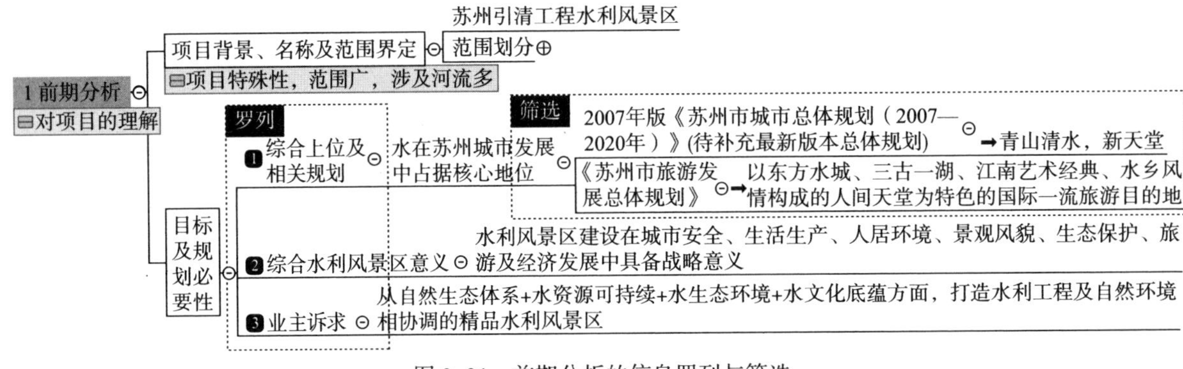

1 前期分析
对项目的理解
项目背景、名称及范围界定
项目特殊性，范围广，涉及河流多
苏州引清工程水利风景区
范围划分
罗列
筛选
目标及规划必要性
综合上位及相关规划
水在苏州城市发展中占据核心地位
2007年版《苏州市城市总体规划（2007—2020年）》(待补充最新版本总体规划)
青山清水，新天堂
《苏州市旅游发展总体规划》
以东方水城、三古一湖、江南艺术经典、水乡风情构成的人间天堂为特色的国际一流旅游目的地
综合水利风景区意义
水利风景区建设在城市安全、生活生产、人居环境、景观风貌、生态保护、旅游及经济发展中具备战略意义
业主诉求
从自然生态体系+水资源可持续+水生态环境+水文化底蕴方面，打造水利工程及自然环境相协调的精品水利风景区

图 3–31　前期分析的信息罗列与筛选

② 景区资源及未来发展分析

这部分内容主要是对景区资源现状的概括，通过思维导图的发散分析完成，从而辅助总结出各大枢纽的资源特点。同时通过罗列和比较获得对景区市场潜力的判断，并且借由分类和发散来辨析景区发展的 SWOT 状况（图 3–32）。

③ 规划策略 + 总体定位及布局

“规划策略”由“资源和发展分析”推导而来，是对项目宏观层面的思考，并且指导生成了总体定位及布局。而在“总体定位及布局”中则解析了团队将做一个什么样的水利风景区，它将具备什么样的功能或主题，整体布局是如何进行考虑的，功能结构又是如何进行分配的，均在此部分被罗列和拆分（图 3–33）。

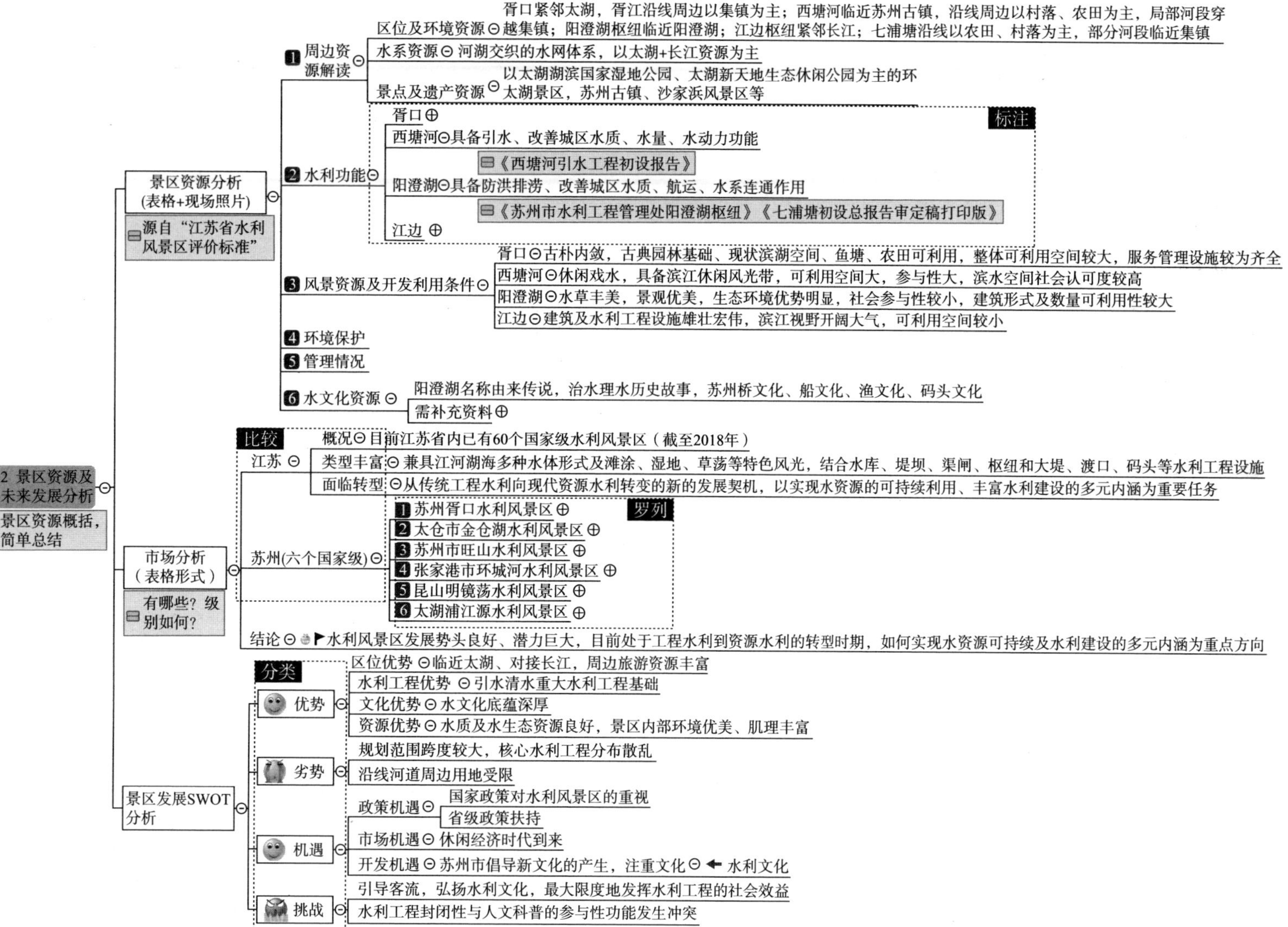

2 景区资源及未来发展分析
景区资源概括，简单总结
景区资源分析（表格+现场照片）
源自"江苏省水利风景区评价标准"
1 周边资源解读
区位及环境资源
胥口紧邻太湖，胥江沿线周边以集镇为主；西塘河临近苏州古镇，沿线周边以村落、农田为主，局部河段穿越集镇；阳澄湖枢纽临近阳澄湖；江边枢纽紧邻长江；七浦塘沿线以农田、村落为主，部分河段临近集镇
水系资源 河湖交织的水网体系，以太湖+长江资源为主
景点及遗产资源
以太湖湖滨国家湿地公园、太湖新天地生态休闲公园为主的环太湖景区，苏州古镇、沙家浜风景区等
2 水利功能
标注
胥口
西塘河 具备引水、改善城区水质、水量、水动力功能
《西塘河引水工程初设报告》
阳澄湖 具备防洪排涝、改善城区水质、航运、水系连通作用
《苏州市水利工程管理处阳澄湖枢纽》《七浦塘初设总报告审定稿打印版》
江边
3 风景资源及开发利用条件
胥口 古朴内敛，古典园林基础、现状滨湖空间、鱼塘、农田可利用，整体可利用空间较大，服务管理设施较为齐全
西塘河 休闲戏水，具备滨江休闲风光带，可利用空间大，参与性大，滨水空间社会认可度较高
阳澄湖 水草丰美，景观优美，生态环境优势明显，社会参与性较小，建筑形式及数量可利用性较大
江边 建筑及水利工程设施雄壮宏伟，滨江视野开阔大气，可利用空间较小
4 环境保护
5 管理情况
6 水文化资源
阳澄湖名称由来传说，治水理水历史故事，苏州桥文化、船文化、渔文化、码头文化
需补充资料
市场分析（表格形式）
有哪些？级别如何？
比较
江苏
概况 目前江苏省内已有60个国家级水利风景区（截至2018年）
类型丰富 兼具江河湖海多种水体形式及滩涂、湿地、草荡等特色风光，结合水库、堤坝、渠闸、枢纽和大堤、渡口、码头等水利工程设施
面临转型 从传统工程水利向现代资源水利转变的新的发展契机，以实现水资源的可持续利用、丰富水利建设的多元内涵为重要任务
苏州(六个国家级)
罗列
1 苏州胥口水利风景区
2 太仓市金仓湖水利风景区
3 苏州市旺山水利风景区
4 张家港市环城河水利风景区
5 昆山明镜荡水利风景区
6 太湖浦江源水利风景区
结论 水利风景区发展势头良好、潜力巨大，目前处于工程水利到资源水利的转型时期，如何实现水资源可持续及水利建设的多元内涵为重点方向
景区发展SWOT分析
分类
优势
区位优势 临近太湖、对接长江，周边旅游资源丰富
水利工程优势 引水清水重大水利工程基础
文化优势 水文化底蕴深厚
资源优势 水质及水生态资源良好，景区内部环境优美、肌理丰富
劣势
规划范围跨度较大，核心水利工程分布散乱
沿线河道周边用地受限
机遇
政策机遇
国家政策对水利风景区的重视
省级政策扶持
市场机遇 休闲经济时代到来
开发机遇 苏州市倡导新文化的产生，注重文化 水利文化
挑战
引导客流，弘扬水利文化，最大限度地发挥水利工程的社会效益
水利工程封闭性与人文科普的参与性功能发生冲突

图 3-32　景区资源及未来发展的信息归纳与发散

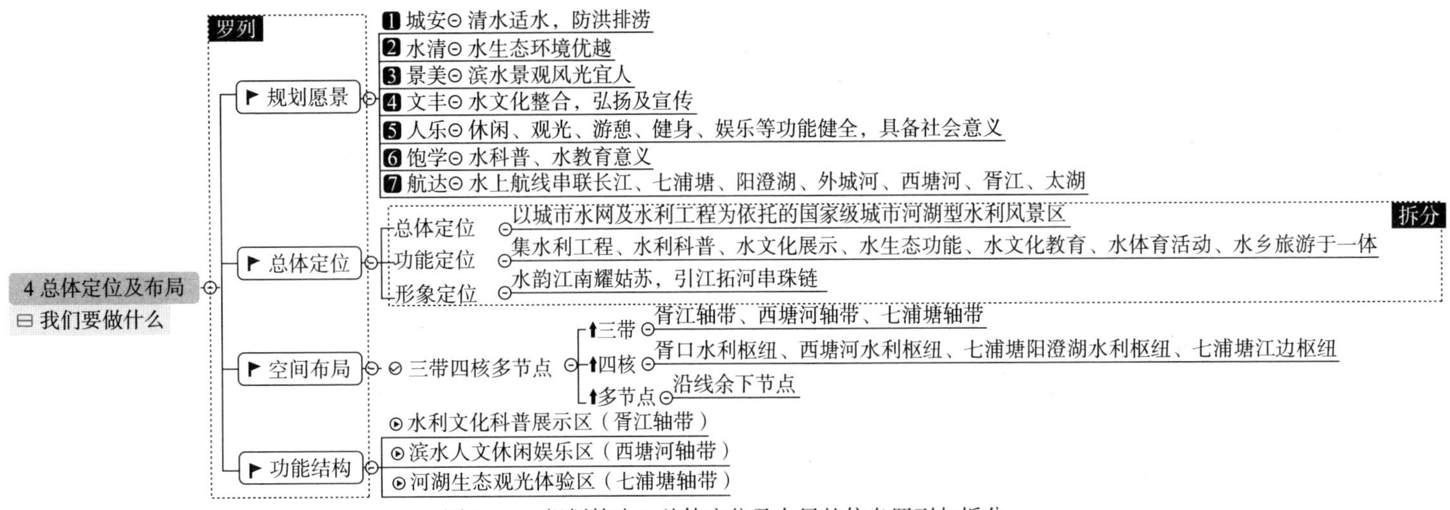
3 规划策略（项目怎么做）
由资源和发展分析推导而来
水网为骨，枢纽为心，文化为魂，景观为肌
★统筹规划 以古城外环、水利枢纽为主体的河湖水网格局为大背景，进行全盘统筹规划
★沿线提升 以水网为轴带，提升沿线河岸景观
★重点打造 依托水利工程，重点打造水利枢纽景区
★分期建设 除水利枢纽节点外，在河道沿线用地允许的区域，逐步完善余下节点，补充各项功能，增加文化内涵
罗列
规划愿景
1 城安 清水适水，防洪排涝
2 水清 水生态环境优越
3 景美 滨水景观风光宜人
4 文丰 水文化整合，弘扬及宣传
5 人乐 休闲、观光、游憩、健身、娱乐等功能健全，具备社会意义
6 饱学 水科普、水教育意义
7 航达 水上航线串联长江、七浦塘、阳澄湖、外城河、西塘河、胥江、太湖
拆分
总体定位
总体定位 以城市水网及水利工程为依托的国家级城市河湖型水利风景区
功能定位 集水利工程、水利科普、水文化展示、水生态功能、水文化教育、水体育活动、水乡旅游于一体
形象定位 水韵江南耀姑苏，引江拓河串珠链
4 总体定位及布局
我们要做什么
空间布局
三带四核多节点
三带 胥江轴带、西塘河轴带、七浦塘轴带
四核 胥口水利枢纽、西塘河水利枢纽、七浦塘阳澄湖水利枢纽、七浦塘江边枢纽
多节点 沿线余下节点
功能结构
水利文化科普展示区（胥江轴带）
滨水人文休闲娱乐区（西塘河轴带）
河湖生态观光体验区（七浦塘轴带）

图 3–33　规划策略 + 总体定位及布局的信息罗列与拆分

④ 专项规划

图 3–34 展示的是专项规划的总体内容。通过专项解读项目将如何实现，后面将选取“详细节点规划设计”和“水利科技及水文化传播”两个部分的内容进行重点解读与展示。

a. 详细节点规划设计

各个节点详细规划设计的思路来源便出自此节，利用思维导图对各个场地进行现状剖析、设计主题定位、设计策略生成和功能分区拟订，为后期的具体设计定下基调与指导方向（图 3–35 至图 3–38）。

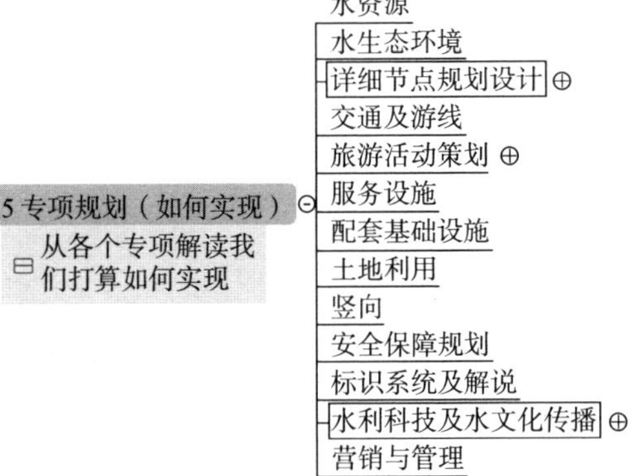
5 专项规划（如何实现）
从各个专项解读我们打算如何实现
水资源
水生态环境
详细节点规划设计
交通及游线
旅游活动策划
服务设施
配套基础设施
土地利用
竖向
安全保障规划
标识系统及解说
水利科技及水文化传播
营销与管理

图 3–34　专项规划的信息归纳与发散

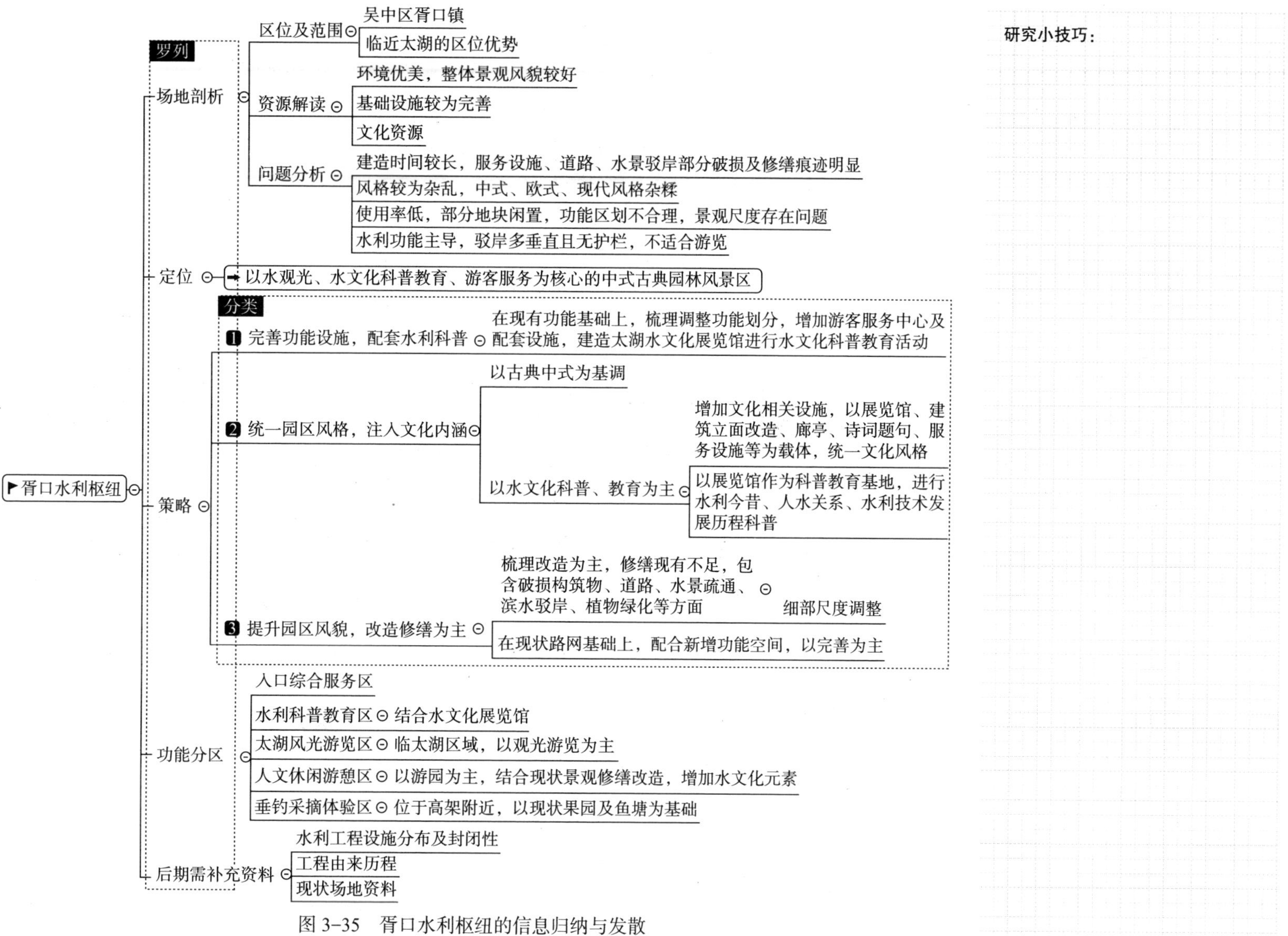
胥口水利枢纽
罗列
场地剖析
区位及范围
吴中区胥口镇
临近太湖的区位优势
资源解读
环境优美，整体景观风貌较好
基础设施较为完善
文化资源
问题分析
建造时间较长，服务设施、道路、水景驳岸部分破损及修缮痕迹明显
风格较为杂乱，中式、欧式、现代风格杂糅
使用率低，部分地块闲置，功能区划不合理，景观尺度存在问题
水利功能主导，驳岸多垂直且无护栏，不适合游览
定位
以水观光、水文化科普教育、游客服务为核心的中式古典园林风景区
分类
策略
1 完善功能设施，配套水利科普
在现有功能基础上，梳理调整功能划分，增加游客服务中心及配套设施，建造太湖水文化展览馆进行水文化科普教育活动
2 统一园区风格，注入文化内涵
以古典中式为基调
以水文化科普、教育为主
增加文化相关设施，以展览馆、建筑立面改造、廊亭、诗词题句、服务设施等为载体，统一文化风格
以展览馆作为科普教育基地，进行水利今昔、人水关系、水利技术发展历程科普
3 提升园区风貌，改造修缮为主
梳理改造为主，修缮现有不足，包含破损构筑物、道路、水景疏通、滨水驳岸、植物绿化等方面
细部尺度调整
在现状路网基础上，配合新增功能空间，以完善为主
功能分区
入口综合服务区
水利科普教育区 结合水文化展览馆
太湖风光游览区 临太湖区域，以观光游览为主
人文休闲游憩区 以游园为主，结合现状景观修缮改造，增加水文化元素
垂钓采摘体验区 位于高架附近，以现状果园及鱼塘为基础
后期需补充资料
水利工程设施分布及封闭性
工程由来历程
现状场地资料
图 3-35　胥口水利枢纽的信息归纳与发散

研究小技巧：

研究小技巧：

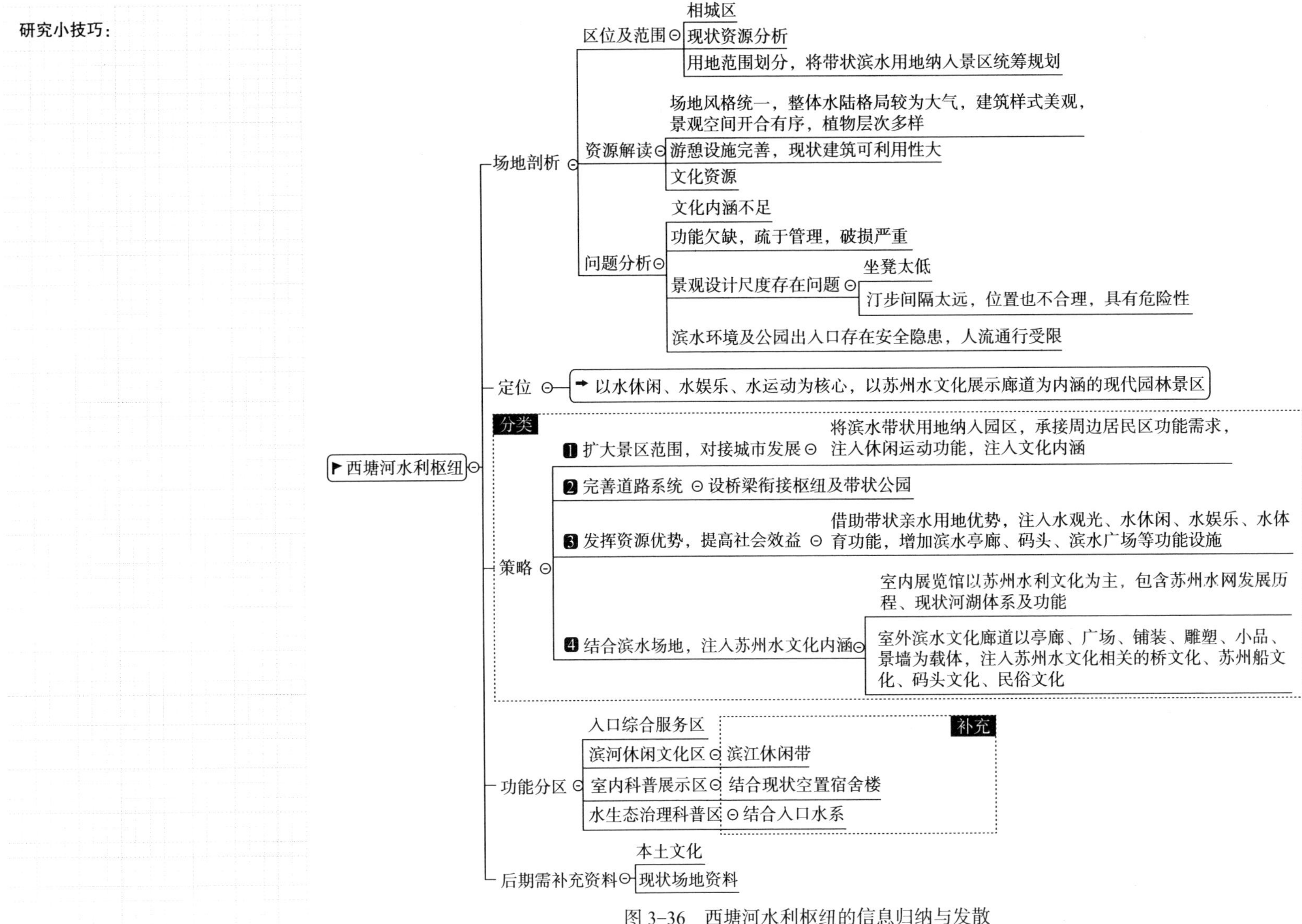

西塘河水利枢纽
场地剖析
区位及范围
相城区
现状资源分析
用地范围划分，将带状滨水用地纳入景区统筹规划
资源解读
场地风格统一，整体水陆格局较为大气，建筑样式美观，景观空间开合有序，植物层次多样
游憩设施完善，现状建筑可利用性大
文化资源
问题分析
文化内涵不足
功能欠缺，疏于管理，破损严重
景观设计尺度存在问题
坐凳太低
汀步间隔太远，位置也不合理，具有危险性
滨水环境及公园出入口存在安全隐患，人流通行受限
定位
以水休闲、水娱乐、水运动为核心，以苏州水文化展示廊道为内涵的现代园林景区
分类
策略
1 扩大景区范围，对接城市发展
将滨水带状用地纳入园区，承接周边居民区功能需求，注入休闲运动功能，注入文化内涵
2 完善道路系统
设桥梁衔接枢纽及带状公园
3 发挥资源优势，提高社会效益
借助带状亲水用地优势，注入水观光、水休闲、水娱乐、水体育功能，增加滨水亭廊、码头、滨水广场等功能设施
4 结合滨水场地，注入苏州水文化内涵
室内展览馆以苏州水利文化为主，包含苏州水网发展历程、现状河湖体系及功能
室外滨水文化廊道以亭廊、广场、铺装、雕塑、小品、景墙为载体，注入苏州水文化相关的桥文化、苏州船文化、码头文化、民俗文化
功能分区
入口综合服务区
滨河休闲文化区
滨江休闲带
室内科普展示区
结合现状空置宿舍楼
水生态治理科普区
结合入口水系
补充
后期需补充资料
本土文化
现状场地资料

图 3-36　西塘河水利枢纽的信息归纳与发散

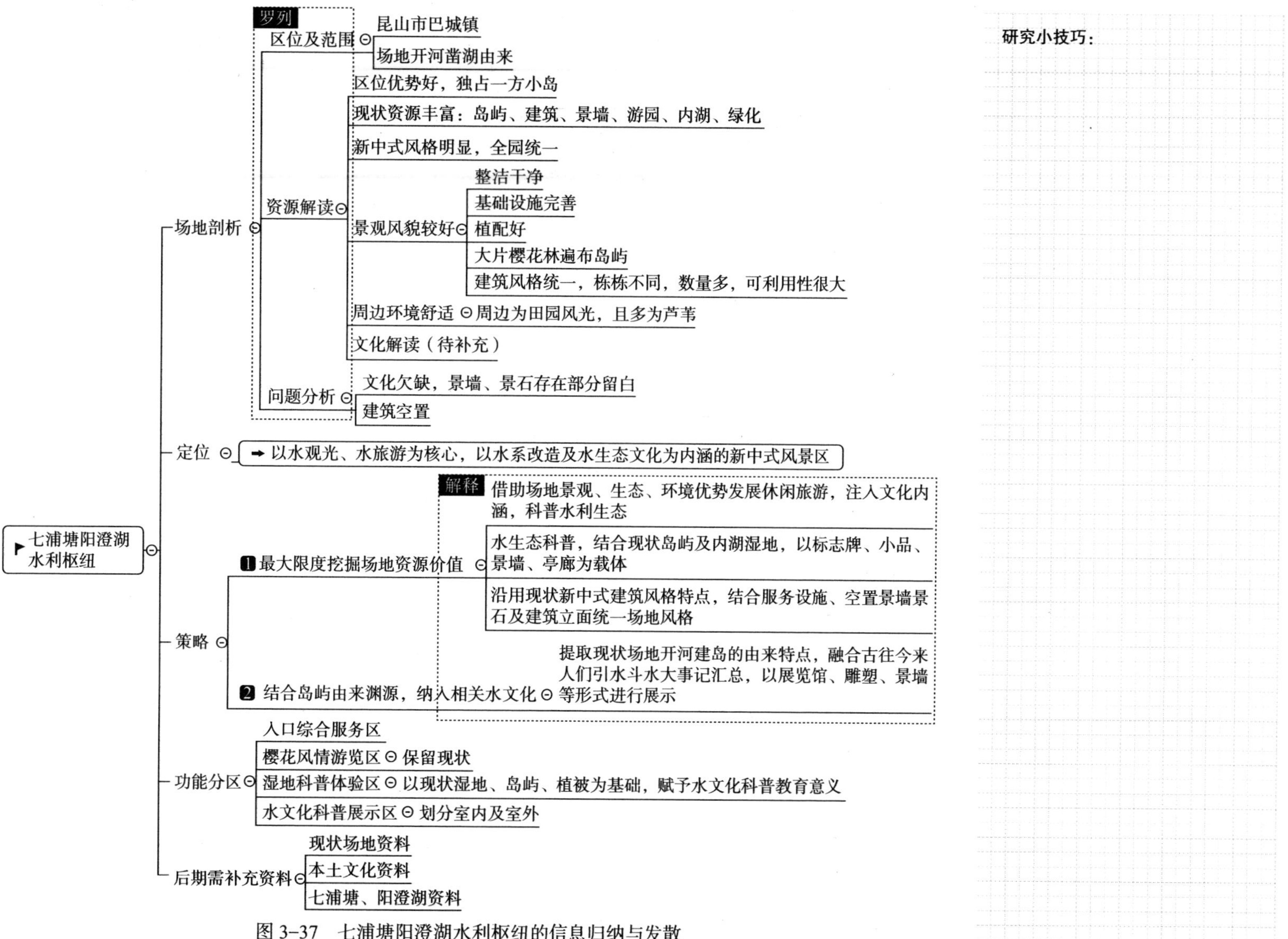

七浦塘阳澄湖水利枢纽
场地剖析
罗列
区位及范围
昆山市巴城镇
场地开河凿湖由来
资源解读
区位优势好，独占一方小岛
现状资源丰富：岛屿、建筑、景墙、游园、内湖、绿化
新中式风格明显，全园统一
景观风貌较好
整洁干净
基础设施完善
植配好
大片樱花林遍布岛屿
建筑风格统一，栋栋不同，数量多，可利用性很大
周边环境舒适
周边为田园风光，且多为芦苇
文化解读（待补充）
问题分析
文化欠缺，景墙、景石存在部分留白
建筑空置
定位
以水观光、水旅游为核心，以水系改造及水生态文化为内涵的新中式风景区
策略
解释
1 最大限度挖掘场地资源价值
借助场地景观、生态、环境优势发展休闲旅游，注入文化内涵，科普水利生态
水生态科普，结合现状岛屿及内湖湿地，以标志牌、小品、景墙、亭廊为载体
沿用现状新中式建筑风格特点，结合服务设施、空置景墙景石及建筑立面统一场地风格
2 结合岛屿由来渊源，纳入相关水文化
提取现状场地开河建岛的由来特点，融合古往今来人们引水斗水大事记汇总，以展览馆、雕塑、景墙等形式进行展示
功能分区
入口综合服务区
樱花风情游览区
保留现状
湿地科普体验区
以现状湿地、岛屿、植被为基础，赋予水文化科普教育意义
水文化科普展示区
划分室内及室外
后期需补充资料
现状场地资料
本土文化资料
七浦塘、阳澄湖资料

图 3-37　七浦塘阳澄湖水利枢纽的信息归纳与发散

研究小技巧：

研究小技巧：

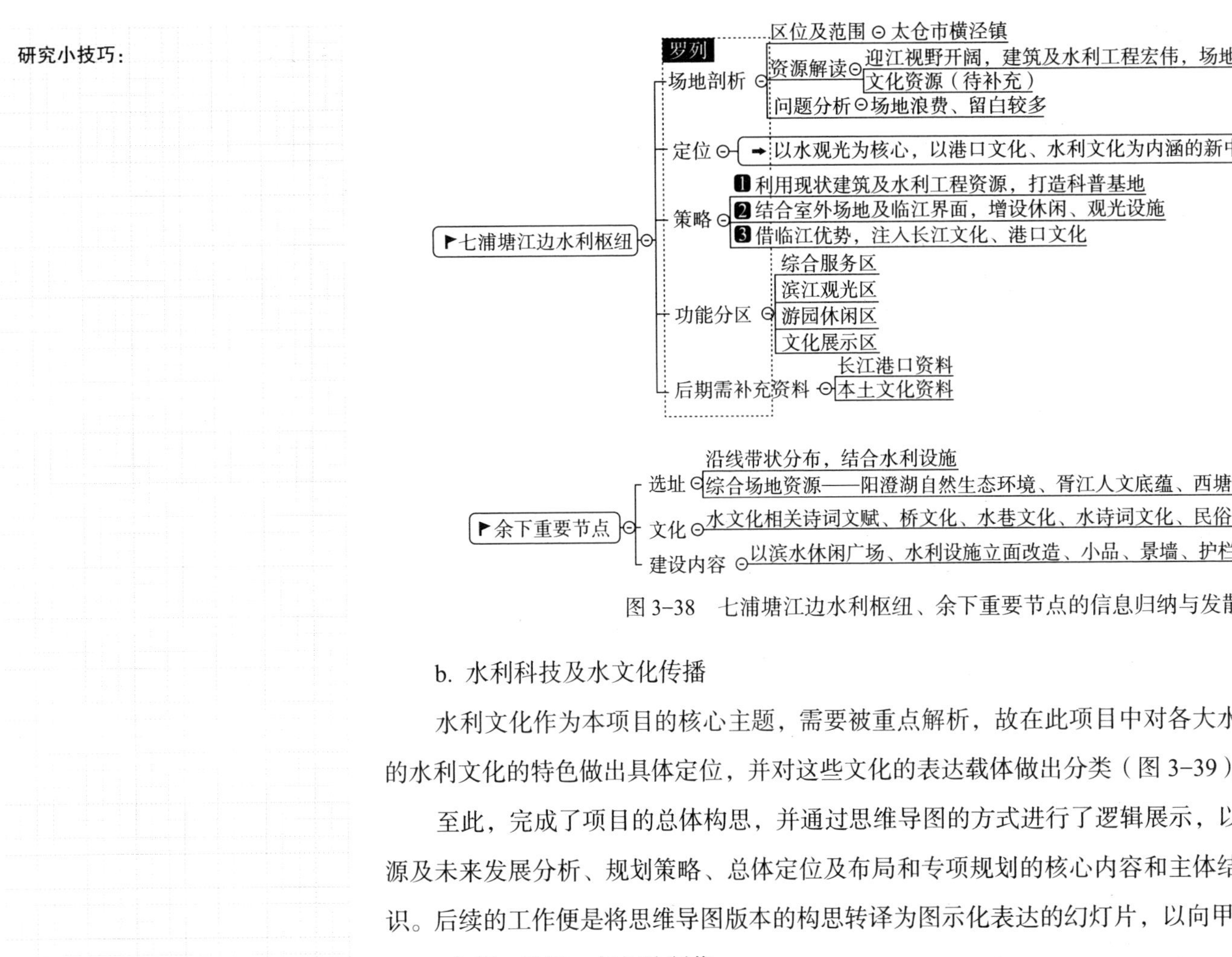
罗列
七浦塘江边水利枢纽
场地剖析
区位及范围 太仓市横泾镇
资源解读
迎江视野开阔，建筑及水利工程宏伟，场地存有大广场、小游园
文化资源（待补充）
问题分析 场地浪费、留白较多
定位
以水观光为核心，以港口文化、水利文化为内涵的新中式观光园
策略
1 利用现状建筑及水利工程资源，打造科普基地
2 结合室外场地及临江界面，增设休闲、观光设施
3 借临江优势，注入长江文化、港口文化
功能分区
综合服务区
滨江观光区
游园休闲区
文化展示区
后期需补充资料
长江港口资料
本土文化资料
余下重要节点
选址
沿线带状分布，结合水利设施
综合场地资源——阳澄湖自然生态环境、胥江人文底蕴、西塘河周边村落
文化
水文化相关诗词文赋、桥文化、水巷文化、水诗词文化、民俗文化
建设内容
以滨水休闲广场、水利设施立面改造、小品、景墙、护栏等载体注入水文化内涵

图 3-38　七浦塘江边水利枢纽、余下重要节点的信息归纳与发散

b. 水利科技及水文化传播

水利文化作为本项目的核心主题，需要被重点解析，故在此项目中对各大水利枢纽及余下重要节点的水利文化的特色做出具体定位，并对这些文化的表达载体做出分类（图 3-39）。

至此，完成了项目的总体构思，并通过思维导图的方式进行了逻辑展示，以此对前期分析、景区资源及未来发展分析、规划策略、总体定位及布局和专项规划的核心内容和主体结构形成了更为深刻的认识。后续的工作便是将思维导图版本的构思转译为图示化表达的幻灯片，以向甲方进行汇报。

4）第 4 阶段：幻灯片制作

（1）结构安排

利用思维导图梳理幻灯片的结构，并对各部分内容进行页数分配，可以更快速地把控幻灯片的总体

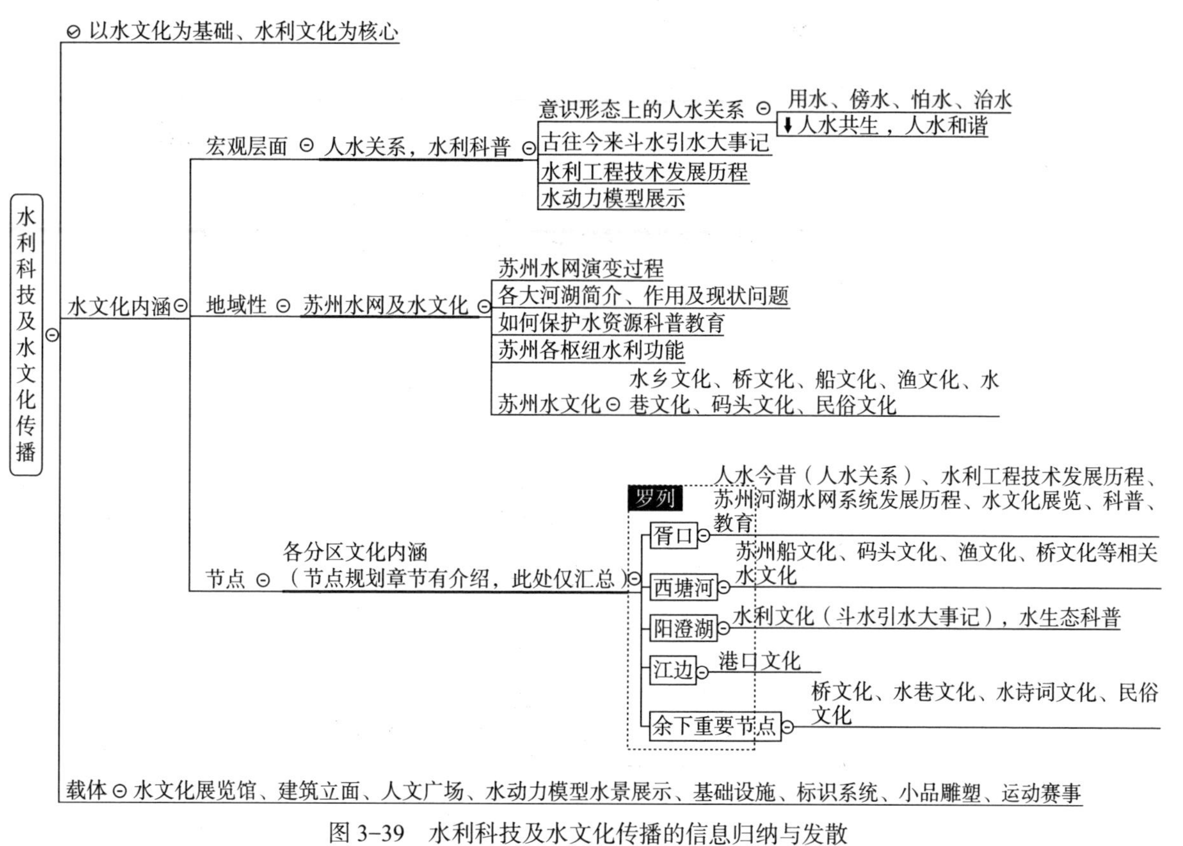

以水文化为基础、水利文化为核心
水利科技及水文化传播
水文化内涵
宏观层面
人水关系，水利科普
意识形态上的人水关系
用水、傍水、怕水、治水
人水共生，人水和谐
古往今来斗水引水大事记
水利工程技术发展历程
水动力模型展示
地域性
苏州水网及水文化
苏州水网演变过程
各大河湖简介、作用及现状问题
如何保护水资源科普教育
苏州各枢纽水利功能
苏州水文化
水乡文化、桥文化、船文化、渔文化、水巷文化、码头文化、民俗文化
节点
各分区文化内涵
（节点规划章节有介绍，此处仅汇总）
罗列
胥口
人水今昔（人水关系）、水利工程技术发展历程、苏州河湖水网系统发展历程、水文化展览、科普、教育
西塘河
苏州船文化、码头文化、渔文化、桥文化等相关水文化
阳澄湖
水利文化（斗水引水大事记），水生态科普
江边
港口文化
余下重要节点
桥文化、水巷文化、水诗词文化、民俗文化
载体
水文化展览馆、建筑立面、人文广场、水动力模型水景展示、基础设施、标识系统、小品雕塑、运动赛事

图 3-39　水利科技及水文化传播的信息归纳与发散

研究小技巧：

内容（图 3-40）。

（2）分工制作

在对幻灯片的结构进行安排的基础上，将任务分配给具体的团队成员，在终极版本项目框架的基础上填充具体内容，即可高效地完成工作。这体现了利用思维导图整理项目思路的一大好处：在理清逻辑后，幻灯片的制作只需注意排版美观性即可快速制作完成，保证了所有人的效率，有助于工作质量的有效提升。

研究小技巧：

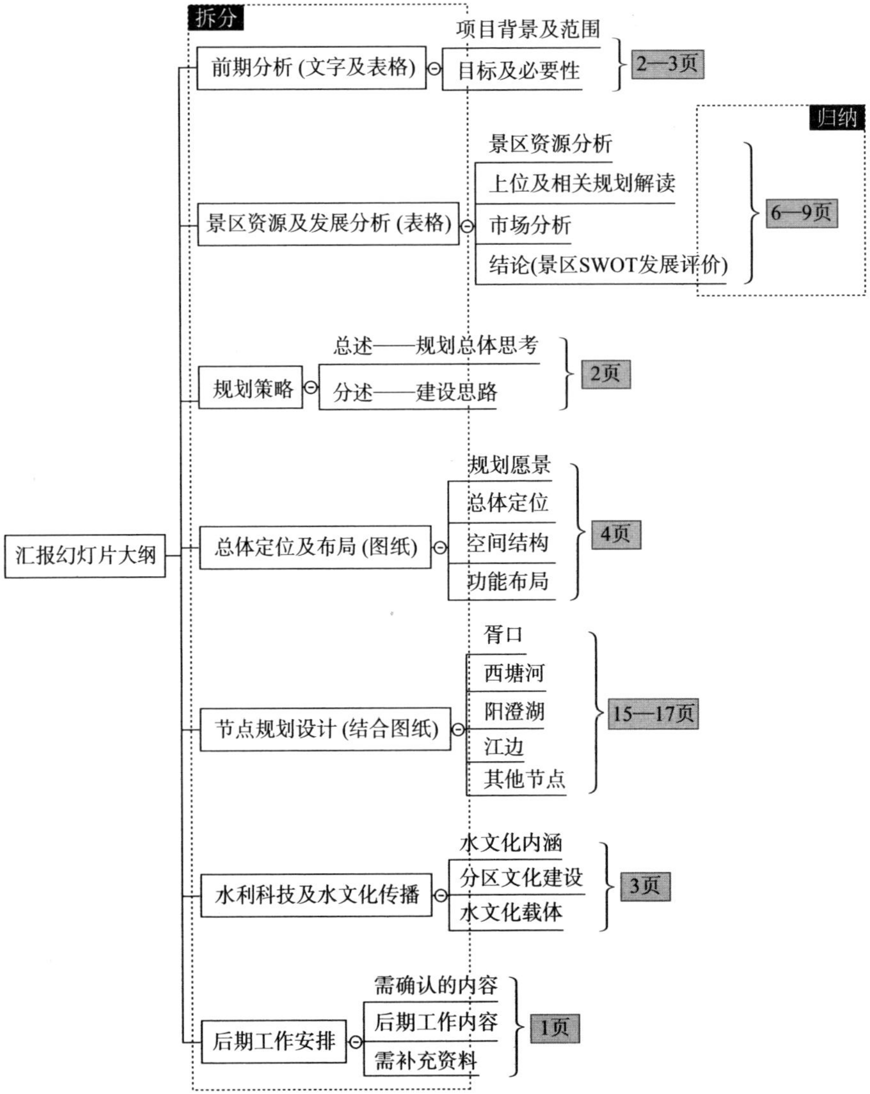

拆分 / 归纳

- 汇报幻灯片大纲
  - 前期分析（文字及表格）——2—3页
    - 项目背景及范围
    - 目标及必要性
  - 景区资源及发展分析（表格）——6—9页
    - 景区资源分析
    - 上位及相关规划解读
    - 市场分析
    - 结论(景区SWOT发展评价)
  - 规划策略——2页
    - 总述——规划总体思考
    - 分述——建设思路
  - 总体定位及布局（图纸）——4页
    - 规划愿景
    - 总体定位
    - 空间结构
    - 功能布局
  - 节点规划设计（结合图纸）——15—17页
    - 胥口
    - 西塘河
    - 阳澄湖
    - 江边
    - 其他节点
  - 水利科技及水文化传播——3页
    - 水文化内涵
    - 分区文化建设
    - 水文化载体
  - 后期工作安排——1页
    - 需确认的内容
    - 后期工作内容
    - 需补充资料

图 3-40 汇报幻灯片大纲的信息分类与归纳

3.2.3 项目成果

1）汇报幻灯片（图 3–41）

目 录 Contents
一 前期分析
二 景区资源及发展分析
三 规划策略
四 总体定位及布局
五 节点规划设计
六 水利科技及水文化传播
七 后期工作安排

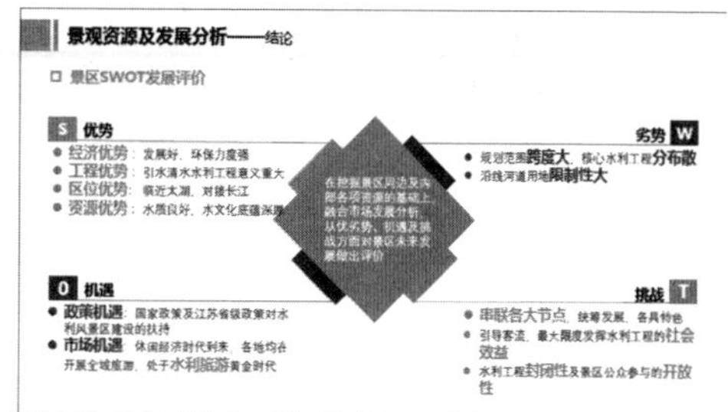
景观资源及发展分析——结论
□ 景区SWOT发展评价
S 优势
经济优势：发展好、环保力度强
工程优势：引水清水水利工程意义重大
区位优势：频近太湖、对接长江
劣势 W
规划范围跨度大、核心水利工程分布散
沿线河道用地限制性大
O 机遇
政策机遇：国家政策及江苏省级政策对水利风景区建设的扶持
市场机遇：休闲经济时代到来，各地均在开展全域旅游，处于水利旅游黄金时代
挑战 T
串联各大节点，统筹发展、各具特色
引导客流，最大限度发挥水利工程的社会效益
水利工程封闭性及景区公众参与的开放性

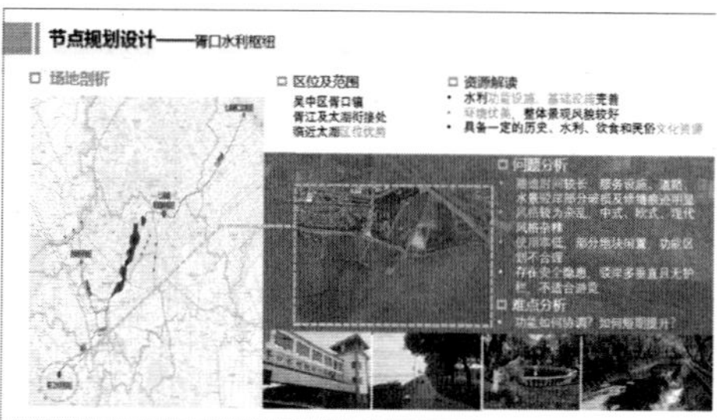
节点规划设计——胥口水利枢纽
□ 场地剖析
□ 区位及范围
□ 资源解读
□ 问题分析
□ 难点分析

图 3–41 汇报幻灯片

2）项目文本（图 3–42）

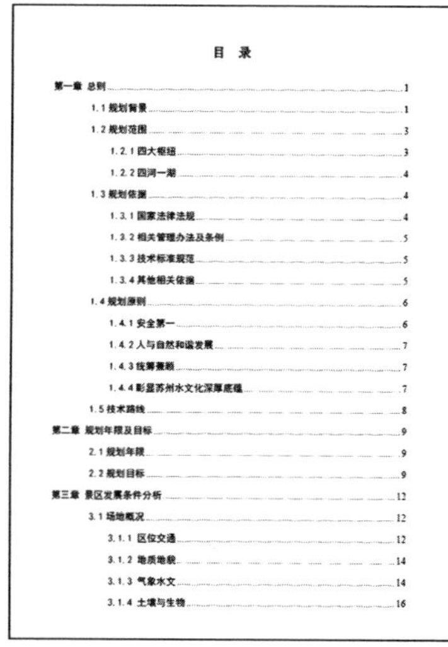

目 录

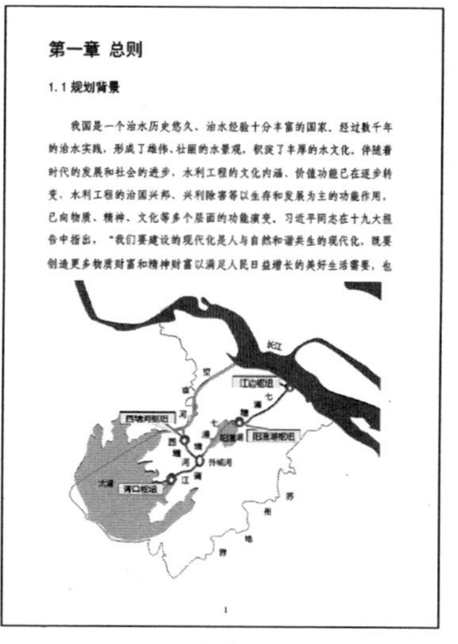

第一章 总则

1.1 规划背景

我国是一个治水历史悠久、治水经验十分丰富的国家。经过数千年的治水实践，形成了雄伟、壮丽的水景观，积淀了丰厚的水文化。伴随着时代的发展和社会的进步，水利工程的文化内涵、价值功能已在逐步转变，水利工程的治国兴邦、兴利除害等以生存和发展为主的功能作用，已向物质、精神、文化等多个层面的功能演变。习近平同志在十九大报告中指出，“我们要建设的现代化是人与自然和谐共生的现代化，既要创造更多物质财富和精神财富以满足人民日益增长的美好生活需要，也

长江
江边枢纽
西塘河枢纽
阳澄湖枢纽
阳澄湖
外城河
太湖
胥口枢纽

1

项目周边路网纵横、交通完善，S9苏绍高速、S5常嘉高速、S58沪常高速穿行而过，G15高速、204国道、312国道、224省道、230省道、子胥高架、城市道路环绕。

3.1.2 地质地貌

苏州市地势较低，穹隆山是苏州最高山，山高 351.7 m。从地貌特征来看，苏州市共有三种类型地貌，分别为平原、水面和丘陵，其中平原面积最大，占全市总面积的 54%；其次是水面面积，占全市总面积的 43%；丘陵面积最小，占全市总面积的 3%。

3.1.3 气象水文

1. 水文

苏州地势平坦，河道纵横，湖泊众多，河湖资源十分丰富，河河相通、河湖相通的特点构成了独特的平原水网。据 2014 年全市水域面积详细勘查结果，全市共有各级河道 21879 条，总长度为 21637.51 km，水域面积为 958.117 km^2；大小湖泊 353 个，湖泊水域面积为 2197.838 km^2；水域面积小于或等于 50 亩的塘坝有 8404 个，水域面积为 49.050 km^2。包含长江、太湖在内的水域总面积为 3205.005 km^2，水面率为 37.0%；扣除长江和太湖水域面积后的全市水域总面积为 994.348 km^2，水面率为 15.4%。全市被分成六个水利分区，分别为淀泖区、阳澄区、新沙区、滨湖区、浦南区以及虞西区，初步建成集泄洪排涝和抗旱为一体的新河网水系。

根据《苏州市河网水系总体规划》，将规划区内第一轮太湖流域综合治理已整治的和新一轮太湖流域防洪确定的流域性引排水河道划分为一级河道，包括望虞河、吴淞江、太浦河及京杭运河共 4 条，将规划区内的 39 条区域性引排水的河道划分为二级河道，其中，本次规划范围内的七

14

（a）

研究小技巧：

2. 胥江

胥江全长 28 里，源出太湖，经胥口、木渎汇京杭大运河，过横塘，进胥门，与外城河交汇。姑苏古城区内，河道桥梁密布，堪称“东方威

3.2.2 地文景观

1. 景区内小地形

景区在建设初期便做了许多微地形，胥口枢纽的假山、池塘、沟渠、水景，西塘河枢纽管理区内的河道，阳澄湖枢纽内的景观湖、湖心岛、微地形改造等，山与水的元素运用变换丰富，空间层次多样，移步易景，赋予游人多重景观感受，展示苏州园林的精致与雅气。

2. 周边地文景观

景区周边地理环境优越，依山傍水，胥口枢纽附近有东山风光、西山仙境，南有万顷太湖，坐落于山水之间，美不胜收。

西塘河水系丰富，水、田、村肌理相互穿插，和谐富足的城镇生活

25

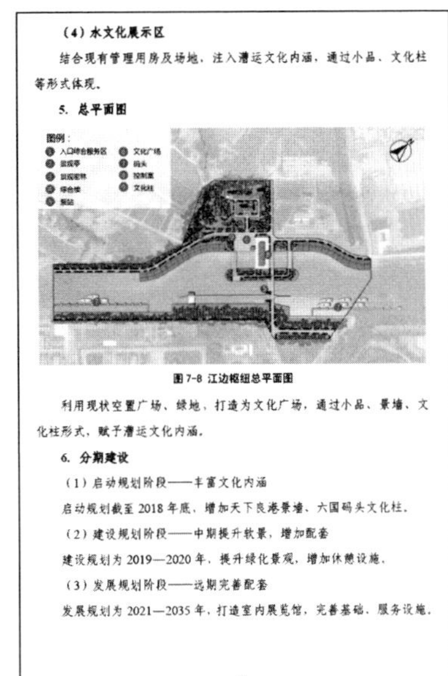

（4）水文化展示区

结合现有管理用房及场地，注入漕运文化内涵，通过小品、文化柱等形式体现。

5. 总平面图

图例：
入口综合服务区
文化广场
码头
文化柱

图 7-8 江边枢纽总平面图

利用现状空置广场、绿地，打造为文化广场，通过小品、景墙、文化柱形式，赋予漕运文化内涵。

6. 分期建设

（1）启动规划阶段——丰富文化内涵

启动规划截至 2018 年底，增加天下良港景墙、六国码头文化柱。

（2）建设规划阶段——中期提升软景，增加配套

建设规划为 2019—2020 年，提升绿化景观，增加休憩设施。

（3）发展规划阶段——远期完善配套

发展规划为 2021—2035 年，打造室内展览馆，完善基础、服务设施。

（b）

图 3-42　项目文本

3）图纸（图 3-43）

入口综合服务区
滨河休闲文化区
水生态治理科普区
室内科普展示区

图例：
① 景区主入口
② 入口综合服务区
③ 莲香徐徐
④ 科普展示厅
⑤ 西塘河枢纽
⑥ 亲水活动广场
⑦ 主题雕塑
⑧ 亲水平台
⑨ 活动小广场
⑩ 码头
⑪ 西塘河路
⑫ 文化广场
N

图 3-43　图纸

3.2.4　项目总结

研究小技巧：

在这样以甲方需求为主导的横向项目中，由于不同的设计团队拥有各自固有的工作模式，使得方案的生成过程存在很多的可能性，而在中国目前的国情下，几乎所有的团队都面临着“工期短、任务重”的难题，这样的外部压力导致很多设计工作出现本末倒置的状况，出现先做设计后有分析，甚至先行施工后做设计最后才分析的工作流程，使得景观设计成为一个缺少技术含量、没有科学依据的行业。其实这种情况是可以借助思维导图这一辅助工具予以缓解的。思维导图可在项目起始阶段到概念方案生成阶段发挥极大的作用：通过思维导图可以梳理场地现状，经过问题拆解，迅速定位项目核心矛盾，辅助项目生成一个逻辑清晰的流程框架，在这个框架中，可以依据项目的差异加入各种数据分析，借助此框架既可以快速制作汇报幻灯片，也可为后期设计文本的撰写奠定内容基础，并且作为详细设计阶段的前期分析，可以有力地支撑起一项兼具科学性与艺术性的景观设计项目。

研究小技巧：

3.3 综合类项目

综合类项目选取 2015 年湖北省公安县崇湖湿地公园修建性详细规划来论述。

3.3.1 项目缘起

（1）直接原因：承接湖北省公安县崇湖湿地公园修建性详细规划项目。

（2）间接原因：团队刚完成 2015 年的湖北省社会科学基金项目“乡村河域景观低影响开发模式研究”的申报，在此次申报过程中重点从空间、资源和产业三方面考虑了乡村河域的低影响开发，这促使团队在此次崇湖湿地公园的横向项目中延续该研究思路，最终确定从“水系环境”“栖息地环境”和“产业分析”三方面组织本次项目。

3.3.2 项目思路推进

本次项目综合了团队与甲方的意见，力图在实践项目中融入科学原理。团队尝试通过现场调研和基础资料梳理来摸清现状建筑、道路与生态环境情况，找出现状问题，并将国内外现代先进生态湿地作为主要案例进行详细对比研究，找出规划范围优劣势所在，探索规划范围的发展定位和发展策略。于是团队利用思维导图强大的科研辅助能力来指导实践项目思路的生成，通过对信息的整合与梳理，实现对场地实际问题的聚焦，并针对问题提出一套解决策略，再利用思维导图对策略进行发散与收敛，逐步形成一套能够指导图纸制作和幻灯片制作的有效策略。该项目分为四个阶段，如图 3-44 所示。

1）第 1 阶段：资料整理与分析

（1）资料收集

在资料收集阶段主要收集了甲方资料、现场调研记录、相关规划文件和相关案例资料。

① 甲方资料

a.《公安县崇湖国家湿地公园总体规划》;

b.《湖北公安崇湖国家湿地公园资源调查报告》;

c. 崇湖湿地公园投资估算表;

d. 公安县情概况及投资政策;

e. 公安县产业概况;

f.《2014 年国民经济和社会发展统计公报（第五期）》;

g. 崇湖附件;

h. 崇湖附图。

② 现场调研记录

现场调研记录遗失。

③ 相关规划、政策文件

a.《公安县崇湖国家湿地公园总体规划》;

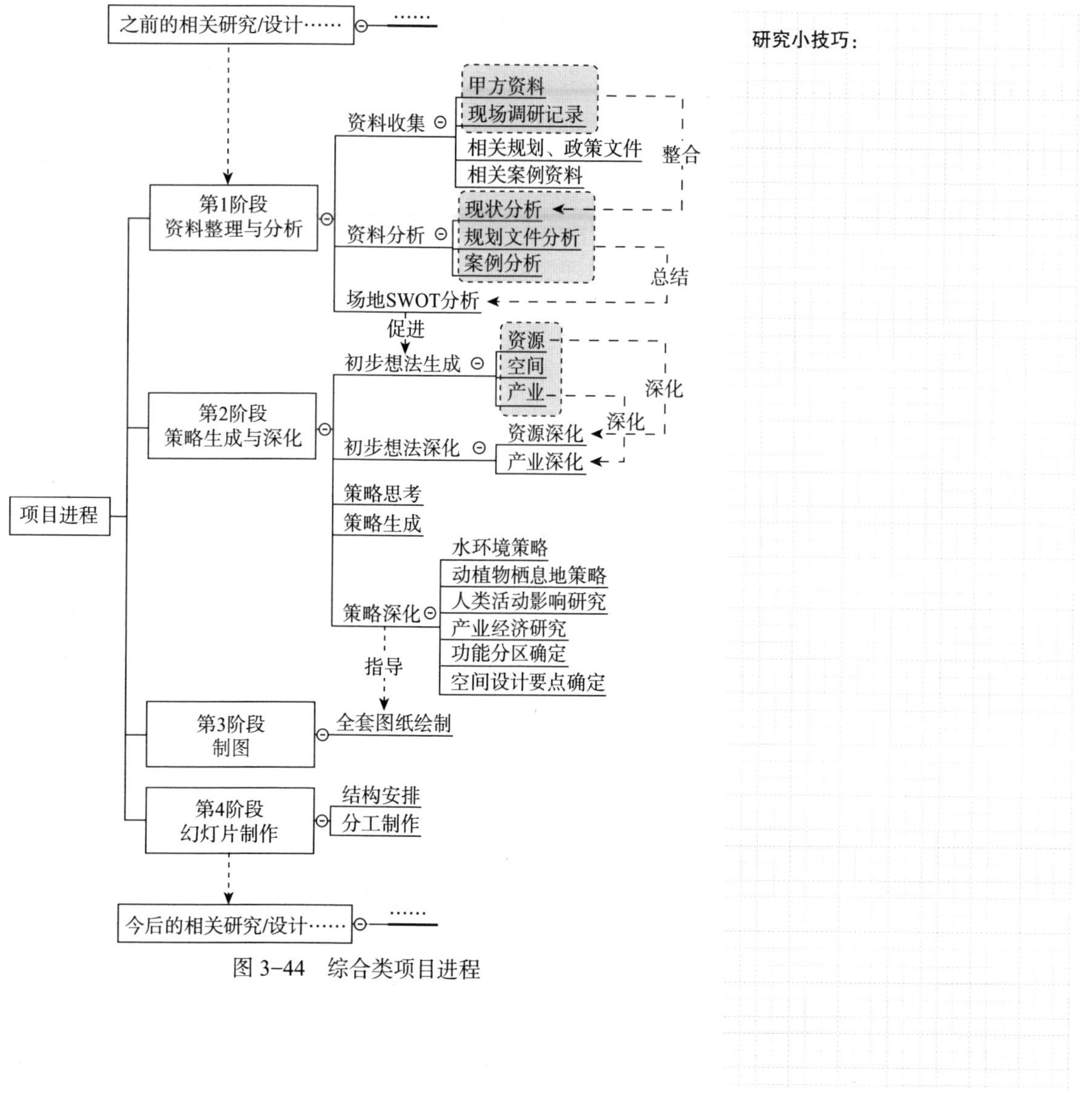

之前的相关研究/设计……
……
第1阶段
资料整理与分析
资料收集
甲方资料
现场调研记录
相关规划、政策文件
相关案例资料
整合
资料分析
现状分析
规划文件分析
案例分析
总结
场地SWOT分析
促进
项目进程
第2阶段
策略生成与深化
初步想法生成
资源
空间
产业
深化
深化
初步想法深化
资源深化
产业深化
策略思考
策略生成
策略深化
水环境策略
动植物栖息地策略
人类活动影响研究
产业经济研究
功能分区确定
空间设计要点确定
指导
第3阶段
制图
全套图纸绘制
第4阶段
幻灯片制作
结构安排
分工制作
今后的相关研究/设计……
……

图 3-44　综合类项目进程

研究小技巧：

研究小技巧：

b.《公安县城市总体规划（2015—2030 年）》；

c.《公安县土地利用总体规划》(2006—2012 年)；

d.《湖北省公安县黄山头风景名胜区总体规划》(2007—2020 年)；

e.《湖北省人民政府办公厅关于加强湿地保护管理的通知》(2004 年)；

f.《湖北省植物保护条例》(2009 年)；

g.《湖北省农业生态环境保护条例》(2006 年)；

h.《湖北省植物保护条例》(2009 年)；

i.《湖北省环境保护条例》(1994 年)；

j.《湖北省林业管理办法》(1991 年)；

k.《湖北省重点保护陆生野生动物名录》(1994 年)；

l.《湖北省重点保护水生野生动物名录》(1995 年)；

m.《湖北省人民政府办公厅关于建立自然保护小区的批复》(2002 年)；

n.《公安县国民经济和社会发展第十二个五年规划纲要》(2011 年)。

④ 相关案例资料

a. 上海世博会园区后滩湿地公园规划设计方案；

b. 十涧湖国家城市湿地公园规划设计方案；

c. 翠湖国家城市湿地公园规划设计方案；

d. 枫主题湿地公园规划设计方案；

e. 公安县淤泥湖湿地公园规划设计方案。

（2）资料分析

在资料分析阶段，主要依据甲方提供的基础资料和现场调研的记录形成现状分析，根据相关规划、政策文件进行规划策略的分析，根据相关案例资料进行案例分析。这三种分析均是通过思维导图组织和梳理相关资料、文件与信息来完成的。

① 现状分析（图 3–45）

- 现状分析
  - 区位分析
    - 荆州——两湖平原中心，衔接湘鄂两省的重要节点
    - 市域交通条件较便利，应完善县级道路系统，加强与省道、国道的连接
    - 崇湖外围交通有待完善，211省道可作为对外联系主干道
  - 现场概括
    - 湖区周边多为农田
    - 渔场管理处为多层建筑，待改建
    - 场地内存在人工养殖鱼塘、莲藕塘等，环境较差（强调）
    - 道路多为土路、石子路等（强调）
    - 植物种类较丰富，保护价值较高（强调）
  - 崇湖湖区自然条件
    - 地形地貌
      - 崇湖国家湿地公园地处洞庭湖平原北端，紧邻荆江南岸，区域总体地势北高南低，除西南侧的吴达河有一小块岗地以外，其余三面地势平坦，为典型的冲积、湖积平原地貌
      - 崇湖属典型的河间洼地湖，所在位置相对地势较低，是周边地区的“水窝子”
      - 公园范围内，地面高程为30—33 m
    - 气候
      - 崇湖湖区属亚热带季风气候，具有光照充足、雨量充沛、有霜期短、夏热冬冷、四季分明等特征
      - 湖区年均降雨日数为126天，年均降雨量为1 211 mm，年最大降雨量为1 853.5 mm(1983年)，年最小降雨量为870.8 mm(1979年)
    - 水文
      - 崇湖流域属洞庭湖水系北部，周边相关地表水主要有长江、虎渡河、东清河、县(公安)总排渠四条主要河流
      - 东、南、西、北四面各一条干渠将崇湖环绕
    - 土壤
      - 崇湖属洞庭湖水系的北端组成部分，湖区土层深厚，土壤肥沃，有机质含量较丰富，水肥保持能力强
      - 湖区及周边地区土壤成土母质为河流冲积物及湖相沉积物，土壤类别主要有潮土、水稻土、黄棕土三种土类，西南岗地为黄棕壤，其余地区以潮土和水稻土为主
  - 崇湖所在地区资源
    - 湿地资源
      - 崇湖拥有湖泊湿地、人工湿地两大类型的湿地，湿地总面积为1 454.9 hm^2，其中，永久性淡水湖面积为1 207.82 hm^2，占公园湿地面积的83.02%
      - 运河、输水河面积为2.9 hm^2，占公园湿地面积的0.20%
      - 水产养殖场面积为192.34 hm^2，占公园湿地面积的13.22%
      - 稻田面积为51.85 hm^2，占公园湿地面积的3.56%
    - 湿地植物资源
      - 崇湖湿地属于我国湿地的华北平原、长江中下游平原草丛沼泽和浅水植物湿地区中的长江中下游平原浅水植物湿地亚区
      - 睡莲群系、菹草群系、狭叶香蒲群系、芦苇群系、芡实群系、荇菜群系、水烛香蒲—长芒稗群系、金鱼草群系等
    - 湿地动物资源
      - 崇湖动植物资源丰富，且包含国家重点保护动物，规划时需注意对其生态环境的保护
    - 崇湖自然、人文景观丰富，规划应充分利用自身优势，彰显独特的自然、人文景观
    - ……

（图中标注：分类）

图 3–45　现状的信息梳理与总结

研究小技巧：

研究小技巧：

经验分享

· 设计来自对场地的充分认识，完成了完整而清晰的资料收集与分析工作即完成了一半的设计工作。

· 在背景资料查询时要找到关键的对应文件、不同领域的上位规划，例如总体规划、国民经济与社会发展规划等，以及其他专项规划等。法定规划具有法律效力，其他现状报告、相关新闻等资料也具有很高的参考价值。

· 收集资料时要注意资料的分类，例如本项目所采用的自然条件、经济条件、地区资源，也可以从自然环境、社会环境等其他分类方法着手，较为全面地总结现状概况即可。

· 有了思维导图的帮助，资料收集这项庞杂繁琐的工作也可以变得井井有条。

② 规划文件分析（图 3–46）

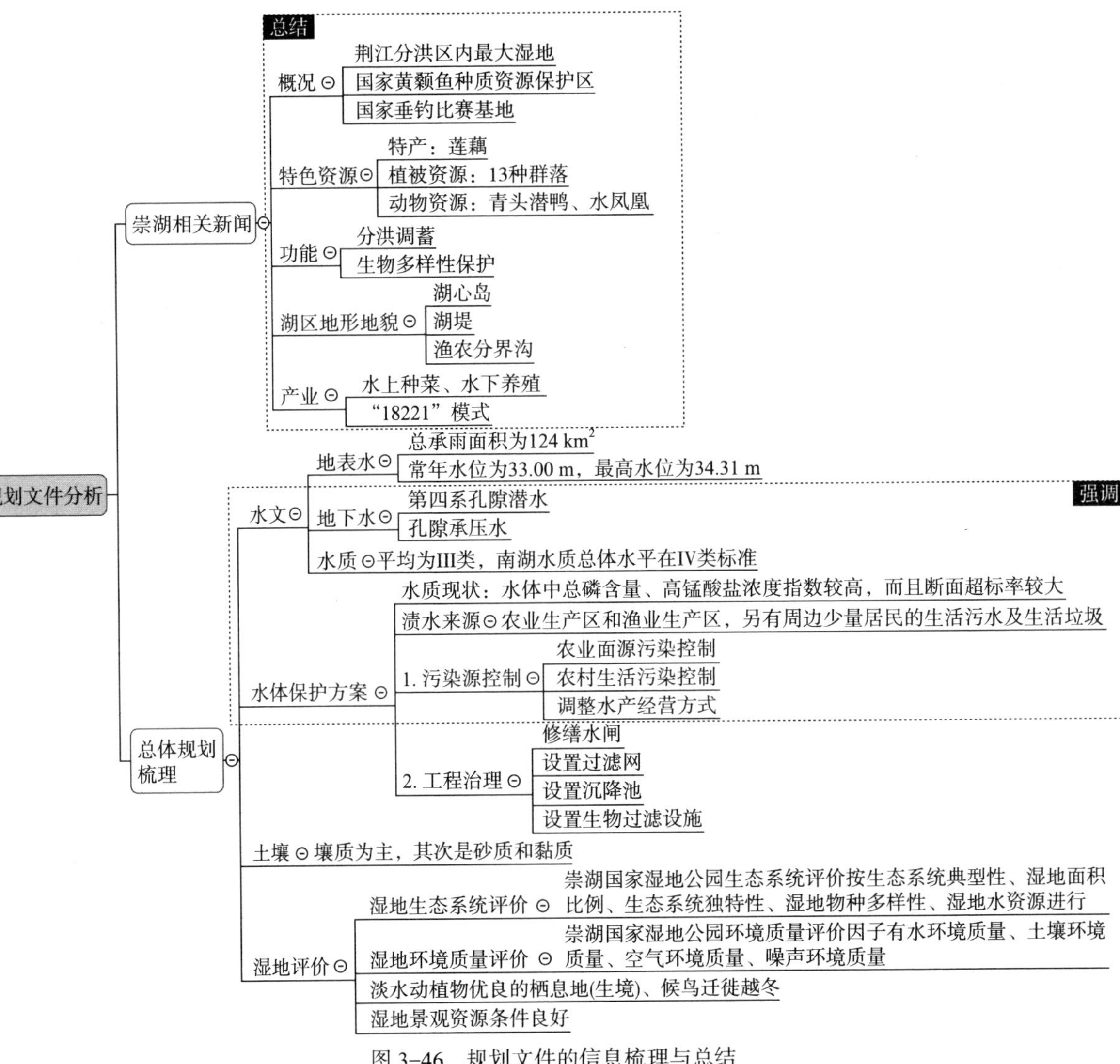

总结
概况
荆江分洪区内最大湿地
国家黄颡鱼种质资源保护区
国家垂钓比赛基地
特色资源
特产：莲藕
植被资源：13种群落
动物资源：青头潜鸭、水凤凰
崇湖相关新闻
功能
分洪调蓄
生物多样性保护
湖区地形地貌
湖心岛
湖堤
渔农分界沟
产业
水上种菜、水下养殖
“18221”模式
规划文件分析
地表水
总承雨面积为124 km2
常年水位为33.00 m，最高水位为34.31 m
强调
水文
地下水
第四系孔隙潜水
孔隙承压水
水质 平均为III类，南湖水质总体水平在IV类标准
水质现状：水体中总磷含量、高锰酸盐浓度指数较高，而且断面超标率较大
渍水来源 农业生产区和渔业生产区，另有周边少量居民的生活污水及生活垃圾
1. 污染源控制
农业面源污染控制
农村生活污染控制
调整水产经营方式
水体保护方案
总体规划梳理
修缮水闸
2. 工程治理
设置过滤网
设置沉降池
设置生物过滤设施
土壤 壤质为主，其次是砂质和黏质
湿地生态系统评价
崇湖国家湿地公园生态系统评价按生态系统典型性、湿地面积比例、生态系统独特性、湿地物种多样性、湿地水资源进行
湿地评价
湿地环境质量评价
崇湖国家湿地公园环境质量评价因子有水环境质量、土壤环境质量、空气环境质量、噪声环境质量
淡水动植物优良的栖息地(生境)、候鸟迁徙越冬
湿地景观资源条件良好

图 3–46　规划文件的信息梳理与总结

③ 案例分析（图 3-47）

研究小技巧：

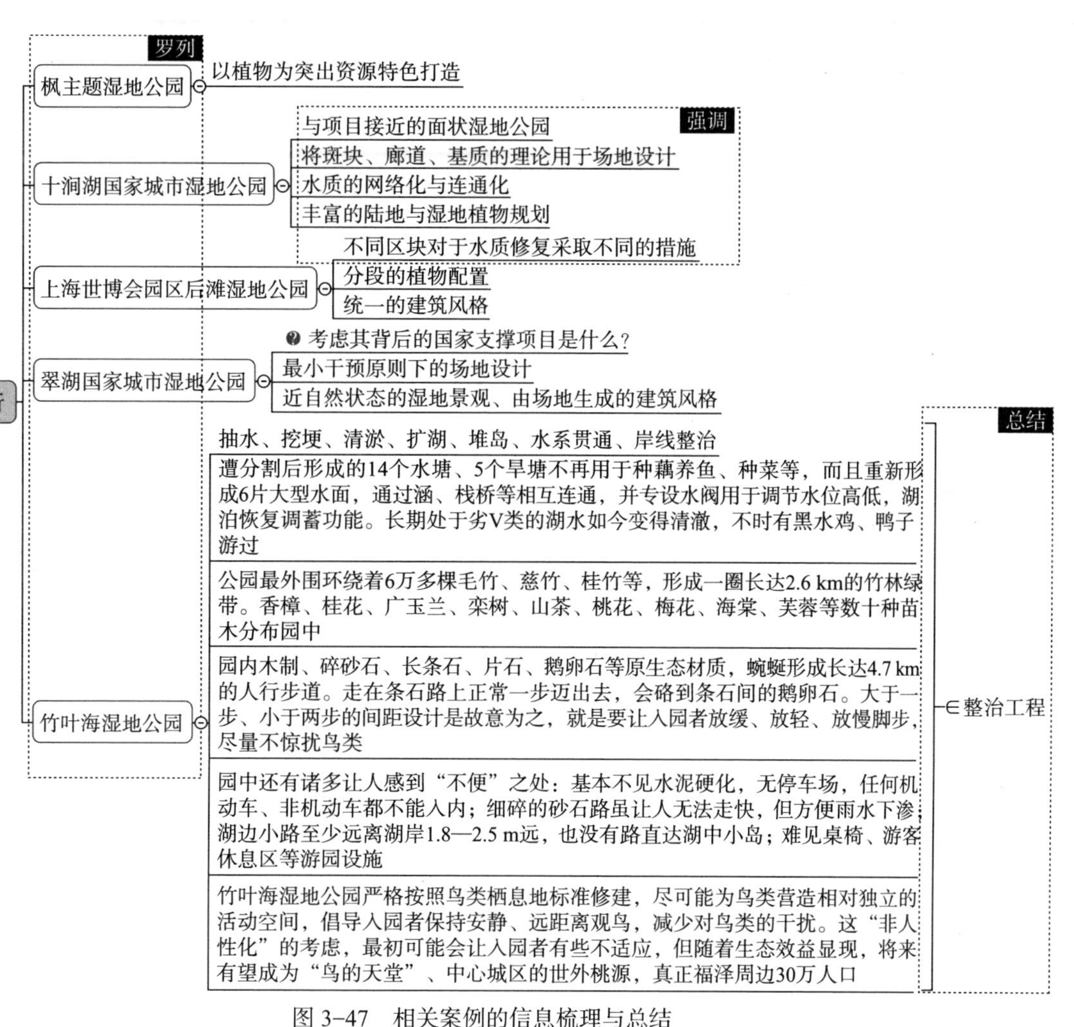

罗列
案例分析
枫主题湿地公园
以植物为突出资源特色打造
强调
十涧湖国家城市湿地公园
与项目接近的面状湿地公园
将斑块、廊道、基质的理论用于场地设计
水质的网络化与连通化
丰富的陆地与湿地植物规划
上海世博会园区后滩湿地公园
不同区块对于水质修复采取不同的措施
分段的植物配置
统一的建筑风格
翠湖国家城市湿地公园
考虑其背后的国家支撑项目是什么?
最小干预原则下的场地设计
近自然状态的湿地景观、由场地生成的建筑风格
总结
竹叶海湿地公园
抽水、挖埂、清淤、扩湖、堆岛、水系贯通、岸线整治
遭分割后形成的14个水塘、5个旱塘不再用于种藕养鱼、种菜等，而且重新形成6片大型水面，通过涵、栈桥等相互连通，并专设水阀用于调节水位高低，湖泊恢复调蓄功能。长期处于劣V类的湖水如今变得清澈，不时有黑水鸡、鸭子游过
公园最外围环绕着6万多棵毛竹、慈竹、桂竹等，形成一圈长达2.6 km的竹林绿带。香樟、桂花、广玉兰、栾树、山茶、桃花、梅花、海棠、芙蓉等数十种苗木分布园中
园内木制、碎砂石、长条石、片石、鹅卵石等原生态材质，蜿蜒形成长达4.7 km的人行步道。走在条石路上正常一步迈出去，会硌到条石间的鹅卵石。大于一步、小于两步的间距设计是故意为之，就是要让人园者放缓、放轻、放慢脚步，尽量不惊扰鸟类
园中还有诸多让人感到“不便”之处：基本不见水泥硬化，无停车场，任何机动车、非机动车都不能入内；细碎的砂石路虽让人无法走快，但方便雨水下渗；湖边小路至少远离湖岸1.8—2.5 m远，也没有路直达湖中小岛；难见桌椅、游客休息区等游园设施
竹叶海湿地公园严格按照鸟类栖息地标准修建，尽可能为鸟类营造相对独立的活动空间，倡导入园者保持安静、远距离观鸟，减少对鸟类的干扰。这“非人性化”的考虑，最初可能会让人园者有些不适应，但随着生态效益显现，将来有望成为“鸟的天堂”、中心城区的世外桃源，真正福泽周边30万人口
整治工程

图 3-47　相关案例的信息梳理与总结

研究小技巧：

通过以上分析，形成对场地基本情况的把握。基于以上三项分析，进一步归纳和总结出崇湖湿地的优势、劣势、机遇和挑战，由此指导下一阶段针对场地状况的策略的思考与延伸。

（3）场地 SWOT 分析

利用思维导图进行场地 SWOT 的总结与归纳，可以帮助设计人员对于场地问题、场地发展趋势的深入了解，在设计开始前就能保证设计人员头脑的清晰（图 3–48）。

归纳
罗列
总结
场地SWOT分析
优势
生物资源丰富，淡水动植物种类分布密集，种群数量大
国家湿地公园的生态品牌
农业和生态文化的省内优势
荆楚独特的公安文化魅力资源
劣势
基地内交通基础设施较差
地区性水灾发生的可能性
机遇
周末生态体验旅和亲子游的兴起
湿地恢复重建对动物的吸引力
荆州地区生态湿地的集聚效益
当地人民的积极支持和配合
挑战
开发建设与湿地生态保护的平衡
渔民利益与湿地生态保护的矛盾冲突
开发建设需要体现区域特色
湿地公园的建设优劣势并存，规划要保证在合理地开发建设的同时保障生态环境的稳定

图 3–48　场地 SWOT 分析的信息梳理与总结

2）第 2 阶段：策略生成与深化

（1）初步想法形成

通过前期对于场地的初步了解，团队展开讨论，并初步形成了从“资源”“空间”和“产业”层面进行场地策略思考，并利用思维导图予以记录和整理，如图 3–49 所示。

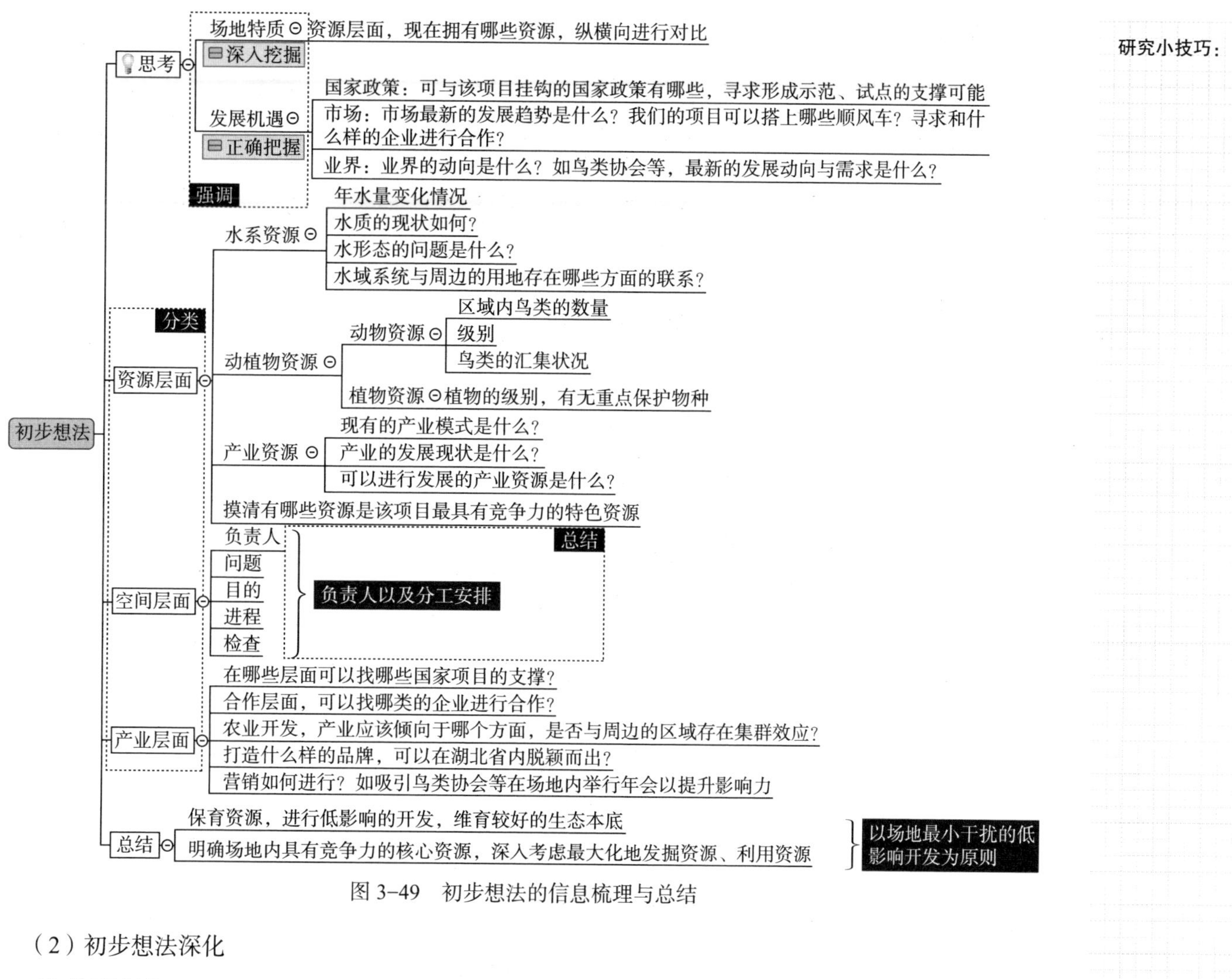
场地特质
资源层面，现在拥有哪些资源，纵横向进行对比
深入挖掘
思考
国家政策：可与该项目挂钩的国家政策有哪些，寻求形成示范、试点的支撑可能
发展机遇
市场：市场最新的发展趋势是什么？我们的项目可以搭上哪些顺风车？寻求和什么样的企业进行合作？
正确把握
业界：业界的动向是什么？如鸟类协会等，最新的发展动向与需求是什么？
强调
年水量变化情况
水质的现状如何？
水系资源
水形态的问题是什么？
水域系统与周边的用地存在哪些方面的联系？
分类
区域内鸟类的数量
动物资源
级别
动植物资源
鸟类的汇集状况
资源层面
植物资源
植物的级别，有无重点保护物种
初步想法
现有的产业模式是什么？
产业资源
产业的发展现状是什么？
可以进行发展的产业资源是什么？
摸清有哪些资源是该项目最具有竞争力的特色资源
负责人
总结
问题
目的
负责人以及分工安排
空间层面
进程
检查
在哪些层面可以找哪些国家项目的支撑？
合作层面，可以找哪类的企业进行合作？
农业开发，产业应该倾向于哪个方面，是否与周边的区域存在集群效应？
产业层面
打造什么样的品牌，可以在湖北省内脱颖而出？
营销如何进行？如吸引鸟类协会等在场地内举行年会以提升影响力
保育资源，进行低影响的开发，维育较好的生态本底
总结
明确场地内具有竞争力的核心资源，深入考虑最大化地发掘资源、利用资源
以场地最小干扰的低影响开发为原则

图 3-49 初步想法的信息梳理与总结

研究小技巧：

（2）初步想法深化

① 资源深化

在初步想法的基础上，利用思维导图梳理场地的湿地动物资源和水系资源现状，为资源层面的策略

研究小技巧：

提供思路（图 3-50）。

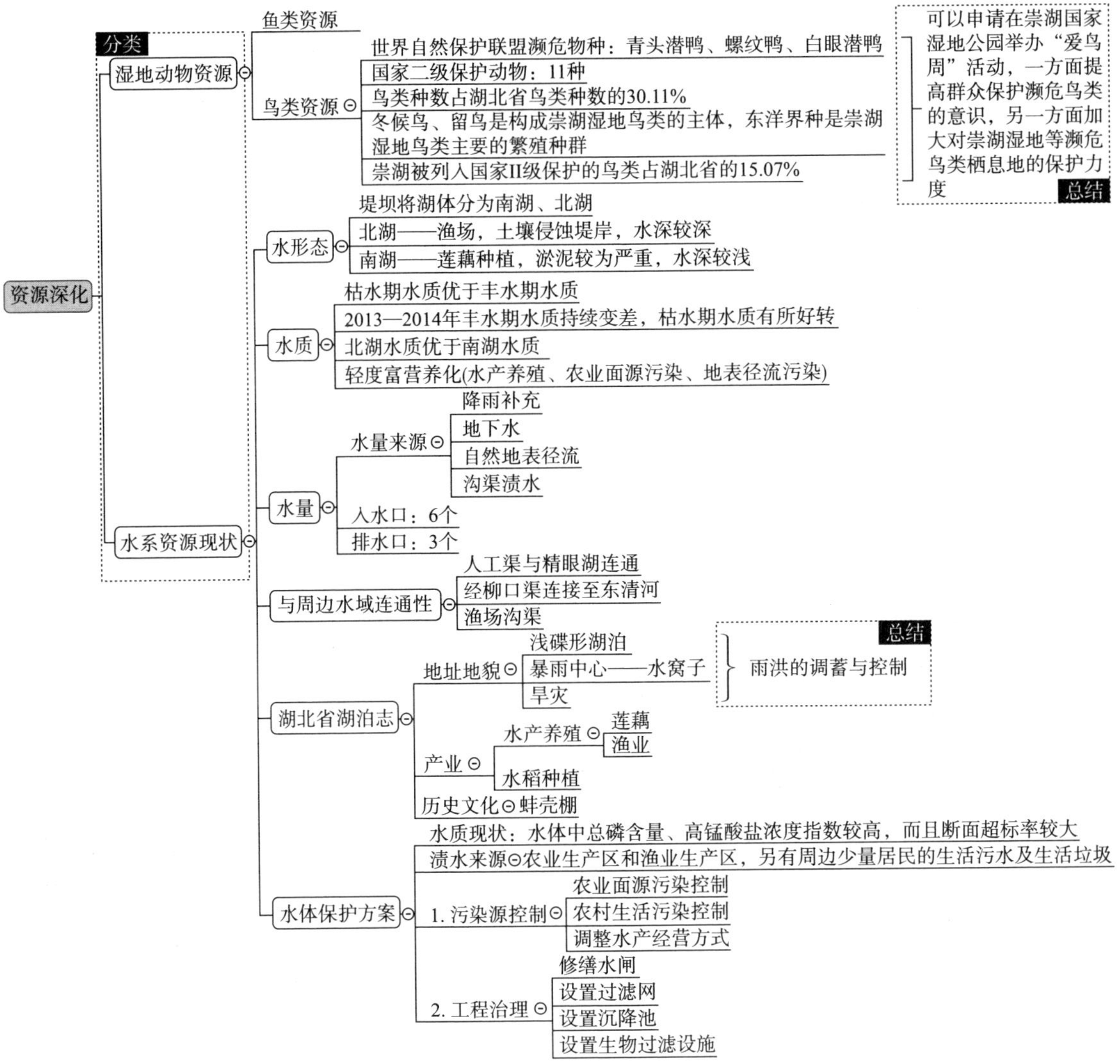

- 资源深化
  - 分类
    - 湿地动物资源
      - 鱼类资源
      - 鸟类资源
        - 世界自然保护联盟濒危物种：青头潜鸭、螺纹鸭、白眼潜鸭
        - 国家二级保护动物：11种
        - 鸟类种数占湖北省鸟类种数的30.11%
        - 冬候鸟、留鸟是构成崇湖湿地鸟类的主体，东洋界种是崇湖湿地鸟类主要的繁殖种群
        - 崇湖被列入国家II级保护的鸟类占湖北省的15.07%
        - 总结：可以申请在崇湖国家湿地公园举办“爱鸟周”活动，一方面提高群众保护濒危鸟类的意识，另一方面加大对崇湖湿地等濒危鸟类栖息地的保护力度
    - 水系资源现状
      - 水形态
        - 堤坝将湖体分为南湖、北湖
        - 北湖——渔场，土壤侵蚀堤岸，水深较深
        - 南湖——莲藕种植，淤泥较为严重，水深较浅
      - 水质
        - 枯水期水质优于丰水期水质
        - 2013—2014年丰水期水质持续变差，枯水期水质有所好转
        - 北湖水质优于南湖水质
        - 轻度富营养化(水产养殖、农业面源污染、地表径流污染)
      - 水量
        - 水量来源
          - 降雨补充
          - 地下水
          - 自然地表径流
          - 沟渠渍水
        - 入水口：6个
        - 排水口：3个
      - 与周边水域连通性
        - 人工渠与精眼湖连通
        - 经柳口渠连接至东清河
        - 渔场沟渠
      - 湖北省湖泊志
        - 地址地貌
          - 浅碟形湖泊
          - 暴雨中心——水窝子
          - 旱灾
          - 总结：雨洪的调蓄与控制
        - 产业
          - 水产养殖
            - 莲藕
            - 渔业
          - 水稻种植
        - 历史文化
          - 蚌壳棚
      - 水体保护方案
        - 水质现状：水体中总磷含量、高锰酸盐浓度指数较高，而且断面超标率较大
        - 渍水来源
          - 农业生产区和渔业生产区，另有周边少量居民的生活污水及生活垃圾
        - 1. 污染源控制
          - 农业面源污染控制
          - 农村生活污染控制
          - 调整水产经营方式
        - 2. 工程治理
          - 修缮水闸
          - 设置过滤网
          - 设置沉降池
          - 设置生物过滤设施

图 3-50　资源深化的信息梳理与总结

② 产业深化

在初步想法的基础上，利用思维导图梳理场地的产业经济情况并进行更深入地解析，为资源层面的策略提供思路（图 3-51）。

研究小技巧：

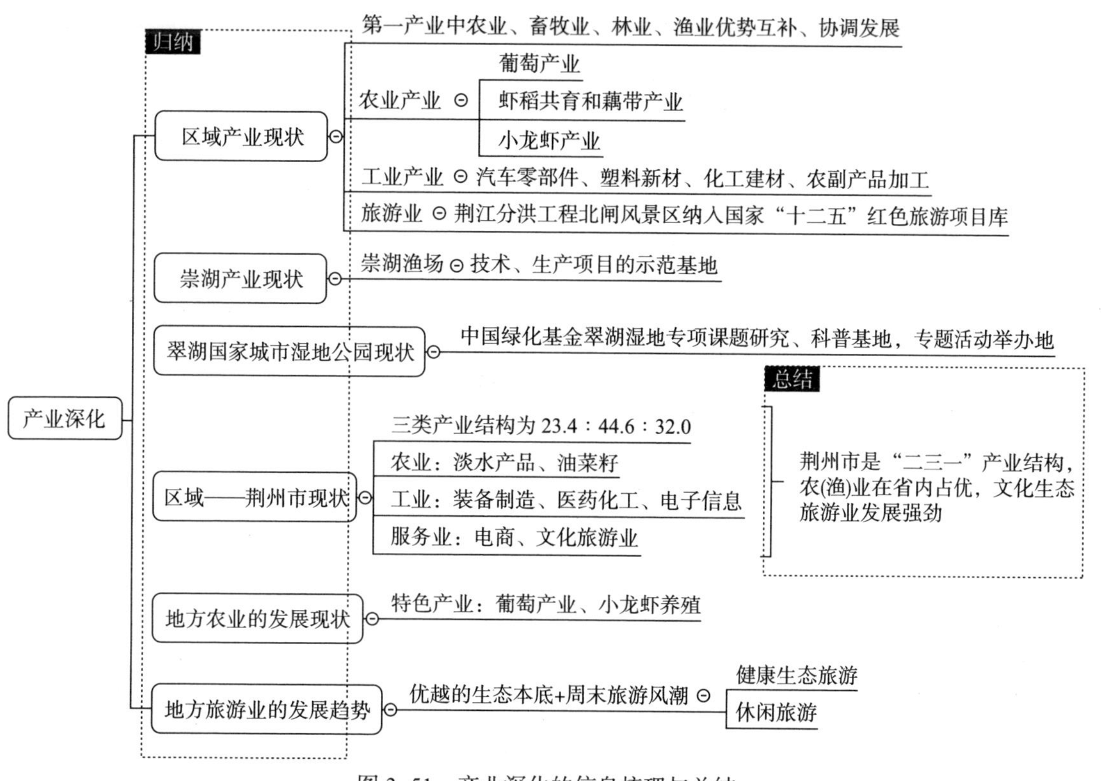

归纳
产业深化
区域产业现状
第一产业中农业、畜牧业、林业、渔业优势互补、协调发展
农业产业
葡萄产业
虾稻共育和藕带产业
小龙虾产业
工业产业 汽车零部件、塑料新材、化工建材、农副产品加工
旅游业 荆江分洪工程北闸风景区纳入国家“十二五”红色旅游项目库
崇湖产业现状
崇湖渔场 技术、生产项目的示范基地
翠湖国家城市湿地公园现状
中国绿化基金翠湖湿地专项课题研究、科普基地，专题活动举办地
区域——荆州市现状
三类产业结构为 23.4 : 44.6 : 32.0
农业：淡水产品、油菜籽
工业：装备制造、医药化工、电子信息
服务业：电商、文化旅游业
总结
荆州市是“二三一”产业结构，农(渔)业在省内占优，文化生态旅游业发展强劲
地方农业的发展现状
特色产业：葡萄产业、小龙虾养殖
地方旅游业的发展趋势
优越的生态本底+周末旅游风潮
健康生态旅游
休闲旅游

图 3-51　产业深化的信息梳理与总结

经过资源与产业情况的深化梳理，发现场地的资源具有很大的开发潜力，但同时也存在保护和修复的问题。产业发展已有一定基础，但需要经过特色方向的引导。

研究小技巧：

（3）策略思考

在对初步想法深化的基础上，团队开始对规划策略进行重点思考。通过整合前期思维导图，我们在"资源""空间""产业"的框架下进行发散与总结，试图利用思维导图将这些碎片化的信息进行组织和整合（图 3-52）。

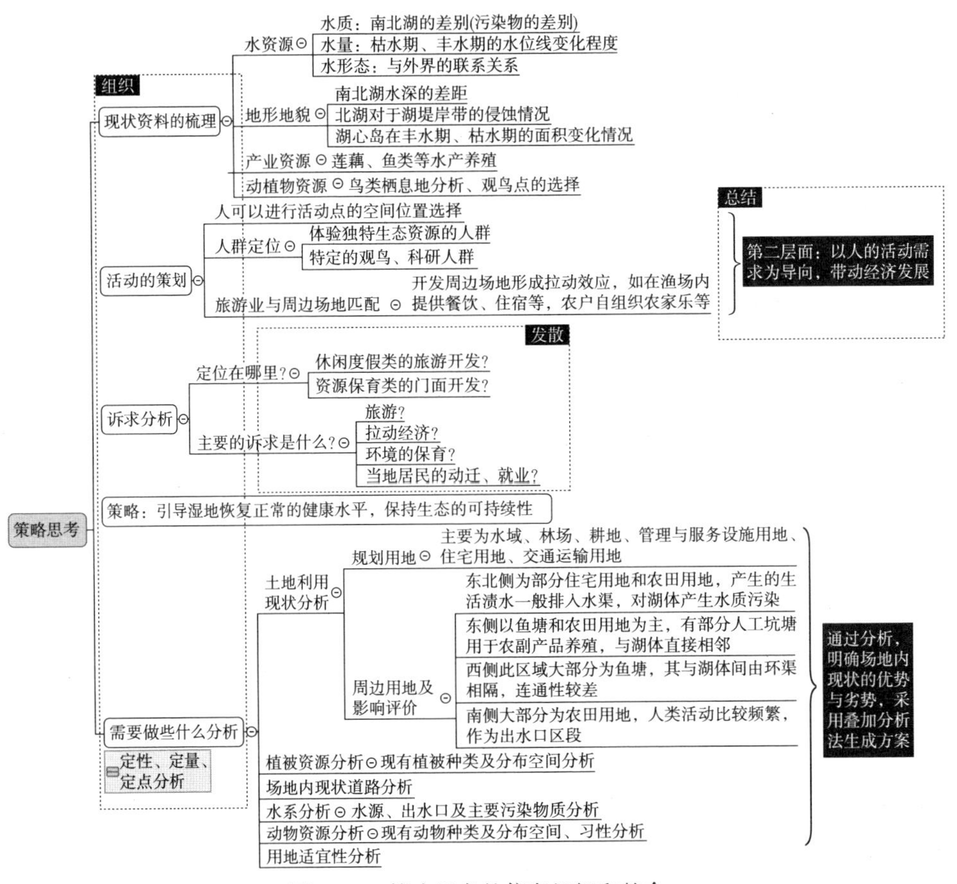

策略思考
组织
现状资料的梳理
水资源
水质：南北湖的差别(污染物的差别)
水量：枯水期、丰水期的水位线变化程度
水形态：与外界的联系关系
地形地貌
南北湖水深的差距
北湖对于湖堤岸带的侵蚀情况
湖心岛在丰水期、枯水期的面积变化情况
产业资源
莲藕、鱼类等水产养殖
动植物资源
鸟类栖息地分析、观鸟点的选择
活动的策划
人可以进行活动点的空间位置选择
人群定位
体验独特生态资源的人群
特定的观鸟、科研人群
旅游业与周边场地匹配
开发周边场地形成拉动效应，如在渔场内提供餐饮、住宿等，农户自组织农家乐等
总结
第二层面：以人的活动需求为导向，带动经济发展
发散
诉求分析
定位在哪里？
休闲度假类的旅游开发？
资源保育类的门面开发？
主要的诉求是什么？
旅游？
拉动经济？
环境的保育？
当地居民的动迁、就业？
策略：引导湿地恢复正常的健康水平，保持生态的可持续性
需要做些什么分析
定性、定量、定点分析
土地利用现状分析
规划用地
主要为水域、林场、耕地、管理与服务设施用地、住宅用地、交通运输用地
周边用地及影响评价
东北侧为部分住宅用地和农田用地，产生的生活渍水一般排入水渠，对湖体产生水质污染
东侧以鱼塘和农田用地为主，有部分人工坑塘用于农副产品养殖，与湖体直接相邻
西侧此区域大部分为鱼塘，其与湖体间由环渠相隔，连通性较差
南侧大部分为农田用地，人类活动比较频繁，作为出水口区段
植被资源分析
现有植被种类及分布空间分析
场地内现状道路分析
水系分析
水源、出水口及主要污染物质分析
动物资源分析
现有动物种类及分布空间、习性分析
用地适宜性分析
通过分析，明确场地内现状的优势与劣势，采用叠加分析法生成方案

图 3-52　策略思考的信息组织和整合

（4）策略生成

对策略进行进一步的信息总结，最终确立了适配于场地的三大策略：水环境管理策略、栖息地营建策略和产业策略。同时，利用思维导图对这三大策略进行发散思考，梳理策略要点（图 3-53）。

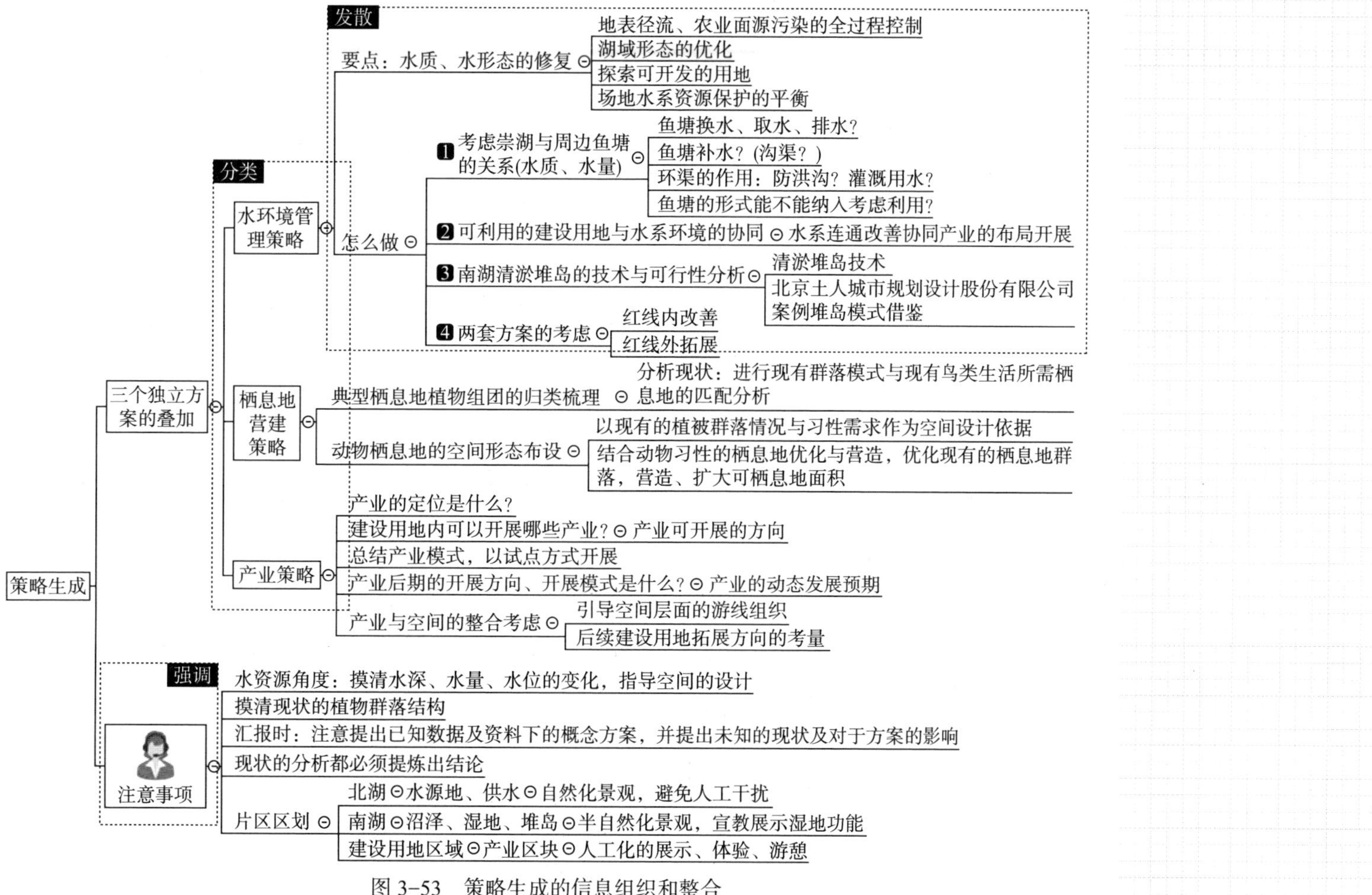

发散
要点：水质、水形态的修复
地表径流、农业面源污染的全过程控制
湖域形态的优化
探索可开发的用地
场地水系资源保护的平衡
分类
水环境管理策略
怎么做
1 考虑崇湖与周边鱼塘的关系(水质、水量)
鱼塘换水、取水、排水？
鱼塘补水？(沟渠？)
环渠的作用：防洪沟？灌溉用水？
鱼塘的形式能不能纳入考虑利用？
2 可利用的建设用地与水系环境的协同
水系连通改善协同产业的布局开展
3 南湖清淤堆岛的技术与可行性分析
清淤堆岛技术
北京土人城市规划设计股份有限公司案例堆岛模式借鉴
4 两套方案的考虑
红线内改善
红线外拓展
三个独立方案的叠加
栖息地营建策略
典型栖息地植物组团的归类梳理
分析现状：进行现有群落模式与现有鸟类生活所需栖息地的匹配分析
动物栖息地的空间形态布设
以现有的植被群落情况与习性需求作为空间设计依据
结合动物习性的栖息地优化与营造，优化现有的栖息地群落，营造、扩大可栖息地面积
产业策略
产业的定位是什么？
建设用地内可以开展哪些产业？
产业可开展的方向
总结产业模式，以试点方式开展
产业后期的开展方向、开展模式是什么？
产业的动态发展预期
产业与空间的整合考虑
引导空间层面的游线组织
后续建设用地拓展方向的考量
策略生成
强调
注意事项
水资源角度：摸清水深、水量、水位的变化，指导空间的设计
摸清现状的植物群落结构
汇报时：注意提出已知数据及资料下的概念方案，并提出未知的现状及对于方案的影响
现状的分析都必须提炼出结论
片区区划
北湖
水源地、供水
自然化景观，避免人工干扰
南湖
沼泽、湿地、堆岛
半自然化景观，宣教展示湿地功能
建设用地区域
产业区块
人工化的展示、体验、游憩

图 3-53　策略生成的信息组织和整合

研究小技巧：

研究小技巧：

解释说明

A：精确计算崇湖的入水、出水量，科学蓄排，保障枯水期时浅水区的最低生态需水量。

B：对崇湖的主要水源入水渠进行生态清淤，疏通进水廊道。

C：在淤泥较为严重的南湖区，增强其入水口与东清河、界渠河的连通性，增加进水口，增加进水量。

D：在水源入水渠附岸侧地较低的区域增设蓄水坑塘，收集雨水、地表径流等，作为枯水期的备用补水。

E：利用原有地形，构建形成凹岸、曲流、岛屿、浅滩、沙洲与深潭等竖向结构。合理控制崇湖的水位变化。

F：在南湖中部进行生态清淤，深挖湖底，增强江水功能，扩充蓄水量。利用淤泥堆积岛屿，实现土方平衡，丰富景观层次。

G：增加分别适合高水位、中水位、低水位湿地植物繁衍的浅水区区域，尤其是水深 1.5 m 以下的湖底面积。

（5）策略深化

针对三大策略，利用思维导图从现状、目标和具体策略进行深入解析。同时，在策略的基础上，结合场地现状，确定合适的功能分区，并在此基础上梳理和强调紧紧呼应策略的诸多设计要点。

① 水环境策略（图 3-54）

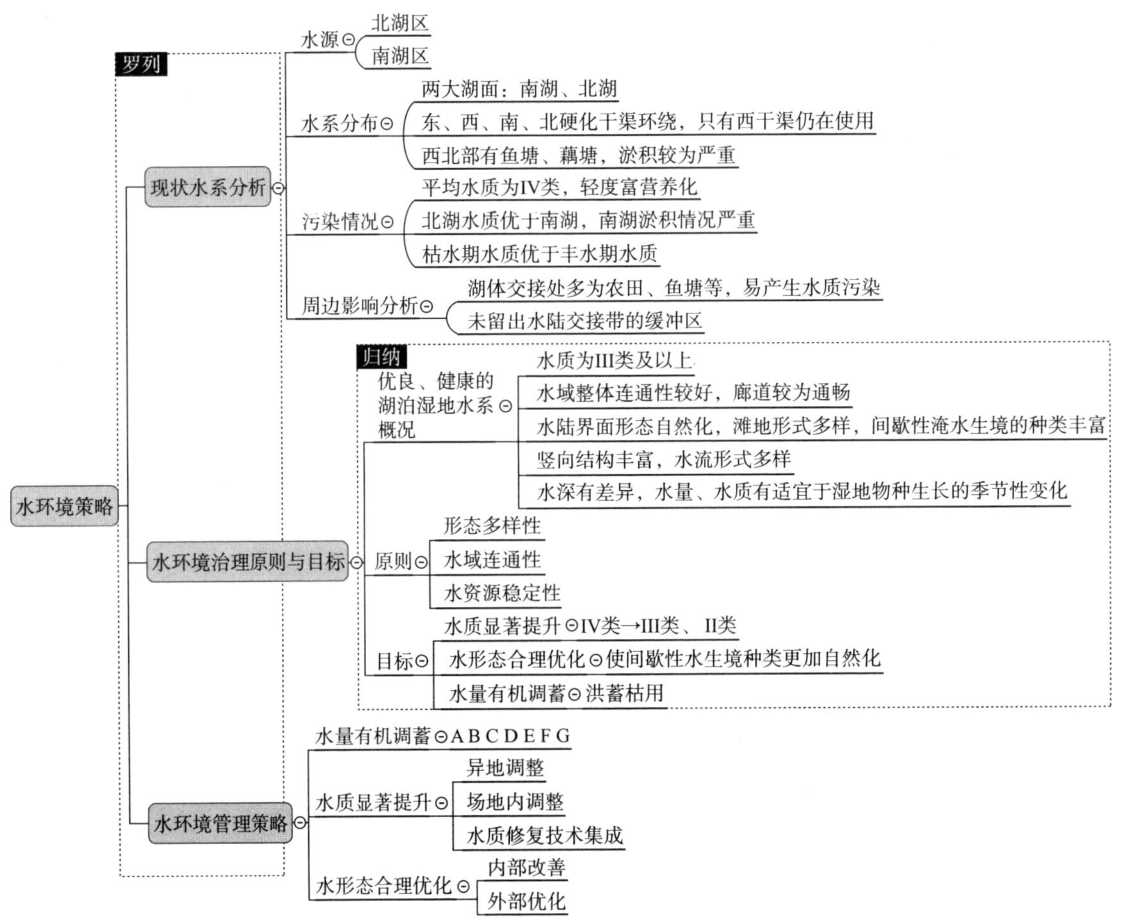

罗列
水环境策略
现状水系分析
水源
北湖区
南湖区
水系分布
两大湖面：南湖、北湖
东、西、南、北硬化干渠环绕，只有西干渠仍在使用
西北部有鱼塘、藕塘，淤积较为严重
污染情况
平均水质为IV类，轻度富营养化
北湖水质优于南湖，南湖淤积情况严重
枯水期水质优于丰水期水质
周边影响分析
湖体交接处多为农田、鱼塘等，易产生水质污染
未留出水陆交接带的缓冲区
归纳
水环境治理原则与目标
优良、健康的湖泊湿地水系概况
水质为III类及以上
水域整体连通性较好，廊道较为通畅
水陆界面形态自然化，滩地形式多样，间歇性淹水生境的种类丰富
竖向结构丰富，水流形式多样
水深有差异，水量、水质有适宜于湿地物种生长的季节性变化
原则
形态多样性
水域连通性
水资源稳定性
目标
水质显著提升 IV类→III类、II类
水形态合理优化 使间歇性水生境种类更加自然化
水量有机调蓄 洪蓄枯用
水环境管理策略
水量有机调蓄 A B C D E F G
水质显著提升
异地调整
场地内调整
水质修复技术集成
水形态合理优化
内部改善
外部优化

图 3-54 水环境策略的信息罗列与归纳

研究小技巧：

② 动植物栖息地策略（图 3-55）

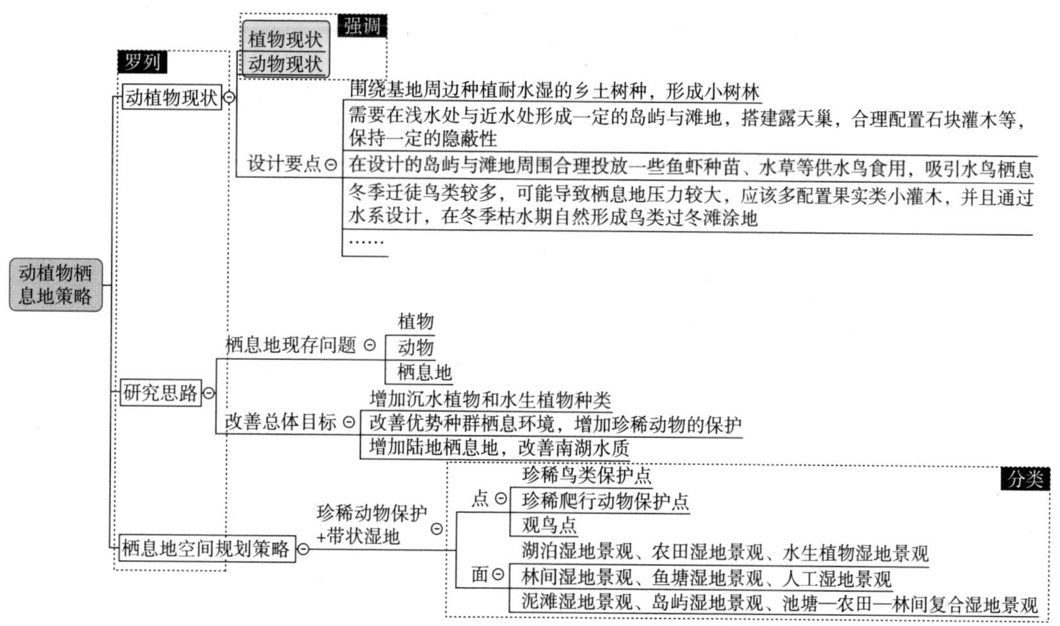

动植物栖息地策略
罗列
动植物现状
强调
植物现状
动物现状
设计要点
围绕基地周边种植耐水湿的乡土树种，形成小树林
需要在浅水处与近水处形成一定的岛屿与滩地，搭建露天巢，合理配置石块灌木等，保持一定的隐蔽性
在设计的岛屿与滩地周围合理投放一些鱼虾种苗、水草等供水鸟食用，吸引水鸟栖息
冬季迁徙鸟类较多，可能导致栖息地压力较大，应该多配置果实类小灌木，并且通过水系设计，在冬季枯水期自然形成鸟类过冬滩涂地
……
研究思路
栖息地现存问题
植物
动物
栖息地
改善总体目标
增加沉水植物和水生植物种类
改善优势种群栖息环境，增加珍稀动物的保护
增加陆地栖息地，改善南湖水质
栖息地空间规划策略
珍稀动物保护
+带状湿地
分类
点
珍稀鸟类保护点
珍稀爬行动物保护点
观鸟点
面
湖泊湿地景观、农田湿地景观、水生植物湿地景观
林间湿地景观、鱼塘湿地景观、人工湿地景观
泥滩湿地景观、岛屿湿地景观、池塘—农田—林间复合湿地景观

图 3-55　动植物栖息地策略的信息罗列与归纳

③ 人类活动影响研究（图 3-56）

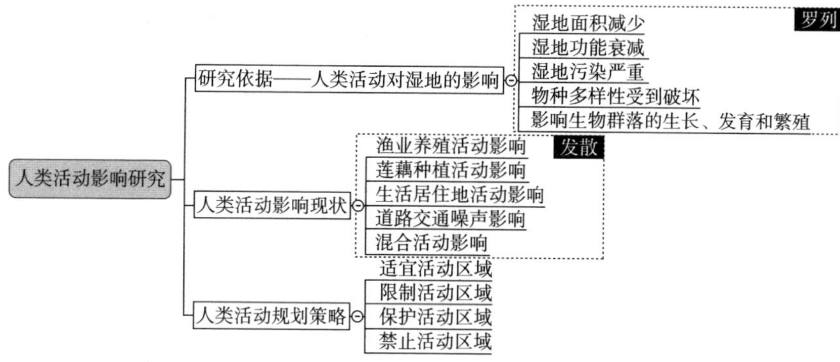

人类活动影响研究
研究依据——人类活动对湿地的影响
罗列
湿地面积减少
湿地功能衰减
湿地污染严重
物种多样性受到破坏
影响生物群落的生长、发育和繁殖
人类活动影响现状
发散
渔业养殖活动影响
莲藕种植活动影响
生活居住地活动影响
道路交通噪声影响
混合活动影响
人类活动规划策略
适宜活动区域
限制活动区域
保护活动区域
禁止活动区域

图 3-56　人类活动影响研究的信息罗列与归纳

研究小技巧：

④ 产业经济研究（图 3-57）

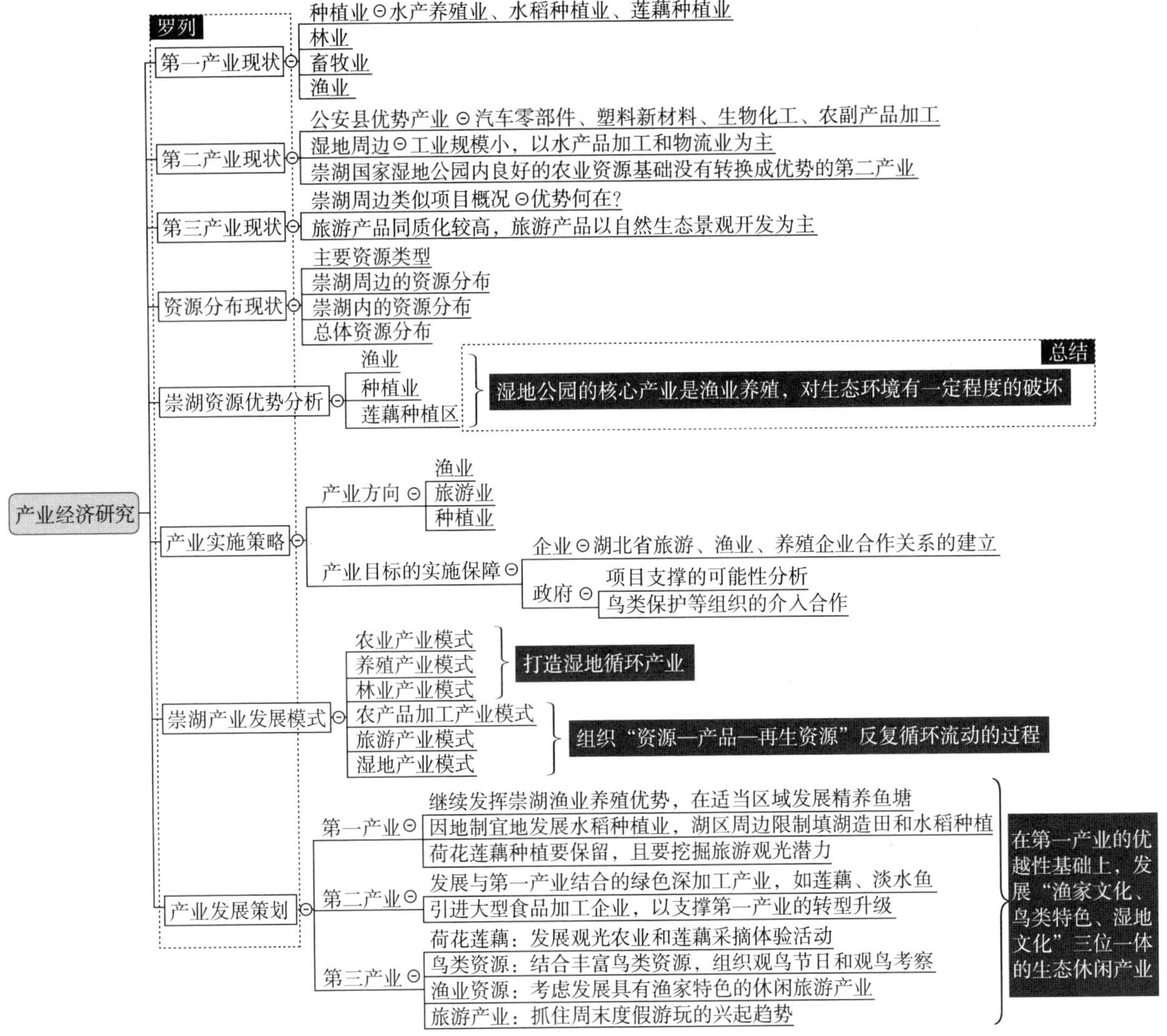
罗列
产业经济研究
第一产业现状
种植业 水产养殖业、水稻种植业、莲藕种植业
林业
畜牧业
渔业
第二产业现状
公安县优势产业 汽车零部件、塑料新材料、生物化工、农副产品加工
湿地周边 工业规模小，以水产品加工和物流业为主
崇湖国家湿地公园内良好的农业资源基础没有转换成优势的第二产业
第三产业现状
崇湖周边类似项目概况 优势何在?
旅游产品同质化较高，旅游产品以自然生态景观开发为主
资源分布现状
主要资源类型
崇湖周边的资源分布
崇湖内的资源分布
总体资源分布
崇湖资源优势分析
渔业
种植业
莲藕种植区
总结
湿地公园的核心产业是渔业养殖，对生态环境有一定程度的破坏
产业实施策略
产业方向
渔业
旅游业
种植业
产业目标的实施保障
企业 湖北省旅游、渔业、养殖企业合作关系的建立
政府
项目支撑的可能性分析
鸟类保护等组织的介入合作
崇湖产业发展模式
农业产业模式
养殖产业模式
林业产业模式
打造湿地循环产业
农产品加工产业模式
旅游产业模式
湿地产业模式
组织“资源—产品—再生资源”反复循环流动的过程
产业发展策划
第一产业
继续发挥崇湖渔业养殖优势，在适当区域发展精养鱼塘
因地制宜地发展水稻种植业，湖区周边限制填湖造田和水稻种植
荷花莲藕种植要保留，且要挖掘旅游观光潜力
第二产业
发展与第一产业结合的绿色深加工产业，如莲藕、淡水鱼
引进大型食品加工企业，以支撑第一产业的转型升级
第三产业
荷花莲藕：发展观光农业和莲藕采摘体验活动
鸟类资源：结合丰富鸟类资源，组织观鸟节日和观鸟考察
渔业资源：考虑发展具有渔家特色的休闲旅游产业
旅游产业：抓住周末度假游玩的兴起趋势
在第一产业的优越性基础上，发展“渔家文化、鸟类特色、湿地文化”三位一体的生态休闲产业

图 3-57　产业经济研究的信息罗列与归纳

⑤ 功能分区确定（图 3-58）

研究小技巧：

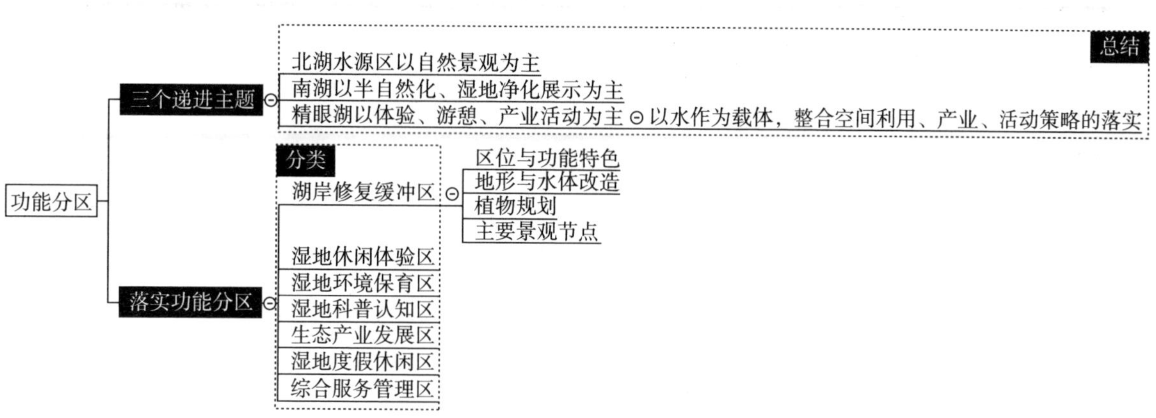
总结
北湖水源区以自然景观为主
三个递进主题
南湖以半自然化、湿地净化展示为主
精眼湖以体验、游憩、产业活动为主
以水作为载体，整合空间利用、产业、活动策略的落实
分类
区位与功能特色
湖岸修复缓冲区
地形与水体改造
功能分区
植物规划
主要景观节点
湿地休闲体验区
湿地环境保育区
落实功能分区
湿地科普认知区
生态产业发展区
湿地度假休闲区
综合服务管理区
图 3-58　功能分区的信息发散与总结

⑥ 空间设计要点确定（图 3-59）

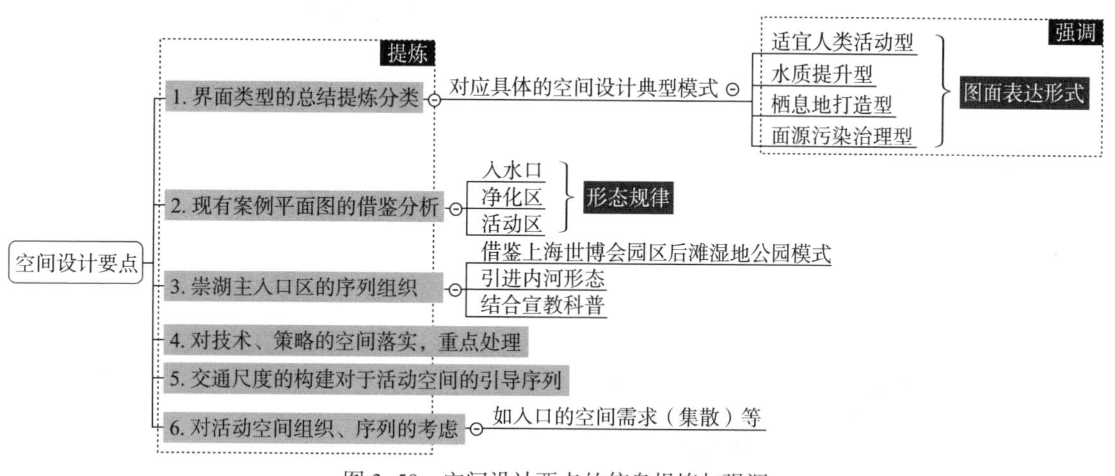
强调
提炼
适宜人类活动型
水质提升型
1. 界面类型的总结提炼分类
对应具体的空间设计典型模式
图面表达形式
栖息地打造型
面源污染治理型
入水口
2. 现有案例平面图的借鉴分析
净化区
形态规律
活动区
空间设计要点
借鉴上海世博会园区后滩湿地公园模式
3. 崇湖主入口区的序列组织
引进内河形态
结合宣教科普
4. 对技术、策略的空间落实，重点处理
5. 交通尺度的构建对于活动空间的引导序列
6. 对活动空间组织、序列的考虑
如入口的空间需求（集散）等
图 3-59　空间设计要点的信息提炼与强调

研究小技巧：

经验分享

方案的形成也是一个反复思考、推敲的过程，功能分区的合理排布、道路流线的安排都值得反复地推敲。但有了思维导图的帮助，关键节点、功能组织都具有几乎不可替代的合理性，我们最后只需要在形式上进行调整便可形成最终的方案。

3）第 3 阶段：制图

在前期策略深化的基础上，明确了整个项目所面临的主要问题、应达到的核心目标、可采取的具体策略与空间设计指引导则，这些均利用思维导图进行了清晰的梳理与总结，可以直接指导团队成员对于全套图纸的绘制。因此，在这一阶段，结合前期的系统分析和场地的实际情况开始进行图纸绘制工作。由于设计不是本书阐述的重点，故在此仅展示部分图纸（图 3-60）。

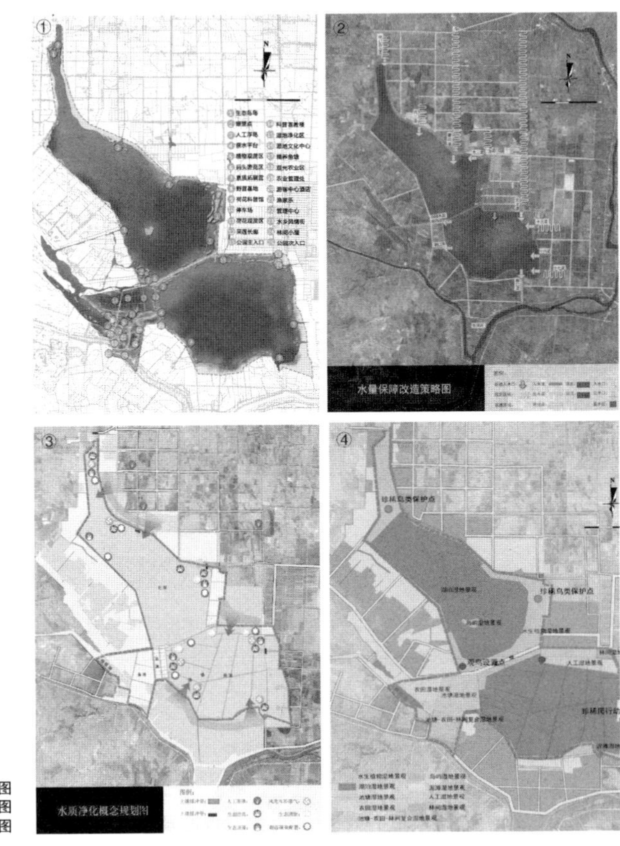
①
②
水量保障改造策略图
③
水质净化概念规划图
④
珍稀鸟类保护点

① 总平面图
② 水量保障改造策略图
③ 水质净化概念规划图
④ 动植物栖息地规划图

图 3-60　图纸展示

4）第 4 阶段：幻灯片制作

（1）结构安排

汇报幻灯片的制作则应在前期策略深化结构的基础上，融入具体设计进行内容安排。

同样，也可以直接利用思维导图进行篇章结构的组织，以方便任务的分配，如图 3-61 所示。

（2）分工制作

在内容构成清晰的情况下，团队成员分工合作完成整个幻灯片的制作。

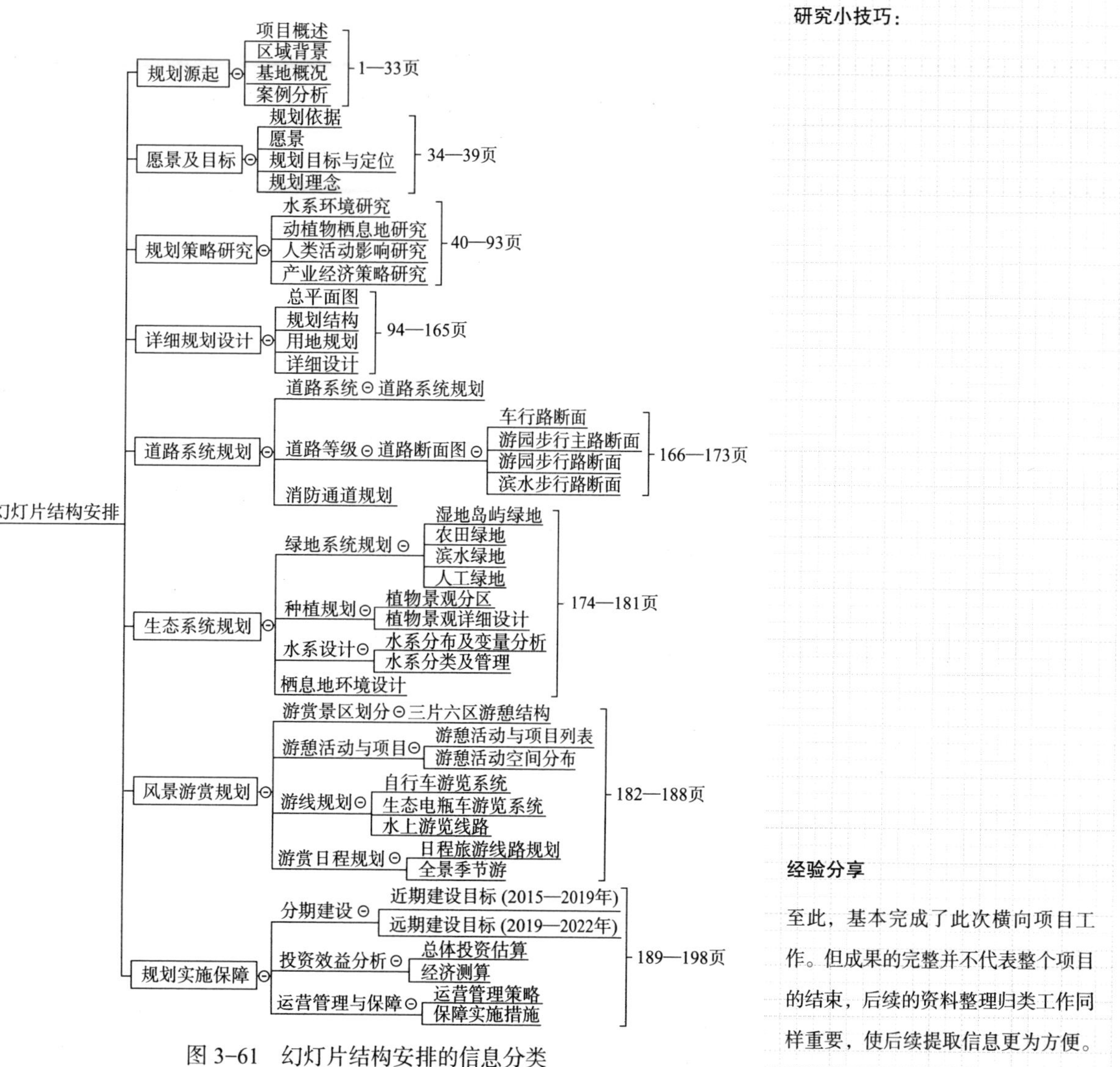

幻灯片结构安排
规划源起
项目概述
区域背景
基地概况
案例分析
1—33页
愿景及目标
规划依据
愿景
规划目标与定位
规划理念
34—39页
规划策略研究
水系环境研究
动植物栖息地研究
人类活动影响研究
产业经济策略研究
40—93页
详细规划设计
总平面图
规划结构
用地规划
详细设计
94—165页
道路系统规划
道路系统
道路系统规划
道路等级
道路断面图
车行路断面
游园步行主路断面
游园步行路断面
滨水步行路断面
消防通道规划
166—173页
生态系统规划
绿地系统规划
湿地岛屿绿地
农田绿地
滨水绿地
人工绿地
种植规划
植物景观分区
植物景观详细设计
水系设计
水系分布及变量分析
水系分类及管理
栖息地环境设计
174—181页
风景游赏规划
游赏景区划分
三片六区游憩结构
游憩活动与项目
游憩活动与项目列表
游憩活动空间分布
游线规划
自行车游览系统
生态电瓶车游览系统
水上游览线路
游赏日程规划
日程旅游线路规划
全景季节游
182—188页
规划实施保障
分期建设
近期建设目标 (2015—2019年)
远期建设目标 (2019—2022年)
投资效益分析
总体投资估算
经济测算
运营管理与保障
运营管理策略
保障实施措施
189—198页

图 3-61　幻灯片结构安排的信息分类

研究小技巧：

3.3.3　项目成果

发表学术论文：

（1）苟翡翠，王雪原，田亮，等. 郊野湖泊型湿地水环境修复与保育策略研究：以荆州崇湖湿地公园规划为例［J］. 中国园林，2019，35（4）：107-111。

经验分享

至此，基本完成了此次横向项目工作。但成果的完整并不代表整个项目的结束，后续的资料整理归类工作同样重要，使后续提取信息更为方便。

研究小技巧：

（2）周燕，曾彦嘉.崇湖湿地公园鸟类栖息地湿地植被缓冲带设计方法研究［J］.农业科技与信息（现代园林），2016（4）：261-271。

（3）周燕，周洋溢，余洋.水域景观资源保育视角下的乡村产业开发模式研究及其在崇湖湿地公园中的应用［J］.农业科技与信息（现代园林），2016（1）：9-17。

3.3.4 项目总结

本项目基于湿地公园的特定场所现状，满足场地水环境、动植物栖息、人类活动和产业经济的需求。团队重点针对场地水环境的水质、水量和水动力进行了专题研究，这为后续2016年“基于MIKE模型水动力分析的湿地水环境规划支持方法研究”国家科学基金的申报奠定了基础。

此外，横向项目在大多数情况下都是实践性的项目，一般来说最终方案的推敲过程涉及很多因素以及因素之间的相互作用。而方案的形成需要大量逻辑性较强的发散思维，依靠思维导图这一工具，不仅可以让我们将抽象的发散思维可视化，而且可以在项目前期资料收集的过程中帮助我们迅速整理、甄别关键信息，去粗取精，去伪存真。

4 阅读与写作

研究小技巧：

4.1 文献阅读

在学术研究的过程中，文献与专业书籍的阅读是需要研究人员终生练习的功课，阅读的数量增加必然需要时间的积累，但是阅读的质量提升却是有法可循的，其中就包括了本书所推荐的思维导图法。此时的思维导图其实就是过去我们常做的“读书笔记”的进阶版，借助思维导图辅助阅读后将不再是单一知识点的记录，而是对整体思路的梳理，有助于建立知识点之间的关联性，帮助我们抓住文章的逻辑结构与重点。

4.1.1 如何检索高质量的文献

根据研究兴趣、课程要求或论文综述的需求选择相关文献，一般来说最好选择质量高、话题新的文献，具体排序如下所示，供读者参考：

① 经评审的国际学术期刊［社会科学引文索引（SSCI）、科学引文索引（SCI）］；

② 博士学位论文；

③ 经评审的国内核心学术期刊；

④ 公认的好书；

⑤ 国际权威机构的报告（国家基金结题书）；

⑥ 经评审的国际会议（英文）论文（收录于论文集）；

⑦ 硕士学位论文；

⑧ 国际和国内一般期刊或杂志或书或报告；

……

4.1.2　文献阅读

1）文献内容阅读顺序

文献的阅读可分为“粗读”和“精读”两种类型，一般情况下会通过“粗读”大致了解其研究问题、研究目的和解决方案，若与研究人员的研究方向一致或正符合所需则可进行“精读”。那么，我们将从“粗读”开始逐步深入至“精读”，其中“粗读”由“标题→摘要→结论→引言→正文大小标题→文章具体内容”这样的阅读顺序组成，“精读”则是在现有的框架解析基础上继续进行分解。

PDF

基于数值模拟的城市景观水体生态设计研究_以广西苍海湖为例_张琳

图 4-1　文献 PDF 图标

研究小技巧：

2）文献阅读举例（图 4-1）

《基于数值模拟的城市景观水体生态设计研究——以广西苍海湖为例》

作者：张琳，李飞鹏，张海平

摘要：城市水体景观规划需要实现水质改善和景观优化的双重目标，以营造良好的水生态景观环境。以广西苍海湖为例，应用 MIKE 21 水环境模拟软件，建立湖区二维水动力和水质模型，模拟湖区水流及水质条件，提出湖区水动力强化和水质提升的总体策略。研究发现，在规划中新增入湖口人工湿地，通过合理配置挺水、浮水和沉水植物，构建高效植物生态系统，预期可削减入湖磷负荷 45% 以上，有效提升湖区水质，基本消除苍海湖大规模藻华爆发的风险，并形成湿地景观，从而实现水质提升和景观优化的有机统一。提出了集成水质模拟、水生态修复和水景观规划技术的湖泊生态景观综合规划方法，可为城市水体景观规划设计提供借鉴和参考。

关键词：风景园林；数值模拟；苍海湖；水环境质量；水体景观规划；人工湿地

阅读方法：首先对文献的基本信息进行罗列，包括文献来源、发表日期和作者信息；而后通过对“标题、摘要、引言”的阅读了解研究背景，确定文章的研究对象以及研究目的，在此基础上结合“正文

研究小技巧：

大小标题”梳理文章的研究设计流程；接着有选择性地对文章正文的相关内容（包括实验流程、模型原理、研究方法、研究方案设计等）进行深入解读，如本书选择的这篇文章就是对其具体模型的原理和模型运作流程进行了精读；最后通过阅读文章的“结论与讨论”总结文章的创新点与不足之处（图 4–2）。

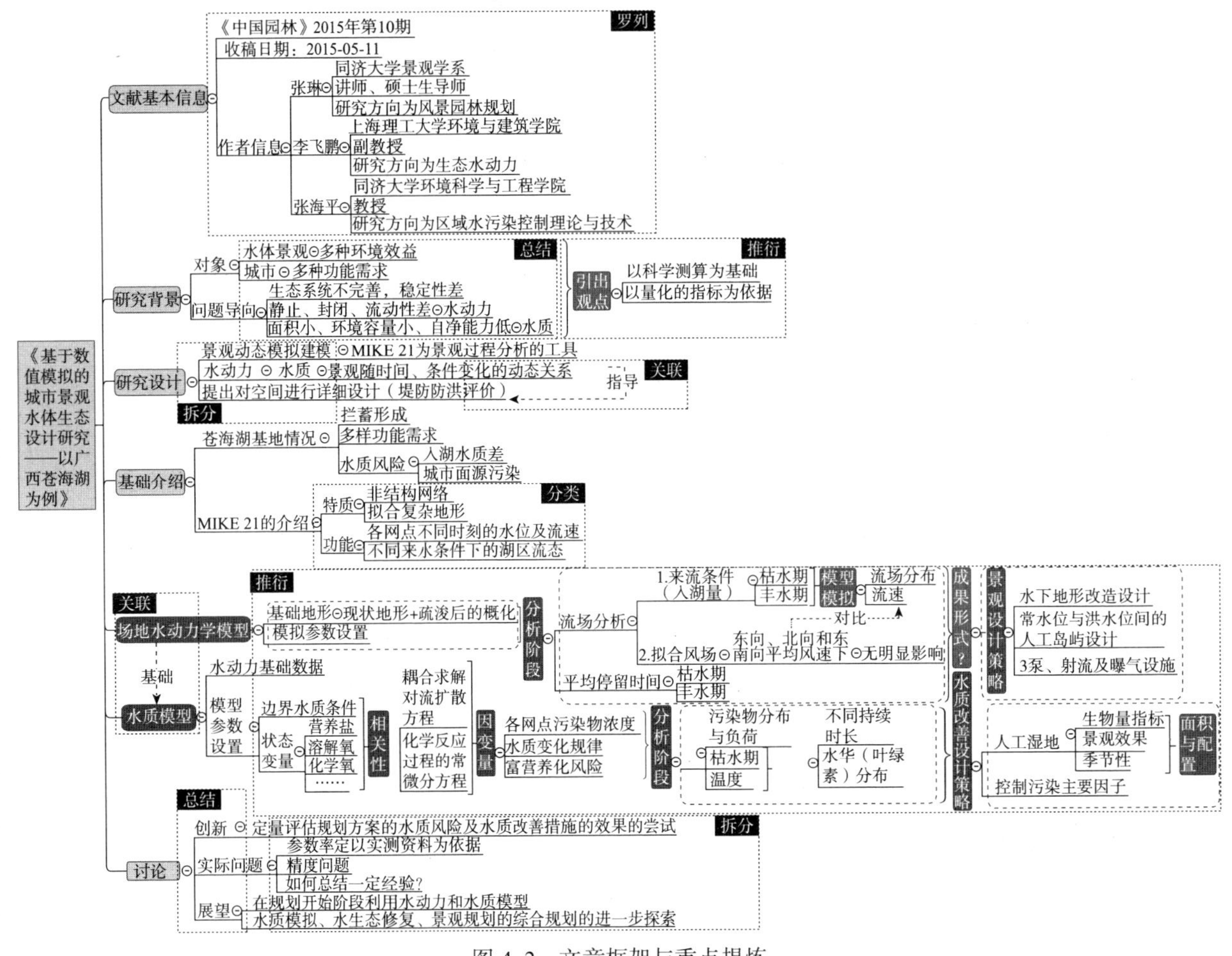

《基于数值模拟的城市景观水体生态设计研究——以广西苍海湖为例》
文献基本信息
罗列
《中国园林》2015年第10期
收稿日期：2015-05-11
作者信息
张琳
同济大学景观学系
讲师、硕士生导师
研究方向为风景园林规划
李飞鹏
上海理工大学环境与建筑学院
副教授
研究方向为生态水动力
张海平
同济大学环境科学与工程学院
教授
研究方向为区域水污染控制理论与技术
研究背景
对象
水体景观
多种环境效益
城市
多种功能需求
问题导向
生态系统不完善，稳定性差
静止、封闭、流动性差
水动力
面积小、环境容量小、自净能力低
水质
总结
引出观点
推衍
以科学测算为基础
以量化的指标为依据
研究设计
景观动态模拟建模
MIKE 21为景观过程分析的工具
水动力
水质
景观随时间、条件变化的动态关系
提出对空间进行详细设计（堤防防洪评价）
指导
关联
拆分
基础介绍
苍海湖基地情况
拦蓄形成
多样功能需求
水质风险
入湖水质差
城市面源污染
MIKE 21的介绍
特质
非结构网络
拟合复杂地形
功能
各网点不同时刻的水位及流速
不同来水条件下的湖区流态
分类
关联
场地水动力学模型
推衍
基础地形
现状地形+疏浚后的概化
模拟参数设置
分析阶段
流场分析
1.来流条件（入湖量）
枯水期
丰水期
模型模拟
流场分布
流速
对比
2.拟合风场
东向、北向和东南向平均风速下
无明显影响
平均停留时间
枯水期
丰水期
成果形式？
景观设计策略
水下地形改造设计
常水位与洪水位间的人工岛屿设计
3泵、射流及曝气设施
基础
水质模型
水动力基础数据
模型参数设置
边界水质条件
状态变量
营养盐
溶解氧
化学氧
……
相关性
耦合求解对流扩散方程
化学反应过程的常微分方程
因变量
各网点污染物浓度
水质变化规律
富营养化风险
分析阶段
污染物分布与负荷
枯水期
温度
不同持续时长
水华（叶绿素）分布
水质改善设计策略
人工湿地
生物量指标
景观效果
季节性
控制污染主要因子
面积与配置
总结
讨论
创新
定量评估规划方案的水质风险及水质改善措施的效果的尝试
实际问题
参数率定以实测资料为依据
精度问题
如何总结一定经验?
展望
在规划开始阶段利用水动力和水质模型
水质模拟、水生态修复、景观规划的综合规划的进一步探索
拆分

图 4–2　文章框架与重点提炼

在阅读论文的过程中，不仅需要提炼核心内容和研究人员需要的内容，而且要做到边读边想，寻找论文论点、论据等与研究人员的研究之间的关联性。这种关联包括了验证、反馈、支撑、反驳等方面的作用，同时也应在思维导图中予以重点标示，这在第 2 章“科研课题申报”中所涉及的一系列文献阅读中表现得尤为突出。通过带着问题去阅读，达到知识迁移性的作用。另外，在此基础上，学习用批判的眼光阅读，从中挖掘新想法，思考如何通过深入研究来超越现有研究者的工作，以为研究人员自身研究的创新性寻找突破口。

以上展示的只是一般学术论文的阅读方法，对于学位论文而言，其篇幅更为庞杂，但其文章结构本身比较清晰，可根据各位研究人员的需求对其具体的研究内容进行拆解，方法与现有展示的方法其实是一致的。

4.1.3 专业书籍阅读

1）专业书籍阅读顺序

在专业书籍的阅读过程中，首先通过书名、前言等信息达到对全书的初步了解。然后，可以依据目录对全书总体结构做一个初步梳理，若全书本身逻辑就很严谨，可直接罗列各章节标题，如图 4–3 所示；若全书逻辑与读者需求有出入，可进行调整重新归类和排序，如图 4–4 所示；若全书存在非读者所需的内容，可直接跳过不读。当然，后面两种方法主要是针对“有目的性阅读”的读者，若您只是单纯地阅读一本专业书籍，可以选择直接罗列各章节标题的方法。接下来，则是对每一章节的内容进行解读，在此过程中可根据内容将其提炼为几大部分，再进一步总结其重点内容，并利用思维导图予以重点标注。最后在阅读过程中寻找与研究相关性最大的信息并予以标示，跳出文章内容寻找内容之间的关联性，同时可以与阅读的其他相关文献或专业书籍进行关联思考，还可依据书中所提的案例、论文、书籍、会议等相关信息进行具体查阅。通过这样抽丝剥茧的阅读方法，不仅可以掌握书籍本身的内容，而

研究小技巧：

研究小技巧：

且可以达到知识的扩展与迁移，真正实现高效率的阅读。

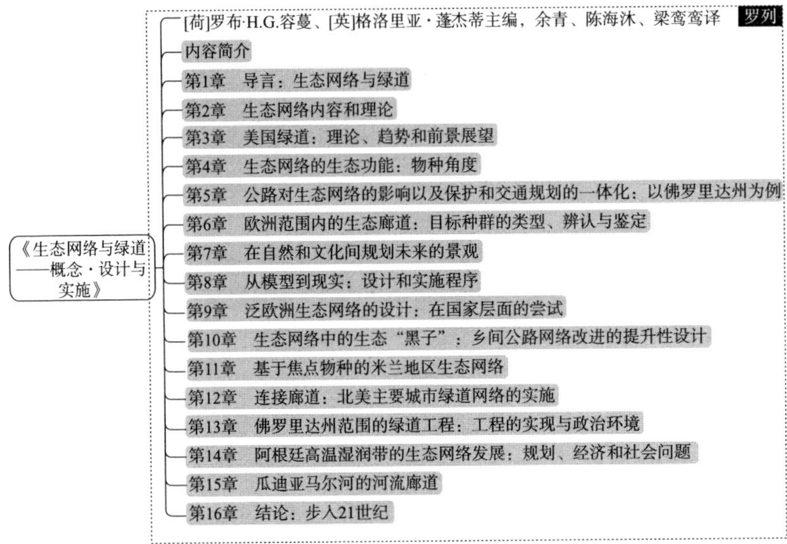
罗列
《生态网络与绿道——概念·设计与实施》
[荷]罗布·H.G.容蔓、[英]格洛里亚·蓬杰蒂主编，余青、陈海沐、梁莺莺译
内容简介
第1章　导言：生态网络与绿道
第2章　生态网络内容和理论
第3章　美国绿道：理论、趋势和前景展望
第4章　生态网络的生态功能：物种角度
第5章　公路对生态网络的影响以及保护和交通规划的一体化：以佛罗里达州为例
第6章　欧洲范围内的生态廊道：目标种群的类型、辨认与鉴定
第7章　在自然和文化间规划未来的景观
第8章　从模型到现实：设计和实施程序
第9章　泛欧洲生态网络的设计：在国家层面的尝试
第10章　生态网络中的生态“黑子”：乡间公路网络改进的提升性设计
第11章　基于焦点物种的米兰地区生态网络
第12章　连接廊道：北美主要城市绿道网络的实施
第13章　佛罗里达州范围的绿道工程：工程的实现与政治环境
第14章　阿根廷高温湿润带的生态网络发展：规划、经济和社会问题
第15章　瓜迪亚马尔河的河流廊道
第16章　结论：步入21世纪

图 4-3　标题罗列

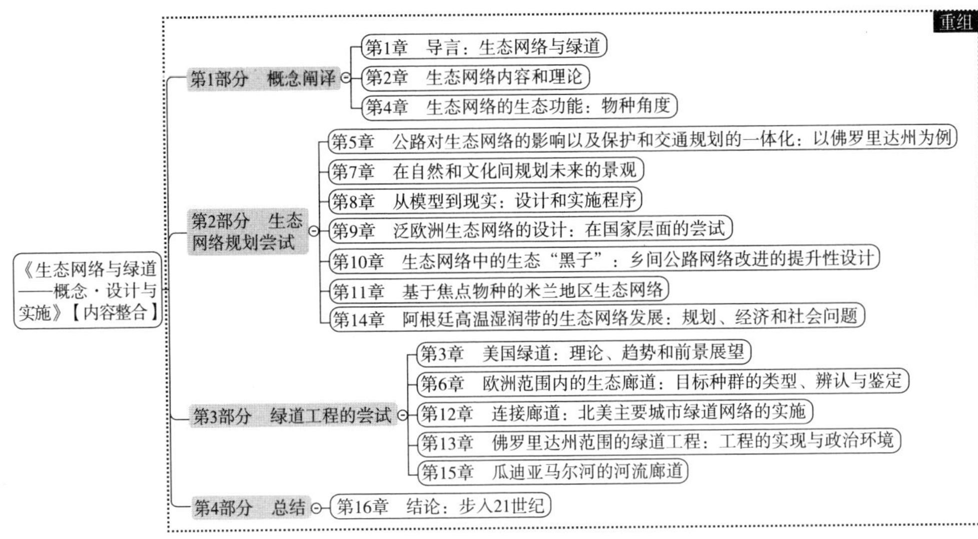
重组
《生态网络与绿道——概念·设计与实施》【内容整合】
第1部分　概念阐译
第1章　导言：生态网络与绿道
第2章　生态网络内容和理论
第4章　生态网络的生态功能：物种角度
第2部分　生态网络规划尝试
第5章　公路对生态网络的影响以及保护和交通规划的一体化：以佛罗里达州为例
第7章　在自然和文化间规划未来的景观
第8章　从模型到现实：设计和实施程序
第9章　泛欧洲生态网络的设计：在国家层面的尝试
第10章　生态网络中的生态“黑子”：乡间公路网络改进的提升性设计
第11章　基于焦点物种的米兰地区生态网络
第14章　阿根廷高温湿润带的生态网络发展：规划、经济和社会问题
第3部分　绿道工程的尝试
第3章　美国绿道：理论、趋势和前景展望
第6章　欧洲范围内的生态廊道：目标种群的类型、辨认与鉴定
第12章　连接廊道：北美主要城市绿道网络的实施
第13章　佛罗里达州范围的绿道工程：工程的实现与政治环境
第15章　瓜迪亚马尔河的河流廊道
第4部分　总结
第16章　结论：步入21世纪

图 4-4　标题重组

2）专业书籍阅读举例（图 4–5）

《生态主义思想的理论与实践——基于西方近现代风景园林研究》（作者：于冰沁，田舒，车生泉）。

① 全书总体结构

这本书的总体结构直接由章节标题构成，包括了 10 个章节的内容，通过对其总体结构的梳理可以大致把握全书的写作脉络与逻辑思路（图 4–6），这类似于文献阅读的“粗读”部分。

生态主义思想的
理论与实践
——基于西方近现代风景园林研究
于冰沁 田舒 车生泉◎著
YU BINGQIN TIAN SHU CHE SHENGQUAN
THEORIES & PEACTICES OF ECOLOGISM
ON MODERN WESTERN
LANDSCAPE ARCHITECTURE
中国文史出版社

图 4–5 专业书籍封面

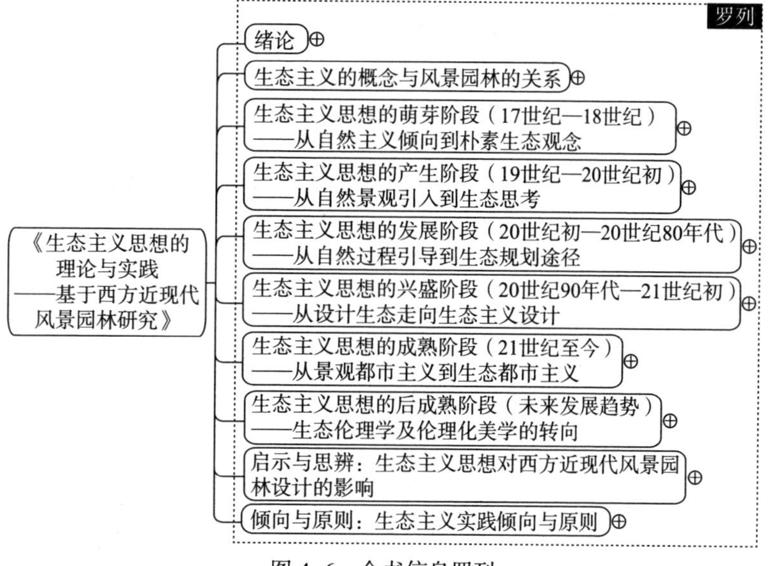
罗列
《生态主义思想的理论与实践——基于西方近现代风景园林研究》
绪论
生态主义的概念与风景园林的关系
生态主义思想的萌芽阶段（17世纪—18世纪）——从自然主义倾向到朴素生态观念
生态主义思想的产生阶段（19世纪—20世纪初）——从自然景观引入到生态思考
生态主义思想的发展阶段（20世纪初—20世纪80年代）——从自然过程引导到生态规划途径
生态主义思想的兴盛阶段（20世纪90年代—21世纪初）——从设计生态走向生态主义设计
生态主义思想的成熟阶段（21世纪至今）——从景观都市主义到生态都市主义
生态主义思想的后成熟阶段（未来发展趋势）——生态伦理学及伦理化美学的转向
启示与思辨：生态主义思想对西方近现代风景园林设计的影响
倾向与原则：生态主义实践倾向与原则

图 4–6 全书信息罗列

② 分章节精读

对每个章节的内容进行理解与发散思考，标注重点内容，寻找内容之间的关联性，以及与研究人员自己研究的关联性。限于篇幅，在此仅展开其中一个章节的一个小节内容予以阐述（图 4–7）。

研究小技巧：

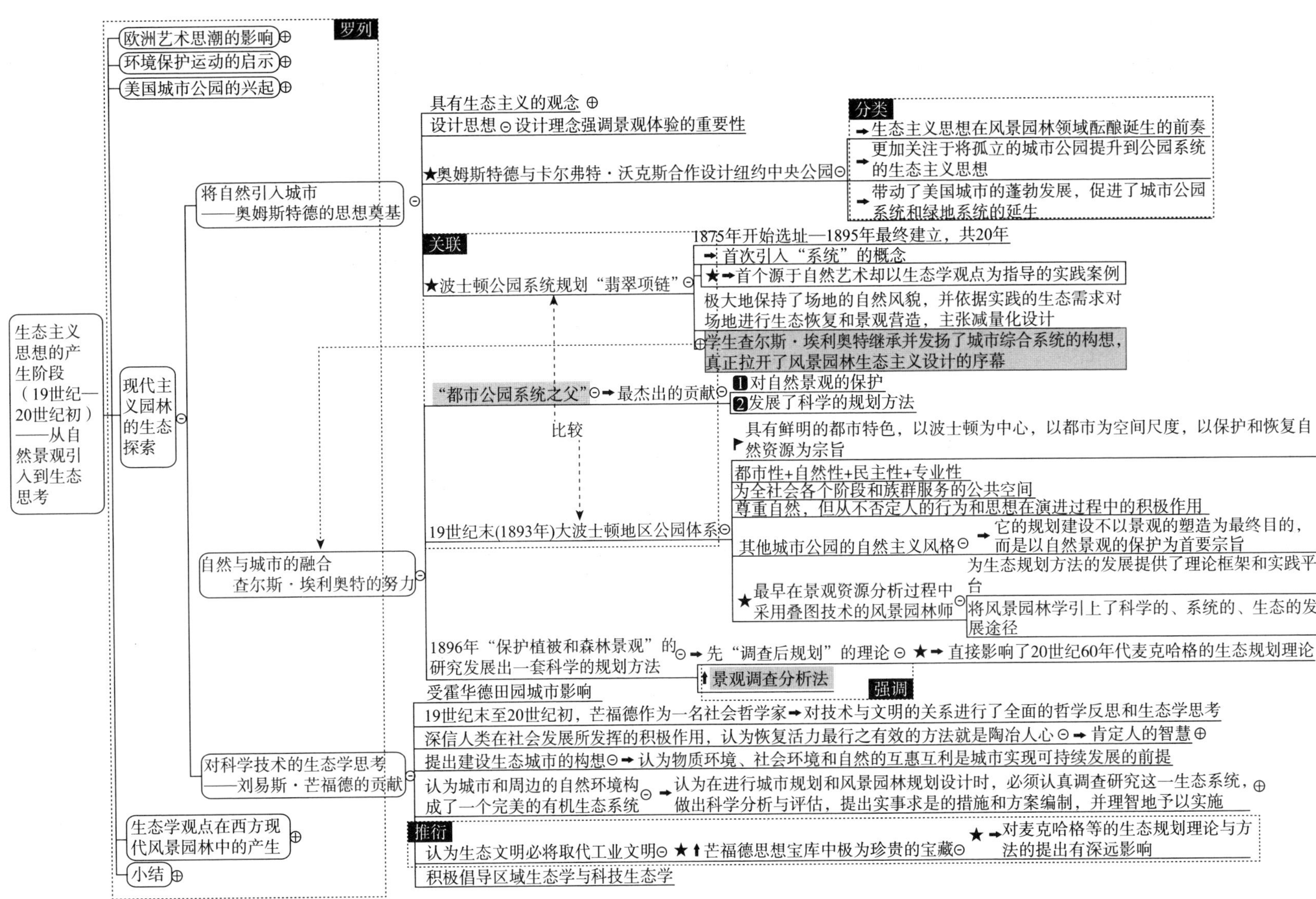
罗列
欧洲艺术思潮的影响
环境保护运动的启示
美国城市公园的兴起
生态主义思想的产生阶段（19世纪—20世纪初）——从自然景观引入到生态思考
现代主义园林的生态探索
将自然引入城市——奥姆斯特德的思想奠基
具有生态主义的观念
设计思想
设计理念强调景观体验的重要性
★奥姆斯特德与卡尔弗特·沃克斯合作设计纽约中央公园
分类
生态主义思想在风景园林领域酝酿诞生的前奏
更加关注于将孤立的城市公园提升到公园系统的生态主义思想
带动了美国城市的蓬勃发展，促进了城市公园系统和绿地系统的延生
关联
1875年开始选址—1895年最终建立，共20年
★波士顿公园系统规划“翡翠项链”
首次引入“系统”的概念
★首个源于自然艺术却以生态学观点为指导的实践案例
极大地保持了场地的自然风貌，并依据实践的生态需求对场地进行生态恢复和景观营造，主张减量化设计
学生查尔斯·埃利奥特继承并发扬了城市综合系统的构想，真正拉开了风景园林生态主义设计的序幕
“都市公园系统之父”
最杰出的贡献
1 对自然景观的保护
2 发展了科学的规划方法
比较
具有鲜明的都市特色，以波士顿为中心，以都市为空间尺度，以保护和恢复自然资源为宗旨
都市性+自然性+民主性+专业性
为全社会各个阶段和族群服务的公共空间
尊重自然，但从不否定人的行为和思想在演进过程中的积极作用
19世纪末(1893年)大波士顿地区公园体系
其他城市公园的自然主义风格
它的规划建设不以景观的塑造为最终目的，而是以自然景观的保护为首要宗旨
自然与城市的融合——查尔斯·埃利奥特的努力
★最早在景观资源分析过程中采用叠图技术的风景园林师
为生态规划方法的发展提供了理论框架和实践平台
将风景园林学引上了科学的、系统的、生态的发展途径
1896年“保护植被和森林景观”的研究发展出一套科学的规划方法
先“调查后规划”的理论
★直接影响了20世纪60年代麦克哈格的生态规划理论
景观调查分析法
强调
受霍华德田园城市影响
19世纪末至20世纪初，芒福德作为一名社会哲学家
对技术与文明的关系进行了全面的哲学反思和生态学思考
深信人类在社会发展所发挥的积极作用，认为恢复活力最行之有效的方法就是陶冶人心
肯定人的智慧
提出建设生态城市的构想
认为物质环境、社会环境和自然的互惠互利是城市实现可持续发展的前提
对科学技术的生态学思考——刘易斯·芒福德的贡献
认为城市和周边的自然环境构成了一个完美的有机生态系统
认为在进行城市规划和风景园林规划设计时，必须认真调查研究这一生态系统，做出科学分析与评估，提出实事求是的措施和方案编制，并理智地予以实施
推衍
认为生态文明必将取代工业文明
★芒福德思想宝库中极为珍贵的宝藏
★对麦克哈格等的生态规划理论与方法的提出有深远影响
积极倡导区域生态学与科技生态学
生态学观点在西方现代风景园林中的产生
小结

图 4-7　专业书籍的信息拆分与关联

③ 内容输出与分享

通过思维导图整理书籍内容后，可以直接利用思维导图进行输出展示，亦可转译为幻灯片的形式进行展示，如图 4–8 所示。这也体现出思维导图与幻灯片之间的区别，可以说，思维导图作为科研工具可以有效辅助科研人员形成逻辑思维，对于信息拆分与发散能力的训练大有裨益，但是作为展示工具则不如幻灯片形式清晰明了。所以出于研究需求的不同，可以借助不同的工具予以实现。

研究小技巧：

景致生活——生态景观回归之旅.pptx

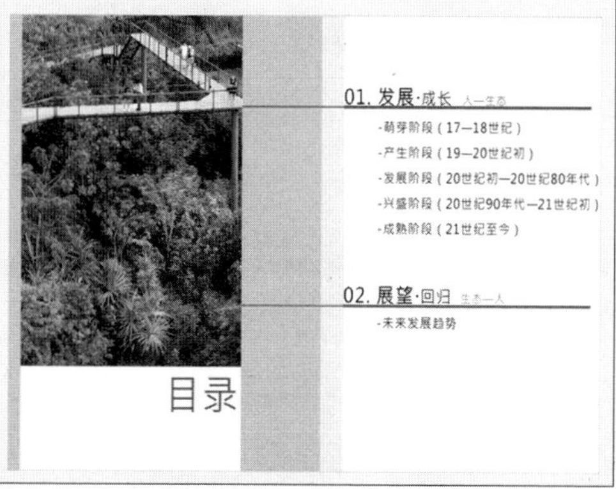
01. 发展·成长
-萌芽阶段（17—18世纪）
-产生阶段（19—20世纪初）
-发展阶段（20世纪初—20世纪80年代）
-兴盛阶段（20世纪90年代—21世纪初）
-成熟阶段（21世纪至今）
02. 展望·回归
-未来发展趋势
目录

02. 生态主义思想的产生阶段（19—20世纪初）——从自然景观引入到生态学思考
现代主义园林的生态探索
1 将自然引入城市——奥姆斯特德的思想奠基
★ 代表作2：波士顿公园系统规划"翡翠项链"
EMERALD NECKLACE
整个翡翠项链包括：波士顿公园 公共花园 联邦大道 后湾公园 河道(Riverway) 奥姆斯特德公园 牙买加池塘 牙买加路 车行道(Arborway) 阿诺德树木园 富兰克林公园
·1875开始选址—1895最终建成 →20年
·首次引入"系统"的概念+极大限度保持了场地的自然风貌，并依据实际的生态需求对场地进行生态恢复和景观营造，主张减量化设计
·首个源于自然艺术却以生态学观点为指导的实践案例

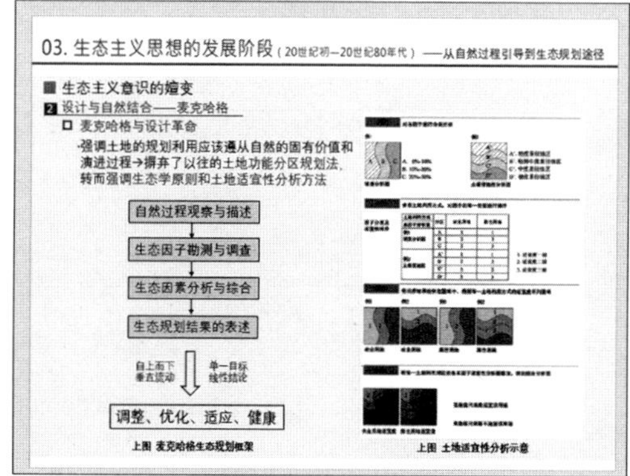
03. 生态主义思想的发展阶段（20世纪初—20世纪80年代）——从自然过程引导到生态规划途径
生态主义意识的嬗变
2 设计与自然结合——麦克哈格
麦克哈格与设计革命
·强调土地的规划利用应该遵从自然的固有价值和演进过程→摒弃了以往的土地功能分区规划法，转而强调生态学原则和土地适宜性分析方法
自然过程观察与描述
生态因子勘测与调查
生态因素分析与综合
生态规划结果的表述
自上而下垂直流动
单一目标线性结论
调整、优化、适应、健康
上图 麦克哈格生态规划框架
上图 土地适宜性分析示意

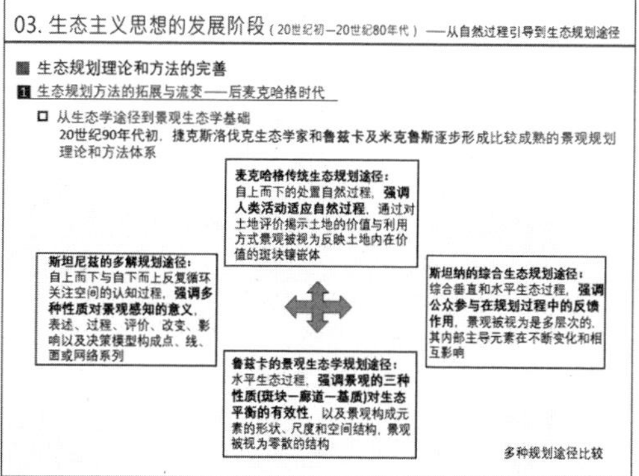
03. 生态主义思想的发展阶段（20世纪初—20世纪80年代）——从自然过程引导到生态规划途径
生态规划理论和方法的完善
1 生态规划方法的拓展与流变——后麦克哈格时代
从生态学途径到景观生态学基础
20世纪90年代初，捷克斯洛伐克生态学家和鲁兹卡及米克鲁斯逐步形成比较成熟的景观规划理论和方法体系
麦克哈格传统生态规划途径：自上而下的处置自然过程，强调人类活动适应自然过程，通过对土地评价揭示土地的价值与利用方式景观被视为反映土地内在价值的斑块镶嵌体
斯坦尼兹的多解规划途径：自上而下与自下而上反复循环关注空间的认知过程，强调多种性质对景观感知的意义，表述、过程、评价、改变、影响以及决策模型构成点、线、面或网络系列
斯坦纳的综合生态规划途径：综合垂直和水平生态过程，强调公众参与在规划过程中的反馈作用，景观被视为是多层次的，其内部主导元素在不断变化和相互影响
鲁兹卡的景观生态学规划途径：水平生态过程，强调景观的三种性质(斑块—廊道—基质)对生态平衡的有效性，以及景观构成元素的形状、尺度和空间结构，景观被视为零散的结构
多种规划途径比较

图 4–8　PPT 形式分享

研究小技巧：

至此，以短小的篇幅展示了如何通过思维导图来达到文献的高效阅读，具体的操作实践还有待读者亲自试验。文献阅读不仅是科研项目申报书撰写的基础，而且是论文撰写的基础。大量地阅读文献是一切研究的开始，而能掌握一种可以帮助研究人员理清思路、抓住重点的方法虽然不能算作雪中送炭，但至少也是锦上添花。

4.2　论文写作

4.2.1　论文分类

论文主要有两种类型[①]：

（1）学术论文：是某一学术课题在实验性、理论性或观测性上具有新的科学研究成果或创新见解和知识的科学记录，或是某种已知原理应用于实际中取得新进展的科学总结，以供在学术会议上宣读、交流或讨论，或在学术刊物上发表，或作为其他用途的书面文件。学术论文一般篇幅不长，内容专深，具有一定的新颖性，从撰写到发表之间的"时差"小，是科研人员阐明新观点、宣布新发现的主要文献形式，直接反映作者的学术水平。

（2）学位论文：是表明作者从事科学研究取得了创造性的成果或有了新的见解，并以此为内容撰写而成，作为申请相应学位时评审所用的学术论文。根据《中华人民共和国学位条例》的规定，学位论文分为学士学位论文、硕士学位论文和博士学位论文三种。

4.2.2　论文写作流程（图 4–9）

选题
文献阅读
论文提纲
写作
修改

图 4–9　论文写作流程图

1）选题

所谓的选题其实就是提出研究问题，该研究问题应该具备学术和实践价值，是值得被研究的。选题

研究小技巧：

经验分享

对于初级研究人员来说，我们建议多写多投，不需要为了一篇论文反复修改直到"完美"，手边有可写可分享的内容就及时成文，并且要写完整，来龙去脉一气呵成。学而时习之，通过不断练习、修改的过程训练自己的写作能力。

研究小技巧：

的来源则是多方面的，本书总结出如下几种方式以供读者参考：

（1）纵向研究启发：如在水生态基础设施建立的途径的研究过程中所遇到的问题的探讨或者研究的总结。

（2）横向项目启发：如近期做了一个横向项目 —— 以雨洪调蓄为目标的湖北省咸宁市淦河流域的沿河湿地修复项目。

（3）课程作业启发：如近期阅读了一篇关于可拓学的论文，看到了其在景观设计学科中的应用潜力。

（4）学术会议启发：如在会议中发现一个感兴趣且是研究前沿的议题。

（5）现实问题启发：如在实际工作过程中挖掘出的一些尚待解决的疑问。

（6）个人兴趣启发：如写作者本身就对某些研究方向或研究问题很感兴趣。

由上文的选题来源可以看出论文写作其实是一种"思辨"，而不是"技工"，论文与研究有着密不可分的关系，它既可以是对于研究过程阶段性成果的总结，也可以是对于研究过程中所遇到问题的探讨。

图 4–10 展示的思维导图即为后文（论文 1）的选题来源。该论文主要受到横向项目与相关文献的促动，在做完横向项目后，及时利用思维导图对研究问题进行推导与阐述，初步确定研究问题的创新性，确保研究方向的可操作性，这其实就是"对于研究过程中所遇到问题的探讨"。

2）文献阅读

此时的文献阅读属于目的性阅读，在确定选题的基础上，带着问题去查阅相关文献，以此确定该研究问题在国内外的研究现状，以确保该研究方向具备一定的创新性。

若是撰写学术论文，建议此阶段少读几篇文献（当然，这应该是在个人已有一定文献阅读积累的基础上），重点放在论文提纲的撰写上；若是撰写学位论文，那么此阶段的文献阅读越多越好，在阅读的同时利用前一节的方法对各个文献内容进行梳理则可达到事半功倍的效果。

经验分享

一般的学术论文，若是研究人员本身就已对研究内容有了初步想法，最好的办法是直接下笔写，一气呵成写个大概后再反过来阅读文献，这样的方法可以大大避免初涉研究的人员迷失于茫茫文献中，思维受到限制以至于再难以下笔。

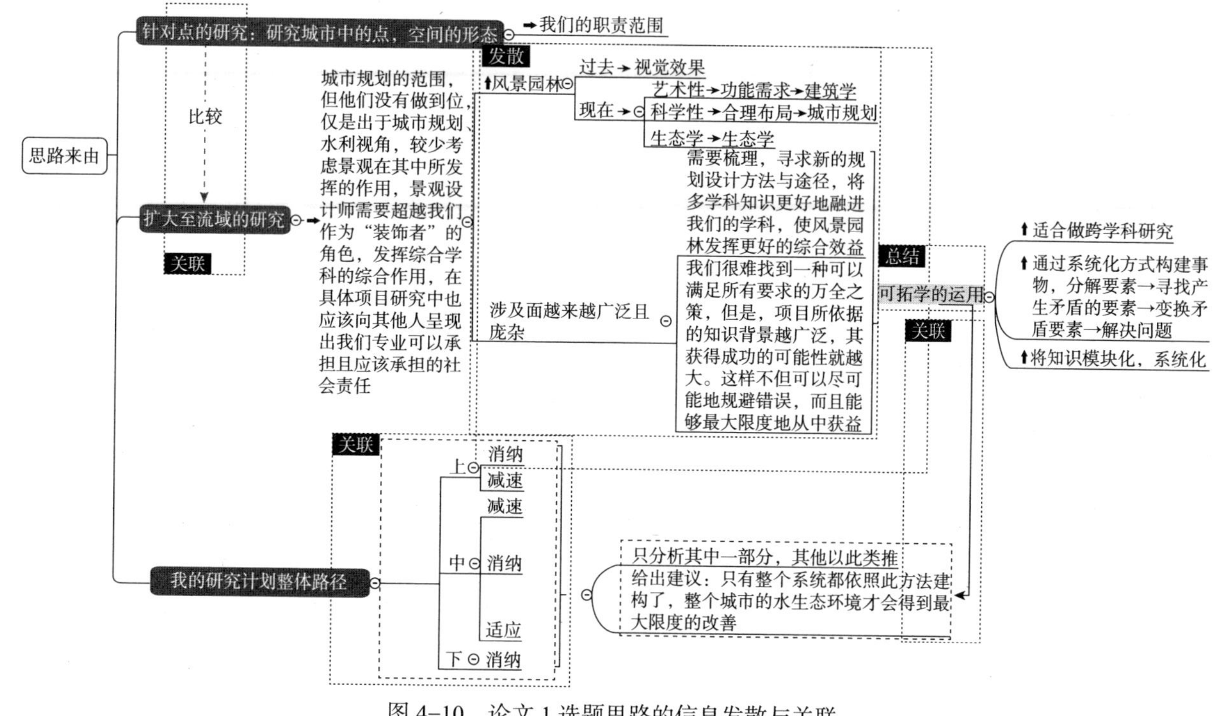
针对点的研究：研究城市中的点，空间的形态
我们的职责范围
比较
思路来由
扩大至流域的研究
关联
发散
城市规划的范围，但他们没有做到位，仅是出于城市规划、水利视角，较少考虑景观在其中所发挥的作用，景观设计师需要超越我们作为“装饰者”的角色，发挥综合学科的综合作用，在具体项目研究中也应该向其他人呈现出我们专业可以承担且应该承担的社会责任
风景园林
过去→视觉效果
现在→
艺术性→功能需求→建筑学
科学性→合理布局→城市规划
生态学→生态学
需要梳理，寻求新的规划设计方法与途径，将多学科知识更好地融进我们的学科，使风景园林发挥更好的综合效益
涉及面越来越广泛且庞杂
我们很难找到一种可以满足所有要求的万全之策，但是，项目所依据的知识背景越广泛，其获得成功的可能性就越大。这样不但可以尽可能地规避错误，而且能够最大限度地从中获益
总结
可拓学的运用
关联
适合做跨学科研究
通过系统化方式构建事物，分解要素→寻找产生矛盾的要素→变换矛盾要素→解决问题
将知识模块化，系统化
关联
上
消纳
减速
减速
中
消纳
适应
下
消纳
我的研究计划整体路径
只分析其中一部分，其他以此类推
给出建议：只有整个系统都依照此方法建构了，整个城市的水生态环境才会得到最大限度的改善

图 4-10　论文 1 选题思路的信息发散与关联

研究小技巧：

由于“4.1　文献阅读”已对文献阅读的方法进行了解析，故在此不再赘述，若读者有需要可返回上一节阅读相关内容。

3）论文提纲初拟

论文提纲其实就是论文框架，对于论文提纲的撰写与第 2 章中科研课题的研究计划撰写是类似的，目的都是为了确定文章的研究对象、研究内容、研究目标、研究方法、研究意义和研究局限等是什么。在初拟提纲阶段可以按照论文 1[②]（图 4-11）的方式进行相关内容罗列，亦可按照论文 2[③]（图 4-12）和论文 3[④]（图 4-13）的方式直接罗列文章写作结构，再将具体内容融入框架中。

研究小技巧：

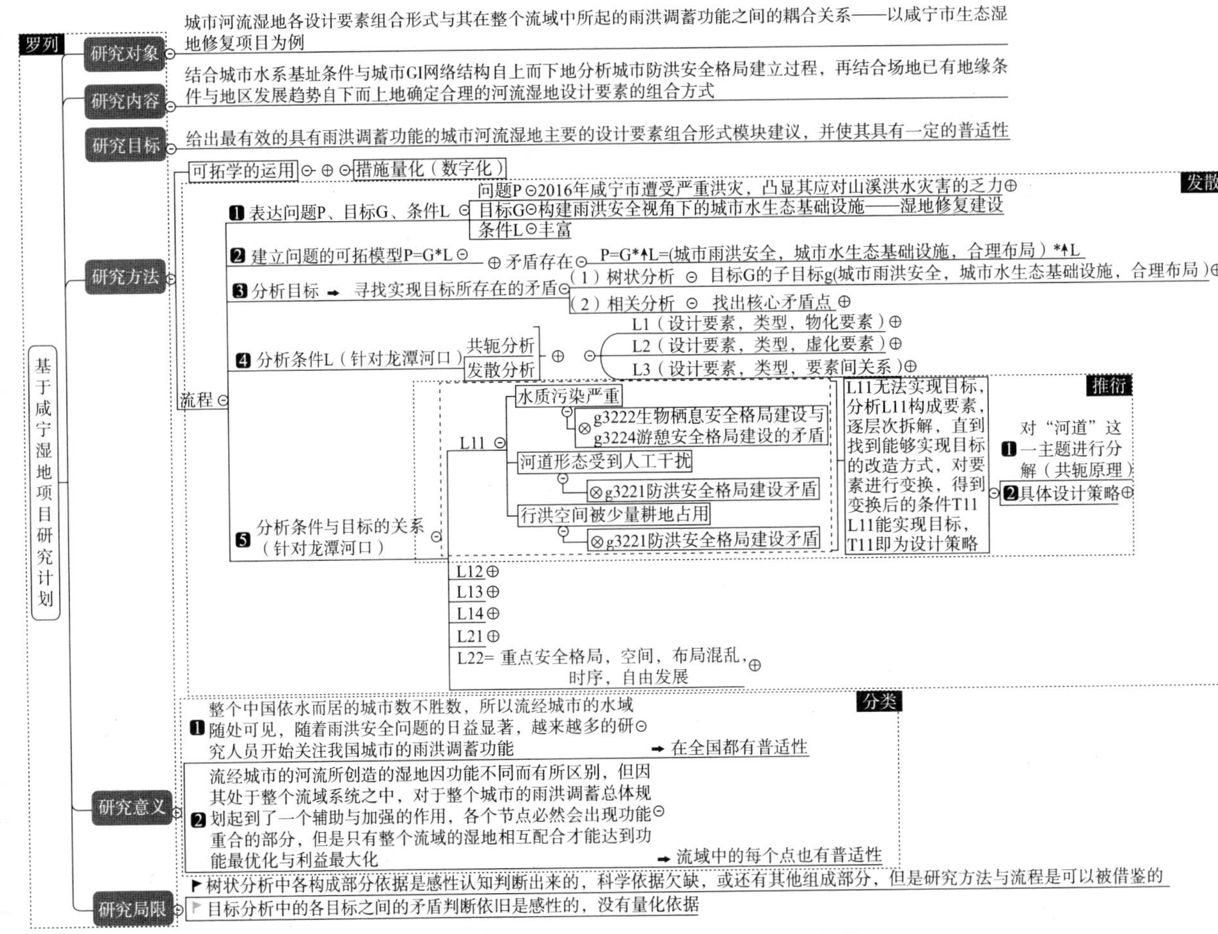

罗列
基于咸宁湿地项目研究计划
研究对象
城市河流湿地各设计要素组合形式与其在整个流域中所起的雨洪调蓄功能之间的耦合关系——以咸宁市生态湿地修复项目为例
研究内容
结合城市水系基址条件与城市GI网络结构自上而下地分析城市防洪安全格局建立过程，再结合场地已有地缘条件与地区发展趋势自下而上地确定合理的河流湿地设计要素的组合方式
研究目标
给出最有效的具有雨洪调蓄功能的城市河流湿地主要的设计要素组合形式模块建议，并使其具有一定的普适性
研究方法
可拓学的运用
措施量化（数字化）
发散
流程
1 表达问题P、目标G、条件L
问题P 2016年咸宁市遭受严重洪灾，凸显其应对山溪洪水灾害的乏力
目标G 构建雨洪安全视角下的城市水生态基础设施——湿地修复建设
条件L 丰富
2 建立问题的可拓模型P=G*L
矛盾存在
P=G*↑L=(城市雨洪安全，城市水生态基础设施，合理布局）*↑L
3 分析目标 寻找实现目标所存在的矛盾
（1）树状分析 目标G的子目标g(城市雨洪安全，城市水生态基础设施，合理布局）
（2）相关分析 找出核心矛盾点
4 分析条件L（针对龙潭河口）
共轭分析
发散分析
L1（设计要素，类型，物化要素）
L2（设计要素，类型，虚化要素）
L3（设计要素，类型，要素间关系）
5 分析条件与目标的关系（针对龙潭河口）
L11
水质污染严重
g3222生物栖息安全格局建设与g3224游憩安全格局建设的矛盾
河道形态受到人工干扰
g3221防洪安全格局建设矛盾
行洪空间被少量耕地占用
g3221防洪安全格局建设矛盾
L11无法实现目标，分析L11构成要素，逐层次拆解，直到找到能够实现目标的改造方式，对要素进行变换，得到变换后的条件T11 L11能实现目标，T11即为设计策略
推衍
1 对“河道”这一主题进行分解（共轭原理）
2 具体设计策略
L12
L13
L14
L21
L22= 重点安全格局，空间，布局混乱，时序，自由发展
研究意义
分类
1 整个中国依水而居的城市数不胜数，所以流经城市的水域随处可见，随着雨洪安全问题的日益显著，越来越多的研究人员开始关注我国城市的雨洪调蓄功能
在全国都有普适性
2 流经城市的河流所创造的湿地因功能不同而有所区别，但因其处于整个流域系统之中，对于整个城市的雨洪调蓄总体规划起到了一个辅助与加强的作用，各个节点必然会出现功能重合的部分，但是只有整个流域的湿地相互配合才能达到功能最优化与利益最大化
流域中的每个点也有普适性
研究局限
树状分析中各构成部分依据是感性认知判断出来的，科学依据欠缺，或还有其他组成部分，但是研究方法与流程是可以被借鉴的
目标分析中的各目标之间的矛盾判断依旧是感性的，没有量化依据

图 4-11　论文 1 提纲初拟的信息罗列与发散

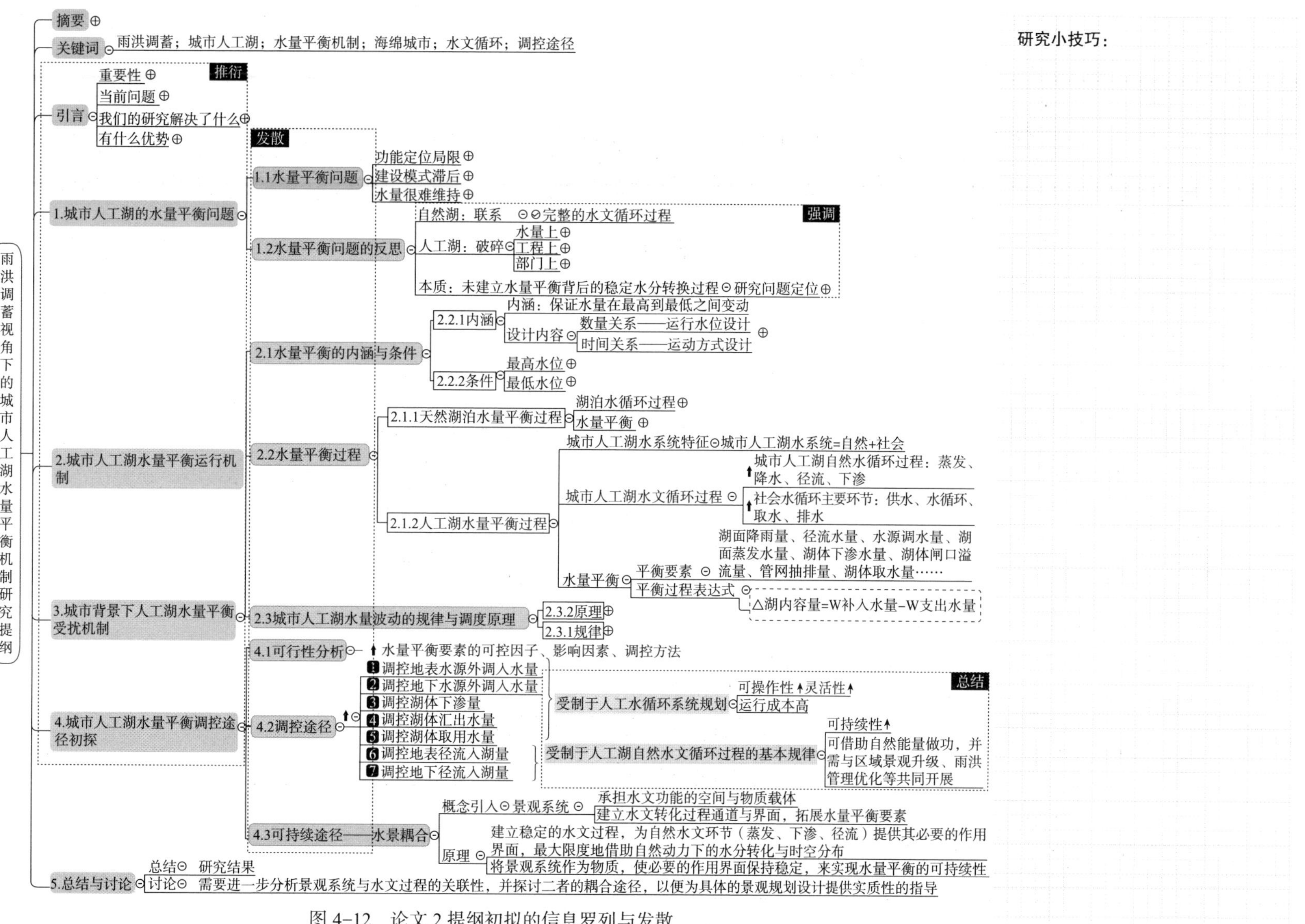

雨洪调蓄视角下的城市人工湖水量平衡机制研究提纲
摘要
关键词
雨洪调蓄；城市人工湖；水量平衡机制；海绵城市；水文循环；调控途径
推衍
引言
重要性
当前问题
我们的研究解决了什么
有什么优势
发散
1.城市人工湖的水量平衡问题
1.1水量平衡问题
功能定位局限
建设模式滞后
水量很难维持
1.2水量平衡问题的反思
强调
自然湖：联系
完整的水文循环过程
人工湖：破碎
水量上
工程上
部门上
本质：未建立水量平衡背后的稳定水分转换过程
研究问题定位
2.城市人工湖水量平衡运行机制
2.1水量平衡的内涵与条件
2.2.1内涵
内涵：保证水量在最高到最低之间变动
设计内容
数量关系——运行水位设计
时间关系——运动方式设计
2.2.2条件
最高水位
最低水位
2.2水量平衡过程
2.1.1天然湖泊水量平衡过程
湖泊水循环过程
水量平衡
2.1.2人工湖水量平衡过程
城市人工湖水系统特征
城市人工湖水系统=自然+社会
城市人工湖水文循环过程
城市人工湖自然水循环过程：蒸发、降水、径流、下渗
社会水循环主要环节：供水、水循环、取水、排水
水量平衡
平衡要素
湖面降雨量、径流水量、水源调水量、湖面蒸发水量、湖体下渗水量、湖体闸口溢流量、管网抽排量、湖体取水量……
平衡过程表达式
△湖内容量=W补入水量-W支出水量
3.城市背景下人工湖水量平衡受扰机制
2.3城市人工湖水量波动的规律与调度原理
2.3.2原理
2.3.1规律
4.城市人工湖水量平衡调控途径初探
4.1可行性分析
水量平衡要素的可控因子、影响因素、调控方法
4.2调控途径
1 调控地表水源外调入水量
2 调控地下水源外调入水量
3 调控湖体下渗量
4 调控湖体汇出水量
5 调控湖体取用水量
6 调控地表径流入湖量
7 调控地下径流入湖量
总结
受制于人工水循环系统规划
可操作性
灵活性
运行成本高
受制于人工湖自然水文循环过程的基本规律
可持续性
可借助自然能量做功，并需与区域景观升级、雨洪管理优化等共同开展
4.3可持续途径——水景耦合
概念引入
景观系统
承担水文功能的空间与物质载体
建立水文转化过程通道与界面，拓展水量平衡要素
原理
建立稳定的水文过程，为自然水文环节（蒸发、下渗、径流）提供其必要的作用界面，最大限度地借助自然动力下的水分转化与时空分布
将景观系统作为物质，使必要的作用界面保持稳定，来实现水量平衡的可持续性
5.总结与讨论
总结
研究结果
讨论
需要进一步分析景观系统与水文过程的关联性，并探讨二者的耦合途径，以便为具体的景观规划设计提供实质性的指导

图 4-12　论文 2 提纲初拟的信息罗列与发散

研究小技巧：

论文 2 和论文 3 都是直接按照文章结构的方式进行框架撰写的，利用思维导图进行发散思考，达到对文章架构的组织，要点和疑问则可用特殊颜色予以强调，以便与导师或其他学者进行讨论。

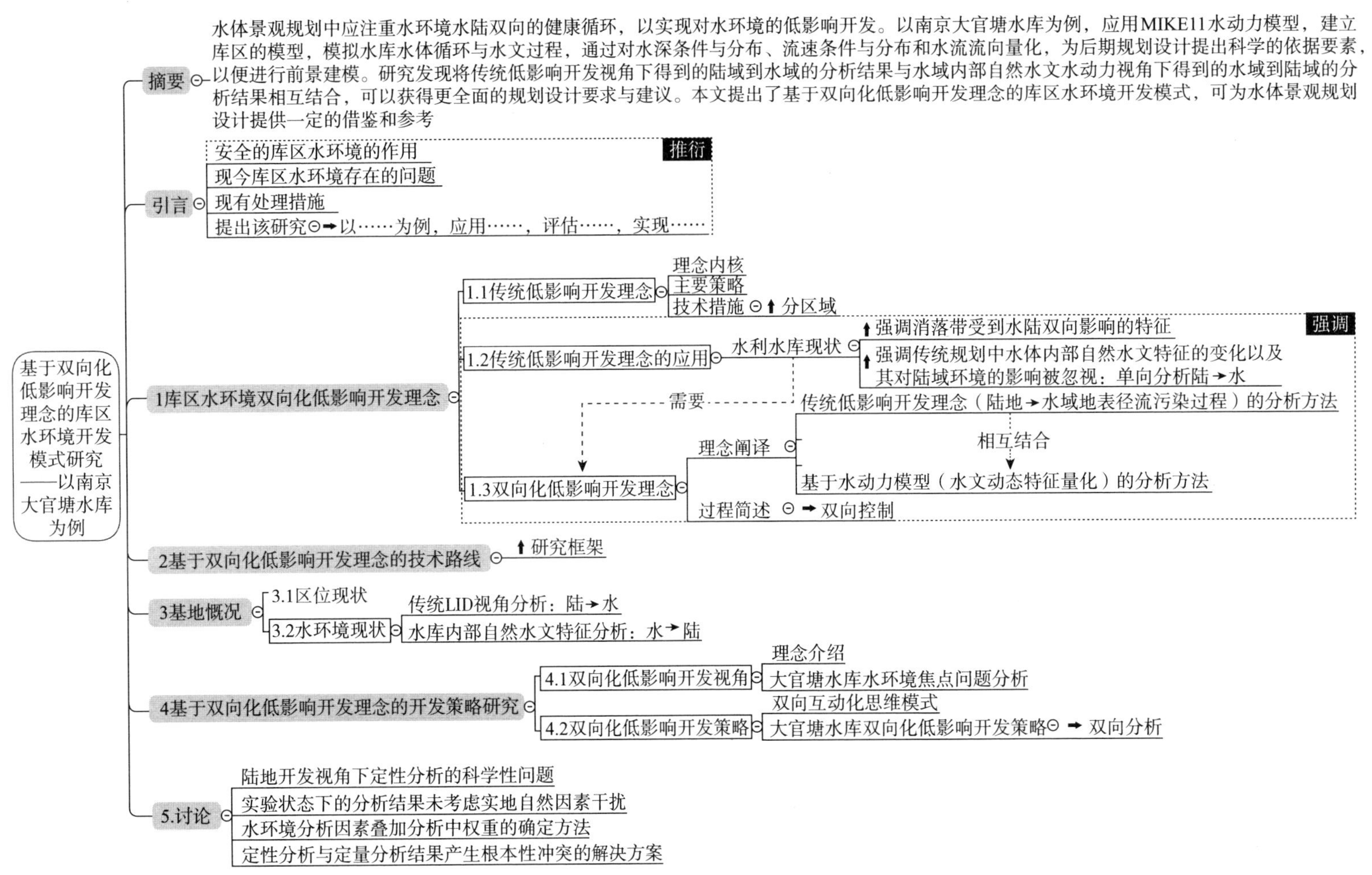

基于双向化低影响开发理念的库区水环境开发模式研究——以南京大官塘水库为例
摘要
水体景观规划中应注重水环境水陆双向的健康循环，以实现对水环境的低影响开发。以南京大官塘水库为例，应用MIKE11水动力模型，建立库区的模型，模拟水库水体循环与水文过程，通过对水深条件与分布、流速条件与分布和水流流向量化，为后期规划设计提出科学的依据要素，以便进行前景建模。研究发现将传统低影响开发视角下得到的陆域到水域的分析结果与水域内部自然水文水动力视角下得到的水域到陆域的分析结果相互结合，可以获得更全面的规划设计要求与建议。本文提出了基于双向化低影响开发理念的库区水环境开发模式，可为水体景观规划设计提供一定的借鉴和参考
推衍
引言
安全的库区水环境的作用
现今库区水环境存在的问题
现有处理措施
提出该研究→以……为例，应用……，评估……，实现……
1库区水环境双向化低影响开发理念
1.1传统低影响开发理念
理念内核
主要策略
技术措施
分区域
强调
1.2传统低影响开发理念的应用
水利水库现状
强调消落带受到水陆双向影响的特征
强调传统规划中水体内部自然水文特征的变化以及其对陆域环境的影响被忽视：单向分析陆→水
需要
1.3双向化低影响开发理念
理念阐译
传统低影响开发理念（陆地→水域地表径流污染过程）的分析方法
相互结合
基于水动力模型（水文动态特征量化）的分析方法
过程简述
双向控制
2基于双向化低影响开发理念的技术路线
研究框架
3基地概况
3.1区位现状
3.2水环境现状
传统LID视角分析：陆→水
水库内部自然水文特征分析：水→陆
4基于双向化低影响开发理念的开发策略研究
4.1双向化低影响开发视角
理念介绍
大官塘水库水环境焦点问题分析
4.2双向化低影响开发策略
双向互动化思维模式
大官塘水库双向化低影响开发策略
双向分析
5.讨论
陆地开发视角下定性分析的科学性问题
实验状态下的分析结果未考虑实地自然因素干扰
水环境分析因素叠加分析中权重的确定方法
定性分析与定量分析结果产生根本性冲突的解决方案

图 4-13　论文 3 提纲初拟的信息推衍与发散

论文 3 的逻辑框架与导师讨论后需要做出修改，确定提纲不足与错误之处，直接在思维导图中及时修正，方便快捷，且可自始至终保持自己思路的清晰。导师的点评意见整理如图 4–14 所示。

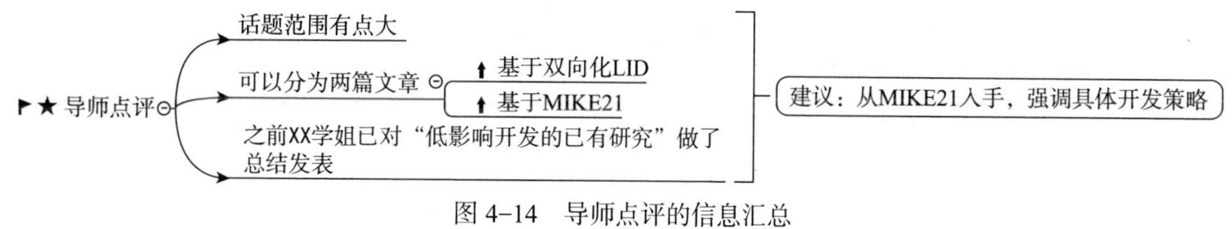
导师点评
话题范围有点大
可以分为两篇文章
基于双向化LID
基于MIKE21
之前XX学姐已对“低影响开发的已有研究”做了总结发表
建议：从MIKE21入手，强调具体开发策略

图 4–14　导师点评的信息汇总

4）论文提纲修改

在提纲拟订的初稿基础上，通过与导师或其他学者的讨论，修正和补充提纲基本内容，同时随时记录修改意见，然后再针对讨论内容做出进一步修改。其中论文 1（图 4–15）在初稿的基础上形成了摘要、关键词、引言、正文与结论的大体内容，论文 2（图 4–16）和论文 3（图 4–17）则在原本框架基础上进行了补充与调整。

经过修改后的论文提纲再次与导师或其他学者进行确认，无异议后即可在现有框架下着手撰写论文，通过细节的填充逐步丰满整个框架，将发散的思维逐步收敛，从而形成一篇完整的论文。

5）写作

在论文提纲确定的基础上可直接撰写论文，在框架逻辑基础上填充细节，建议一气呵成通篇完成后再做下一步修改。图 4–18 至图 4–20 展示的是前面三篇论文的部分初稿。

6）修改

对于学术论文而言，在通篇完成的基础上，再根据需要阅读相关文献，以补充和更正文章内容；对于学位论文而言，文献阅读则应在选题确定后进行大量阅读。论文初稿撰写完成后再听取导师意见进行修改，直至可以投稿，投稿后还会收到很多审稿意见，经过一轮轮的修改直至论文被录用。

在论文撰写的整个过程中，思维导图可以帮助研究人员抓住论文核心论点，确保是针对问题或目的展开的研究，并且通过理顺论文大体框架来确定文章主次点。

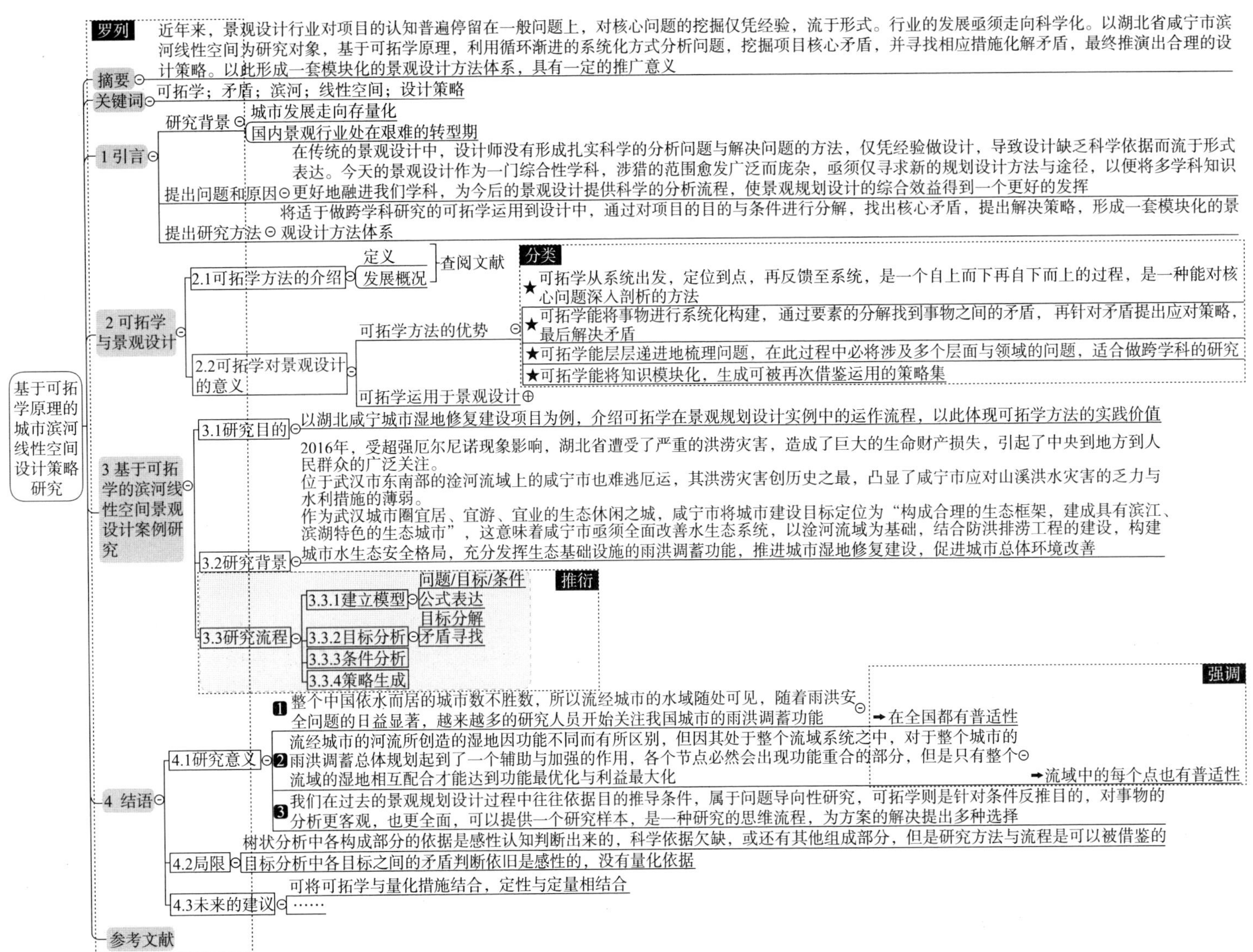

罗列
近年来，景观设计行业对项目的认知普遍停留在一般问题上，对核心问题的挖掘仅凭经验，流于形式。行业的发展亟须走向科学化。以湖北省咸宁市滨河线性空间为研究对象，基于可拓学原理，利用循环渐进的系统化方式分析问题，挖掘项目核心矛盾，并寻找相应措施化解矛盾，最终推演出合理的设计策略。以此形成一套模块化的景观设计方法体系，具有一定的推广意义
基于可拓学原理的城市滨河线性空间设计策略研究
摘要
关键词
可拓学；矛盾；滨河；线性空间；设计策略
1 引言
研究背景
城市发展走向存量化
国内景观行业处在艰难的转型期
提出问题和原因
在传统的景观设计中，设计师没有形成扎实科学的分析问题与解决问题的方法，仅凭经验做设计，导致设计缺乏科学依据而流于形式表达。今天的景观设计作为一门综合性学科，涉猎的范围愈发广泛而庞杂，亟须仅寻求新的规划设计方法与途径，以便将多学科知识更好地融进我们学科，为今后的景观设计提供科学的分析流程，使景观规划设计的综合效益得到一个更好的发挥
提出研究方法
将适于做跨学科研究的可拓学运用到设计中，通过对项目的目的与条件进行分解，找出核心矛盾，提出解决策略，形成一套模块化的景观设计方法体系
2 可拓学与景观设计
2.1可拓学方法的介绍
定义
发展概况
查阅文献
分类
★可拓学从系统出发，定位到点，再反馈至系统，是一个自上而下再自下而上的过程，是一种能对核心问题深入剖析的方法
★可拓学能将事物进行系统化构建，通过要素的分解找到事物之间的矛盾，再针对矛盾提出应对策略，最后解决矛盾
★可拓学能层层递进地梳理问题，在此过程中必将涉及多个层面与领域的问题，适合做跨学科的研究
★可拓学能将知识模块化，生成可被再次借鉴运用的策略集
2.2可拓学对景观设计的意义
可拓学方法的优势
可拓学运用于景观设计
3 基于可拓学的滨河线性空间景观设计案例研究
3.1研究目的
以湖北咸宁城市湿地修复建设项目为例，介绍可拓学在景观规划设计实例中的运作流程，以此体现可拓学方法的实践价值
3.2研究背景
2016年，受超强厄尔尼诺现象影响，湖北省遭受了严重的洪涝灾害，造成了巨大的生命财产损失，引起了中央到地方到人民群众的广泛关注。
位于武汉市东南部的淦河流域上的咸宁市也难逃厄运，其洪涝灾害创历史之最，凸显了咸宁市应对山溪洪水灾害的乏力与水利措施的薄弱。
作为武汉城市圈宜居、宜游、宜业的生态休闲之城，咸宁市将城市建设目标定位为“构成合理的生态框架，建成具有滨江、滨湖特色的生态城市”，这意味着咸宁市亟须全面改善水生态系统，以淦河流域为基础，结合防洪排涝工程的建设，构建城市水生态安全格局，充分发挥生态基础设施的雨洪调蓄功能，推进城市湿地修复建设，促进城市总体环境改善
3.3研究流程
推衍
3.3.1建立模型
问题/目标/条件
公式表达
3.3.2目标分析
目标分解
矛盾寻找
3.3.3条件分析
3.3.4策略生成
4 结语
4.1研究意义
强调
❶ 整个中国依水而居的城市数不胜数，所以流经城市的水域随处可见，随着雨洪安全问题的日益显著，越来越多的研究人员开始关注我国城市的雨洪调蓄功能
➡在全国都有普适性
❷ 流经城市的河流所创造的湿地因功能不同而有所区别，但因其处于整个流域系统之中，对于整个城市的雨洪调蓄总体规划起到了一个辅助与加强的作用，各个节点必然会出现功能重合的部分，但是只有整个流域的湿地相互配合才能达到功能最优化与利益最大化
➡流域中的每个点也有普适性
❸ 我们在过去的景观规划设计过程中往往依据目的推导条件，属于问题导向性研究，可拓学则是针对条件反推目的，对事物的分析更客观，也更全面，可以提供一个研究样本，是一种研究的思维流程，为方案的解决提出多种选择
4.2局限
树状分析中各构成部分的依据是感性认知判断出来的，科学依据欠缺，或还有其他组成部分，但是研究方法与流程是可以被借鉴的
目标分析中各目标之间的矛盾判断依旧是感性的，没有量化依据
4.3未来的建议
可将可拓学与量化措施结合，定性与定量相结合
……
参考文献

图 4-15　论文 1 提纲修改的信息整合

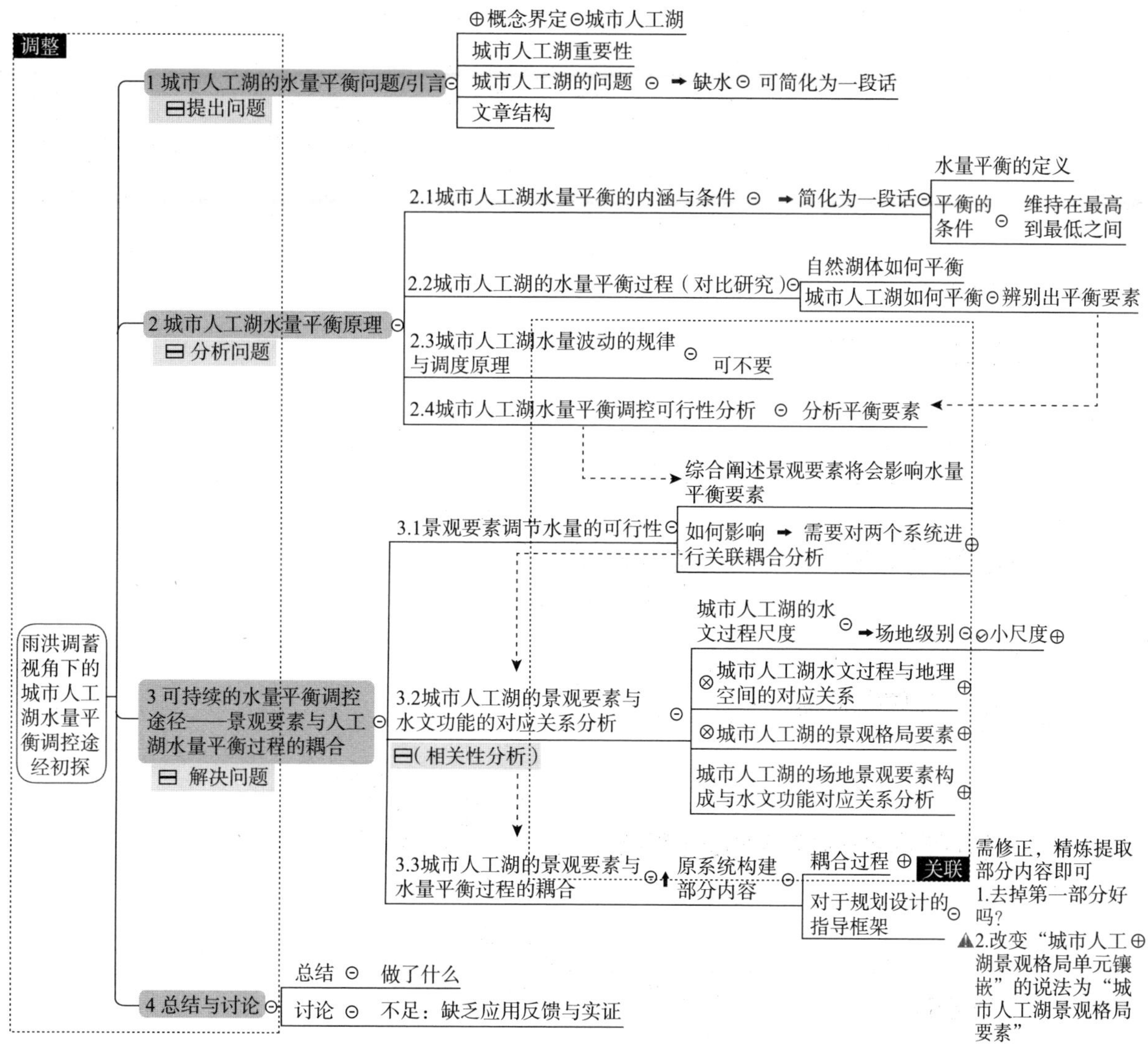

调整
雨洪调蓄视角下的城市人工湖水量平衡调控途经初探
1 城市人工湖的水量平衡问题/引言
提出问题
概念界定 城市人工湖
城市人工湖重要性
城市人工湖的问题 缺水 可简化为一段话
文章结构
2 城市人工湖水量平衡原理
分析问题
2.1城市人工湖水量平衡的内涵与条件 简化为一段话
水量平衡的定义
平衡的条件 维持在最高到最低之间
2.2城市人工湖的水量平衡过程（对比研究）
自然湖体如何平衡
城市人工湖如何平衡 辨别出平衡要素
2.3城市人工湖水量波动的规律与调度原理 可不要
2.4城市人工湖水量平衡调控可行性分析 分析平衡要素
3 可持续的水量平衡调控途径——景观要素与人工湖水量平衡过程的耦合
解决问题
3.1景观要素调节水量的可行性
综合阐述景观要素将会影响水量平衡要素
如何影响 需要对两个系统进行关联耦合分析
3.2城市人工湖的景观要素与水文功能的对应关系分析
(相关性分析)
城市人工湖的水文过程尺度 场地级别 小尺度
城市人工湖水文过程与地理空间的对应关系
城市人工湖的景观格局要素
城市人工湖的场地景观要素构成与水文功能对应关系分析
3.3城市人工湖的景观要素与水量平衡过程的耦合
原系统构建部分内容
耦合过程
关联
对于规划设计的指导框架
需修正，精炼提取部分内容即可
1.去掉第一部分好吗?
2.改变“城市人工湖景观格局单元镶嵌”的说法为“城市人工湖景观格局要素”
4 总结与讨论
总结 做了什么
讨论 不足：缺乏应用反馈与实证

图 4-16　论文 2 提纲修改的信息调整与补充

研究小技巧：

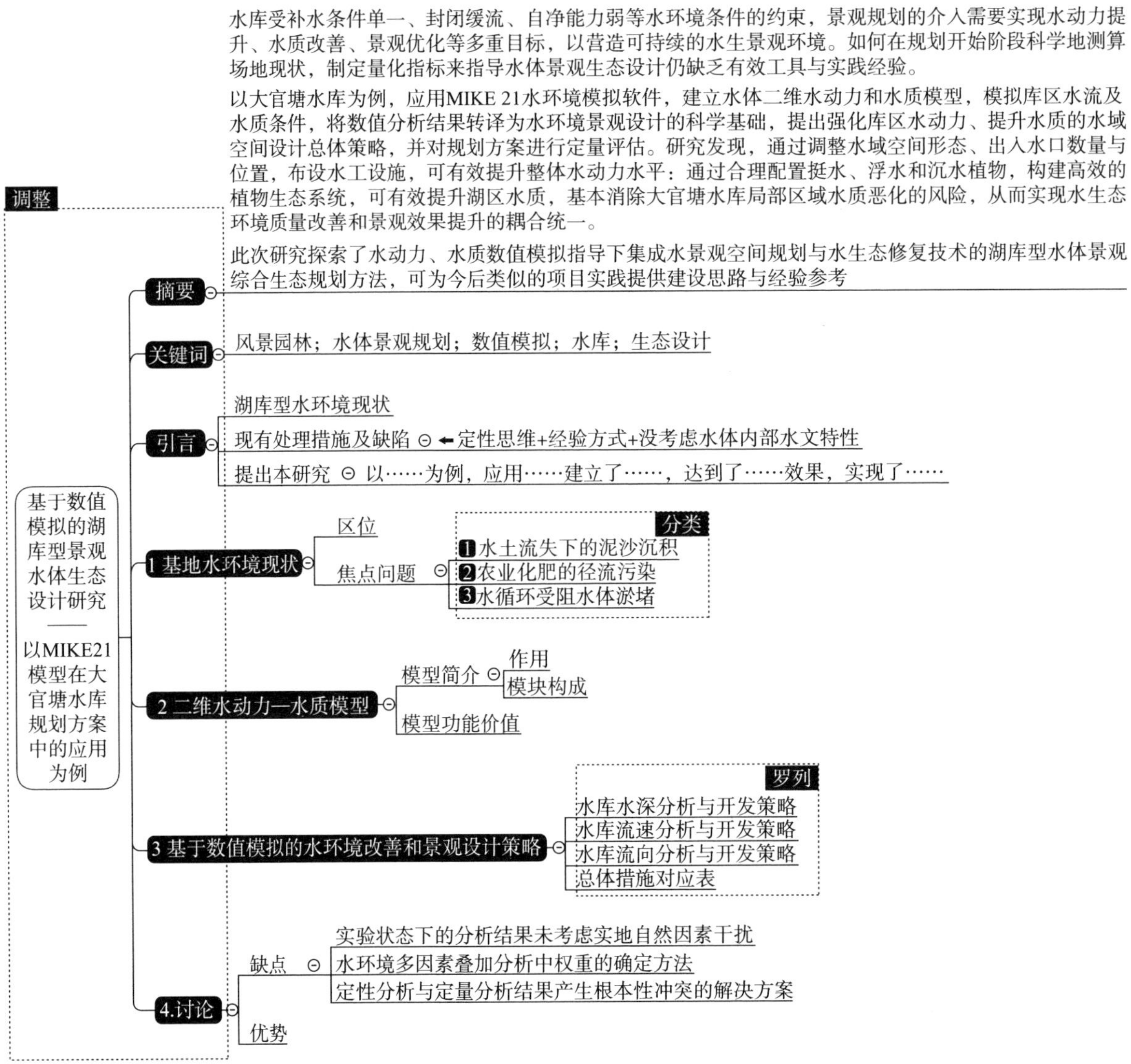

调整

基于数值模拟的湖库型景观水体生态设计研究——以MIKE21模型在大官塘水库规划方案中的应用为例

- 摘要
  - 水库受补水条件单一、封闭缓流、自净能力弱等水环境条件的约束，景观规划的介入需要实现水动力提升、水质改善、景观优化等多重目标，以营造可持续的水生景观环境。如何在规划开始阶段科学地测算场地现状，制定量化指标来指导水体景观生态设计仍缺乏有效工具与实践经验。
  - 以大官塘水库为例，应用MIKE 21水环境模拟软件，建立水体二维水动力和水质模型，模拟库区水流及水质条件，将数值分析结果转译为水环境景观设计的科学基础，提出强化库区水动力、提升水质的水域空间设计总体策略，并对规划方案进行定量评估。研究发现，通过调整水域空间形态、出入水口数量与位置，布设水工设施，可有效提升整体水动力水平；通过合理配置挺水、浮水和沉水植物，构建高效的植物生态系统，可有效提升湖区水质，基本消除大官塘水库局部区域水质恶化的风险，从而实现水生态环境质量改善和景观效果提升的耦合统一。
  - 此次研究探索了水动力、水质数值模拟指导下集成水景观空间规划与水生态修复技术的湖库型水体景观综合生态规划方法，可为今后类似的项目实践提供建设思路与经验参考
- 关键词
  - 风景园林；水体景观规划；数值模拟；水库；生态设计
- 引言
  - 湖库型水环境现状
  - 现有处理措施及缺陷 ← 定性思维+经验方式+没考虑水体内部水文特性
  - 提出本研究 以……为例，应用……建立了……，达到了……效果，实现了……
- 1 基地水环境现状
  - 区位
  - 焦点问题（分类）
    - ❶水土流失下的泥沙沉积
    - ❷农业化肥的径流污染
    - ❸水循环受阻水体淤堵
- 2 二维水动力—水质模型
  - 模型简介
    - 作用
    - 模块构成
  - 模型功能价值
- 3 基于数值模拟的水环境改善和景观设计策略（罗列）
  - 水库水深分析与开发策略
  - 水库流速分析与开发策略
  - 水库流向分析与开发策略
  - 总体措施对应表
- 4.讨论
  - 缺点
    - 实验状态下的分析结果未考虑实地自然因素干扰
    - 水环境多因素叠加分析中权重的确定方法
    - 定性分析与定量分析结果产生根本性冲突的解决方案
  - 优势

图 4-17　论文 3 提纲修改的信息调整与补充

可拓学辅助景观分析与方案生成的应用方法研究

——以咸宁市淦河滨河空间景观优化策略生成过程为例[1]

摘要： 景观规划设计涉及复杂影响因子的筛选与决策，方案的生成除了感性的经验判断，更需要综合严谨的理性推导过程。因可拓学具备系统发散，拆解要素以定位核心矛盾的特点，非常适合作为景观实践中科学分析问题及提出针对性解决策略的思维工具。一款好的思维工具需要深入理解、多维实践才能推广运用。本文在理清可拓学原理与应用价值的基础上，探索了可拓学与景观设计的耦合途径，建立了寻求景观设计矛盾问题和矛盾求解的基本流程。并以咸宁市滨河空间景观优化策略生成过程为例，详细介绍了基于可拓学的问题模型、目标与条件的关系、利用相关分析的项目条件置换得出问题解决方案的过程。以期为同行更好地理解与运用可拓学分析法提供参考。

关键字： 可拓学；矛盾；滨河空间；景观优化；设计方法

Abstract: Landscape planning and design is a progress which involves the screening and decision-making of complex influence factors.In addition to sensible experience judgment, the program needs a comprehensive rational deduction process. Extenics is very suitable as a thinking tool for the scientific analysis of landscape practice and the solution of specific strategies because of the characteristics of divergence and dissolution of the system to find the core contradiction. However, a good thinking tool needs in-depth understanding, multi-dimensional practice to promote the use. So on the basis of clarifying the principles and values of extenics, this paper explores the coupling process of extenics and landscape design, and establishes the process of seeking contradictory and contradictory solutions of landscape design. Taking the generation process of spatial landscape optimization strategy of Xianning City as an example, this paper introduces the relation model of problem, target and condition based on Extenics, and obtains the solution of the problem by using the conditional replacement of relevant analysis. All of these would provide a reference for the peer a better understanding and the use of extension analysis.

Keywords: extenics; contradiction; riverside space; landscape optimization; design method

引言

随着国家和民众对城市环境关注度的提升，景观行业的重要性也日益凸显，但是在传统的景观规划设计中，设计师的理性思维和感性思维往往混杂在一起，仅仅依靠“灵感”和“悟性”，故设计手法多属于感性的、经验的、个体的、随机的，没有形成扎实科学的分析问题与解决问题的方法路径，导致设计缺乏理性而流于感性的形式表达[1]。

而且当今的景观设计作为一门综合性学科，涉猎范围愈加广泛而庞杂，设计的客体对象也愈发复杂。虽然目前已有很多辅助景观设计的理念、方法和技术，但能够系统地、联系地分析问题的方法论的研究仍比较欠缺，亟须寻求一些具有较强逻辑性的设计方法与途径，以便将多学科知识更好地融入本学科，为行业提供更为科学的方法支撑，以促进景观**设计综合**

[1] 基金资助项目：国家自然科学基金青年基金（项目编号 51708426）和武汉市城建委科技计划项目（项目编号 201704）共同资助

图 4-18　论文 1 部分初稿

雨洪调蓄视角下的城市人工湖水量平衡调控途径初探

Preliminary Study on Water Balance Regulatory Approach of Urban Artificial Lake from the Perspective of Rainwater Flood Storage

摘要： 作为水生态基础设施之一的城市人工湖，可以通过水量平衡的调节实现雨洪调蓄功能。但是当前城市人工湖规划建设普遍存在水量无法维持的矛盾。本文在厘清城市人工湖水量平衡基本原理的前提下，通过城市人工湖与自然湖泊水文循环过程的对比研究，寻找水量无法维持的本质原因，分析城市人工湖水量平衡要素的影响因子及其调控的可行性，并从风景园林专业可控的视角出发，将城市人工湖水文循环过程与景观要素进行耦合，建立起以水量平衡为目标的城市人工湖景观设计导则。以期能拓展水生态基础设施研究领域的范畴，完善城市人工湖规划设计的方法体系，为“海绵城市”的建设提供一定理论借鉴和实践参考。

关键词： 雨洪调蓄；城市人工湖；水量平衡；海绵城市；水文循环过程；调控途径；景观要素

Abstract: As a man-made lake in urban area, one of the water ecological infrastructure, the flood regulation and storage function can be realized through the adjustment of water balance. However, the current urban artificial lake planning and construction generally has the contradiction that water cannot be maintained. Based on the clarification of the basic principle of urban artificial lake water balance, through the comparative study of the hydrological cycle of urban artificial lake and natural lake, the paper explores the essential reasons why water can not be maintained and analyzes the influencing factors of urban artificial lake water balance elements and the feasibility of their regulation. From the controllable perspective of the landscape architecture, the urban artificial lake landscape design guidelines for water balance are established by coupling the urban artificial lake hydrological cycle process with landscape elements. It is hoped that the scope of water ecological infrastructure research will be expanded and the methods and systems for the planning and design of urban artificial lakes will be improved, providing some theoretical and practical references for the construction of "sponge cities".

Key words: rainwater flood storage; city artificial lake; water balance; sponge city; hydrological cycle ; Regulatory approach; landscape elements

1 城市人工湖的水量平衡问题

“城市人工湖”是指以提升城市景观品质或升级城市旱涝灾害响应水平等为建设动因，经过详细设计与论证后运用工程技术开挖新建或改建形成的模拟自然湖泊形态、结构、系统的中小型封闭水体，其面积在 1h m²至500 hm²之内，蓄水容积不少于 100 万 m³。如武汉市中央商务区梦泽湖公园水体，见图 1、图 2。

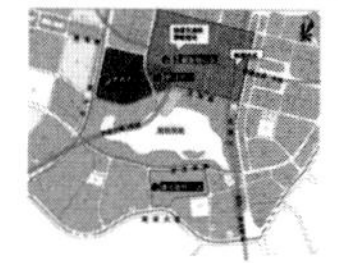

图 1 梦泽湖公园区位

图 2 梦泽湖公园水体

图 4-19　论文 2 部分初稿

基于数值模拟的湖库型景观水体生态设计方法研究

——以 MIKE21 模型在大官塘水库规划方案中的应用为例

摘要： 湖库型水体受补水条件单一、封闭缓流、自净能力弱等水环境条件的约束，景观规划的介入需要实现水动力提升、水质改善、景观优化等多重目标，以营造可持续的水生态景观环境。如何在规划开始阶段科学地测算场地湖库型水体的现状，制定量化指标来指导水体景观生态设计仍缺乏有效工具与实践经验。本文以大官塘水库为例，应用MIKE 21水环境模拟软件，建立水体二维水动力和水质模型，模拟库区水流及水质条件，将数值分析结果转译为水环境景观设计的科学基础，提出强化库区水动力、提升水质的水域空间设计总体策略，并对规划方案进行定量评估。研究发现，通过调整水域空间形态、布设水工设施，可有效提升整体水动力水平；通过合理配置挺水、浮水和沉水植物，构建高效植物生态系统，可有效提升湖区水质，降低大官塘水库局部区域水质恶化的风险，从而实现水生态环境质量改善和景观效果提升的耦合统一。此次研究探索了水动力、水质数值模拟指导下集成水景观空间规划与水生态修复技术的湖库型水体景观综合生态规划方法，可为今后类似的项目实践提供建设思路与经验参考。

关键字： 风景园林；水体景观规划；数值模拟；湖库型水体；生态设计方法

Abstract: Lake and reservoir water are confined by water environment conditions such as single replenishment condition, closed flow and weak self-purification capacity. In order to create a sustainable water ecological landscape environment, the intervention of landscape planning should realize the multiple objectives, such as hydrodynamic improvement, water quality improvement and landscape optimization etc. How to scientifically measure the existing condition at initial planning stage, and to develop quantitative indicators to guide water landscape ecological design is still lack of effective tools and practical experience. This study took the Da guantang reservoir as an example, two-dimensional hydrodynamic and water quality models were established by using MIKE 21 water environment simulation software to simulate the water flow and water quality conditions in the reservoir area. The numerical analysis results will be translated into the scientific basis of water environment landscape design, the overall strategy of water space design for strengthening the hydrodynamic and enhancing water quality was proposed, and the planning scheme was quantitatively evaluated.It is found that the water dynamics can be improved effectively by adjusting the water space form , and the layout of the hydraulic facilities. By rational allocation of water, floating water and submerged plants, an efficient plant ecosystem can be constructed, the water quality of artificial lake were effectively enhanced , and the risk of water quality deterioration of partial area was basically eliminated, so as to achieve the coupling unity of water ecological environment quality and the landscape effect improvement. This study explored the integrated ecological planning method of integrated lake water landscape planning and aquatic ecological restoration technology under the guidance of hydrodynamic and water quality simulation, which can provide reference for the construction of similar project practice in the future.

Key words: landscape architecture; water landscape planning; numerical simulation; lake and reservoir water; ecological design method

湖库型景观水体主要是指一些具有景观效益的湖泊或水库水体，该类水体相较于流动性强的江河溪流来说大多保持相对静止的状态，补水条件单一、封闭缓流和自净能力弱等水环境的约束，常常导致其生态愈发脆弱，难以抵制水体污染进而引起水质恶化，对水生动植物带去不可估量的损害，同时也严重削

图 4-20　论文 3 部分初稿

研究小技巧：

注释

① 参见武汉大学慕课“学术道德与学术规范”。

② 论文 1 已收录至《共享与品质：2018 中国城市规划年会论文集》。

③ 论文 2 已发表于 2019 年第 3 期《风景园林》。

④ 论文 3 已发表于 2018 年第 3 期《中国园林》。

5　学术交流与分享

5.1　学术会议分享

5.2　沙龙讨论纪要

5.3　课堂笔记记录

研究小技巧：

5.1 学术会议分享

学术会议与讲座既是学者对外扩大影响力的途径，也是学者之间互相汲取营养、创建联系的平台。对于普通学生而言，学术会议与讲座亦是增长见识、开阔眼界的有效途径，所以参加学术会议同样是研究工作中必不可少的环节。而对于学术会议内容的消化与分享，思维导图亦不失为一项不错的选择。本节将以“国际风景园林教育大会——2017 中国风景园林教育大会暨（国际）CELA 教育大会”（以下简称“2017 年国际风景园林教育大会”）为例展示如何利用思维导图进行学术会议与讲座的整理与分享。

5.1.1 会议主题与基本信息介绍

大会以“沟通”为主题，旨在突出风景园林学科中思想的交汇碰撞，不同学科与文化之间的理念交流，以及知识与经验的分享（图 5–1）。讲座内容涉及交流与可视化、设计教育与教学方法、设计施工、景观绩效、风景园林生态规划等 12 个话题。

CELA/CLAEC
BEIJING CHINA
MAY 2017
May 26-29, 2017 · Beijing
国际风景园林教育大会
——2017中国风景园林教育大会暨（国际）CELA教育大会
2017-05-26至2017-05-29
清华大学、北京林业大学、北京大学联合承办

图 5–1　会议宣传

5.1.2 会议内容整理

1）汇报内容总体框架

在一般情况下，可依据汇报流程，利用思维导图依次罗列会议内容总体框架，并将各个汇报人的信息在思维导图中标示出来，也可根据自己的想法将其按照一定的框架进行分类（图 5–2）。

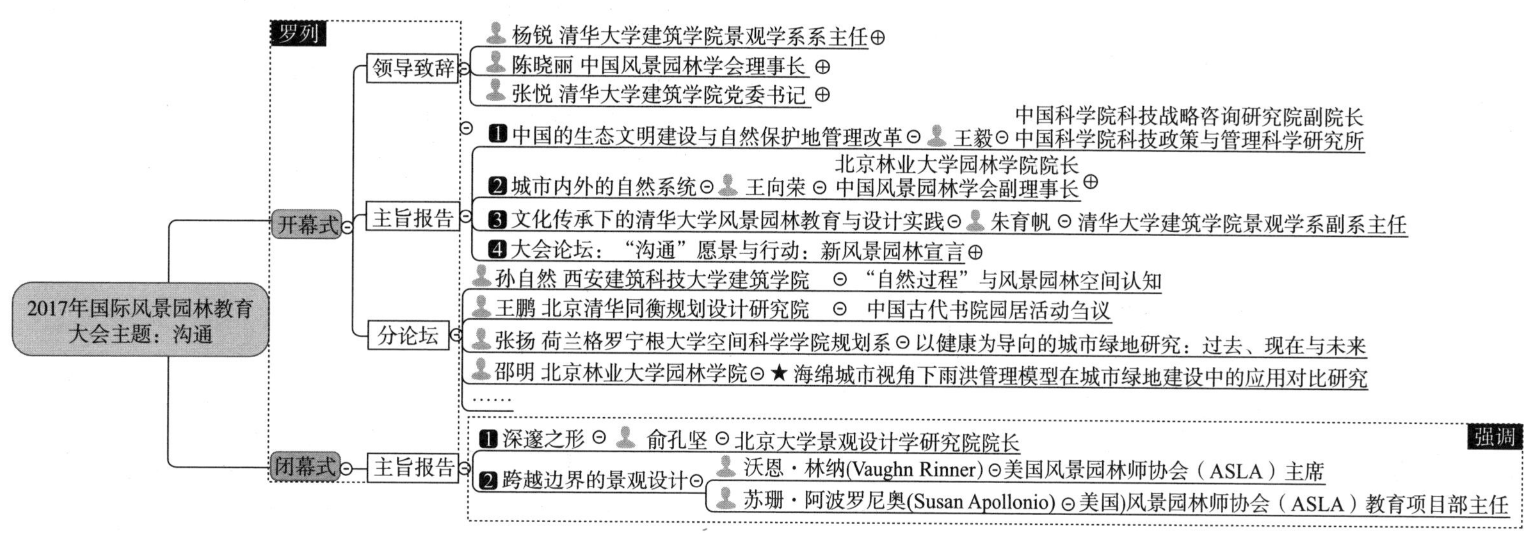

罗列
2017年国际风景园林教育大会主题：沟通
开幕式
领导致辞
杨锐 清华大学建筑学院景观学系系主任
陈晓丽 中国风景园林学会理事长
张悦 清华大学建筑学院党委书记
主旨报告
1 中国的生态文明建设与自然保护地管理改革 王毅 中国科学院科技战略咨询研究院副院长 中国科学院科技政策与管理科学研究所
2 城市内外的自然系统 王向荣 北京林业大学园林学院院长 中国风景园林学会副理事长
3 文化传承下的清华大学风景园林教育与设计实践 朱育帆 清华大学建筑学院景观学系副系主任
4 大会论坛：“沟通”愿景与行动：新风景园林宣言
分论坛
孙自然 西安建筑科技大学建筑学院 “自然过程”与风景园林空间认知
王鹏 北京清华同衡规划设计研究院 中国古代书院园居活动刍议
张扬 荷兰格罗宁根大学空间科学学院规划系 以健康为导向的城市绿地研究：过去、现在与未来
邵明 北京林业大学园林学院 ★海绵城市视角下雨洪管理模型在城市绿地建设中的应用对比研究
……
闭幕式
主旨报告
强调
1 深邃之形 俞孔坚 北京大学景观设计学研究院院长
2 跨越边界的景观设计
沃恩·林纳(Vaughn Rinner) 美国风景园林师协会（ASLA）主席
苏珊·阿波罗尼奥(Susan Apollonio) 美国)风景园林师协会（ASLA）教育项目部主任

图 5–2　会议信息罗列

2）汇报内容细节举例

对于各个汇报人的汇报内容，通过总结汇报框架、提炼重点来把握汇报总体内容，同时寻找与研究人员自身研究相关的内容予以特别标注，甚至可以展开延伸性思考，并记录于思维导图中。图 5–3 选取了此次汇报人之一的北京林业大学园林学院王向荣教授的汇报内容细节予以展示。

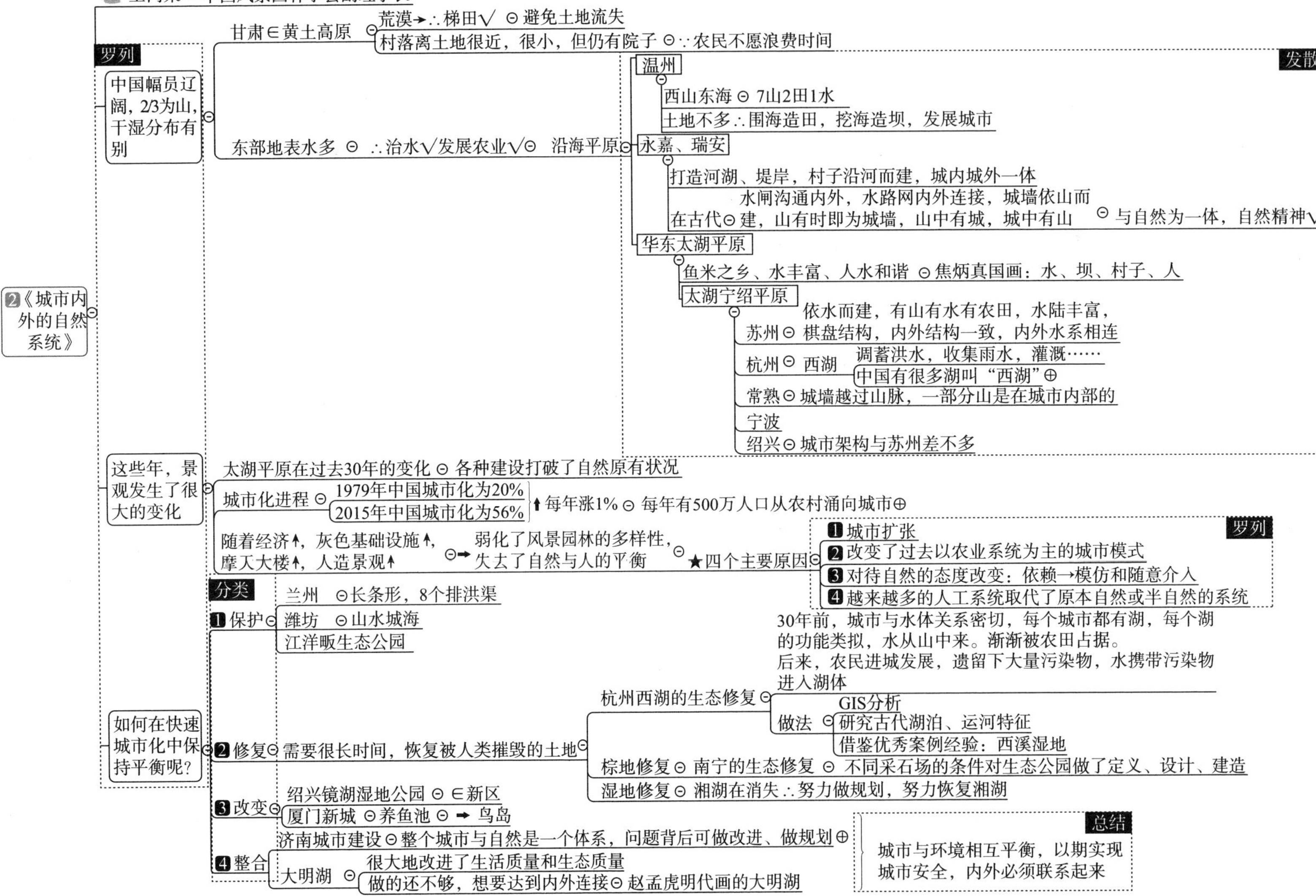

北京林业大学园林学院院长
王向荣 中国风景园林学会副理事长
2《城市内外的自然系统》
罗列
中国幅员辽阔，2/3为山，干湿分布有别
甘肃∈黄土高原
荒漠→∴梯田√ 避免土地流失
村落离土地很近，很小，但仍有院子 ∵农民不愿浪费时间
东部地表水多 ∴治水√发展农业√ 沿海平原
发散
温州
西山东海 7山2田1水
土地不多∴围海造田，挖海造坝，发展城市
永嘉、瑞安
打造河湖、堤岸，村子沿河而建，城内城外一体
在古代 水闸沟通内外，水路网内外连接，城墙依山而建，山有时即为城墙，山中有城，城中有山 与自然为一体，自然精神√
华东太湖平原
鱼米之乡、水丰富、人水和谐 焦炳真国画：水、坝、村子、人
太湖宁绍平原
苏州 依水而建，有山有水有农田，水陆丰富，棋盘结构，内外结构一致，内外水系相连
杭州 西湖 调蓄洪水，收集雨水，灌溉……
中国有很多湖叫"西湖"⊕
常熟 城墙越过山脉，一部分山是在城市内部的
宁波
绍兴 城市架构与苏州差不多
这些年，景观发生了很大的变化
太湖平原在过去30年的变化 各种建设打破了自然原有状况
城市化进程 1979年中国城市化为20%
2015年中国城市化为56%
每年涨1% 每年有500万人口从农村涌向城市⊕
随着经济↑，灰色基础设施↑，摩天大楼↑，人造景观↑
弱化了风景园林的多样性，失去了自然与人的平衡
★四个主要原因
罗列
1 城市扩张
2 改变了过去以农业系统为主的城市模式
3 对待自然的态度改变：依赖→模仿和随意介入
4 越来越多的人工系统取代了原本自然或半自然的系统
如何在快速城市化中保持平衡呢？
分类
1 保护
兰州 长条形，8个排洪渠
潍坊 山水城海
江洋畈生态公园
2 修复
需要很长时间，恢复被人类摧毁的土地
杭州西湖的生态修复
30年前，城市与水体关系密切，每个城市都有湖，每个湖的功能类拟，水从山中来。渐渐被农田占据。
后来，农民进城发展，遗留下大量污染物，水携带污染物进入湖体
做法
GIS分析
研究古代湖泊、运河特征
借鉴优秀案例经验：西溪湿地
棕地修复 南宁的生态修复 不同采石场的条件对生态公园做了定义、设计、建造
湿地修复 湘湖在消失∴努力做规划，努力恢复湘湖
3 改变
绍兴镜湖湿地公园 ∈新区
厦门新城 养鱼池 → 鸟岛
4 整合
济南城市建设 整个城市与自然是一个体系，问题背后可做改进、做规划⊕
大明湖
很大地改进了生活质量和生态质量
做的还不够，想要达到内外连接 赵孟虎明代画的大明湖
总结
城市与环境相互平衡，以期实现城市安全，内外必须联系起来

图 5-3 会议内容细节的信息提炼与总结

通过深入解读、发散思考可以在理解汇报内容的同时达到知识的迁移，与研究人员相关联内容的重点标注亦可以加深记忆，如此，此次会议就可以成为研究者后续研究的资料库之一。如图 5-4 所示，团队在进行后续研究过程中整理“山水智慧相关文献”时便调用了此次会议的分享内容。

山水智慧相关文献
《古代智慧与现代科技结合治理城市内涝》
吴庆洲，2015年
《基于村落宅图的分类及量化研究——以徽州传统村落群为例》
裴逸飞、冷嘉伟、龚恺，2019年
《徽州村镇水系营造与防洪设计研究》
李婷君，硕士学位论文，合肥工业大学，2012年
《徽州古村落生态策略研究》
李晨，硕士学位论文，安徽建筑大学，2014年
《城市内外的自然系统
关联
《徽州古村落水系与现代住区水环境中水的生态应用》
陈雄，2009年
《丽水市传统村落水适应性景观特征分析
祝立雄、李王鸣，2015年

图 5-4　山水智慧相关文献的信息筛选

5.1.3　会议内容分享

会议内容整理完成后，可以直接利用思维导图在团队内部进行分享与讨论。另外，也可以采取转译为公众号文章的方式对外进行分享，以一种“学乐共享”的心态共同进步。并且，由思维导图转译为公众号文章与由思维导图转译为幻灯片一样是极为方便、快捷的。通过这样的方式，可以更好地保证对于学术会议精髓的吸取与运用，而不再仅仅是单纯地听取汇报。在自己吸纳整理内容的同时再向其他人分享，不仅可以训练个人的知识整合能力，而且可以训练个人的汇报展示能力，一举多得。所以，思维导图、幻灯片、公众号文章其实都可以作为科研能力的训练途径（图 5-5）。

研究小技巧：

经验分享

参加学术会议或讲座还有一个好处：可以发现一些与个人或团队研究方向有交叉重叠的学者，对于未来建立联系有很大的裨益，并且，对于相关文献的检索方向也会有所指引。

研究小技巧：

2017 国际风景园林教育大会见闻分享1【行思集】

cwtch 珞珈生态景观研究中心 2017-06-26

国际风景园林教育大会
——2017中国风景园林教育大会暨（国际）CELA教育大会
CELA/CLAEC
北京 中国
5. 26-5.29 2017

2017 国际风景园林教育大会见闻分享1

本文编辑：cwtch

国际风景园林教育大会——2017中国风景园林教育大会暨（国际）CELA教育大会于2017年5月26日至5月29日在北京联合召开。这是历史上两大年会首次合办，也是（国际）CELA年会首次在中国召开，为中美两国风景园林教育的交流翻开了新的篇章。大会由高等学校风景园林学科专业指导委员会、全国风景园林专业学位研究生教育指导委员会、中国风景园林学会教育工作委员会和（国际）CELA共同主办，清华大学、北京林业大学和北京大学三校联合承办。业内盛会，百家讲坛，小编此行满载而归。此次景观之道姗姗来迟，将分为前后两次向您分享大会见闻。

1 关键词——大会正确的打开方式

合作
可持续性发展
开放 设计教育与教学方法
景观绩效
新风景园林宣言 沟通 设计施工
交流与可视化 跨越边界 历史、理论与文化
教育 生态文明
社区服务与参与 风景园林生态规划
城市设计 去除偏见
研究与方法
平等
人与环境的关系

本次大会以“沟通”为主题，旨在突出风景园林学科中思想的交汇碰撞，不同学科与文化之间的理念交流，以及知识与经验的分享。

中国的生态文明建设与自然保护地管理改革

王毅
中国科学院科技战略咨询研究院副院长
可持续发展研究所所长

介绍了中国生态文明的宏观背景、建设现状及若干问题，并重点阐述了国家与自然保护地未来管理体制设想，以及未来的绿色转型发展之路。

汇报内容

1 生态文明的由来（中国发展理念演变）

天人合一？ → 传统文人的道德修养，与现代环境问题没多大关系 → 需要赋予新的含义

习大大：绿水青山就是金山银山（2005年）

中共十八大（2012年）
1> 生态文明建设：成为五位一体之一
2> 转变执政理念：片面追求GDP增长 → 保护优先、节约优先 → 实践中仍有偏差：保护内部？外部？与发展的关系？
应注重治理能力、共治共享、老百姓+官员

十八届三中全会（2013年）
明确了生态文明建设如何推进的具体内容：
1> 提出用制度来保障：×项目式解决问题
×运动式解决问题
2> 提出市场应发挥作用 → 市场与政府结合仍有问题
3> 提出改善现有官员体制：×多龙管水
4> 提出改善治理体系
→ 改革碎片化，应从整体入手

生态文明体制改革总体方案及相关文件（2015年）
1> 1（总体方案）+6 → 运动中却成为1+N
2> 目前已出台几十个制度 → 相互协调与落地存在问题

2 中国生态文明建设

- 政策引导：中国未来15—35年内，生态文明将成为主导理念
- 理念引导：2002年—新工业化路径
……
2012年—生态文明建设
2015年—绿色发展
- 实施框架：目标导向政策与综合性措施（2006—2020年）∈强制性指标
法律
规划
行动计划
试点推广
→ 规划太多、试点太多
- 法律保障：由于我国是以发展为导向，自然保护方面的法律保障少
- 自然保护地现状与国家公园体制试点：
希望生态文明在国家公园中实现，并观察有何问题会出现

中国生态文明建设和绿色发展的主要特点
- 改变执政理念
- 保护优先
- 注重质量
- 市场与政府结合
- 绿色化
- 自上而下+自下而上

五大发展理念如何实现？
改革
改革现有体制，以提供更多发展的空间
创新
宏观
微观

3 “十三五”期间及至2030年生态文明目标和挑战

- 十三五规划纲要：绿色发展均实现√ 创新、协调、基础设施、绿色城市、绿色建筑……
- 十三五期间的绿色指标：问题导向
- 十三五至2030年间的绿色指标：注重气候变化、增加能效
- 十三五规划目标分解：国家 → 省 → 市 → 地区

4 未来生态文明的制度安排与优先领域

- 未来5—10年，中国将面临各种峰值平台：人口、主要资源消费、重要排放……
- 中国社会经济转型的不确定性：老龄化、中等收入的邻避效应、民族主义、资源环境新常态（还未完全成为以创新为重）
- 要尽快实现峰值，需要强制性合作手段，且多步进行：① 立法路径
② 体制改革
- 未来将建立国家公园管理体制
- 完善经济政策：以质量为主
- 技术路径：不同领域的技术怎么实行
- 国际合作

探索包容、合作&共赢的全球绿色转型发展之路

图 5-5 公众号图文分享

5.2 沙龙讨论纪要

研究小技巧：

在日常的科研工作中存在各种日常组会与讨论，对于分享与讨论本身可以采取思维导图、幻灯片、视频等形式进行输出，而对于讨论内容的记录同样可以采取思维导图法。对于个人或团队而言，通过思维导图可以快速地记录讨论过程中出现的信息交叉与关联，不会像单纯的文字记录般累赘，对于他人而言又能快速会意。另外，纪要的要点还在于不需要面面俱到，只需把握讨论的大体内容与重点内容即可。

5.2.1 沙龙讨论纪要的类型与作用

1）针对特定主题沙龙的纪要

针对于不同的课题或兴趣可以开设相关的沙龙讨论，如关于生态修复、生态社区、低影响开发等的主题沙龙，团队成员可以针对各自感兴趣的点以思维导图或者幻灯片等形式进行分享，大家再针对分享内容展开讨论。之后便由一位成员负责当天的沙龙纪要，总结要点，梳理头脑风暴后留下的精髓之处，以便促进相关课题或研究的推进，且可集结成为团队的科研记录，以作后用。

2）日常讨论的纪要

在进行课题申报与研究、论文撰写、学术会议分享等日常科研活动中，往往会定期展开沙龙讨论，团队成员包括老师在内进行互动交流，发表个人观点，进行批判性和创造性思考。经过一轮轮的讨论后，可由一位成员及时整理当天的讨论纪要，并向团队所有人进行分享，以此帮助大家理清思路。通过综合评判讨论组所有成员的想法与建议推进下一步的研究或写作，同时这部分内容也将成为团队科研记录的一部分，以作后用。

研究小技巧：

5.2.2 针对特定主题沙龙的纪要

下面展示的这篇纪要源于团队曾开设的一期工作坊，主题为“如何进行文献综述”，在工作坊结束后，团队打算在公众号上分享此次工作坊的成果。大家借此展开讨论，集思广益思考推文的内容构成、推广形式等。在讨论的最后，也意外地收获了对于整个公众号运营思路的一些想法。此时利用思维导图进行及时整理记录，既可以直接辅助公众号文章的内容生成，也有助于后期取用（图 5-6）。

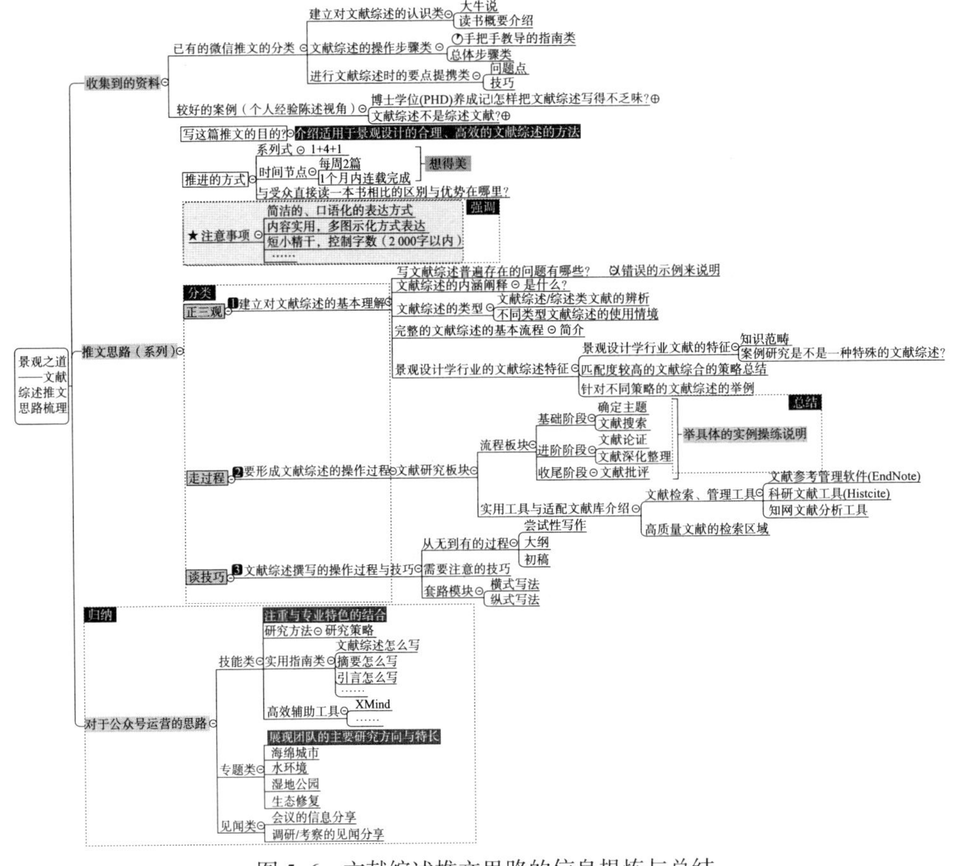

景观之道——文献综述推文思路梳理
收集到的资料
已有的微信推文的分类
建立对文献综述的认识类
大牛说
读书概要介绍
文献综述的操作步骤类
手把手教导的指南类
总体步骤类
进行文献综述时的要点提携类
问题点
技巧
较好的案例（个人经验陈述视角）
博士学位(PHD)养成记|怎样把文献综述写得不乏味?
文献综述不是综述文献?
写这篇推文的目的?
介绍适用于景观设计的合理、高效的文献综述的方法
推进的方式
系列式 1+4+1
时间节点
每周2篇
1个月内连载完成
想得美
与受众直接读一本书相比的区别与优势在哪里?
★注意事项
强调
简洁的、口语化的表达方式
内容实用，多图示化方式表达
短小精干，控制字数（2 000字以内）
……
推文思路（系列）
分类
正三观
❶建立对文献综述的基本理解
写文献综述普遍存在的问题有哪些?
错误的示例来说明
文献综述的内涵阐释
是什么?
文献综述的类型
文献综述/综述类文献的辨析
不同类型文献综述的使用情境
完整的文献综述的基本流程
简介
景观设计学行业的文献综述特征
景观设计学行业文献的特征
知识范畴
案例研究是不是一种特殊的文献综述?
匹配度较高的文献综合的策略总结
针对不同策略的文献综述的举例
总结
走过程
❷要形成文献综述的操作过程
文献研究板块
流程板块
基础阶段
确定主题
文献搜索
进阶阶段
文献论证
文献深化整理
收尾阶段
文献批评
举具体的实例操练说明
实用工具与适配文献库介绍
文献检索、管理工具
文献参考管理软件(EndNote)
科研文献工具(Histcite)
知网文献分析工具
高质量文献的检索区域
谈技巧
❸文献综述撰写的操作过程与技巧
从无到有的过程
尝试性写作
大纲
初稿
需要注意的技巧
套路模块
横式写法
纵式写法
归纳
对于公众号运营的思路
注重与专业特色的结合
技能类
研究方法
研究策略
实用指南类
文献综述怎么写
摘要怎么写
引言怎么写
……
高效辅助工具
XMind
……
专题类
展现团队的主要研究方向与特长
海绵城市
水环境
湿地公园
生态修复
见闻类
会议的信息分享
调研/考察的见闻分享

图 5-6 文献综述推文思路的信息提炼与总结

5.2.3 日常讨论沙龙纪要

日常讨论纪要可将不同发言人予以区别，通过框、线与箭头等来表达内容之间的关联性（图 5–7）。

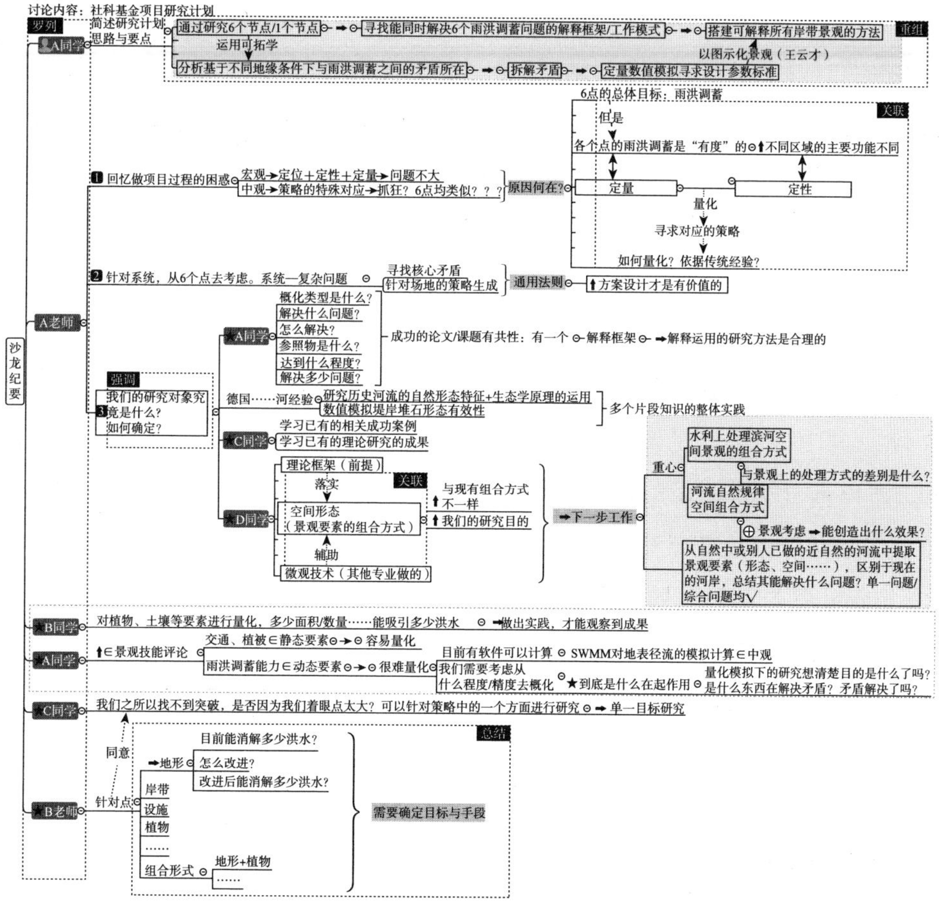

讨论内容：社科基金项目研究计划
罗列
A同学
简述研究计划
思路与要点
通过研究6个节点/1个节点
寻找能同时解决6个雨洪调蓄问题的解释框架/工作模式
搭建可解释所有岸带景观的方法
重组
运用可拓学
以图示化景观（王云才）
分析基于不同地缘条件下与雨洪调蓄之间的矛盾所在
拆解矛盾
定量数值模拟寻求设计参数标准
6点的总体目标：雨洪调蓄
关联
但是
各个点的雨洪调蓄是“有度”的
不同区域的主要功能不同
1 回忆做项目过程的困惑
宏观→定位＋定性＋定量→问题不大
中观→策略的特殊对应→抓狂？6点均类似？？？
原因何在？
定量
定性
量化
寻求对应的策略
如何量化？依据传统经验？
2 针对系统，从6个点去考虑。系统—复杂问题
寻找核心矛盾
针对场地的策略生成
通用法则
方案设计才是有价值的
A老师
概化类型是什么？
解决什么问题？
怎么解决？
参照物是什么？
达到什么程度？
解决多少问题？
A同学
成功的论文/课题有共性：有一个 解释框架 解释运用的研究方法是合理的
沙龙纪要
强调
3 我们的研究对象究竟是什么？如何确定？
德国……河经验
研究历史河流的自然形态特征+生态学原理的运用
数值模拟堤岸堆石形态有效性
多个片段知识的整体实践
C同学
学习已有的相关成功案例
学习已有的理论研究的成果
理论框架（前提）
落实
关联
空间形态（景观要素的组合方式）
辅助
微观技术（其他专业做的）
D同学
与现有组合方式不一样
我们的研究目的
下一步工作
重心
水利上处理滨河空间景观的组合方式
与景观上的处理方式的差别是什么？
河流自然规律空间组合方式
景观考虑→能创造出什么效果？
从自然中或别人已做的近自然的河流中提取景观要素（形态、空间……），区别于现在的河岸，总结其能解决什么问题？单一问题/综合问题均√
B同学
对植物、土壤等要素进行量化，多少面积/数量……能吸引多少洪水
做出实践，才能观察到成果
A同学
∈景观技能评论
交通、植被∈静态要素
容易量化
雨洪调蓄能力∈动态要素
很难量化
目前有软件可以计算 SWMM对地表径流的模拟计算∈中观
我们需要考虑从什么程度/精度去概化
到底是什么在起作用
量化模拟下的研究想清楚目的是什么了吗？
是什么东西在解决矛盾？矛盾解决了吗？
C同学
我们之所以找不到突破，是否因为我们着眼点太大？可以针对策略中的一个方面进行研究
单一目标研究
同意
总结
地形
目前能消解多少洪水？
怎么改进？
改进后能消解多少洪水？
B老师
针对点
岸带
设施
植物
……
组合形式
地形+植物
……
需要确定目标与手段

图 5–7　沙龙纪要的信息提炼与总结

研究小技巧：

经验分享

· 在讨论过程中，要尊重每个人的想法，自由发言，如此才能起到头脑风暴的作用。但同时，导师或负责人应起到统领斡旋的作用，在允许思维发散的前提下把握整体方向，确保头脑风暴的有效性。

· 在纪要整理的过程中，也不需要面面俱到，只需根据记录者的思路整理自己所听到的内容即可，这样做的好处在于，在纪要分享的过程中，所述者可以通过纪要反思自己在讨论过程中思维和表达是否不够清晰，由此导致记录者的理解偏差。

研究小技巧：

5.3 课堂笔记记录

课堂笔记包括学生与老师在参加日常学习、专业培训等情况下所记录和整理的笔记。将此类笔记的有效信息进行存档后，后期的学习和研究是可以随时调用的。而利用思维导图来做课堂笔记，既可以借助电脑当堂快速完成，又可以标注重点，辅助知识点的消化和理解，并且可以就课程做出延伸性思考。课堂笔记的记录相较于沙龙纪要来说更容易组织和表达，只需要将每一章节的内容逻辑与细节梳理清楚就行。此节以武汉大学城市设计学院牛强老师的研究生课程“定性定量分析方法”为例进行展示。

5.3.1 课程框架

“定性定量分析方法”的课程包括了9个章节的内容，其中每个章节的侧重点是不一样的，所以部分章节记录的内容会比较细致，部分章节则比较概略（图5-8）。课堂笔记既可当堂直接用思维导图进行记录，课后进行深入补充；也可记录于笔记本上，课后再编辑存储到思维导图软件中。

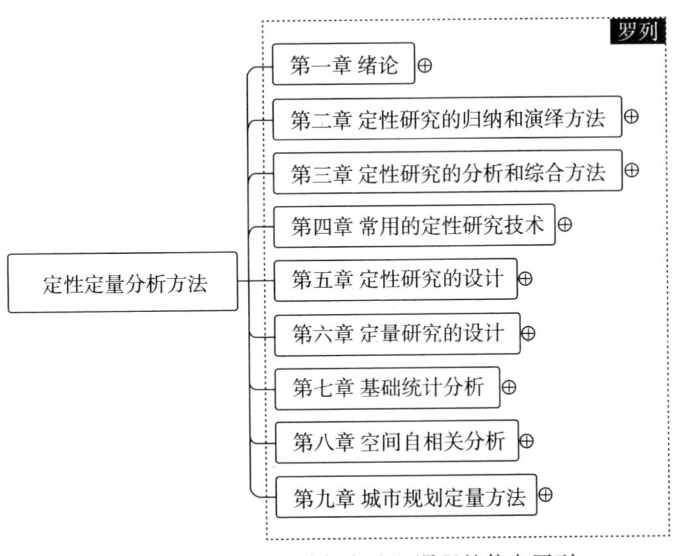
罗列
定性定量分析方法
第一章 绪论
第二章 定性研究的归纳和演绎方法
第三章 定性研究的分析和综合方法
第四章 常用的定性研究技术
第五章 定性研究的设计
第六章 定量研究的设计
第七章 基础统计分析
第八章 空间自相关分析
第九章 城市规划定量方法

图 5-8 “定性定量分析方法”课程的信息罗列

5.3.2 课程细节记录举例

该课程的每一章节均有扩展内容，限于篇幅在此仅对“第二章 定性研究的归纳和演绎方法”进行解读（图 5-9）。

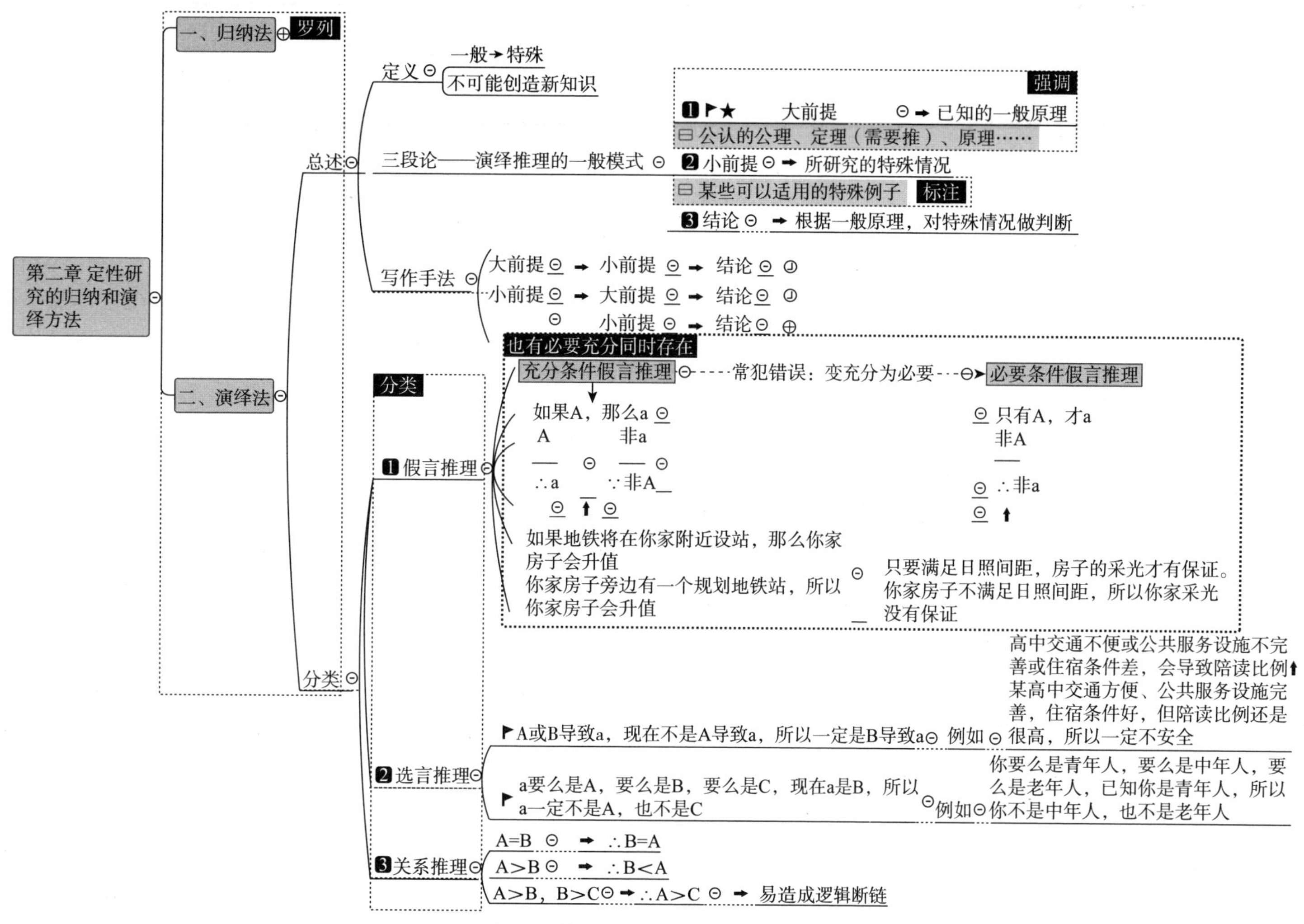
第二章 定性研究的归纳和演绎方法
一、归纳法
罗列
二、演绎法
总述
定义
一般→特殊
不可能创造新知识
三段论——演绎推理的一般模式
强调
1 大前提 → 已知的一般原理
公认的公理、定理（需要推）、原理……
2 小前提 → 所研究的特殊情况
某些可以适用的特殊例子
标注
3 结论 → 根据一般原理，对特殊情况做判断
写作手法
大前提 → 小前提 → 结论
小前提 → 大前提 → 结论
小前提 → 结论
分类
也有必要充分同时存在
1 假言推理
充分条件假言推理
常犯错误：变充分为必要
必要条件假言推理
如果A，那么a
A
非a
∴a
∵非A
只有A，才a
非A
∴非a
如果地铁将在你家附近设站，那么你家房子会升值
你家房子旁边有一个规划地铁站，所以你家房子会升值
只要满足日照间距，房子的采光才有保证。
你家房子不满足日照间距，所以你家采光没有保证
2 选言推理
A或B导致a，现在不是A导致a，所以一定是B导致a
例如
高中交通不便或公共服务设施不完善或住宿条件差，会导致陪读比例↑
某高中交通方便、公共服务设施完善，住宿条件好，但陪读比例还是很高，所以一定不安全
a要么是A，要么是B，要么是C，现在a是B，所以a一定不是A，也不是C
例如
你要么是青年人，要么是中年人，要么是老年人，已知你是青年人，所以你不是中年人，也不是老年人
3 关系推理
A=B → ∴B=A
A>B → ∴B<A
A>B，B>C → ∴A>C → 易造成逻辑断链

图 5-9　第二章内容的信息罗列与总结

后记

思维导图仅仅是一种工具，它并不复杂，也不应该被复杂化。相信看到这里的读者一定能看出这本书不是噱头，而是“干货”满满、诚意满满！思维导图作为一种工作推进的逻辑思维训练工具，可以帮助我们组织现有资源条件、抓住重点核心、理清思维路径等。通过团队近年来的运用实践，证明其在科研项目申报、设计实践项目推进、学术论文撰写等方面都可以发挥很大作用，对于学生的学术思维训练也是大有裨益。另外，思维导图也可以被拓展应用到其他领域，甚至可以渗透到生活的点点滴滴，如旅行策划、商业策划、营销策划等。

当然，思维导图也有不足之处，它虽然适用于捋清思路，但其展示功能不如幻灯片、视频等形象生动。通过思维导图理清自己的思路后，转译为幻灯片、论文、申报书等方式会节省很多时间，所以，相对而言，思维导图对于个人的益处远大于对于他人的益处。

最后，本书是笔者自 2015 年以来教学与科研成果的结晶，展示的只是一个过程，并不完美，希望能对读者有所裨益。本书图表除标注来源外均为笔者绘制。

本书得以完成，首先要感谢团队 2014 级、2015 级、2016 级、2017 级硕士研究生冉玲于、苟翡翠、方磊、刘雅婧、王雪原、田亮、杨柳琪、禹佳宁等所付出的辛勤劳动，也要感谢这些年每一次科研工作参与其中的所有老师与同学，你们在工作与学习中的讨论与研究为本书主要内容的编写提供了巨大的参考价值。最后，非常感谢东南大学出版社徐步政和孙惠玉两位编辑对本书的出版所给予的诚挚建议。

本书收录了团队历年的研究成果，版权为团队所有，读者若有需要请正确引用。另外，本书中也借鉴了大量的国内外研究成果、报告、案例等，虽然在注释和参考文献中尽可能予以标注，但难免挂一漏万，若涉及版权问题请与笔者本人联系，我们会及时修正，在此一并致谢！

周燕

武汉大学城市设计学院城乡规划系

珞珈生态景观研究中心

本书作者及团队

作者

周燕，女，1980 年生，湖北咸宁人。华中科技大学城市规划与设计专业工学博士，武汉大学副教授、硕士生导师。美国华盛顿大学访问学者，国际风景园林师联合会（IFLA）亚太区工作组成员，中国风景园林学会文化景观专业委员会委员，湖北省风景园林学会教育专业委员会副秘书长，武汉城乡规划库专家。主要研究方向为城乡生态规划、绿色基础设施、生态可持续景观等。主持和参与国家自然科学基金项目 4 项。发表论文 40 余篇，出版著作 1 部。曾获得武汉大学青年拔尖人才、武汉大学优秀毕业论文指导老师等称号。

团队

荀翡翠

冉玲于

方磊

王雪原

刘雅婧

田亮

朱莉菲

杨柳琪

禹佳宁